小浪底水利枢纽运行管理

·水工监测卷·

总 主 编　殷保合
副总主编　张善臣

黄河水利出版社
·郑州·

内 容 简 介

　　小浪底水利枢纽建设管理局水力发电厂在十余年的枢纽运行管理中,借鉴国内外水电企业先进管理经验,不断探索和创新,逐步形成了与小浪底水利枢纽运行管理相适应的管理体制。本书从水工建筑物的运行、缺陷修补、金属结构设备安装、运行维护和技术更新改造、枢纽安全监测、大坝安全会商专题研究等方面介绍了小浪底水利枢纽水工建筑物的运行维护情况。全书分为 3 篇 11 章,内容包括水工建筑物的运行、水工建筑物缺陷修补、金属结构设备设计与安装、运行维护与检修、设备改造与技术更新、枢纽安全监测项目概述、水库初期运行监测成果、设备改造与技术更新、大坝安全会商及专题研究、水工建筑物运行初期安全评价等。

图书在版编目(CIP)数据

　　小浪底水利枢纽运行管理. 水工监测卷/殷保合主编;
张利新分册主编. —郑州:黄河水利出版社,2012.10
　　ISBN 978 - 7 - 5509 - 0365 - 4

　　Ⅰ. ①小…　　Ⅱ. ①殷…　②张…　　Ⅲ. ①黄河 - 水利
枢纽 - 运行 - 管理 - 洛阳市　　Ⅳ. ①TV632.613

　　中国版本图书馆 CIP 数据核字(2012)第 238008 号

组稿编辑:王志宽　　电话:0371-66024331　　E-mail:wangzhikuan83@126.com

出 版 社:黄河水利出版社
　　　　　地址:河南省郑州市顺河路黄委会综合楼14层　　邮政编码:450003
发行单位:黄河水利出版社
　　　　　发行部电话:0371 - 66026940、66020550、66028024、66022620(传真)
　　　　　E-mail:hhslcbs@126.com
承印单位:河南省瑞光印务股份有限公司
开本:787 mm × 1 092 mm　1/16
印张:22.75
字数:527 千字　　　　　　　　　　　　　　印数:1—1 000
版次:2012 年 10 月第 1 版　　　　　　　　印次:2012 年 10 月第 1 次印刷
定价:96.00 元

《小浪底水利枢纽运行管理·水工监测卷》编写人员名单

主要编写人	章节
肖　强	第一章　第十一章　第十章(第一、三、四节)
魏　皓	第二章　第四章(第一、三节)　第六章(第一节)
王　琳	第七章　第八章　第九章(第四、五节)
于永军、张　冰	第四章(第二节)　第五章
屈章彬	第十章(第二、五、六节)
陈　琳、蔡勤学	第三章
张　凡	第九章(第一、二、三节)
唐红海	第六章(第二、三节)

前　言

中央水利工作会议是新中国成立以来第一次以中央名义召开的水利工作会议,是继 2011 年中央 1 号文件后党中央、国务院再次对水利工作作出动员部署的重要会议,必将成为新中国水利事业继往开来的里程碑,开启我国水利事业跨越式发展的新征程。

黄河小浪底水利枢纽工程是国家"八五"重点建设项目,是黄河治理开发的关键控制性工程。在"八五"期间开工兴建,工程总工期 11 年,2001 年底主体工程全部完工,2009 年 4 月 7 日顺利通过国家竣工验收。小浪底水利枢纽工程开创了世界多沙河流上建设高坝大库的成功先例,工程建设水平步入了世界先进行列,为我国大型水利水电工程积累了现代建设管理与国际合作经验,成为世界了解中国水利水电建设与发展的重要窗口。小浪底水利枢纽工程先后荣获国际堆石坝里程碑工程奖、新中国成立 60 周年"百项经典暨精品工程"称号、中国土木工程詹天佑奖、中国水利工程优质(大禹)奖、中国建设工程鲁班奖(国家优质工程)等奖项。

小浪底水利枢纽工程投入运行以来,持续安全稳定运行,发挥了巨大的综合效益;有效缓解了黄河下游洪水威胁,基本解除了黄河下游凌汛威胁,黄河下游连续 12 年安全度汛;成功进行了 13 次调水调沙运用,减少了下游河道泥沙淤积,大大增加了下游主河道的过流能力;实现了黄河连续 12 年不断流,并多次进行跨流域调水运用;黄河生态系统得到修复和改善;充分发挥了清洁能源、可再生能源的优势,为地区经济社会发展作出了积极的贡献。

运行实践证明,小浪底水利枢纽工程对维持黄河健康生命,保障黄河下游防洪及供水安全,保护中下游生态环境,促进黄河下游两岸经济社会可持续发展具有不可替代的战略作用,是重要的民生工程,做好枢纽运行管理工作具有十分重要的意义。多年以来,小浪底水利枢纽建设管理局始终高度重视安全生产工作,牢固树立民生工程理念,坚持水资源统一调度、公益性效益优先、电调服从水调的原则,在枢纽安全管理、调度运用和运行管理等方面,做了很多卓有成效的工作。

本丛书分管理、发电、水工监测三卷,翔实记录了小浪底水利枢纽投入运行以来各个方面的运行管理工作,并对运行管理工作的经验和体会进行了全面系统总结,旨在为进一步提高枢纽运行管理水平提供借鉴。

　　本书成稿之际,正值全国上下认真贯彻落实中央水利工作会议精神的关键时期。小浪底水利枢纽建设管理局将以科学发展观为指导,深入贯彻落实中央水利工作会议精神,积极实践可持续发展治水思路,按照水利部党组"争当水利行业排头兵"和"六个一流"的要求,抓住机遇、迎接挑战,开拓进取、真抓实干,管好民生工程,谋求多元发展,努力推动水利建设实现跨越式发展,为实现全面建设小康社会宏伟目标提供更为有力的水利保障。

编　者

2011 年 11 月

目　录

第三篇　枢纽安全监测

第一篇 水工建筑物

第一章 概 述

小浪底水利枢纽位于河南省洛阳市以北 40 km 黄河中游最后一段峡谷的出口,是治理黄河的控制性骨干工程,控制流域面积 69.4 万 km²,占黄河流域面积的 92.3%。正常运用水位为 275 m,最大坝高为 160 m,总库容为 126.5 亿 m³,其中长期有效库容为 51 亿 m³,淤沙库容为 75.5 亿 m³,属国家大(一)型 I 等工程,主要建筑物为 1 级建筑物。枢纽按 100 年一遇洪水导流,1 000 年一遇洪水设计,10 000 年一遇洪水校核。小浪底水库多年平均入库流量为 281.46 亿 m³,扣除库区南岸灌溉引水量 4.23 亿 m³,年设计径流量为 277.23 亿 m³。设计多年平均入库沙量为 13.23 亿 t,小浪底实测最大含沙量为 941 kg/m³。小浪底水利枢纽的开发目标是"以防洪(包括防凌)、减淤为主,兼顾供水、灌溉和发电,蓄清排浑,除害兴利,综合利用"。

小浪底水利枢纽设计正常蓄水位为 275 m,设计洪水位为 274 m,校核洪水位为 275 m,水库正常死水位为 230 m,水库非常死水位为 220 m,水库防凌运用限制水位为 267 m。正常蓄水位 275 m 时最大泄流量为 17 327 m³/s,正常死水位 230 m 时泄流量为 8 048 m³/s,非常死水位 220 m 时泄流量为 7 056 m³/s。

小浪底水利枢纽在黄河治理中具有重要的战略地位,水沙条件特殊,地质条件复杂,水库运用方式严格。枢纽主要建筑物由拦河大坝、泄洪排沙建筑物和引水发电系统三大部分组成,其总体布置特点鲜明:斜心墙堆石坝坐落在深厚覆盖层基础上;所有泄洪、发电及引水建筑物均集中布置在相对比较单薄的左岸山体上;采用以具有深式进水口的隧洞群泄洪为主的方案,9 条泄洪洞总泄流量为 13 563 m³/s,占总泄流量的 78%,其中 3 条泄洪洞为由导流洞改建的多级孔板消能泄洪洞;所有泄洪、发电机引水建筑物的 16 个进口错落有致地集中布置在 10 座进水塔内,9 条泄洪洞和 1 座陡槽式溢洪道采用出口集中消能的方式;采用以地下厂房为核心的引水发电系统。

小浪底水利枢纽的投入运用,黄河下游的防洪标准从约 60 年一遇提高到了千年一遇;基本解除了黄河下游的凌汛威胁;利用水库 75.5 亿 m³ 的拦沙库容,在 20～25 年内可使下游河床基本不淤积抬升;平均每年可增加 17.9 亿 m³ 的调节水量,提高黄河下游的用水保证率;小浪底水电站装机 1 800 MW,设计多年平均年发电量前 10 年为 45.99 亿 kW·h,10 年后为 58.51 亿 kW·h,在基本以火电为主的河南电网中担任调峰,是理想的调峰电站。

第一节　大　坝

小浪底水利枢纽大坝由坝体、混凝土防渗墙、基础固结灌浆、基础帷幕灌浆、右坝肩基础排水幕、上游围堰基础防渗系统、心墙与基础的连接、其他工程和原型观测仪器等组成。

一、坝体

大坝坝体为土质斜心墙堆石坝,最大坝高为 160 m,坝顶高程为 281 m,河床部位考虑预留 2 m 沉降,其竣工高程为 283 m;坝顶长度为 1 666.29 m,坝顶宽为 15 m,坝底最大宽度为 870 余 m。上游坝坡在 185 m 以下为 1:3.5,185~274.33 m 为 1:2.6,274.33 m 以上为 1:2.0;下游坝坡在 269 m 以下为 1:1.75,269 m 以上为 1:1.5,在 250 m 和 220 m 高程分别设有宽 6.0 m 和 14.0 m 的马道。下游坝址 155 m 高程设有宽 80 m 的压戗平台。心墙上部约 1/5 为正心墙,以下为斜心墙,上游面坡度为 1:1.2,下游面坡度为 0.5:1(倒坡),顶宽为 7.5 m,底宽最大为 101.9 m。上游围堰置于大坝上游坝踵,是大坝的一个组成部分,如图 1-1 所示。

二、混凝土防渗墙

心墙基础混凝土防渗墙由地下槽孔混凝土防渗墙和地上常态混凝土加高墙两部分组成。

地下槽孔混凝土防渗墙总长为 407.4 m,宽为 1.2 m,分为两期施工。一期为右岸滩地部分,长为 256.4 m,最大深度为 81.9 m,形成阻水面积 10 540.63 m²,是工程准备期由国内承包商在 1994 年前完成的。二期为左半河床部分,长为 151.0 m,最大深度为 70.3 m,形成阻水面积 5 085.7 m²。在地表附近 125~130 m 高程设有钢筋笼,在泥浆固壁下回填 C5 混凝土,强度 $R_{28}=35$ MPa,弹模≤30 000 MPa,坍落度为 18~22 cm,抗渗强度等级为 $S_8(1\times10^{-7}$ cm/s),骨料最大粒径为 40 mm。二期工程槽孔混凝土墙工程量为 6 700 m²。

常态混凝土加高墙从槽孔墙顶开始,总长为 466.52 m,分两期施工。一期右岸滩地部分槽孔墙顶有两个高程,左半约 30% 长段为 126 m 高程,右段高程为 138 m。二期河床部分槽孔墙顶高程均为 130 m。加高墙顶高程除左端局部升高到 152 m 高程,右端头为一个坡下降到底外,余均为 144 m 高程。河床部分墙高 14.0 m,插入心墙 12.0 m;右岸滩地部分墙高 18.0 m 及 6.0 m。混凝土为 C6 级,强度 $R_{28}=35$ MPa,抗渗强度等级为 S_8,最大骨料粒径 40 mm。C6 级混凝土工程量为 6 100 m³。

三、基础固结灌浆

大坝两岸坡心墙基础岩石中均进行固结灌浆,均匀、梅花形布置,孔排距为 3.0 m,孔深一般为 5.0 m,工程量为 45 000 m。

四、基础帷幕灌浆

除河谷基岩较深的区域外,大坝基础均作水泥灌浆帷幕防渗,帷幕灌浆轴线总长为

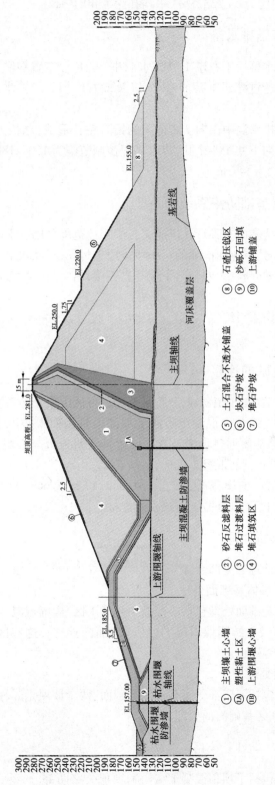

图 1-1 大坝典型剖面

① 主坝壤土心墙　　② 砂石反滤料层　　⑤ 土石混合不透水铺盖　　⑧ 石渣压戗区
①A 塑性粘土区　　③ 堆石过渡料层　　⑥ 块石护坡　　　　　　　⑨ 砂砾石回填
①B 上游围堰心墙　　④ 堆石填筑区　　⑦ 堆石护坡　　　　　　　⑩ 上游铺盖

1 557.74 m,总计深度为 64 233.3 m,平均孔深为 40.7 m。

五、右坝肩基础排水幕

右坝肩基础排水幕设于右岸 1 号排水洞中,成 Γ 形布置在灌浆帷幕后,用以排除绕过灌浆帷幕底部和透过灌浆帷幕的渗水,以及绕右岸坝肩的渗水,以降低基础岩体中的渗压。

排水幕在 1 号排水洞中由向上和向下的铅直钻孔形成,总长为 16 283.37 m,孔距为 3.0 m,总计向上和向下共 484 个孔,渗水高程控制范围为 100~180 m,渗压控制(即 1 号排水洞洞底)高程约为 147 m。

六、上游围堰基础防渗系统

上游围堰基础防渗由 3 种形式组成。右岸滩地范围采用了水平防渗铺盖和基础塑性混凝土防渗墙;右岸约有 300 m 宽的河床覆盖层未封死,只靠水平铺盖防渗。河床部分采用了单排高压旋喷灌浆帷幕,左端与岸坡基岩相接,向右与右岸滩地的塑性混凝土防渗墙妥善连接。

上游围堰基础防渗系统中,右岸上游铺盖工程量为 100 万 m^3,高压旋喷防渗幕工程量为 11 000 m^2。

七、心墙与基础的连接

心墙基础防渗系统由两岸水泥灌浆帷幕和河谷区混凝土防渗墙组成。心墙与河谷区的混凝土防渗墙的连接是由混凝土防渗墙加高段直接插入心墙土中的,插入深度为 12 m。两岸坡基础灌浆帷幕通过设于基岩面的帷幕灌浆盖板与心墙土紧密连接;沿帷幕轴线上、下游侧全程设置钢筋混凝土盖板,每块长 12.0 m,宽 4.0 m,厚 1.0 m;钢筋混凝土结构,$R_{28} = 15$ MPa;左、右岸盖板长度分别为 632.40 m 及 669.09 m,总长为 1 301.49 m,分别与河谷段混凝土防渗墙的左、右端妥善连接。

八、大坝基础面处理

大坝基础面的处理分为两个部分。

(一)两岸坡防渗体基础面处理

两岸坡防渗体基础面处理包括心墙槽中心墙 1 区,内铺盖混合不透水料 5 区,心墙下游反滤料 2A、2B 区及上游围堰斜墙 1B 区基础面的处理。这些区域的基础均为岩石基础,采用有盖板固结灌浆。

(二)土基础面处理

土基础面处理包括河床部分所有料区基础面、两岸坡坝壳区基础面、压戗 8 区基础面及右岸上游铺盖 10 区基础面的处理。

九、坝顶结构(含 15 号路)

坝顶结构工程包括了坝顶混凝土结构和坝顶公路两部分。坝顶公路及 15 号公路填筑土结砂石料 25 500 m³,顶混凝土分为 460 块,混凝土浇筑量为 2 557 m³。

十、其他工程

(1)大坝下游交通步梯。
(2)孔板泄洪洞中闸室竖井接高工程。
(3)左岸 4 号交通洞延长段。
(4)1 号通气井接高工程。

十一、原型观测仪器

大坝原型观测仪器主要布置在 3 个横断面和 2 个纵断面上。横断面包括:A 断面,右岸 D0 + 693.74 m 处;B 断面,河床中部 D0 + 387.5 m 处;C 断面,左岸 D0 + 217.5 m 处。纵断面包括:D 断面,防渗轴线;E 断面,坝下 12.0 m。

第二节　泄洪建筑物

泄洪建筑物集中布置在左岸山体中,进、出口距离约为 1 200 m。泄洪建筑物的进水口共分九层布置:1 号导流洞高程为 132 m,2 ~ 3 号导流洞高程为 141.5 m,1 ~ 3 号孔板洞和 1 ~ 3 号排沙洞高程为 175 m,5 ~ 6 号发电洞高程为 190 m,1 号明流洞和 1 ~ 4 号引水发电洞高程为 195 m,2 号明流洞高程为 209 m,灌溉洞高程为 223 m,3 号明流洞高程为 225 m,正常溢洪道高程为 258 m。

泄洪建筑物区域内,基岩主要由 T_1^3、T_1^4、T_1^5 和 T_1^6 岩层组成,一般产状为 NW350° ~ NE10°,倾角为 8° ~ 12°,倾向下游。主要断层有 F_{28}、F_{236}、F_{238}、F_{240}、F_{241}。F_{28} 断层南北走向,规模较大。其主断层东西走向,横切山梁。该区域还存在 4 组比较发育的陡倾角节理。因此,可以说泄洪建筑物区域内的地质条件是比较复杂的。

进水口的土石方开挖及岩石支护规模较大,最大开挖高差为 158 m,天然地形岸坡坡度在 30°以上,个别地区达 70°。出口地势比较平缓,天然地形岸坡坡度为 20° ~ 25°,开挖高差近 100 m。由于出口边坡的岩层倾向是顺坡向的,给开挖及岩石支护和边坡稳定造成了不利影响。山梁南侧邻黄河,岸坡陡峻,呈 75°陡壁。

一、泄洪排沙建筑物布置

按工程规划对枢纽的运用要求,枢纽总泄洪能力不小于 17 000 m³/s,非常死水位 220 m 的泄洪能力不小于 7 000 m³/s,据此形成了小浪底以洞群泄洪为主,且进口集中、洞线集中、出口消能集中布置的明显特点。小浪底泄洪方式的选择是枢纽布置的核心。经过大量方案的论证比选,设计推荐采用了 3 条直径为 6.5 m 的压力式排沙洞、3 条断面尺寸为(10 ~ 10.5)m × (11.5 ~ 13)m 的明流洞、3 条前压后明式多级孔板消能泄洪洞和表面陡槽式溢洪道等 10 个泄洪排沙建筑物,另考虑修建 1 座泄洪能力为 3 000 m³/s 的非常溢洪道。万年一遇校核洪水最大泄量为 13 990 m³/s,隧洞总泄洪能力达 13 480 m³/s,枢纽总泄洪能力为 17 327 m³/s,留有一定的安全备用裕量。

(一)进水塔群

为了防止进水口泥沙淤堵,小浪底水利枢纽的进水口采用了集中布置的方式,9 条泄洪洞和 6 条发电引水洞以及 1 条灌溉洞共 16 条洞的进口布置在位于左岸风雨沟内一字形排列的 10 座进水塔内,形成了前缘宽度为 276.4 m、高为 113 m、总混凝土方量约为 100 万 m³ 的进水塔群。其中,3 条由导流洞改建的多级孔板消能泄洪洞的进口高程为 175 m,分别布置在 3 座进水塔内,以利于泄洪排沙,保持进口冲刷漏斗;3 条排沙洞的进口高程为 175 m,直接位于发电引水口下方 15 m(5 号和 6 号机组)和 20 m(1~4 号机组)处,以利于减少过机沙量;3 条明流洞的进口分别布置在 195 m、209 m 和 225 m 高程,具有泄流能力大的特点,在系统中担任泄洪和排漂、排污任务。16 个洞的进口高低错落,间隔排列,形成了上层泄洪排污、中层引水发电、下层泄洪排沙的有机整体。塔群与进口开挖高边坡之间回填堆石至 230 m 高程,并上覆反滤,进口高边坡的排水系统插入堆石体中,形成通畅的排水通道,保证在水位骤降时高边坡的稳定,如图 1-2 所示。

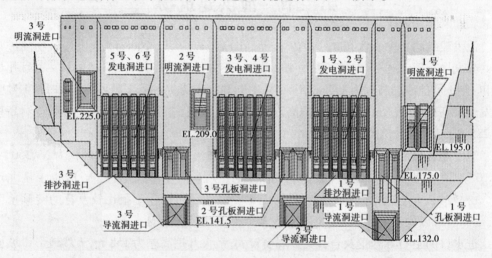

图 1-2　进水塔上游立视图

(二)孔板泄洪洞

小浪底水利枢纽施工期按 100 年一遇洪水导流标准,设计围堰高程为 185 m,采用 3 条直径为 14.5 m 的隧洞导流。1 号导流洞贴近河床布置,进口高程为 132 m,2 号和 3 号导流洞进口高程为 141.5 m。截流后第一年汛期 100 年一遇洪水位 177.3 m,最大下泄流量为 8 270 m³/s;截流后第二年汛期大坝填筑至 200 m 高程以上,由 2 号、3 号导流洞及 3 条排沙洞泄洪,300 年一遇洪水最高洪水位 194.6 m。这 3 条导流洞在左岸单薄山体中占据了很大的空间,若完成导流任务后废弃不用,则给以隧洞群泄洪为主要特点的枢纽建筑物总体布置带来巨大的难度。小浪底泄洪方式选择的核心就是如何将这 3 条大直径的临时导流洞有效地利用起来,改建为永久泄洪设施。经过大量的科学试验论证,将 3 条导流洞分两期改建为永久的多级孔板消能泄洪洞,如图 1-3 所示。

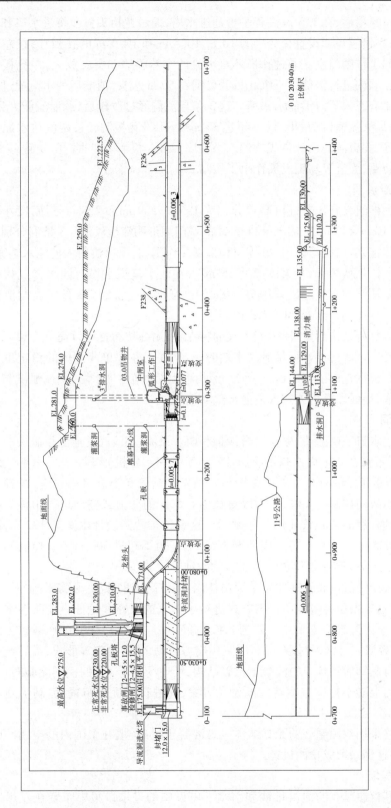

图 1-3　孔板洞纵剖面图

导流洞进口封堵后,在175 m高程平台建进水塔,通过龙抬头弧段将进水口和原导流洞连接起来,按3倍洞径加设直径分别为10 m、10.5 m和10.5 m的孔板环,在左岸排水幕线附近建中间工作闸门室。通过孔板环对水流的突然收缩和突然放大,在孔板后形成环状剪切涡流在洞内进行消能。三级孔板共可消刹50 m水头,消能后的水流通过闸孔射流形成壅水明流流态入下游消能水垫塘。这3条导流洞经过改建后,总泄流能力为4 825 m³/s,控制洞内最大流速(闸室出口)不超过35 m/s。1号孔板洞经过两次放水原型观测试验进一步验证,孔板洞的设计是成功的。小浪底多级孔板消能泄洪洞的实践,为洞内消能开创了一条新路,为世界坝工发展作出了贡献。

(三)明流泄洪洞

小浪底水利枢纽设有3条进口高程分别为195 m、209 m和225 m,断面尺寸分别为10.5 m×13 m,10 m×12 m及10 m×11.5 m的城门洞形明流泄洪洞。3条洞分别与3个独立的进水塔相连,塔内设检修门、事故门和弧形工作闸门,出口挑射入消能水垫塘消能。1号明流洞设计水头为80 m,最大流速达35 m/s,在泄水流道上设有四级掺气坎用以掺气减蚀。在3条隧洞的高流速段采用70 MPa的高强混凝土抗磨。3条明流洞泄流能力分别为2 680 m³/s、1 973 m³/s和1 796 m³/s。

明流泄洪洞具有结构简单、泄洪能力大的特点,采用高位布置可以简化金属结构的设计荷载,除宣泄洪水外,还可兼顾排泄洪水期的漂浮物,对左岸单薄山体的稳定也不致造成不利的影响。根据左岸山体的地形特点,该明流泄洪设施由进水塔、明流泄洪洞、明渠、出口挑坎等组成,最后以挑射方式入消能水垫塘消能。

(四)排沙洞

为了保持进水口冲刷漏斗、减少过机沙量和调节径流,小浪底的泄洪设施中有3条低位排沙洞,分别布置在发电引水口的下方15 m(5号和6号机)和20 m(1~4号机),即175 m高程。每条排沙洞有6个进口分别与两条发电洞的6个进口相对应,在进水塔内合并成由两个事故门控制的叉洞,然后以直径为6.5 m的压力式隧洞进入山体。在隧洞出口设可以局部开启的偏心铰弧形工作闸门。这3条排沙洞设计水头为122 m,设计最大泄流能力为675 m³/s。在一般运用情况下,泄流能力不超过500 m³/s,控制洞内最大流速为15 m/s,以减少高速含沙水流对流道的磨蚀。

这种高水头压力隧洞布置在左岸单薄山体内,如有高压水外渗,必将影响左岸山体的稳定。为此,对这3条压力隧洞的衬砌方式进行了认真的研究和论证。在防渗帷幕之前的压力洞段,由于内外水平压采用了普通C40钢筋混凝土衬砌,对于在帷幕后3条共长2 000 m的洞段曾研究过钢板衬砌、高压灌浆预应力衬砌、复合衬砌等形式,最后选择了从意大利引进的有黏结后张预应力混凝土衬砌结构,经现场作了1:1的模型测验对比,采纳了无黏结预应力混凝土衬砌方案替代原设计方案,并进行了优化布置,编制了施工技术规范。

排沙洞最终采用双圈缠绕的无黏结预应力混凝土衬砌,填补了国内的空白。多年的运行实践证明,这是一项成功的设计。

(五)进口导墙

小浪底水利枢纽所有的泄洪排沙和引水发电设施的进水口集中布置在左岸风雨沟

内,10座进水塔呈一字形排列,形成了侧向进流的布置方式。为了平顺地导引水流,保持进水口冲刷漏斗,防止泥沙淤堵,在挡水大坝和进水口之间设置了进口导墙。导墙墙顶高程为250 m。在200 m高程以下为开挖的岩石直立坡,平面上呈流线型布置。导墙上部结构以混凝土重力式为主,在与大坝衔接的南侧导墙上部填筑坡度为1:1.5的堆石,坡面采用钢筋混凝土预制块防护,结合山势变化,扭曲渐变成混凝土直立坡,平顺引导水流至进口。

(六)出口消力塘

小浪底水利枢纽9条泄洪洞和正常溢洪道采用出口集中消能的布置方式,将施工导流洪水及正常运用期宣泄洪水的消能有机地结合起来。鉴于泄洪建筑物出口的地层均为岩性较软弱的T_1^6黏土岩,岩层倾向下游,F_{236}和F_{238}断层在出口区交会,且分支断层十分发育,如果近14 000 m^3/s的宣泄水流不加以控制,必然会危及出口建筑物的安全。为此设计了钢筋混凝土衬护的大型水垫塘消能。这10个泄洪建筑物除1号孔板洞出水坎低于下游水位呈面流消能外,其余均挑射入水垫塘消能。根据单体和整体水力学模型试验,并优化出口挑坎的角度及体型后,采用两级消能方式。确定一级消力塘底宽为319 m,由两道中隔墙分成3个独立的消力塘,以便于检修。1号塘和2号塘长为145 m,3号消力塘由于接纳挑射距离和能量均较大的3号明流洞及溢洪道宣泄的水流,要求塘长为165 m,塘底高程为110 m,导墙高为28 m,一级消力塘直立尾坎顶高程为135 m,二级消力塘长为45 m,塘底高程为125 m,水流经两级消能后再经护坦入泄水渠归入下游河道。根据导截流水力学模型试验,在1号消力塘末端增加了防冲钢筋石笼,在泄水渠右岸护坡末端增设了控导工程,在泄水渠对岸东苗家滑坡体处采取了加固处理措施。

建筑物全部用钢筋混凝土结构衬砌,底板钢筋混凝土厚度为2 m,用锚筋与基岩相连,以抵抗检修时的底板扬压力作用。消力塘底部设排水廊道及排水系统,周边设高程为115 m的排水廊道,可用以控制消力塘区的地下水位。

(七)进出口高边坡

小浪底水利枢纽集中布置的进水塔群位于左岸风雨沟内,前缘宽为276.4 m,上下游方向长达70 m,建基面高程为173 m,进水塔顶高程为281 m。在进水塔后形成了高为120 m、平均坡度为1:0.3的岩石开挖高边坡。在该高边坡上布置有与进水塔分别相连的10条隧洞的进口。高边坡的稳定与进水塔的安全运用密切相关,作为设计条件,不允许高边坡由于变形失稳施加附加荷载作用于进水塔。故该高边坡不仅要保证施工期的稳定,还要保证在正常运用工况下,如地震、水位骤降等情况下的稳定。根据大量的分析论证,设计采取了以喷锚支护为主要手段的加固处理措施。对于250 m以上卸荷裂隙发育及挤压破碎带的岩坡,还施加了钢筋混凝土面板。在进口边坡加固处理中,首次大规模地采用了100 t级和200 t级双层保护的预应力锚索与钢纤维喷混凝土新技术。在进水塔与边坡相接的表面敷设了厚为10 cm的软垫层,以避免高边坡对进水塔产生不利的影响。在高边坡上设置了暗排水系统,在塔后与边坡之间回填高程至230 m,上部有反滤的堆石体,排水管直接进入堆石体,保证在水库水位降落时能通畅地排除山体的地下水,确保边坡的稳定。运行3年多来的实际观测资料表明,进口高边坡一直处于稳定的正常工作状态。

随着大型消能水垫塘的开挖,在泄水建筑物的出口形成了高为70 m的开挖高边坡。

该区主要为岩性软弱的 T_1^6 黏土岩,岩层以 10° 左右的缓倾角倾向下游,并含有软弱泥化夹层。与洞群小角度斜交的 F_{236} 断层和 F_{238} 断层在出口区交会,加上十分发育的分支断层,形成了宽为 80 m 的破碎带,岩层倾角由 10° 左右变为 20° ~ 30°。最低开挖高程为 105 m,位于地下水位以下 30 多 m。设计消力塘的上游边坡为 1 : 0.75,坡高 80 余 m,施工期的边坡稳定条件十分复杂。针对出口边坡的工程地质条件,首先在消力塘开挖边坡内打了一条长 800 多 m 的排水廊道,廊道底高程为 115 m,用以降低坡内的地下水位;边坡上部采取了减载措施。按工程地质条件划分为三个区进行了稳定复核,在工程地质条件较好的 1 区和 3 区,采用以双层保护的 200 t 级和 300 t 级的预应力锚索为主要加固措施;在工程地质条件极差的 2 区,除采用预应力锚索外,根据施工期的边坡变形监测情况,先后施加了 6 个钢筋混凝土抗滑桩,局部取消了坡底脚的排水廊道,降低了开挖坡高,加大了 2 号中隔墙与边坡的接触面积,增加了抗滑能力,最终保证了施工期边坡的稳定。

二、泄洪建筑物施工进度

泄洪建筑物分两期施工。一期工程自 1992 年 9 月至 1994 年 4 月完成。一期工程包括:进口 250 m 高程以上土石方开挖,开挖量为 152.9 万 m^3;导流洞上中导洞石方开挖,开挖量为 22 万 m^3;出水口完成 160 m 高程以上土石方开挖,开挖量为 367.8 万 m^3。

二期工程自 1994 年 6 月 30 日正式开工;1997 年 10 月实现大河截流;1999 年 7 月完成 1 号导流洞改建;1999 年 10 月下闸蓄水,同年 12 月首台机组发电;2000 年 6 月完成 2 号、3 号导流洞改建;2001 年 6 月 30 日泄洪排沙工程全部完工。共完成土、石方开挖 1 814.9 万 m^3,混凝土衬砌 243.6 万 m^3,钢筋安装 10.5 万 t,喷混凝土 4.4 万 m^3。

依据泄洪排沙工程 13 个中间完工日期的规定,其里程碑进度分为:1997 年工程截流、1998 年工程度汛、1999 年工程度汛和蓄水发电。

1994 年 9 月开工到 1997 年 10 月工程截流,历时 38 个月。在此之前,其重点为进口区中的进水塔、导流洞和出口区的消力塘。重点项目为开挖和开挖中的围岩支护,以及其中的混凝土工程。在这前期,还要兼顾工程施工的各种准备工作。

1997 年、1999 年工程度汛(1997 年 11 月到 1999 年 10 月,历时 24 个月)。在此前其重点为进水塔、排沙洞的混凝土工程,1 号导流洞的改建和金属结构的安装等。

1999 年 12 月开始蓄水发电(1999 年 12 月到 2001 年 6 月,历时 19 个月)。在此前的重点为进水塔中的金属结构安装、2 号和 3 号孔板洞的改建、明流洞及溢洪道(包括混凝土和闸门)的完建。

第三节　引水发电建筑物

小浪底水电站装机为 6 × 300 MW 混流式机组,设计水头为 112 m,单机最大过流量为 300 m^3/s。在小浪底轮廓设计和初步设计中曾分别推荐引水式地面厂房和半地下式厂房方案,在初步设计优化中推荐采用了以地下厂房为核心的引水式布置方案,如图 1-4 和图 1-5 所示。

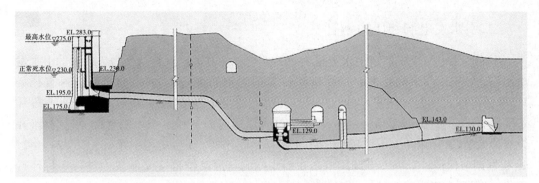

图1-4　引水发电系统纵剖面图

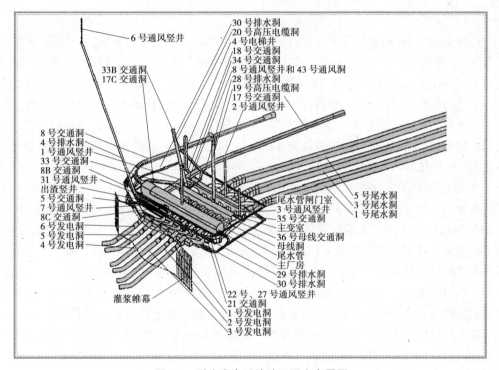

图1-5　引水发电系统地下洞室布置图

一、发电进水塔

小浪底水电站采用一洞一机单元式布置。6台机组有3个独立的、结构布置相同的进水塔。1～4号机组的进水口高程为195 m,根据电站初期发电的要求,5号和6号机组的进口高程为190 m。在同一进水塔内的2台机组采用通仓式布置6个宽为5 m的进水口,与175 m高程布置的6个排沙洞进口相对应,以减少过机沙量。进口前设拦污栅和检修门槽,塔内每台机布置一个能快速启闭的事故门。为了适应黄河汛期高含沙及多污物的特点,除装设有清污机及拦污栅压差检测仪外,另设一道副拦污栅,必要时可提起主拦污栅清污,副拦污栅与检修门共槽。

二、引水发电洞和压力钢管

小浪底水电站单机额定引水流量为 292 m³/s。发电进水口与直径为 7.5 m 的引水发电洞相连。引水发电洞在左岸山体灌浆帷幕前为钢筋混凝土衬砌,帷幕后通过直径为 7.5 m 的洞埋式压力钢管进入地下厂房。压力钢管分上斜段、上弯段、斜管段、下弯段和下平段五部分,衬砌钢板厚为 20~34 mm,进入厂房前的下平段压力钢管按明管设计,并设有伸缩节,直径由 7.5 m 收缩为 7.0 m 后与蜗壳相连。6 台机组引水管长为 324~424 m,根据调节保证计算可不设调压塔。在引水隧洞与灌浆帷幕交叉洞段内进行 3 排环行灌浆,以保证左岸灌浆帷幕体的整体性。

三、地下厂房

设计采用了典型的 3 洞室布置,厂房跨度为 26.2 m,长为 251 m,最大开挖深度为 61.4 m,主要围岩为 T_1^4 沉积砂岩。主厂房通过母线洞与主变压器室相连,主变室开挖跨度为 15.7 m,高为 17.8 m,主厂房与变压器室围岩厚为 32 m,根据有限元及模拟开挖支护的地质力学模型试验成果,并通过工程类比,设计采用了包括顶拱在内的喷锚柔性支护作为永久支护和岩壁吊车梁方案,选择了支护参数。鉴于主厂房跨度大,顶拱围岩存在连续的泥化夹层,在顶拱部位除设置长为 8 m/6 m、间距为 3 m、相间布置的系统张拉锚杆及厚为 20 cm 的挂网喷混凝土外,以排距为 6 m、间距为 4.5 m 布设了 324 根 1 500 kN、长为 25 m 的双层保护预应力锚索。61 m 高的开挖直立边墙采用长为 10 m/8 m、间距为 3 m、相间布置的系统张拉锚杆和厚为 20 cm 的喷混凝土,在泥化夹层部位设两排长为 12 m、500 kN 的预应力锚杆。变压器室和尾水闸门室也分别采用喷锚柔性支护作为永久支护。施工期收敛计所测厂房顶拱最大位移为 17 mm,边墙最大位移为 24 mm。地下厂房的岩壁吊车梁的设计荷载为 1 000 t,经实际超静载 25% 及超动载 10% 的试验证明,工作状态良好。小浪底地下厂房是我国在沉积岩地层条件下最大的地下厂房,在如此地质条件下建造以柔性支护作为永久支护、采用岩壁吊车梁的大跨度地下厂房属国际先进水平。

地下厂房的发电机层和安装间通过进厂交通洞与外部相连,主变室顶部有两条母线廊道,通过高压电缆将 220 kV 的高压电送至高程为 230 m 的开关站。在地下厂房的周围布置有分别位于高程 117 m 和 163 m 的 30 号与 28 号环形排水廊道,用于降低厂房周围的地下水位。在地下厂房设计有通过尾水洞自然进风、厂房顶竖井强迫抽排的通风系统。

四、尾水洞和出口防淤闸

小浪底水电站每两台机组合并成一条宽为 12 m,高为 19 m,长分别为 805 m、856 m 及 905 m 的明流式尾水隧洞。这 3 条尾水隧洞的底板和边墙采用钢筋混凝土衬护,顶拱喷锚支护。在尾水洞的出口连接尾水明渠,尾水明渠的末端设 6 孔宽为 4 m、高为 22.5 m 的出口防淤闸。当汛期泄洪排沙而不发电时,相应关闭防淤闸,以防止泥沙倒灌淤堵尾水隧洞。采用高明流式尾水洞可以满足在水击情况下水位波动的要求,从而取消了尾水调压室。

第二章　水工建筑物的运行

第一节　枢纽运用方式

一、概述

(一)枢纽运用期划分

小浪底水利枢纽的开发目标是"以防洪(包括防凌)、减淤为主,兼顾供水、灌溉和发电,蓄清排浑,除害兴利,综合利用"。

小浪底水利枢纽运用分为三个时期,即拦沙初期、拦沙后期和正常运用期。拦沙初期:水库泥沙淤积量达到 21 亿~22 亿 m^3。拦沙后期:拦沙初期之后至库区形成高滩深槽,坝前滩面高程达 254 m,相应水库泥沙淤积总量约为 75.5 亿 m^3。正常运用期:在长期保持 254 m 高程以上 40.5 亿 m^3 防洪库容的前提下,利用 254 m 高程以下 10.5 亿 m^3 的槽库容长期进行调水调沙运用。

小浪底水利枢纽目前处于拦沙初期,拦沙初期的运用目标是按照设计确定的参数、指标及有关运用原则,考虑近期利益和长远利益,兼顾洪水资源化,合理利用淤沙库容,正确处理各项开发任务的需求,在确保工程安全的前提下,充分发挥枢纽以防洪减淤为主的综合利用效益。

(二)枢纽调度运用方式

小浪底水利枢纽拦沙初期运用调度在确保枢纽安全的前提下,充分考虑水库初期运用库容大、下游河道行洪输沙能力低、黄河水少沙多及水沙不平衡的特点,按水沙联合调度原则进行枢纽调度运行。

调度时段及主要目标:

7 月 1 日~10 月 31 日:防洪,减淤;11 月 1 日~次年 2 月底:防凌,减淤;3 月 1 日~6 月 30 日:减淤,供水,灌溉。

小浪底水利枢纽水库调度单位为黄河水利委员会和黄河防汛总指挥部(简称"水库调度单位"),发电调度单位为河南省电力公司(简称"电力调度单位"),运行管理单位为小浪底水利枢纽建设管理局(简称"运行管理单位")。水库调度、电力调度和运行管理单位需加强沟通,密切配合。

水库调度单位负责制定枢纽下泄流量及含沙量指标等,并及时下达调度指令,对调度指令的执行结果负责。调度指令分防汛调度指令和水量调度指令,由水库调度单位下达,运行管理单位执行。调度指令明确中时段、泄量等指标及误差范围,出库含沙量控制由运行管理单位根据枢纽实际条件和调水调沙要求确定控泄方式。水库调度单位负责制定特殊情况下的应急调度预案,当需要启用应急调度预案,或突破本规程规定运用时,由水库调度单位提出书面报告报请上级主管部门批准后下达应急调度指令。

电力调度指令由电力调度单位下达。按照"以水定电"的原则,运行管理单位将与发电有关的水库调度指令及时通知电力调度单位,电力调度单位按"以水定电"原则制定发电指标,并及时下达调度指令。

运行管理单位严格执行调度指令,制订孔洞组合方案,以满足调度要求,对枢纽建筑物的安全运行负责。运行管理单位若对调度指令有不同意见,在执行调度指令的同时可向有关部门反映。运行过程中若枢纽建筑物及设备出现重大安全问题,运行管理单位需及时采取相应的应急措施,并向水库调度单位和电力调度单位报告。

(三)枢纽蓄水运用条件

库水位上升限制条件:水库正常设计水位(同最高运用水位)为275 m,最低运用水位一般不低于210 m。根据土石坝蓄水特点和坝体稳定要求,水库按分级蓄水原则逐步提高允许最高蓄水位,在260~265 m和265~270 m水位级应持续不少于3个月的时间,每级水位蓄水运用的原型观测资料应及时汇总分析,在前一级水位运行检验稳定后,方可进行后一级水位蓄水运用。在防洪、防凌期遇特殊情况时,经上级主管部门批准后,允许短期突破,此时应加强枢纽建筑物安全监测,并尽快恢复到允许最高蓄水位以下。

库水位消落限制条件:当库水位非连续下降时,日最大下降幅度不得大于6 m;当库水位连续下降时,一周内最大下降幅度不得大于25 m,且日最大下降幅度不得大于5 m。

二、防洪运用

防洪运用的任务是根据规划设计确定的枢纽设计洪水标准、校核洪水标准和下游防洪工程的防洪标准,在确保枢纽建筑物安全的前提下,减轻洪水对下游防洪工程的压力,保证下游防洪安全,兼顾洪水资源利用及水库、下游河道减淤。

防洪运用的原则是:当下游出现防御标准(花园口站流量22 000 m³/s)内洪水时,合理控制花园口流量,最大限度地减轻下游的防洪压力;当下游可能出现超标准洪水时,尽量减轻黄河下游的洪水灾害;当水库遇超过设计标准洪水或枢纽出现重大安全问题时,应确保枢纽安全运用。

枢纽防洪调度期为7月1日~10月23日,其中7月1日~8月31日为前汛期,9月1日~10月23日为后汛期。根据黄河洪水季节性变化规律,水库调度单位考虑拦沙初期水库淤积特点,分别制定前汛期和后汛期的限制水位,目前前汛期限制水位为225 m,后汛期限制水位为248 m。考虑黄河洪水和径流的特点,7月1~10日,在综合分析来水情况并经上级主管部门批准后,可突破汛限水位运用。黄河洪水调度复杂,水库调度单位根据每年的具体情况逐年制订防洪调度预案,并及时通知运行管理单位;运行管理单位根据枢纽的具体情况和防洪调度预案制订防洪调度计划,并及时上报水库调度单位。

防洪调度按照国家防汛抗旱总指挥部批准的黄河洪水调度方案执行,但是黄河来水、来沙多变,预见期有限,在防洪调度期间需要在调度预案的基础上,结合实时水沙情况,进行实时调度。防洪运用方式如下:

(1)当预报花园口流量小于5 000 m³/s、大于编号洪水时,原则上按入库流量泄洪;当潼关站实测为低含沙、小洪量编号洪水时,可短时超量蓄水。

（2）当预报花园口洪水流量大于 5 000 m³/s 时，需根据小浪底—花园口区间来水流量与水库蓄洪量多少，确定不同的泄洪方式。

①对以三门峡以上来水为主的"上大洪水"，当潼关站实测含沙量小于 200 kg/m³ 时，先按控制花园口站流量 5 000 m³/s 运用，待水库蓄洪量达到 20 亿 m³ 时，再按控制花园口站流量不大于 10 000 m³/s 运用；当潼关站发生含沙量大于 200 kg/m³ 的编号洪水时，按入库流量下泄，并控制花园口站流量不大于 10 000 m³/s。

②对以三门峡—花园口区间来水为主的"下大洪水"，在小浪底水库控制花园口站流量为 5 000 m³/s 的运用过程中，当水库蓄洪量尚未达到 20 亿 m³、小浪底—花园口区间来水流量已达到 5 000 m³/s 且有增大趋势时，水库按不大于 1 000 m³/s 控泄；当水库蓄洪量达到 20 亿 m³ 时，开始按控制花园口流量 10 000 m³/s 运用；当小浪底—花园口区间来水流量大于 10 000 m³/s 时，水库按不大于 1 000 m³/s 控泄。

（3）当预报花园口洪水流量回落至 5 000 m³/s 以下时，按控制花园口流量为 5 000 m³/s 泄洪，直到小浪底库水位回降至汛限水位以下。

三、调水调沙运用

调水调沙运用的任务是通过水库对出库水沙过程进行调节，尽可能减少下游河道特别是艾山以下河道主河槽的淤积，增加河道主槽的过流能力。

调水调沙运用的原则是水库调水调沙要考虑水沙条件、水库淤积和黄河下游河道的过水能力，充分利用下游河道的输沙能力，控制花园口站流量或小于 800 m³/s 或大于 2 600 m³/s，尽量避免出现 800～2 600 m³/s 的流量过程。

调水调沙的调度期运用贯穿于其他各个调度期之中。水库调度单位负责制定小浪底水库调水调沙调度预案，下达调水调沙调度指令，运行管理单位负责组织实施。

黄河来水、来沙多变，预见期有限，在调水调沙期间需要在调度预案的基础上，结合实际水沙情况，加强实时调度。同时，在调水调沙调度中要做好与防洪调度的衔接，并尽量使三门峡水库和小浪底水库调度相协调。调水调沙运用方式如下：

（1）调水调沙最低运用水位为 210 m，调控库容不小于 8 亿 m³。

（2）调控下限流量按控制花园口站流量不大于 800 m³/s，调控上限流量按控制花园口站流量不小于 2 600 m³/s，历时不小于 6 d。

（3）当出库流量大于调控上限流量时，应及时打开排沙洞或孔板洞排沙，充分利用黄河下游河道的输沙特性，排沙入海，减少小浪底水库淤积。当出库流量小于调控下限流量时，以电站泄流为主，避免小水带大沙，增加下游河道淤积。

（4）当潼关站含沙量大于 200 kg/m³、流量小于编号洪水时，应采用"异重流"、"浑水水库"等排沙运用方式。

四、防凌运用

防凌运用的任务是在防凌期优先承担防凌蓄水任务，合理控制出库流量，避免下游凌汛灾害。

防凌调度期为每年的 11 月 1 日～次年 2 月底，特殊情况时，调度期顺延。

水库调度单位根据来水预报、下游河道可能开始封(开)河时段的气象预报以及该时段内下游沿河地区用水、配水计划,编制水库防凌调度运用预案。运行管理单位负责制订小浪底水利枢纽的防凌调度计划,并按调度指令负责组织实施。

防凌运用方式如下:

预报下游河道封冻前一旬,水库按防凌预案确定的流量均匀泄流,维持下游流量平稳,避免小流量封河;下游河道封冻后,水库平稳减少泄流,逐步减小下游河道槽蓄水量,使下游流量不超过河道的冰下过流能力。开河期为进一步削减下游河道槽蓄水量,适时控泄流量,直至开河。

五、供水灌溉运用

供水灌溉运用的任务是在尽可能保证黄河不断流的前提下,按"以供定需"的要求,尽量满足下游供水和灌溉配额,提高供水保证率。

供水灌溉调度的原则是供水灌溉服从黄河水量统一调度,在考虑黄河下游减淤要求的前提下,合理分配下游生活用水、生产用水和生态环境用水。

水库调度单位根据来水预报和下游需水要求负责制订年度水量分配调度预案和月、旬调度计划;运行管理单位负责组织实施调度计划,在满足瞬时最小流量要求的前提下,日均下泄流量误差不得超过5%。

为防止7月上旬的"卡脖子"旱,6月底在210 m水位以上可预留约10亿 m³水量。

六、发电运用

发电调度的任务是在满足水库调度单位制定的下泄流量指标的前提下,尽量多发电,少弃水,提高小浪底水利枢纽的发电效益。

发电调度的原则是"以水定电"。当电网有特殊需求时,电力调度单位应及时通报,水库调度单位应尽可能予以协助。

运行管理单位根据水调计划及防洪、防凌、调水调沙调度指令编制小浪底水电厂的季、月、日发电建议计划(包括最大出力、最小出力、发电量等),并报送电力调度单位和水库调度单位。电力调度单位在水库调度单位要求控泄的日平均流量和日调节流量上、下限范围内进行电负荷的日调节,具体电负荷的日调节由电力调度单位直接下达运行管理单位。

当汛期发生高含沙洪水泄水时,运行管理单位将考虑减少开机台数或短时停机避沙,以减轻机组泥沙磨损。

七、枢纽防沙防淤堵运用

运行管理单位定期对枢纽泥沙淤积情况进行监测,库区大断面泥沙测验每年汛前和汛后各进行一次,进水塔前和坝前泥沙淤积情况(塔前60 m)每月进行两次监测。

枢纽防沙防淤堵运用方式如下:

(1)汛期下泄的水量,当要求全部通过发电机组下泄时,可能导致进水塔前泥沙淤积。当实测塔前泥沙淤积面高程达到183.5 m时,运行管理单位应报请水库调度单位批准,小开度短历时开启排沙洞工作闸门,以检查其进口流道是否畅通。以后可按0.5 m一级逐步提高塔前允许淤积面高程,但最终许可值不得大于187 m。

(2)当要求单个排沙洞运用时,应先开启3号排沙洞,然后轮流开启2号、1号排沙洞。当多个排沙洞运用时,各排沙洞宜均匀泄水。

(3)当因地震、水流淘刷等造成进口冲刷漏斗坍塌,导致塔前淤积高程过高而排沙洞不能泄流时,可相机启用明流洞、孔板洞泄流拉沙,必要时辅以高压水枪冲沙,以恢复进口冲刷漏斗。

(4)泄洪排沙时,若某条尾水渠对应的2台机组均停止运行,应关闭该渠末端的防淤闸门,防止黄河泥沙回淤尾水洞(渠)。

第二节　枢纽安全管理

一、概述

小浪底水利枢纽是我国治黄史上规模最大的控制性工程,大坝安全管理按照"维护黄河健康生命,坚持公益性效益优先"为原则,实行建管合一,小浪底水利枢纽建设管理局负责工程建设管理,同时负责枢纽运行管理,全面承担小浪底水利枢纽安全管理的责任。

2001年,建立了水库各项安全准则和手册,编写了水库大坝运行、维护和监测手册,以及风险评估和准备紧急应急计划等。这些在小浪底水利枢纽初期运行阶段发挥了重要的作用。

随着大坝安全管理工作的不断深入,参照《水库大坝安全管理条例》、《水库大坝注册登记办法》、《土石坝安全监测技术规范》(SL 551—2011)、《水电站安全管理办法》、《水电站大坝安全检查实施细则》、《混凝土坝安全监测技术规范》(DL/T 5178—2003)等法规规范,完善并制定了一系列符合小浪底水利枢纽实际的安全生产和运行管理制度。这些管理制度规范了小浪底水利枢纽安全生产、日常管理等方面的工作,确保小浪底水利枢纽各项生产、管理活动的有序高效进行。

2003年,编制了《小浪底水利枢纽拦沙初期运用调度规程》,并经水利部批复实施。

2005年,为提高安全生产管理水平,开展了职业健康安全管理体系认证工作,广泛进行了危险源辨识和风险评价工作,2006年底通过了中国电力企业联合会认证中心的职业健康安全管理体系认证。

为了保证小浪底大坝安全管理的可持续发展,不断修订和完善了小浪底水利枢纽发展的五年规划,对安全生产、技术改造与科研、人力资源、培训等方面作出了具体要求,保证了大坝安全管理的各项工作顺利开展。

二、鉴定、验收和注册

依据《水库大坝安全管理条例》和有关规范,小浪底水利枢纽于1997年10月通过了原国家计委会同水利部组织的截流前阶段验收;1999年9月通过了水利部会同河南、山西两省人民政府组织的水库下闸蓄水阶段验收;2002 年 12 月通过水利部主持的小浪底水利枢纽(工程部分)竣工初步验收,工程竣工初步验收前,又进行了补充安全鉴定;2007 年 4 月完成了初期运用技术评估;2007 年 9 月进行了竣工验收技术鉴定;2008 年 12 月通过了竣工验收技术预验收;2009 年 4 月通过竣工验收。

2009 年 9 月,按照《水库大坝注册登记办法》和《水电站大坝安全注册规定》,小浪底水利枢纽正式在水利部大坝管理中心和水电站大坝安全监察中心注册登记。

三、安全检查与维护检修

(一)安全检查

安全检查与维修维护制度是保证枢纽安全、规范管理的有效手段。小浪底水利枢纽泄洪系统布置密集,各类启闭闸门设备多且分散,枢纽调度频繁,各条孔洞在运行时存在相互影响的现象,在复杂而烦琐的运行条件下,及时发现建筑物和金属结构潜在的风险,制订并实施风险处置的计划,以确保枢纽安全运行。

小浪底水利枢纽运行管理人员在依据《水库大坝安全管理条例》和《土石坝安全监测技术规范》(SL 551—2011)的基础上,结合《小浪底水利枢纽拦沙初期调度规程》及水工建筑物实际运用情况,通过大坝安全运行管理中的危险源辨识和风险分析,充分考虑水工建筑物运行维护时存在不确定性风险的几个关键环节,制定了《小浪底水利枢纽水工建筑物巡视检查制度》、《水工机械运行、维护和检修规程》、《水工机械系统运行维护规程》、《闸门操作规程、规范》、《水工系统维护监测规程》等,同时依照电力行业的两票制度,制定了《水工建筑物工作单、操作单制度》,将每个关键环节潜在的风险落实到人,增强各个环节工作人员的风险意识和责任感。

所有大坝安全设备都应定期检查和试验,以确保它们安全可靠地运行。据此,制定了《枢纽巡检维护制度》,并严格按照规定进行巡视检查。巡视检查分为日常巡视检查、年度巡视检查、定期巡视检查、特种巡视检查四类。根据巡视检查情况,考虑水库水位变化、大坝变形、渗流等,结合水工建筑物存在的主要问题、异常现象,收集设计、施工和运行过程的资料进行系统分析,全面反映水工建筑物的运行工况,尽可能发现枢纽潜在的风险,并对枢纽进行相应的维护管理和测试试验,确保泄洪设施可靠运转,同时做好所有维护和试验记录,确保枢纽安全稳定运行。

(二)安全监督检查

安全监督检查是由专门负责安全监督的人员对安全生产中违章、安全隐患等进行检查、督促整改,并定期对生产人员进行安全教育、安全培训。重视整改落实是提高安全生产水平的基本条件。定期组织安全检查活动,每年防汛、节假日及重要生产时段均组织安全生产检查,电力生产还要做好设备春季和秋季安全检查工作,针对检查发现的问题重点做好整改落实工作,做到有检查、有总结、有落实。通过狠抓安全教育和安全生产检查与整改,职工安全意识普遍增强,生产现场安全状况良好。经过多年的运行实践,已形成了一套完善的安全生产监督和安全生产保证体系。

2009 年 10 月,制定了《小浪底水利枢纽建设管理局安全生产"一岗双责"制度》,按照"谁主管,谁负责"和"管生产,必须管安全"的原则,对每个岗位的安全责任进行了划分,各部门将安全目标进行了责任分解,进而实现了安全生产层层负责。

(三)维护检修

小浪底水利枢纽工程规模大,水工设施和机电设备复杂,水沙条件特殊,技术难题多,运用要求严格,技术管理的工作量较大。在日常工作中建立了一系列设备检查、维护、消缺、分析、总结制度,正常开展了技术监督和可靠性管理,开展了设备小修、大修、技术改造和更新,不断提高了设备健康水平和可靠运行水平。

小浪底水利枢纽机电设备及水工建筑物的检修维护模式采取自主实施与面向社会相结合的方式。其中技术含量高的日常检修维护工作由电厂自主实施。施工工作量大、专业性较强、市场成熟的技术改造和检修以及需要大量劳动力的工作面向社会实施,如发电设备的大修、小修,开关站的春秋检,保护和控制系统的改造,水工泄洪洞的混凝土缺陷修补等。枢纽的内、外观监测委托有资质的单位负责实施。项目管理单位负责现场监理和组织验收,以及按照项目管理程序做好各项管理工作,大大节省了劳动力,提高了工作效率。经过几年来的探索和实践,小浪底水利枢纽已经形成了具有小浪底特色的检修维护模式,通过对外项目的科学管理,在保持人员精干的前提下,充分利用了社会资源,保证了检修维护工作的正常开展和检修质量,提高了生产效率,节约了管理成本。

四、安全监测

安全监测可以及时发现大坝安全隐患,是监视大坝安全运行的耳目。小浪底水利枢纽在建设期组建大坝安全监测自动采集网络,开发大坝安全监控系统,运行期对该系统不断更新改造、完善提高,目前,小浪底大坝安全监测系统是国内已建工程中规模最大的安全监测系统之一,安全监测主要有渗流监测、变形监测、应力应变监测及水库诱发地震监测、库区泥沙淤积监测等项目。

(一)枢纽监测

大坝安全监测仪器大多采用进口振弦式仪器、线性变位计式仪器、电容式仪器以及差动电阻式仪器等33种观测仪器,这些观测仪器设施大部分引至分散在枢纽3 km范围的64座地面观测房和地下观测站。表面变形监测采用目前先进的全球定位技术和测量机器人技术,还采用了多项改进技术,如用高精度全站仪的对边测量技术代替常规的收敛观测,用高精度全站仪测三角高程代替作业困难地区的直接水准测量等。

将主要分布在大坝及其基础、北岸山体、进/出口高边坡、进水塔、消力塘和地下厂房等部位的关键仪器实施自动化采集,自动化采集系统中心监控站与MCU间的通信网络采用光纤连接。其他仪器按规定的频次采用人工观测,记录则通过掌上电脑,实现与计算机数据的自动传输。数据处理系统是在实现数据自动采集和人工观测数据自动传输的基础上,联合科研院校,利用计算机和通信技术,建立一套技术先进、功能齐全、设备稳妥可靠的安全监控系统,整个系统由下列各功能部分组成:数据库(含图形库和图像库)、模型库、方法库、知识库、综合信息管理子系统、综合分析推理子系统和输入/输出(I/O)子系统。该系统对本工程安全监测实现人工智能的数据管理、信息分析、推理和辅助决策,实时监测和反馈枢纽安全运行状况。

（二）水库诱发地震监测

2008 年，对小浪底水库诱发地震监测系统进行了更新改造，升级改造了水库诱发地震监测系统中 8 个测震台站、10 个强震台，新建了 2 个自由场强震台和 1 个台网中心，采用宽带地震计、短周期地震计和强震加速度计组成了水库地震综合观测系统。8 个测震台站基本均匀地分布在库区黄河两岸的断层附近。

（三）泥沙测验

库区测验目前采用条带测深仪和双频回声测深仪进行断面法测量及与条带测深仪相结合的测量模式进行观测，采用实时动态定位技术进行测船定位，Hypack 导航软件进行导航，确保定位精确。在每次测量前，对上述两种仪器与施放铅鱼测量的方法进行比测，确保数据采集精度。

（四）大坝安全会商

为了确保小浪底水利枢纽安全稳定运行，强化大坝安全管理，2004 年成立了大坝安全监察工作小组。大坝安全监察工作小组负责制订小组工作计划，制定《大坝安全会商制度》，组织大坝安全会商会议，及时向上级反映大坝运行情况；适时掌握大坝运行状况，对影响大坝安全运行的隐患、异常及时进行分析，并提出分析和处理意见；联系业内专家，组织大坝安全会商或咨询；监督指导各部门建立规范完善的大坝安全运行资料库；负责大坝安全注册和定期检查的联系与组织工作。

《大坝安全会商制度》规定了会商范围、会商形式以及会商内容，该制度拓展了大坝安全管理内容，使会商工作更加制度化、规范化，进一步落实完善了大坝安全监察工作，为小浪底水利枢纽长期安全稳定运行提供了有力保障。

五、应急救援预案

应急救援预案就是当有突发自然事件或工程事故发生时，为有效控制和最大限度地减少突发事故、事件造成的损失，保护大坝下游，减少洪灾损失，运行人员应遵循的程序和方法。小浪底水利枢纽建设管理局根据国家的有关法律、法规和行业规定，以及《加拿大大坝安全导则》的有关内容，建立了突发事故应急救援体系。该体系主要包括突发事故总体应急救援预案（总预案）、部门突发事故应急救援预案（分预案）、突发事故专项应急救援预案（专项预案）、突发事故专项救援措施（专项措施）和临时预案。总预案是总纲；分预案是根据总预案和本部门职责，为应对本部门管理责任范围内的突发安全事件、事故制定的预案；专项预案是为应对某一类型或某几种类型突发安全事件、事故制定的预案；专项措施是在某种情况发生时须采取的构不成预案的应急救援措施。该体系从不同的角度对危险源辨识和分析、应急救援机构和职责、预测预警、应急救援资源及保障措施、预案启动、后期处置、信息管理以及宣传、培训演习等方面进行了规范，提高了运行管理人员的应急处置能力。

六、水工建筑物运行要求

（一）大坝

定期采集、整编、分析大坝变形、渗流、渗压等资料，若发现测值异常或突变，应查找原因,必要时采取相应措施,以确保大坝的运行安全;左岸山体是大坝的延伸,在运用过程中应控制其排水幕后地下水位不高于200 m,地下厂房周边地下水位不高于134 m。

(二)进水塔群及进口高边坡

定期测量坝前和塔前的泥沙淤积面高程、淤积层特性,及时整理、绘制水下地形图及纵横剖面图,以指导塔群泄水孔洞的操作运用;及时检查进水塔内各系统设备的工作性状,确保闸门、启闭机、拦污栅等升降自如、安全运行;监测拦污栅前后水位差,及时清污,防止拦污栅超负荷运行、变形或折断;及时采集、整编、分析进水塔塔基应力、塔体沉降、位移以及结构钢筋应力等资料。若发现测值异常或突变,应查找原因,必要时采取相应措施;定期检查塔群流道环氧砂浆护面是否完好,若有掉块、开裂或大面积脱落,应及时修补;及时采集、整理、分析塔周高边坡观测资料,若发现边坡累计沉降、位移过大或变化速率剧增骤减,以及锚索应力突增或骤减等问题,应查找原因,必要时采取相应措施。

(三)排沙洞

排沙洞按压力洞设计,形成洞内压力流的最低水位为186 m。当库水位超过220 m,需用排沙洞泄洪排沙时,要求工作闸门局部开启运用,一般应控制单洞泄量不超过500 m³/s,压力洞段流速不大于15 m/s,以减轻洞内磨损。

当排沙洞停泄时,关闭工作闸门,由工作闸门挡水,汛期关闭事故闸门,以防洞内淤积;当启用排沙洞时,若事故闸门在关闭位置,则应先向事故闸门后充水平压,而后开启事故闸门,再开启工作闸门。在工作闸门局部开启运用过程中,若门体发生振动,则应立即小幅度调整其开度将振动消除。当排沙洞工作闸门发生事故不能正常关闭时,每条排沙洞进口的2扇事故闸门应同时动水关闭切断水流。

每年汛前、汛后各安排进排沙洞全面检查一次,检查重点为预应力锚具槽回填混凝土工作性态及出口高流速段,发现问题及时处理。

(四)孔板洞

孔板洞运用要求的最低库水位为200 m,1号孔板洞暂限制在库水位不高于250 m条件下运用,孔板洞工作闸门必须全开运用。

当孔板洞停泄时,关闭工作闸门,由工作闸门挡水,汛期关闭事故闸门,以防洞内淤积;当启用孔板洞时,若事故闸门在关闭位置,则应先向事故闸门后充水平压,而后开启事故闸门,再开启工作闸门。泄水运用时,每条孔板洞的2扇工作闸门必须同时启闭,两门之间高差不得大于300 mm。当孔板洞工作闸门发生事故不能正常关闭时,每洞进口的2扇事故闸门应同时动水关闭切断水流。

孔板洞每次运用后应安排进洞全面检查一次,检查重点为孔板环、中闸室出口段高流速部位的空蚀及磨蚀情况,发现问题及时处理。

(五)明流洞

当明流洞停泄时,由工作闸门挡水,明流洞工作闸门宜全开运用。当明流洞工作闸门发生事故不能正常关闭时,应立即关闭事故闸门,1号明流洞2扇事故闸门必须同时关闭。

每年汛前、汛后各安排进行明流洞全面检查一次,发现问题及时处理。

(六)正常溢洪道

最低运用水位不得低于 265 m,以防挑流水舌撞击消力塘上游边坡。工作闸门必须全开运用,为防止泄槽内产生不利流态,3 孔闸门应对称开启,即 3 孔全开,或左右侧孔全开,或中间孔全开。

(七)消力塘

当泄水建筑物组合运用时,应尽可能使每个消力塘内流态平稳和 3 个消力塘的出流均匀,以防其下游泄水渠出现回流造成流量集中或局部流速过大。当 1 号、2 号、3 号消力塘总泄量超过 3 000 m³/s,或总泄量小于 3 000 m³/s,但邻塘间泄量差大于 1 000 m³/s 时,应抽排地下水,保持基础地下水位不高于 125 m。在某个消力塘检修时,应抽排地下水,保持基础地下水位不高于 115 m,此时非检修的消力塘只能使用排沙洞泄水。

定期检查消力塘,若发现泥沙渗入排水洞和排水廊道,应查清原因,及时清除,以保持排水孔通畅排水。

(八)泄水建筑物组合运用原则

根据泄水建筑物自身特性和运用条件,统筹兼顾异重流排沙减淤、水库排污排漂、进水口防淤堵、发电洞进口"门前清"、下游消力塘和泄水渠出流均匀、流态平稳等要求。

当机组过机含沙量低于 100 kg/m³ 时,枢纽下泄流量应首先满足发电要求,其余泄量按不同水位、不同下泄流量制订泄水建筑物组合运用方案。

非常情况下,1 号孔板洞可在 250 m 水位以上运用,每条排沙洞泄量可大于 500 m³/s 运用。

七、金属结构设备运行要求

(一)检修闸门

孔板洞、排沙洞、明流洞检修闸门及发电洞进口检修闸门允许在库水位等于或低于 260 m,且淤沙高程不高于 180 m 的静水条件下闭门挡水。启门前需先向门后充水平压,待上、下游水位差达到设计要求后才允许提升闸门。排沙洞检修闸门必须在与其对应的发电洞不引水发电时才能启闭。

机组尾水检修闸门允许在下游水位等于或低于 140.5 m、相应水容重不大于 1.05 t/m³,且淤沙高程不高于 132.68 m 的静水条件下闭门挡水。启门前需先向门后充水平压,再提升闸门。

1 号孔板洞出口浮箱叠梁检修闸门应在 1 号消力塘停止泄洪、消力塘水位等于或低于 137.0 m 的静水条件下闭门挡水,在平压条件下靠浮力启门。

(二)检修闸门启吊抓梁及其他设备

孔板洞、排沙洞、明流洞、发电洞检修闸门的启吊、平移利用塔顶门机配合液压自动抓梁进行操作。孔板洞检修闸门的液压自动抓梁平时锁定在 275.5 m 高程平台上,排沙洞、明流洞、发电洞检修闸门的液压自动抓梁平时锁定在库水位以上。机组尾水检修闸门的启吊、平移利用尾水台车式启闭机配合液压自动抓梁进行操作。1 号孔板洞出口检修闸门应与移动式空压机、2 台 100 kN 手拉葫芦及牵引绳等配合使用。

（三）事故闸门

当孔板洞、排沙洞、明流洞工作闸门及隧洞定期检修或孔板洞、排沙洞要求闭门挡沙时，事故闸门在静水条件下闭门；孔板洞、排沙洞、明流洞在工作闸门事故条件下允许事故闸门动水闭门挡水。孔板洞、排沙洞事故闸门关闭后应向止水背压腔充水加压，达到封水的目的。发电洞事故闸门在机组出现事故，机组导水机构、筒阀又同时失灵时，允许动水闭门挡水，当机组、隧洞需要检修时应静水闭门挡水。事故闸门启门前需先用旁通管向门后充水平压，待上下游水位差达到设计要求后，才允许提升闸门。

在隧洞泄洪期间，孔板洞、明流洞事故门应悬挂在孔口上方 15 m 处，排沙洞事故门应悬挂在孔口上方 10 m 处。汛期停泄时，孔板洞、排沙洞事故闸门闭门挡沙。明流洞停泄时事故闸门锁定在检修平台上，当库水位高于检修平台时，闸门不得锁定，须悬挂在闸室内。发电洞事故闸门平时悬挂在孔口上方，检修时，将闸门提到检修平台。

（四）工作闸门

明流洞和溢洪道不泄洪时工作闸门闭门挡水，孔板洞、排沙洞非汛期不泄洪时工作闸门闭门挡水，汛期不泄洪时由事故闸门闭门挡沙。孔板洞、排沙洞事故闸门挡沙期间，工作闸门前的积水宜保留，以保证来洪水时及时开门泄洪。孔板洞、排沙洞、明流洞、溢洪道工作闸门允许在动水条件下启闭；排沙洞工作闸门允许局部开启运用，局部开启运用时应避开闸门振动的开度区。

防淤闸工作闸门允许在水位为 140.55 m、相应水容重为 1.05 t/m³ 的条件下动水启闭。机组发电期间防淤闸工作闸门处于开启状态，汛期某条尾水渠对应的 2 台机组均停止运行时，关闭该渠末端的 2 扇防淤闸门挡沙。

（五）拦污栅

拦污栅的启吊利用塔顶门机配合主、副拦污栅液压自动抓梁进行操作，允许在污物堵塞栅体引起小于或等于 4 m 水位差条件下启栅。拦污栅上、下游水位差达 0.5 m 时应开始清污，清污的方式首先采用清污机清污，其次为人工清污。当泥沙污物来量集中，主拦污栅堵塞面积过大，导致机械清污无法进行时，应及时下放副拦污栅，然后将主拦污栅提至塔顶进行人工清污，主拦污栅清污完毕检查合格后，才允许放入栅槽继续运行。

（六）启闭机

1. 移动式启闭机

进水塔顶门式启闭机各起升、运行机构之间设有电气连锁保护装置，运行时任何两个机构不允许同时工作。遇 6 级以上大风或大雾、大雪、雷雨等恶劣气候，门机应停止作业。清污机由门机副钩携带清污抓斗实施清污作业，运行以压污为主，抓污为辅。压污作业应在排沙洞泄水条件下进行。

机组尾水检修闸门台车式启闭机的运行机构和起升机构之间设电气连锁保护装置，不允许同时工作。

2. 固定卷扬式启闭机

固定卷扬式启闭机采用现地操作和远方操作两种控制方式，操作前应检查闸门锁定和机电等设备，在确认具备安全运行条件后，再选择采用现地操作或远方操作方式。

每条排沙洞、孔板洞和 1 号明流洞均设有 2 扇事故闸门，两门的启闭机采用双机联合操作方式,动水闭门时两机必须同时操作。静水启闭时,两门既可同时操作,也可分别单独操作。

3.液压启闭机

泄洪系统液压启闭机采用现地操作和远方操作两种控制方式,电站系统液压启闭机由电站计算机监控系统进行控制,也可在启闭机旁进行现地操作。液压启闭机操作前应检查闸门和机电等设备,在确认具备安全运行条件后,再选择采用现地操作或远方操作方式。偏心铰弧形闸门禁止在闸门压紧状态下操作液压系统主机。

(七)充水平压及高压冲淤系统

充水平压系统的阀门正常运行时采用远方操作,电动装置发生故障时切换为手动操作。当闸门后洞内需充水时,先开启进口闸阀再开启蝶阀,平压后先关闭蝶阀,后关闭闸阀挡水挡沙。当充水平压管路取水口被泥沙淤堵不能过水时,应利用高压冲淤系统冲沙。

当泥沙淤积造成孔板洞和排沙洞流道堵塞时,应启动高压冲淤系统冲沙,过流后立即停止冲淤。在流道未堵塞状态下,不得使用高压冲淤系统。

第三节　巡视检查

一、水工建筑物巡视检查

(一)巡视检查类型

小浪底水利枢纽水工建筑物巡视检查分为四类,包括日常检查、年度详查、特种检查和定期检查。

1.日常检查

日常检查由运行管理单位组织水工专业技术人员及有经验的维护工参加,对管辖的水工建筑物各部位和坝区库岸进行巡视检查。检查频次为经常性。检查结果以表格形式记载,对发现的建筑物缺陷及异常现象做详细记录,并及时上报。在发生地震及特大洪水时,应立即进行巡查。水库水位达到历史新高水位前后,加密巡检次数,及时分析并汇报检查情况。

2.年度详查

在每年的汛前汛后、供水期前后、冰冻期和融冰期、白蚁活动显著期等,按规定的检查项目,由运行管理单位组织,有关部门及相关专业技术人员参加进行比较全面或专门的巡视检查(包括水下部分),并进行一次评级。

汛前检查每年3~5月进行,结合当年防汛准备工作情况详细检查防洪设施,分析观测资料数据,审查日常巡查、运行维护记录,根据当年防洪要求,提出安全度汛报告。汛后检查每年11月和12月进行,对各水工建筑物和设备进行全面或专项检查,分析结构性态和设备运行情况,进行建筑物安全状况评价,对存在的问题提出处理意见并及时安排处理。凡日常检查、年度详查时难以检查的部位应结合水工建筑物检修工作安排检查,并做好文字记录和附图。对进水塔、消力塘和尾水渠的水下部分,在每年汛前应组织至少一个部位专门的检查,根据检查的情况制订下一年度检修计划。

3.特种检查

当遇到严重影响安全运行的情况(如发生特大暴雨、大洪水、有感地震以及库水位骤升骤降或持续高水位等)、发生比较严重的破坏现象或出现其他危险迹象时,由运行管理单位负责组织特别检查,及时分析检查情况并提出应对措施。

4.定期检查

枢纽建成投入运行后,应在初次蓄水后的2~5年内组织首次安全鉴定。运行期间原则上每隔6~10年组织一次安全鉴定。运行中遭遇特大洪水、强烈地震、工程发生重大事故或影响安全的异常现象后,应组织专门的安全鉴定。

(二)巡视检查的范围和频次

巡视检查是经常性的工作,由运行管理单位组织实施。汛期应增加巡视检查次数,在发生地震及特大洪水时,应立即进行巡视检查。巡视检查的主要建筑物有主坝、副坝、进水塔及进口高边坡、泄洪洞群系统、溢洪道、地下厂房、发电洞、消力塘、西沟坝、滑坡体等。

枢纽主要建筑物日常巡视检查频次为每周2次,其他辅助建筑物巡视检查频次为每周1次,泄水渠、东苗家滑坡体、库区1号和2号、大柿树滑坡体巡视检查频次为每两周1次。枢纽泄洪洞群在每年汛前汛后各巡视检查1次,发电洞巡视检查根据机组大小修情况而定。

当遇下列情况时,大坝及附属建筑物巡视检查需加密频次:

(1)当在库水位260 m以上运行时,应加强对土石坝背水坡和其他的渗透出溢部位的观察,以及水工结构变形观察,巡视检查频次为每周2次。当在库水位超过265 m运行时,巡视检查频次为每天1~2次,随时汇报巡视检查情况。

(2)在库水位骤升骤降、特大洪水、出现历史新高水位、异常渗漏等特殊情况时,24 h不间断巡视检查。

(3)在大风浪期间,应加强对土石坝迎水面护坡、护岸和受风浪影响较大的结构的观察。

(4)在暴风雨期间,应加强对排水设施的检查,以及可能发生滑坡、坍塌部位的观察。

(5)在洪水期间,应加强对冲刷、淤积、震动、漂浮物、拦污栅等堵塞情况的观察。

(6)在水位骤降期间,应加强对迎水坡可能发生滑坡部位的观察。

(7)在枢纽排沙期间,应加强对下游护坡易发生冲刷、塌陷等部位的观察。

(三)巡视检查项目

1.水库检查

水库检查包括库区2.4 km范围内的库区和库岸的检查,应重点检查水库渗漏、塌方、库边冲刷、断层活动以及冲击引起的水面波动等现象,主要检查项目如下:

(1)水库渗漏情况,水库实测渗漏值;地下水位波动值;冒泡现象;库水流失现象;新的泉水等。

(2)库区附近渗水坑、地槽,库岸四周山地植物生长情况,公路及建筑物的沉陷情况,地下水开采情况,与大坝在同一地质构造上的其他建筑物的反应等。

(3)库区滑坡体规模、方位及对水库的影响和发展情况,坝区及近坝公路附近的山体塌方、滑坡体。

2. 坝基检查

大坝基础检查应重点检查其稳定性、渗漏、管涌和变形等。主要检查项目如下：

(1)两岸坝肩区：绕渗、溶蚀、管涌，裂缝、滑坡、沉陷等。

(2)下游坝脚：集中渗流、渗流量变化、渗漏水水质，管涌、沉陷、坝基冲刷淘刷等。

(3)坝体与岸坡交接处：坝体与岩体接合处错动脱离、渗流、稳定情况等。

(4)灌浆及基础排水廊道：排水量变化、浑浊度、水质，基础岩石挤压、松动、鼓出、错动。

(5)左右岸截渗堤的渗流量、水质，坝基的渗流量、水质。

3. 土石坝检查

土石坝检查应重点检查其坝坡沉陷、坝后保护区渗流、测压管水位变化、固体材料与可溶性物质的流失等。主要检查项目如下：

(1)坝顶坝面：位移、沉降、裂缝，防浪墙有无开裂、挤碎、架空、错断、倾斜等。

(2)上游坡：护面破坏，滑坡，裂缝，鼓胀或凹凸、沉陷，堆积，植物生长等。

(3)下游坡及坝趾区：位移，滑坡，裂缝，泉水、渗水坑、水点、湿斑、下陷区，渗水颜色、浑浊度、管涌，植物异常生长、动物巢穴等。

(4)岸坡廊道：裂缝，漏水，剥蚀，伸缩缝开合等异常变化情况。

4. 道路及交通洞检查

主要检查项目如下：

(1)公路：路面情况，路基及边坡稳定情况，排水沟、涵洞(管)堵塞或不畅等。

(2)桥梁：地基，承重结构，桥墩冲刷，混凝土破坏，桥面情况。

(3)交通洞：变形、裂缝、漏水、路面情况、排水沟堵塞或不畅。

5. 泄洪、发电系统水工建筑物检查

泄洪、发电系统水工建筑物检查，应重点检查泄洪能力和运行情况，应对进水口、过水部分和下游消能设施等各组成部分分项进行检查。主要检查项目如下：

(1)进水口：漂浮物、堆积物，流态不良或恶化，闸门振动，通气孔通气不畅，混凝土气蚀。

(2)隧洞、竖井：混凝土衬砌剥落、裂缝、漏水、气蚀、冲蚀、围岩崩塌、掉块、淤积，排水孔堵塞，流态不良或恶化。

(3)消能设施：堆积物；裂缝；沉陷；位移；接缝破坏；冲刷；磨损；消力塘底板排水廊道内渗水、漏水情况，特别是基础排水渗水量及水质情况；鼻坎振动气蚀；下游基础淘空磨蚀；流态不良或恶化。

(4)洞身：特别是闸门槽，有无因混凝土膨胀引起的变形、开裂。

(5)边坡：是否有开裂、鼓胀、变形、植物生长、混凝土剥落等。

(6)厂房、主变室、尾闸室：各洞室顶拱及边墙的渗水情况及钙质析出情况，锚索的松弛、渗油，混凝土开裂及裂缝，排水孔堵塞及排水系统畅通情况等。

(7)在引水、泄水建筑物、泄洪建筑物过流部位排空露出后，应全面检查裂缝、磨损、气蚀、淤积情况。

(8)检查闸室段启闭机埋件及启闭机铰支座二期混凝土的运行情况。

6.大修期应检查的项目

消力塘底板和发电洞流道不具备日常检查的条件,可在消力塘检修和机组大修时进行检查,主要检查项目如下:

(1)泄水消能建筑物在计划大修前应进行一次全面水下检查,做好详细记录,必要时可进行拍照,以作为制定检修方案的依据。

(2)泄水建筑物主要检查门槽、渠道、洞身、鼻坎等部位,检查是否有裂缝、钢筋裸露、骨料裸露、气蚀、冲坑、剥离等现象。

(3)消力塘主要检查底板、排水廊道、接缝、左右挡墙、边坡、尾坎、护坦等部位,检查是否有杂物堆积,是否有裂缝、变形、接缝(止水)破坏、磨蚀、冲坑、钢筋及骨料裸露、基础淘刷等现象。

(4)在机组大修期间应对进口门槽、压力隧洞、尾水管洞、尾水洞、尾水渠、防淤闸等部位进行检查,检查是否有磨损、气蚀、裂缝、渗漏、变形等现象。

(四)巡视检查的检查方法和要求

1.检查方法

(1)常规方法:用眼看、耳听、手摸、鼻嗅、脚踩等直观方法,或辅以锤、钎、钢卷尺、放大镜、望远镜、石蕊试纸等简单工具对工程表面和异常现象进行检查。

(2)特殊方法:采用开挖探坑(或槽)、探井、钻孔取样或孔内电视、向孔内注水试验、投放化学试剂、潜水员探摸或水下电视、水下摄影或录像等方法,对工程内部、水下部位或坝基进行检查。

2.检查要求

(1)巡查工作人员应为具有相当经验、熟悉本枢纽工程情况并能发现问题、处理问题、解决问题的水工技术人员或高级技术工人,对水工建筑物的巡查人员要进行经常性的安全教育、业务培训和业绩考核。

(2)建立健全巡检资料管理工作,对设计数据、方法和安全度,施工中出现的特殊问题及对水工建筑物的影响,库容特性、泄洪能力、运行状况、修补材料及工艺、水工建筑物存在的安全隐患及缺陷等要归类详细记录在案。

(3)巡查工作人员应及时将巡视检查结果详细记录在《水工建筑物日常巡查记录》表册中,并每月对巡视检查情况进行分析总结。巡查记录应有专人保管,便于供他人查阅。

(4)巡查中发现的异常情况(尤其是第一次发现的),可能有严重后果的异常变化等紧急情况,巡查人员应及时采取各种应急措施,以防事态恶化,并立刻向上级部门汇报。

(5)对大坝和进水塔等水下或过流部分在停止运用等有条件时及时组织检查。

(6)日常巡查中新发现的缺陷及其变化是评估水工建筑物安全状况和维护的重要依据,巡查人员的缺陷记录应标准化、规范化、系统化。

(7)巡查人员巡视检查时,应带好必要的记录笔、记录本,及时做好记录;携带必要工器具和劳保防护用品,如工具箱、安全带、救生衣、穿胶鞋、防滑鞋等防护用品,确保安全。

(五)日常巡视检查记录和报告

1.记录和整理

(1)每次巡查均应填写水工建筑物巡查记录。若发现异常情况,除应详细记述时间、部位、特性并绘出草图外,必要时应测量、摄影或录像。

(2)将本次巡查结果与以往巡查记录进行比较分析,若有问题或异常现象,应立即进行复查,以保证记录的准确性。

(3)当日现场记录必须当日及时整理,每月及时汇总。

2.报告和存档

(1)日常巡查中发现异常现象时,除应立即采取应急措施外,还应写出异常情况简报上报主管部门和领导。

(2)每季度对发现的问题根据设计、施工、运行资料进行综合分析比较,写出初步分析报告后立即报告主管部门和领导。

(3)各种巡查记录、图件和报告等均整理归档。

二、库区滑坡体巡视检查

根据设计资料统计,库区干流段西河头至小浪底坝址长 130 km 两侧岸坡,发现有规模不同的滑坡 40 余处,较大的崩塌和危岩体 10 处,其中滑坡量大于 500 万 m³ 以上的有 7 处。目前在监测的滑坡体有 6 处,库区有 5 处,分别是阳门坡滑坡体、1 号滑坡体、2 号滑坡体、木底沟倾倒体和大柿树变形体;大坝下游侧 1 处,为位于 4 号公路边的东苗家滑坡体。

阳门坡滑坡体每两个月巡视检查 1 次,1 号滑坡体、2 号滑坡体、木底沟倾倒体、大柿树变形体和东苗家滑坡体每月巡视检查 2 次。主要检查滑坡体裂缝变化情况、临水面坍塌情况和滑坡体内的违章建筑及农业耕种情况,每次巡视检查完成后都及时做好检查记录。

三、水下检查

水下检查工作是对长期在水下的并且不具备日常检查条件的水工建筑物进行检查。主要是为了检查水工建筑物水下部分的冲蚀磨蚀情况和各检修门槽埋件锈蚀情况,主要检查范围和项目如下:

进水口:进水塔塔前 175 m 高程平台淤积、混凝土冲蚀,各泄洪孔洞取水口淤积、混凝土冲蚀混凝土,各泄洪孔洞检修门槽底板淤积、混凝土冲蚀,检修门埋件锈蚀情况。

出水口:消力塘内底板淤积、混凝土冲蚀、伸缩缝止水情况,消力塘边墙混凝土冲蚀、尾坎混凝土冲蚀、伸缩缝止水情况,护坦、海漫淤积及冲蚀情况,尾水洞底板淤积及混凝土、防淤闸门槽、护坦冲蚀情况。

小浪底水利枢纽水下检查主要采用水下机器人水下检查录像和潜水员水下检查录像两种方式,目前已经对枢纽主要水下建筑物(消力塘、进水塔前水下部分)进行了检查,今后将定期对枢纽主要水下建筑物进行水下检查。

四、结语

小浪底水利枢纽进行的巡视检查工作主要是日常检查和年度详查,在发生特大暴雨、大洪水、有感地震以及库水位骤升骤降或持续高水位等情况时也及时开展了特种检查,以确保枢纽安全,在巡视检查过程中也发现了一些缺陷和异常情况,并且按规定及时进行了处理。从小浪底水库蓄水开始起小浪底水利枢纽就建立了巡视检查规程和制度,至今保持有完整和完善的巡检记录,已形成一套完整的巡视检查体系。

2010年4月7日,小浪底水利枢纽通过国家组织的竣工验收。根据《水库大坝安全管理条例》,大坝建成投入运行后,应在初次蓄水后的2~5年内组织首次安全鉴定。运行期间原则上每隔6~10年组织一次安全鉴定。根据《水库大坝安全管理条例》要求,小浪底水利枢纽将按要求进行定期检查及安全鉴定工作。

第四节　维护检修

一、维护检修的原则

水工建筑物维护检修的原则是:"经常养护,防重于修,小坏小修,不等大修,随坏随修,不等岁修"。

二、维护检修的类型

水工建筑物的维护检修可以分为日常维护检修、岁修、大修和抢修。

日常维护检修是根据日常巡视检查发现的问题所进行的日常维护和局部修补,保持水工建筑物完好。日常维护检修工作由运行管理单位自行承担。

岁修是根据汛期结束后全面检查水工建筑物所发现的工程问题,编制年度检修计划,报上级主管部门批准后进行检修,确保水工建筑物正常运行。岁修工作一般委托专业施工队伍进行。

大修是当水工建筑物发生较大的损坏,修复工作量较大,技术较复杂时,需编制专门的大修技术方案和检修计划,报上级主管部门批准后进行大修。大修工作全部委托专业施工队伍进行,大修工程竣工后,为保证施工质量,需组织有关单位进行现场施工质量检查,然后进行竣工验收,确保水工建筑物安全运行。

抢修是当水工建筑物发生紧急事故,影响枢纽正常运用或安全运行时,需及时组织力量进行抢修,同时向上级主管部门汇报。

三、维修方式

(一)混凝土表层损坏修补

根据混凝土损坏部位及原因分别提出抗冻、抗渗、抗侵蚀等特殊要求,一般必须满足强度高、耐磨性好和具备一定韧性的要求。修补采用的混凝土技术指标不得低于原混凝土,修补所用水泥强度等级不得低于原混凝土水泥强度等级,所掺入的各种掺加剂可根据理论值或经过试验确定。对原混凝土表面要做到无水、无油污、无灰尘或其他污物,表面应打毛并清理干净,处理后的混凝土表面垂直水流方向不应存在升坎,也不允许存在超过3 mm的跌坎,平行水流向的错台应小于5 mm,否则均应磨成1:20的缓坡连接。混凝土表层损坏修补分以下几种情况:

（1）根据现场实际情况，当混凝土损坏面积较大时，对于混凝土损坏深度大于 20 cm 的，可采用锚筋和普通混凝土、喷混凝土、压浆混凝土或真空作业混凝土回填；对于混凝土损坏深度在 10 ~ 20 cm 的，可采用锚筋和喷混凝土或普通混凝土回填；对于混凝土损坏深度在 5 ~ 10 cm 的，可采用普通砂浆、喷浆或挂网喷浆填补；对于混凝土损坏深度在 5 cm 以下的，可采用预缩砂浆、聚合物砂浆、环氧砂浆或喷浆填补。

（2）当混凝土损坏面积较小时，对于混凝土损坏深度大于 10 cm 的，可采用锚筋和普通混凝土或环氧混凝土回填；对于混凝土损坏深度在 5 ~ 10 cm 的，可采用预缩砂浆或环氧砂浆填补；对于混凝土损坏深度在 5 cm 以下的，可采用聚合物砂浆或环氧砂浆填补。

（3）当混凝土破损深度大于 1 cm 并且小于 3 cm，砂浆层全部冲失，中骨料大部或部分出露需进行修补时，可采用聚合物砂浆或环氧砂浆将表面压光抹实，满足抗冲、耐磨和平整度要求；当混凝土破损深度大于 3 cm，面层及小骨料全部冲失，中骨料全部或部分冲失，表面起伏较大，明显出现冲槽、冲沟、冲坑时，可采用聚合物砂浆或环氧砂浆修补，其中范围较大、平均磨损深度大于 3 ~ 5 cm 者，须采取增加锚筋等加固措施。

（4）对于混凝土损坏面积不大但有特定防护要求部位的修复，可以用钢板衬砌或其他材料衬砌的方法，但需注意材料间黏结要可靠，表面结合要平顺。

（二）混凝土裂缝修补

混凝土裂缝表面处理一般采用水泥砂浆、防水快凝砂浆、环氧砂浆、Sika 砂浆等材料涂抹。为了封闭裂缝、防渗堵漏，也可用橡皮、氯丁胶片、紫铜片粘补和玻璃丝布粘贴，对结构强度无影响的裂缝可以凿槽嵌补，嵌补材料有沥青油膏、沥青砂浆、沥青麻丝等。另外，也可以采用无筋素喷浆、挂网喷浆、粘贴炭纤维布等方法进行修补。

混凝土裂缝内部处理可按裂缝是否渗水、裂缝深度和宽度以及现场施工条件选用水泥灌浆或化学灌浆处理。在进行灌浆工作之前，应将裂缝内部清理干净。

（三）土石坝裂缝修补

土石坝裂缝修补需先对裂缝进行检查和测量，根据检查和测量情况再进行修补。

表面裂缝长度和可见深度可用钢尺测量，应精确到 1 cm；表面裂缝宽度可用钢尺在缝口测量，对表面裂缝宽度的变化，可以在缝的两边设简易测点，测量测点的距离来确定，表面裂缝宽度应精确到 0.2 mm。对于深层裂缝，除按上述要求测量裂缝的深度和宽度外，还应测定裂缝的走向，精确到 0.5°。

土石坝裂缝修补一般采用充填式灌浆和劈裂式灌浆，充填式灌浆适用于处理性质和范围都已确定的局部隐患。劈裂式灌浆适用于处理范围较大、问题性质和部位又都不能完全确定的部位。土石坝裂缝修补一般应在水库低水位时进行，以加速泥浆固结，保证土坝安全。

（四）水泥砂浆、混凝土及钢筋作业

1. 水泥砂浆作业

水泥砂浆施工应重点保证水泥砂浆所选用材料和配合比符合要求。用于水工建筑物修补护面的砂浆，应与原护面砂浆的配合比成分相同，以保证新老砂浆表面一致；用于新建筑物护面或防水的砂浆，应符合配合比要求；有特殊要求的砂浆，应经过试验后决定配合比。所有护面砂浆均要求平整，密实压光，质地均匀。

2. 钢筋作业

在钢筋作业前,要先检查钢筋材料种类、钢号、直径,应符合设计要求。钢筋在使用前应除锈、去油并校直。钢筋弯钩形状应符合规范规定和设计要求。钢筋接头位置和数量及焊接应符合设计及规范要求,搭接长度应满足施工工艺及规范要求。绑扎钢筋应采用18 号 ~ 22 号铅丝。在混凝土浇筑过程中,应检查钢筋稳固情况,若有变形,应立即矫正。

3. 混凝土作业

在拌制混凝土时,必须严格按照设计的配合比与加料顺序进行操作,配料应分别过磅,力求准确。机械拌制时,进料斗进料程序应先砂子后水泥,再进石子,最后进石灰水,总拌和时间不应少于 3 min,每次搅拌的混凝土应倒净,未倒净前,不准进新料,搅拌中不准将铁锹伸入料斗,中途因故停止或作业完毕时,应倒净鼓筒内混凝土,用水冲洗干净,必要时可倒进一定量的石料清筒。人工拌和应先将砂与水泥干拌 2 ~ 3 遍,然后加石子干拌一次,再将水逐渐倒入,反复拌制,直至颜色均匀。

在运输混凝土时,应注意砂浆流失和振捣离析,若运途长、气温过高,应覆盖其表面,以防水分过度蒸发,若发生以上现象,进仓时必须进行二次拌和,或加强平仓振捣工作,以弥补解决以上问题。

在浇筑混凝土时,混凝土自由倾落高度不得超过 1.5 m,否则应采取缓降设备,如溜槽、溜桶等,以防止混凝土骨料离析。在混凝土入仓前,应首先冲洗仓内各部接合面,如处理老混凝土,则需将其表面凿毛至新鲜接合面,然后清扫或吹洗干净后铺一层砂浆,才可将混凝土料入仓。浇筑混凝土应尽量采用机械振捣,条件不允许时则采用人工插钎捣实,要求不漏液、不漏插,一般应使混凝土面振捣出浆液方达要求。混凝土分层浇筑时,上、下层浇筑时间间隔不得超过 2 h。浇筑应一次完成,不得留工作缝。一般在 12 h 后,即应加覆盖物并洒水养护。

(五)环氧砂浆作业

在环氧砂浆施工前,需用规定的 0.6 ~ 0.8 MPa 压力的高压风和 0.6 ~ 2 mm 粒径级配的干沙对混凝土表面进行处理,清除混凝土表面松动颗粒和浮尘,去掉混凝土表面乳皮,对于湿润的混凝土受抹面,用喷灯烤干。

在配制环氧砂浆材料时,先将环氧砂浆基液 A 剂、B 剂混合搅拌均匀,然后将环氧砂浆 A 剂、B 剂混合搅拌均匀。

在涂抹环氧砂浆时,需将涂抹环氧砂浆厚度控制在直尺贴紧混凝土表面,分区分块涂抹配制好的环氧砂浆基液和环氧砂浆。

四、结语

小浪底水利枢纽维护检修管理制度健全、规程规范完善,每年都按照维护检修规程的规定进行水工建筑物的维护检修工作。小浪底水利枢纽下闸蓄水至今,先后对坝基及左岸山体渗漏水、溢洪道和明流洞混凝土的裂缝、排沙洞锚具槽渗油、主坝上下游坡不均匀沉陷等问题进行了处理。从历年的维护检修情况来看,小浪底水利枢纽水工建筑物未出现大的缺陷和危及枢纽安全运行的问题,枢纽运行情况良好。

第五节　孔板洞过流试验

一、孔板洞简介

小浪底水利枢纽孔板洞由导流洞改建而成,洞径为 14.5 m,孔板环处孔径为 10 ~ 10.5 m。中间闸室设在孔板下游泄洪洞中部,采用两孔偏心铰弧形闸门,最大工作水头为 140 m,是国内外工作水头最大的偏心铰弧形工作闸门。孔板洞闸门孔口处流速高达 33 ~ 35 m/s,单洞最大泄量为 1 500 m³/s,是世界上最大的采用孔板消能技术的泄洪洞。孔板洞压力段和中闸室结构设计见图 2-1。

(一)孔板洞压力段

孔板洞压力段包括龙抬头段和孔板消能段。龙抬头段是导流洞改建成孔板洞时进水塔和导流洞之间的连接段,其洞径为 12.5 m,衬砌厚度为 1.5 m,竖向转角为 50°。孔板消能段处在龙抬头段和中闸室段之间。1 号孔板洞的消能段长为 134.25 m,2 号、3 号孔板洞的消能段长均为 135.5 m,此段内设三级孔板,孔板间距为 43.5 m。三级孔板均采用不同的孔径比和不同的孔缘半径 R。Ⅰ级、Ⅱ级、Ⅲ级孔板孔径比 d/D 分别为 0.69、0.724、0.724,孔缘半径 R 分别为 0.02 m、0.2 m、0.3 m。孔板厚度均为 2.0 m,孔板前的根部还设有 1.2 m×1.2 m 的消涡环(2 号、3 号孔板洞Ⅰ级孔板前不设消涡环)。孔板消能段中除设置孔板的部位衬砌厚度为 2.0 m 外,其余的洞身段混凝土衬砌厚度均为 1.0 m。孔缘采用抗磨白口铸铁衬套。

(二)中闸室

3 条孔板洞闸室均分成两孔,内设两扇偏心铰弧形工作门。1 号孔板洞单闸孔面积为 4.8 m×5.4 m,2 号、3 号孔板洞单闸孔面积为 4.8 m×4.8 m。单扇闸门总水压力,1 号孔板洞为 60.8 MN,2 号、3 号孔板洞为 51.0 MN。

闸室中墩长为 82.0 m,收缩坡度 $i=0.015\ 9$。两侧边墙采用 $i=0.010\ 9$ 的扩散方式,其扩散长度为 54.35 m。

闸孔后侧向突扩 0.5 m,底坎高为 1.5 m,底坎内和侧墙均设直径为 0.90 m 的通气孔,与中墩及两侧通气孔相接。

底坎下陡坡 $i=0.076\ 2$,坡长为 45 m,在各级库水位时出闸孔的挑射水流均落在陡坡上,底坎下的通气孔不受回流影响。为防止闸孔射出的水流冲击边壁,产生的水翅冲击偏心铰弧形闸门的支铰,在闸孔下游两侧边墙及中墩上均设一宽为 0.5 m、高为 0.5 m、长为 8.0 m 的挡水板。

(三)中闸室后洞身段及出口挑流段

中闸室下游由城门洞渐变成圆形的渐变段和直径为 14.5 m 的圆洞组成,洞内为明流流态。

出口均采用明渠挑流,将水流挑入下游消力塘的水垫塘内,挑流段长为 30 m,挑坎反弧半径为 30.0 m,中心角为 6°39′56″。1 号孔板洞出口挑流鼻坎宽为 12.0 m,坎顶高程为 129.0 m。因洞身较低,在边墙端部设置检修叠梁门槽,用浮箱式叠梁门作为检修门,以备

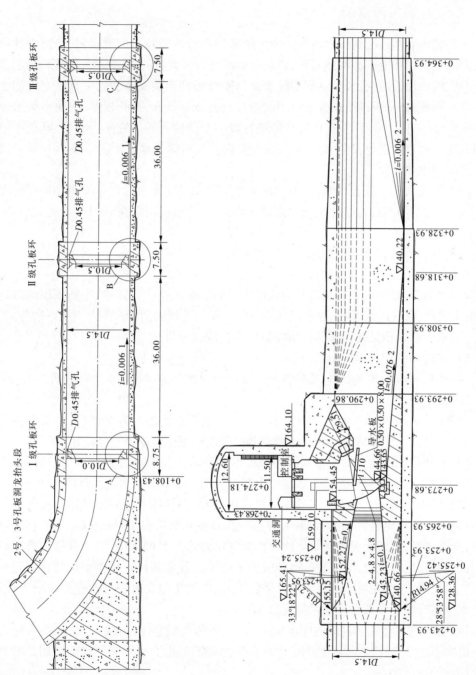

图 2-1 孔板洞压力段和中闸室结构设计

洞内检修使用。2 号、3 号孔板洞出口挑流鼻坎宽为 14.5 m,坎顶高程为 138.5 m,高于枯水期下游水位。

二、孔板洞过流试验及结果

小浪底水利枢纽孔板洞是世界上最大的采用孔板消能技术的泄洪洞,考虑到孔板消能机理的复杂性和密集的洞室布置,曾对孔板洞进行了大量的专题模型试验研究,但是考虑到模型的比尺效应,孔板泄洪洞实际泄洪消能效果和泄洪安全性仍一直是专家们关注的焦点。因此,在孔板洞正式投入运用前进行过流原型试验,对孔板段、中闸室等重要部位的水力学、结构力学、诱发振动等特性进行较为全面的分析研究尤为必要,既是小浪底水利枢纽工程自身运行安全的需要,又可使洞内孔板消能技术更加完善,并为指导后续同类工程积累重要经验。

综上所述,1 号孔板洞先后在 2000 年 4 月 25 ~ 26 日(库水位 210 m)和 2000 年 11 月 8 日(库水位 234 m)进行了两次过流原型观测试验,2 号孔板洞在 2004 年 6 月 20 ~ 21 日(库水位 246 ~ 248 m)进行了过流原型观测试验。

(一)在库水位 210 m 时过流原型观测试验

1. 试验内容

(1)水力学观测项目:孔板段的时均压力、脉动压力、空化噪声等,中闸室段的时均压力、空化噪声、通气风速、掺气浓度、空腔负压等,每级孔板的消能水头及消能系数等。

(2)水流脉动诱发孔板、洞群、山体振动性能测试分析。

(3)常规的结构力学原型观测。

(4)闸门流激振动观测:包括局部开启闸门时对闸门流激振动检测与分析。

2. 试验结果

(1)试验表明:1 号孔板泄洪洞在弧门全开工况下总消能率为 40.2%,三级孔板的消能系数分别为 1.19、0.57 和 0.63,原型观测结果与模型试验结果吻合较好。

(2)有压段脉动压力的原型和模型试验的相应成果符合良好,边壁最大脉动压力均方根为 33.94 kPa,孔板环处最大脉动压力幅值为 28.22 kPa,均属低频范围。

(3)当闸门全开时,2 号、3 号孔板虽已发生空化,但从噪声谱判断都还处在弱空化状态,相应的水流空化数为 4.47 和 3.92。闸门孔口在 0.9 左右相对开度时,出现初始空化状态,此时二级、三级孔板水流空化数即初生空化数约为 5.65 和 5.03。其值均高于减压模型试验的初生空化数,但与减压模型试验考虑缩尺效应的修正初生空化数较接近。在高水位运行时,三级孔板的水流空化数降低不大,而初生空化数有可能有少许增大,因此在高水位运行时应注意空化噪声的监测。

(4)在本次原型观测过流的库水位下,孔板环和孔板洞混凝土所承受的最大应力变化幅值均不大于 0.6 MPa,衬砌混凝土中基本上没有拉应力,表明隧洞衬砌结构是有充分安全储备的。

(5)当闸门全开时,通气井的最大风速为 18.7 m/s,小于规范限值、通气井断面最大通气量为 147.9 m³/s,通气量分布均衡,表明通气系统的设计是适宜的。从实测的底部掺气浓度难以明确判断中闸室段的免空蚀保护效果。

（6）闸门在连续开启过程中检测到的最大动应力为 8.67 MPa，振动位移最大均方根值为 104.6 μm，对金属结构而言属轻微振动。

（7）闸门在全开时，1 号孔板洞泄流诱发山体振动的最大加速度只有 4.91 cm/s²，基本上属于无感振动。估计在高库水位时，3 条孔板洞同时泄流，也只会诱发很微弱的山体振动。

（8）在本次试验后经对 1 号孔板洞现场检查，虽过流达 24 h，但无论是有压段还是中闸室段，均未发现空蚀痕迹。

（9）综合本次原型观测成果可以判断：2000 年汛期如遇 500 一遇的设计洪水，库水位可达 235.8 m，1 号孔板洞的各级孔板的水流空化数只略有降低，所以从空化空蚀、山体振动、结构应力、闸门振动看都不会有太大的变化，因此 3 条孔板洞可以正常运用参与度汛泄洪。

（二）在库水位 234 m 时过流原型观测试验

1. 试验内容

本次试验主要进行了水力学项目的观测，内容如下：

（1）孔板段的时均压力、脉动压力。

（2）中闸室段的水流特性，中闸室段的时均压力、脉动压力、掺气浓度、空腔负压等。

（3）在 234 m 水位左、右各级孔板的水流空化特性及发生空化时对应的闸门开度。

（4）用本次原型观测成果与低水位条件下原型观测成果及模型试验资料比较，以揭示孔板洞水流空化特性受缩尺效应的影响程度。

2. 试验结果

（1）在闸门连续开启运行工况下，当闸门孔口相对开度为 0.88 ~ 0.90 时，孔板洞内水流发生空化，与此开度相应的三级孔板的水流空化数分别为 5.88 ~ 6.14、5.72 ~ 6.05 和 5.06 ~ 5.38。在库水位 210.18 ~ 210.28 m 原型观测时，当闸门孔口相对开度为 0.90 ~ 0.91 时，其初生空化数分别为 5.77 ~ 5.85、5.55 ~ 5.65 和 4.93 ~ 5.03。与模型试验结果相比较，经雷诺数修正后，三级孔板的初生空化数分别为 5.85、5.55 和 4.90。可见，随着本次上游水位的升高，孔板洞内各级孔板的空化发生略有提前，水流空化相应略有加剧。

（2）在闸门全开状态下，三级孔板的水流空化数分别为 4.13、4.44 和 3.75；在库水位 210 m 时的试验结果，三级孔板的水流空化数分别为 4.80、4.47 和 3.92，孔板的水流空化数随着本次上游水位的升高具有逐渐减小的趋势。

（3）在闸门连续关闭运行工况下，当孔口相对开度为 0.82 时，第二级孔板空化开始消失。当孔口相对开度为 0.82 ~ 0.90 时，第三级孔板空化开始消失。在此开度下，第一级孔板消失空化数为 6.73 ~ 7.07，第二级孔板消失空化数为 6.78 ~ 7.20，第三级孔板消失空化数为 6.12 ~ 6.54。

（4）当孔口相对开度为 0.22 ~ 0.24 时，中闸室段的水流噪声声压级的增幅开始增加，具有明显的空化水流特性；当孔口相对开度为 0.80 ~ 0.92 时，其水流噪声声压级的增幅开始减弱，在闸门全开状态下，水流基本不具备空化的特性。当孔口相对开度为 0.75 ~ 0.81 时，水流噪声声压级增幅最大，中闸室的空化问题值得关注。

（5）当孔口相对开度在 0.07 以下时，最大水流噪声声压级增量较大，很可能是工作闸门处发生了缝隙水流空化。缝隙水流空化的强度较大,应引起足够的重视。

(6)闸门全开运行条件下,中闸室空腔负压满足规范要求,可以保证跌坎底部的正常通气。底板和侧墙没有测到负压,压力分布合理。底板掺气浓度为 0.5% ~ 1.2%,随着运行水头的增加,空腔强度将会增加,掺气效果将进一步得到改善。

(7)实测总消能水头达 40.28 m,对应三级孔板的消能系数分别为 1.21、0.63、0.68。

(三)在库水位 248 m 时过流原型观测试验

1. 试验内容

(1)水力学观测项目:孔板段的时均压力、脉动压力、空化噪声,中闸室段的时均压力、空化噪声、通气风速、掺气浓度、空腔负压,每级孔板的消能水头及消能系数,事故闸门动水下门过程水力学观测。

(2)水流脉动诱发孔板、洞群、山体振动性能测试分析。

(3)常规的结构力学原型观测。

(4)偏心铰弧门振动观测:闸门振动位移、加速度、主要构件的振动应力,并对闸门运行的安全性作出评价,对闸门的操作方式和程序提出建议。

2. 试验结果

1)孔板消能效果、空化和山体振动

(1)原型观测各测点的压力系数与模型试验的相应结果接近,最大误差为 7.89%。2 号孔板洞在观测水位及弧门全开工况下,三级孔板总消能水头为 41.06 m,消能效果显著,相对应的消能系数分别为 1.16、0.69 和 0.69。

2 号孔板段压力观测结果与 1 号孔板洞原型观测及模型试验结果基本一致,说明模型试验结果可以较好地反映原型的情况。

(2)在弧门全开运行工况下,实测孔板段上各测点的最大脉动压力系数为 0.18,发生在第一级孔板后 1.0D 位置和第三级孔板环处,脉动压力均方根值分别为 32.16 kPa 和 25.76 kPa。脉动压力基本符合正态分布。

在弧门开启和关闭过程中,脉动压力最大值及均方根最大值分别为 98.92 kPa 和 32.42 kPa,发生在第一级孔板环后 1.0D 处。

(3)孔板洞段空化观测结果表明:闸门连续开启、关闭及局部开启过程中,在 3 号孔板环处测到的水流空化噪声对应闸门开度为 0.95 ~ 1.0,相应的水流空化数为 4.37 ~ 5.16,与模型试验结果基本一致。

综合原型及模型试验的测试结果,推断在高水位(水位接近 275.00 m)泄流时孔板洞内各级孔板的水流空化数与本次泄流试验相当,水流空化强度不会发生显著变化。

孔板洞段的水流空化主要是通过孔口的主流与周围水体存在强烈剪切紊动层而产生,其空化主要发生于水体内部,且空化处于初生状态,产生空蚀破坏的可能性较小。鉴于孔板洞内存在空化水流,在运行过程中仍要注意检查。

(4)孔板环振动特性:第三级孔板环振动测试结果表明,孔板环振动加速度较小,振动加速度均方根最大值为 0.38 m/s²。

(5)2004 年 6 月 19 日 1 号孔板洞闸门全开泄流时,山体振动响应的最大加速度为 4.9 cm/s²,发生在 1 号孔板洞正上方的 3 号灌浆洞内;6 月 20 日 2 号孔板洞闸门全开泄流时,山体振动响应的最大加速度为 4.4 cm/s², 发生在中闸室。整个山体振动过程基本上均属于无感振动。按线性叠加原理推断,在高库水位时,3 条孔板洞同时泄洪,引起的山体振动反应也不会很大。

(6)对进水塔结构进行的振动测试及计算分析结果表明,各过流工况下的振动幅值较小,对进水塔结构安全不构成影响。事故门动水下门工况对进水塔结构的振动影响较大,应严格控制使用。

2)中闸室弧门振动和掺气等特性

(1)观测结果表明:闸门小开度(孔口开度为 0.05 ~ 0.15)和弧形工作闸门偏心铰后撤或前移的过程中均存在缝隙空化水流现象。闸门局部开启(孔口开度 0.43 ~ 0.90)时,中闸室段存在间歇性空化水流,时间虽短,但强度较大,在运行过程中应注意检查维护。

(2)弧形工作闸门在连续开启过程中,最大振动应力为 4.29 MPa,局部开启时,振动位移最大均方根值为 211.4 μm,对闸门结构而言属轻微振动。

(3)弧门全开时,中闸室桩号 318.68 m 处,离底部 8 cm 和 15 cm 高度处的实测流速为 28.90 m/s 和 29.70 m/s。

(4)弧门全开时,通气井的最大风速为 33 m/s,通气系统的风速均小于有关规范规定。通气井断面最大通气量为 205 m³/s,左、中、右孔通气量约占竖井通气量的 45%,各孔通气量分布较均衡,通气系统的设计是适宜的。

(5)中闸室各测点掺气浓度的总体变化规律为,随闸门开度增加,掺气浓度呈衰减趋势,最小掺气浓度超过 3.1%。

3)事故闸门动水下门

事故闸门动水下门过程中存在明满流过渡,闸门井口处进气强烈,实测最大风速接近40 m/s,并伴随啸叫声,历时 300 s 左右。孔板洞内压力变化剧烈,伴随巨大轰鸣声,孔板环振动强度加大,应控制使用。

4)结构力学观测

在泄洪过程中,30 支钢筋计和 23 支完好的混凝土应变计测值反映:钢筋应力观测值在 -90 ~ 90 kN(-88 ~ 88 MPa)范围内,过流期间的钢筋应力变化属于低应力变化范围。考虑到混凝土与钢筋共同变形,可以说明混凝土应力变化处于正常变化范围。

渗压计测值过程线反映了过水试验期间外水压力未发生异常变化。

从多点位移计测值过程线来看,过水试验期间围岩未发生变位。

三、孔板洞运用情况及效果评价

(一)孔板洞运用情况

2000 年 4 月 26 日和 11 月 8 日,库水位分别为 210.2 m 和 234.2 m 时,1 号孔板洞进行了过流试验,共进行 28 h 的泄洪运用,并同时完成了事故闸门动水落门试验;2004 年 6月 16 日,库水位为 249.82 m 时 1 号孔板洞过流 1 h。1 号孔板洞运行以来,闸门累计启闭26 次,累计过流 29 h,泄洪运用最高水位为 249.82 m。

2003 年 7 月 15 日,库水位为 217.98 m 时 2 号孔板洞进行了 3 h 的首次过流,同时完成了事故闸门动水落门试验;2003 年 9 月 26 日,库水位为 254.66 m 时 2 号孔板洞进行了

43 h 的泄洪运用;2004 年 6 月 20 日和 21 日,库水位为 247.96 m 时 2 号孔板洞进行了 8 h 的过流试验,同时完成了事故闸门动水落门试验。2 号孔板洞运行以来,闸门累计启闭 70 次,累计过流 54 h,泄洪运用最高水位为 254.66 m。

2002 年 7 月 5 日,库水位为 235.3 m 时 3 号孔板洞进行了 7 h 的首次过流,同时完成了事故闸门动水落门试验;2003 年 9 月 28 日,库水位为 254.44 m 时 3 号孔板洞进行了 76 h 的泄洪运用;2003 年 11 月 15 日,库水位为 260.01 m 时 3 号孔板洞进行了 8 h 的泄洪运用;2004 年 6 月 21 日,库水位为 247.9 m 时 3 号孔板洞进行了 1 h 的过流试验。3 号孔板洞运行以来,闸门累计启闭 41 次,累计过流 92 h,泄洪运用最高水位为 260.01 m。

(二)效果评价

(1)小浪底水利枢纽技术委员会第五次会议,专家根据小浪底 1 号孔板洞两次原型过流监测试验资料,作出如下评价:

小浪底孔板泄洪洞是世界上最大的在洞中采用孔板消能的泄洪洞,很多同志对此深为担忧。小浪底建设者在库水位为 210 m 和 234 m 时进行了两次实际过流试验,试验中进行了多学科的、详尽的观测,取得了极为宝贵的资料。现可初步得出结论:孔板洞的设计是合理的,施工是成功的,过流中未见空蚀迹象,结构及山体振动微弱,孔板洞可以安全参与泄洪。这是在我国水利工程中首次应用的一种新型有效的消能工,值得祝贺。但孔板洞毕竟过流时间较短,尚未经过实际泄洪的考验,故千万不可掉以轻心。在今后使用中应加强监测,不断积累资料,使这项技术更趋完善。

(2)2005 年 1 月 17 日,在小浪底水利枢纽管理区召开了小浪底水利枢纽 2 号孔板洞过流原型观测试验成果专家鉴定会,评价如下:

小浪底水利枢纽 2 号孔板泄洪洞过流原型观测试验内容比较全面,测点布置合理,观测仪器比较先进,所提交的成果基本满足原型观测大纲和合同的要求。本次观测对孔板泄洪洞洞内消能方式的主要问题有了进一步明确的结论。从整体上讲,这次原型观测取得了重要的有科学价值的成果,对指导今后小浪底孔板泄洪洞的安全运行有重要意义,对推广导流洞改建成孔板消能泄洪洞也有重要的参考价值。

鉴于小浪底孔板泄洪洞是目前世界上采用孔板消能方式最大的泄洪洞,实际运行经验尚少,因此今后运行中应加强检查维护,建议在适当时机组织更高水位的过流原型观测。

四、结语

小浪底水利枢纽孔板洞经过 9 次泄洪运用,累计过流 175 h,最高运用水位为 260.01 m,并成功地进行了三次过流原型观测试验,获取了丰富、翔实、极为可贵的资料,总结如下。

(一)孔板泄洪洞消能效果显著

1 号孔板洞在 210 m 水位及弧门全开工况下总消能率为 40.2%(模型试验消能率为 42.9%),三级孔板的消能系数分别为 1.19、0.57 和 0.63,第一级孔板的消能效果远大于后两级孔板的消能效果。

2 号孔板洞在 248 m 水位及弧门全开工况下,三级孔板总消能水头为 41.06 m,消能效果显著,相对应的消能系数分别为 1.16、0.69 和 0.69。

(二)孔板洞过流对山体振动影响微弱

2 号、3 号孔板洞同时过流时,整个山体振动过程基本上均属于无感振动。按线性叠加原理推断,在高库水位时,3 条孔板洞同时泄洪,引起的山体振动反应也不会很大。

(三)孔板洞泄洪过程中产生空蚀破坏可能性较小

孔板洞段的水流空化主要是通过孔口的主流与周围水体存在强烈剪切紊动层而产生,其空化主要发生于水体内部,且空化处于初生状态,产生空蚀破坏可能性较小。鉴于孔板洞内存在空化水流,在运行过程中仍要注意检查。

(四)限制运用工况

1. 孔板洞工作门局部开启

闸门小开度(孔口开度为 0~0.25 m)和弧形工作闸门偏心铰后撤或前移的过程中均存在缝隙空化水流现象。闸门局部开启(孔口相对开度为 0.43~0.90),中闸室段存在间歇性空化水流。闸门局部开启时,出口水流流速较高,中闸室段水流流态和空化特性比较复杂,孔板洞段的水流空化主要是由经孔口下泄的主流与周围水体存在强烈剪切紊动层而产生,其空化主要发生于水体内部,流速相对较小。

因此,建议孔板泄洪洞在闸门全开状态下运行,尽量避免闸门局部开启。同时,鉴于闸门全开的运行条件下孔板洞内存在空化水流,在运行过程中一定要加强监测检查,发现问题,及时处理。

2. 事故闸门动水下门

事故闸门动水下门工况对进水塔结构的振动影响较大,应严格控制使用。

事故闸门动水下门过程中存在明满流过渡,闸门井口处进气强烈,实测最大风速接近 40 m/s,并伴随啸叫声,历时 300 s 左右。孔板洞内压力变化剧烈,伴随巨大轰鸣声,孔板环振动强度加大,应控制使用。

第六节　左岸山体渗流场示踪研究

一、概述

2004 年 4 月上旬,小浪底水利枢纽副坝前 F_{28} 断层带附近库水集中向下渗漏,在漏水点投放高锰酸钾后,下游未见示踪剂,水位下降后将漏水点处回填石渣挖除,仍未找到渗漏点。2005 年 3 月 10 日,将副坝前充满水进行检查,发现该处仍有漏水,并有明显的集中漏水点出现,根据专家建议,于 3 月 29 日投放高锰酸钾进行示踪试验,同时对下游试验探孔、4 号排水洞、28 号排水洞、30 号排水洞和副坝前库区等部位进行巡视检查,一直未发现示踪剂。

为了查清渗漏水通道,2005 年 4 月 29 日,向漏水点投放罗丹明示踪剂,在坝下排水孔取水检测、分析,同时对渗水的温度、电导率、环境同位素进行了检测和分析,对渗漏通道进行了研究,基本查明了渗漏的主通道。

二、示踪法探测渗流通道的原理

(一)温度电导示踪

水的温度是调查水库渗漏的一种极好的示踪剂,水库中的温度一般呈层状分布。无论是夏季还是冬季,库底部的温度始终为低温水。同时,地球中心的温度很高,一般每深入地层 100 m,温度增加 3 ℃。在夏季,如果在坝区渗漏水中测定到低温异常,该渗漏水肯定来自于库底附近的渗漏;而如果渗漏水的温度随着环境温度不断改变,则该渗漏水可能来自于浅层的库水;如果渗漏水中的温度始终偏高,则该水必定是通过了高温地层,可能存在绕坝肩或绕坝基深部岩层的渗漏。

库水的电导值往往呈季节性变化,在雨水期电导值低,而旱季电导值高。这主要是由于水源的影响,在雨水期,地表径流汇入水库,因此盐分低;相反,在旱季,盐分高的地下水补给到水库,使得电导值增加。电导季节性的变化可帮助调查库水、钻孔中的水、下游泉水间的水力联系。调查水库渗漏时,需对所有的点,包括水库、钻孔中、泉水的电导和温度进行周期性测量。

(二)环境同位素示踪

由于大气中的水分子在蒸发与凝结过程中稀有重同位素 ^2H 和 ^{18}O 将产生分馏,造成水中的稀有重同位素的含量大于气体中的含量。同位素的分馏与温度的关系很大,随着高程、纬度的增加,由于大气中温度的降低,降水中的重同位素含量减少,称为高程效应和纬度效应。除此之外,分馏还存在大陆效应、雨水量效应等,所有这些都造成了在不同地区的降水中 ^2H 和 ^{18}O 含量不同。

对于库水补给源复杂、库水更新较快的水库,水中的 D、^{18}O、^3H 等同位素随时间的变化较大,一般很难通过研究 D、^{18}O 同位素的各种效应来研究水库的补给源,从而达到研究绕坝渗流的目的,尤其是库水中 ^3H 的变化很大,不能通过 ^3H 来判定地下水的滞留时间。但是可以将水库中的各种同位素和离子作为"事件"示踪剂,由于黄河受到沿线降水的补给,水中的同位素成分变化很大,在不同季节水中的污染物含量的变化也很大,这些都可以作为"事件"示踪剂来研究绕坝渗漏水与库水在时间与空间上的相关关系。由于水库深部的流速慢而浅部的流速快,水库上部与下部的同位素和水化学成分的变化是不同的,通过对比分析就可以区分出渗漏水来自于表层或深层,通过与当地降水中的同位素进行对比,还可区分出哪些水来自当地降水和坝后区的渗漏。

(三)人工示踪探测技术

现代地下水示踪技术分类如图 2-2 所示。人工示踪方法是通过在孔中投入一定的同位素示踪剂而测定地下水流场,是渗流场测试的基本方法。其主要目的是测定局部(钻孔附近)流场,也可以通过一定数量的钻孔而确定区域渗流场。天然示踪方法则主要用于分析区域渗流场,确定地下水的补给来源,以分析可能的集中渗漏通道。

三、左岸山体地质条件及渗流量

小浪底水利枢纽区域的基岩地层主要由二叠系(P)和三叠系(T)组成,基岩地层可分

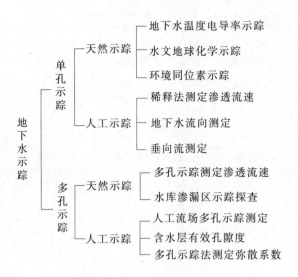

图 2-2　现代地下水示踪技术分类

为 5 个岩组：P_2^1 岩组、P_2^2 岩组、P_2^3 岩组、P_2^4 岩组及 T 岩组。左岸坝肩的 T_1^4、T_1^{3-1} 为渗透层，T_1^{3-2} 为弱渗透层。左岸坝肩自上而下开挖揭露 $T_1^{6-1} \sim T_1^{3-1}$ 岩组地层。左岸坝肩存在 3 条较大的顺河断层，即 F_{236}、F_{238} 和 F_{240}，断层带物质为泥夹角砾；左坝肩还存在 1 条与坝轴相交的 F_{28} 断层，该断层为阻水构造，但试验发现断层带中存在较强的渗漏，见图 2-3。当库水位高于 235 m 时，30 号排水洞渗漏量急剧增加，显然 30 号排水洞的渗漏与库水位有关。库水位由 234.95 m 上升到 240.83 m 时，日渗漏量增加 30.4 L/s，库水位每上升 1 m，平均日渗漏量增加 5.17 L/s。当库水位低于 220 m 时，排水洞内单孔出水量变化很小。

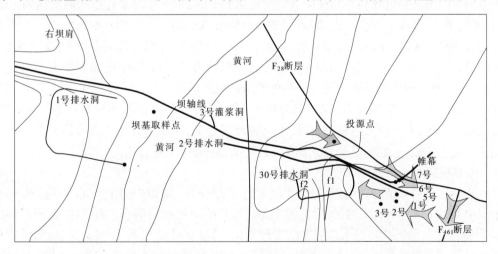

图 2-3　绕坝渗漏通道示意图

四、人工示踪检测结果

主要孔人工示踪检测情况见表 2-1。

表 2-1　主要孔人工示踪检测情况

试验孔		接收到示踪剂时间	峰值 1 出现时间	峰值 1 浓度	第一次峰值持续时间	峰值 2 出现时间	峰值 2 浓度	第二次峰值持续时间
1 号钻孔		5 月 5 日	—	—	—	5 月 13 日	1.81	>10 d
2 号钻孔		5 月 2 日	5 月 4 日	0.293	2 d	5 月 16 日	1.81	>13 d
3 号钻孔		5 月 1 日	5 月 5 日	0.103	2 d	5 月 14 日	0.343	>13 d
5 号钻孔		4 月 30 日	5 月 2 日	5.85	6 d	5 月 16 日	5.56	>13 d
6 号钻孔		4 月 30 日	5 月 2 日	3.8	6 d	5 月 9 日	3.11	>13 d
7 号钻孔		4 月 30 日	4 月 30 日	7.4	7 d	5 月 10 日	3.7	4 d
30 号排水洞部分孔	D140	5 月 1 日	5 月 4 日	0.189	—	5 月 13 日	0.207	—
	U117	5 月 5 日	5 月 9 日	0.112	—	5 月 14 日	0.168	—
	D169	4 月 30 日	5 月 2 日	0.186	—	5 月 15 日	0.218	—
	D193	5 月 2 日	5 月 4 日	0.135	—	5 月 15 日	0.143	—

五、渗漏水来源分析

(一)30 号排水洞渗漏水来源分析

1. 渗水温度电导分析

为了调查 30 号排水洞中渗漏水的来源,首先在不同季节的环境温度下测定了排水孔中渗漏水的温度和电导分布。渗漏量大的北侧 L119～L169 号排水孔中的温度达到 16.8 ℃,而位于 30 号排水洞东南角的 D6 号的温度只有 10.3 ℃,二者相差 6.5 ℃。5 月 25 日的测量结果与 4 月 14 日的规律一致,北侧 L119～L169 号排水孔最高温度为 17.5 ℃,S6 号的最低温度 10.9 ℃,二者相差 6.6 ℃。孔中探测到的高温水说明,该渗漏通道通过了高温地层,所以初步判断该渗漏水极有可能是以绕坝肩渗漏的方式进行的,而且渗漏通道的位置较深。由于左坝肩 T_1^4 和 T_1^{3-1} 为强透水层,其他岩层为弱透水层或隔水层,且左坝肩的帷幕较浅,未能深入到强透水层 T_1^{3-1},因此通过 F_{28} 断层和其他弱透水层渗漏的水汇入 T_1^{3-1} 后会很快地通过 30 号排水洞的 L119～L169 号排水孔排出。

2. 环境同位素示踪分析

从同位素的氚值分析可以看出,库底部的 T 为 18TU,降雨中的 T 为 44TU,而 30 号排水洞中 L5～L35 号排水孔中水的 T 为 33TU,因此是两种水的混合。30 号排水洞东侧的 S7 号排水孔及附近孔渗漏水的温度随季节变化,其渗水可能与 F_1 断层有关,坝后区的地下水通过这一断层渗入 30 号排水洞,见图 2-3。30 号排水洞左侧的 L190～L197 号排水孔和南边的排水孔中的水温均介于这两者之间,流量较小,对各项数据分析发现,这两个位置的渗水与 F_2 断层有关,渗水是降雨入渗后的地下水与下游尾水的混合。后经过同位素分析发现,渗水来自当地降水和尾水。30 号排水洞东南边的渗漏水是从坝后区通过断层 F_1 和 F_2 补给的,T 为 44.2TU 的渗漏水为尾水(来自水库表层水)与当地降水的混合。

3. 人工示踪分析

由浓度曲线分析结果可以看出,7 号孔的示踪剂浓度下降趋势比较明显,6 号孔次之,5 号孔的浓度曲线比较平稳,但是曲线的趋势还是向着下降的方向发展的。联系 7 号、6 号、5 号孔的相对位置,7 号孔离 F_{28} 断层最近,而 5 号、6 号孔偏离了 F_{28} 中心几十米。由此判定示踪剂在 7 号、6 号、5 号孔是沿着 F_{28} 断层的浅层含水层一直向北运动的。当示踪剂到达 F_{461} 断层时,由于 F_{28} 是南北走向,而 F_{461} 正好是东西走向,所以沿着 F_{28} 断层下来的示踪剂由于在 F_{461} 断层处受阻,改变了方向,沿 F_{461} 断层由西向东并渗入下部的 T_1^{3-1} 透水层。从 1 号、2 号、3 号试验孔以及 30 号排水洞收到的示踪剂的峰值的时间和示踪剂持续时间,以及 F_{461} 和 F_{28} 断层的地理位置分析,通过 F_{28} 断层浅层渗漏过来的库水,极有可能到达 F_{461} 断层后流入了深部的 T_1^{3-1} 透水层,从而由 T_1^{3-1} 透水层向 30 号排水洞补给。

考虑 30 号排水洞、F_{28} 断层、F_{461} 断层、T_1^{3-1} 透水层、1 号、2 号、3 号试验孔的高程及地理位置等一系列因素,初步认为绕坝渗漏的基本路线的判定是合理的。

1 号、2 号、3 号、30 号排水洞 D106 ~ D193 孔出现了示踪剂,明显出现峰区后,峰区的持续时间基本是投源后的 5 ~ 20 d。从 1 号、2 号、3 号试验孔示踪剂第二个峰值到达的时间和 30 号排水洞 D106 ~ D193 孔第二次峰值到达的时间来看,距离投源时间都有近 15 d,可以判定示踪剂运动距离比较长。从 30 号排水洞接收到示踪剂的孔的位置来分析,平面位置基本和 F_{461} 断层平行,中间通过 F_{28} 断层连接,显然这条通道是符合地下水运动规律的,并且和试验数据吻合。

从 5 号、6 号、7 号、1 号、2 号、3 号孔以及 30 号排水洞 D106 ~ D193 孔浓度曲线中峰值的大小以及持续时间的比较来看,可以判断该绕坝渗漏通道路径比较长,水量比较大,应该是 30 号排水洞的主要补给源。

(二)4 号排水洞渗漏水来源分析

1. 温度及天然示踪分析

4 号排水洞位于地下厂房的上游侧。26 号、27 号、28 号排水孔中几次测量均出现低温,并且渗漏水的温度与季节的相关性非常好,这表明渗径不长,渗漏水流也没有经过深层循环。28 号排水孔水样的 T 为 59.7TU,与浅层河水的 T(54TU)相近,说明补给水源为浅层水。该孔两侧排水孔的温度逐渐回升,电导值也逐渐变大。对比 GB419 孔的温度分布规律,可以判断 28 号排水孔和 GB419 孔中的渗漏水同属库水补给,且该水来自于 160 m 高程以上的岩层。当库水位增加时,4 号排水洞中 28 号排水孔附近 160 m 高程以上的渗漏水将向 28 号和 30 号排水洞顶孔排泄,同时造成了厂房周边水位升高、渗漏量增加。当库水位超过 235 m 时,4 号灌浆廊道 GB419 孔附近的地下水位将超过 200 m。由于 200 m 以上没有帷幕,因此通过 T_1^4 的渗漏水将渗入 28 号排水洞,呈非线性增加,与实际流量规律一致。

上述孔附近的渗漏主要发生在以下两个方面:

(1)120 m 高程以下的基岩存在渗漏,该深度在灌浆帷幕底线以下,渗漏水流通过 30 号排水洞的 L5 ~ L35 孔排出。

(2)上述孔附近 160 m 高程以上的灌浆帷幕也存在渗漏,部分渗漏水由 4 号、28 号排水洞排出。28 号排水洞位于 30 号排水洞的正上方,高程为 163 m。由稳定同位素分析发现,28 号排水洞的各种成分与 4 号排水洞基本一致,库水渗漏通过 T_4^1 地层进行。

2.人工示踪分析

4 号排水洞的示踪剂数据虽然比较大,但其实际流量极小,而且只有少数的几个相对连续集中的孔(U161、U163、U172、U178、U198 等孔)中出现示踪剂,范围很小,但其浓度分布差异比较大,不可能位于同一渗漏通道。考虑到紧靠帷幕且在投源点的正下方 40 m 左右,示踪剂在岩层中垂向渗透或者是帷幕上可能存在小的裂隙所造成,间接证明了不存在直接短距离的渗漏通道。

六、结语

小浪底水利枢纽副坝前出现的集中漏水区域的示踪试验证实了在左坝肩 F_{28} 断层存在一个渗漏通道,主要结论如下:

(1)在 F_{28} 断层的下盘与灌浆帷幕之间(58 m 高程以上)的地层中(最终通过 T_1^{3-1} 透水层)存在一条绕过坝肩的集中渗漏通道;库水沿着 F_{28} 断层浅层通道补给到 F_{461} 断层,在 F_{461} 断层转向并且沿着 F_{461} 断层将水补给到深部的 T_1^{3-1} 透水层,因为 30 号排水洞的高程比尾水低 18 m 形成排泄漏斗,绕坝渗漏的水经 D106 ~ D193 等排水孔排出,排水量占到 30 号排水洞排水总量的 70% 左右,是渗漏主通道。

(2)4 号排水洞经过加固处理后效果明显,不存在安全隐患。

应用人工示踪方法探测渗漏通道以及观测孔中地下水的流动可以提供非常重要的信息,尤其是在钻孔中探测到的垂向流运动,对科学分析、判断渗漏通道有重要意义。

第三章 水工建筑物缺陷修补

小浪底水利枢纽于1991年9月1日开始前期工程建设,1994年9月12日主体工程开工,1997年10月28日实现大河截流,1999年10月25日水库下闸蓄水,2000年1月9日首台机组并网发电,2001年12月31日主体工程完工。枢纽初期蓄水运用以来取得了显著的综合效益,水库已连续12年实现了安全度汛。自枢纽投入运行以来,每年汛前对水工建筑物进行维护检修,先后对两岸山体和主坝坝基渗漏、主坝坝顶表层纵向裂缝以及上、下游坝坡局部不均匀变形等问题进行分析处理,积累了水工建筑物维护与缺陷修补方面的技术经验。

第一节 F_1 断层带处理

一、概述

小浪底水利枢纽 F_1 断层带位于大坝混凝土防渗墙的右侧,为坝基处理的关键部位。1999年10月25日水库下闸蓄水后,发现在 F_1 断层带帷幕轴线上及其附近埋设的5支渗压计测值异常。经分析认为,混凝土盖板可能产生了裂缝。经多方分析论证,采用水泥化学复合灌浆加固,对混凝土盖板可能产生的裂缝进行封堵。施工完毕后,对灌浆前后的各项设计指标、岩体物理指标进行了分析对比。结果表明,灌浆达到了预期的效果。

二、F_1 断层带处理过程

(一) F_1 断层带基本地质情况

F_1 断层位于河床右侧坡脚处,系顺河向压扭性大断层。断层走向为285°~300°,心墙基础范围内倾向为 NE,倾角为80°~85°,断距约为220 m。在心墙基础范围内断层带宽为1~12 m,上游窄,向下游逐渐展宽,两侧影响带各宽约10 m。断层以北坝基为三叠系地层,断层以南为二叠系地层。

(二)设计方案

设计阶段,对断层带及两侧影响带采取了以下几项处理措施:

(1)设置厚为1 m、C25钢筋混凝土面板,并设纵、横向沉降缝,缝内及缝表面设柔性止水。面板下游端设深为3 m的齿墙,以改变渗流出口处流线的方向。

(2)设置5排深孔进行帷幕灌浆,幕底达高程65.0 m,使帷幕底部深入到相对隔水岩层 P_2^4(F_1 以北)和 P_2^1(F_1 以南)岩层中。

(3)孔深10 m的固结灌浆,基本孔、排距为3 m×3 m。

(4)上游坝壳范围内设1 m厚、连续级配为0.1~60 mm的反滤层;下游坝壳范围内设各厚为1 m的0.1~20 mm和5~60 mm的两层反滤,进行保护。

（5）在断层带帷幕上下游均设置了渗压计，其南侧布置了 2 号灌浆观测隧洞，以监测其工作性状。

（三）施工期出现的问题及处理情况

1. 出现的问题

（1）混凝土强度低。

断层带盖板混凝土浇筑过程中，共取混凝土样 31 个，其中小于设计强度 25 MPa 的有 19 个样，平均抗压强度为 22.5 MPa，最大值为 35.2 MPa，最小值为 14.0 MPa。

（2）混凝土盖板抬动和裂缝。

1996 年 2 月上旬，在对 DRC - 49E 孔灌浆时，发现帷幕轴线上 A6 板轻微抬动，以后随着灌浆作业的进行，A6 板及其相邻的几块 A 型板相继发生抬动，且 A6、A7、A8 三块板出现贯穿性裂缝，虽采取降低压力和限流等措施，也未见明显效果，其中 A6 板的最大抬动量达 0.9 m。

2. 处理情况

以上问题发生后，采取的处理方案如下：

（1）对所有开裂的缝和沉降缝凿 5 cm 深 V 形槽，填 IGAS 材料，上面粘贴土工膜。

（2）在开裂的 A6、A7、A8 板上面现浇一层厚 15 ~ 20 cm 的钢筋混凝土，在裂缝处布设 Φ22 及 Φ16 的并缝钢筋。

（3）在 A6、A7 板的南侧边缘及 A7 板的上游边缘布置 15 个回填灌浆孔，以填充混凝土盖板下面的空隙。

（4）心墙底宽范围内的混凝土盖板上面覆盖一层 1 m 厚高塑性土，其上填筑心墙土料。

（四）蓄水后出现的问题及处理情况

1. 出现的问题

水库蓄水后直至目前，发现埋设在帷幕轴线上及其附近的 F_1 断层带混凝土盖板上面的 P34、P35，混凝土盖板下面的 P32、P36、P37 共 5 支渗压计观测值出现异常。

盖板上面的 P34 渗压计（帷幕轴线上）和盖板下面的 P36 渗压计相距 11.08 m，而其测值几乎完全一样。

盖板上面的 P35（帷幕轴线上）和盖板下面、帷幕轴线上游的 P32 和帷幕轴线下游的 P37 共 3 支渗压计的测值又几乎完全一样。

以上现象估计有两方面可能性：第一，P32、P37 渗压计两者相距 22.31 m，而其测值几乎完全一样，盖板下面局部范围内可能存在渗漏通道；第二，盖板上面的 P34、P35 和盖板下面的 P32、P36 和 P37 共 5 支渗压计的测值一样，混凝土盖板可能产生了相互独立的贯穿性裂缝。

2. 处理情况

帷幕轴线上及其上、下游侧 5 支渗压计的观测结果表明：盖板下的渗水可能来自 F_1 断层右侧的透水岩层 P_2^{2-3}，渗水又通过混凝土盖板的裂缝到达盖板上面，形成了盖板上、下的渗压计具有相同的渗压值。

通过帷幕的高压渗水增加了心墙底部的接触渗透比降，并超过了警戒值。随着运用水位的抬高,将直接影响大坝安全,因此需要认真处理,封闭可能的渗漏通道,确保大坝安全。经过多次研究,决定采用水泥－化学复合灌浆封堵混凝土盖板的贯穿性裂缝及盖板下面的局部渗漏通道。

为使水泥－化学复合灌浆达到预期效果,并尽可能保护好现有的 5 支渗压计,首先选择 4 个代表性孔做水泥灌浆试验,以了解涌水水量、涌水压力和可灌性,确定灌浆材料和浆液配合比,确定最佳的灌浆工艺、方法及合适的灌浆压力等。

水泥灌浆试验于 2001 年 12 月 8 日开始,至 2002 年 2 月 5 日结束,共完成灌浆进尺 88.8 m,声波测试 30.9 m。4 个试验孔共计 21 个灌浆段,孔内涌水压力为 0.45 ~ 0.61 MPa,涌水流量为 0.375 ~ 2.25 L/min,未出现大量涌水现象。各段压水试验的透水率有 19 段小于 1 Lu,最大仅为 1.34 Lu。据此情况,全部采用湿磨水泥浆液灌注,平均单位耗灰量为 48.5 kg/m。

虽然 F_1 断层带已做过 5 排帷幕灌浆和深孔固结灌浆,但岩芯仍十分破碎,岩芯采取率仅为 75.6%,用跨孔法测得弹性波纵波速度最低为 1 192.5 m/s,多数测点的纵波波速为 1 200 ~ 2 500 m/s,岩芯采取率和纵波波速有较好的对应关系。

根据水泥灌浆试验结果,补充、修改了施工技术要求,开始两边排孔的水泥灌浆施工,并于 2002 年 5 月 11 日结束。上、下游两边排孔共完成水泥灌浆进尺 428.21 m,平均单位耗灰量为 26.1 kg/m,其中下游排孔为 25.8 kg/m,上游排孔为 26.8 kg/m,排间注灰量变化不大,但序间注灰量有明显差异,说明水泥灌浆取得了一定的效果。

水泥灌浆时共压水 118 段,其中小于 1 Lu 的有 108 段,大于 3 Lu 的有 2 段,其中大于 5 Lu 的有 1 段,其值为 5.52 Lu;水泥灌浆后,检查孔共压水 15 段,透水率最大值仅为 0.54 Lu,大于 0.1 Lu 的共 3 段,说明水泥灌浆的效果明显。

中排孔的化学灌浆施工技术要求是在尽量保护混凝土盖板上、下 5 支渗压计不因灌浆而失效的前提下制定的,并依其灌浆过程中的变化情况调整灌浆参数,因而使灌浆受到很大的限制。截至 2002 年 9 月 1 日,化学灌浆施工全部完成,总进尺 187.19 m,扣除边孔 14 号孔后,净单位注入量平均为 41.9 kg/m,其中 Ⅰ 序孔单耗为 58.76 kg/m,Ⅱ 序孔单耗为 21.91 kg/m,序间递减达 62.7%,符合一般灌浆规律。

两边排灌浆孔之间被加固岩体的体积约为 1 070 m^3,现已灌入水泥 11.2 t,灌入化学浆材 11.34 t(当然,两种浆材都会向被灌体以外扩散),但至少说明被灌岩体内确实存在一定的空隙,经过水泥－化学复合灌浆后,该段岩体得到了明显的加强。经过灌浆,P34、P36 的渗压值下降约 6 m;P32、P35、P37 3 支渗压计的测值也出现一定的差异。

化学灌浆后 P34、P36、P32、P35 和 P37 5 支关键渗压计仍在正常工作。

三、F_1 断层附近渗流的高位势及其影响问题

右岸坝段以 F_1 断层为界,由于 F_1 断层的纵向隔水作用,使右岸坝基与河床坝基分隔为两个独立的水文地质分区,其渗流状况并不影响大坝安全。

右岸大坝建基面为相对隔水岩层 P_2^{3-1},其厚度达 17 m,下面则为透水的 P_2^2 砂岩层,该层砂岩为一承压水层,倾向下游,在库区有出露,主要在大坝上游小清河一带,分布高程为 150 ~ 205 m,为主要的透水通道。其下面的不透水层 P_2^1 埋藏在 80 m 高程以下,灌浆帷

幕深度未达此层,形成悬挂式帷幕,且有上下游方向贯通的陡倾角断层、裂隙,而成为右岸主要的渗水途径。其渗水通过 1 号排水洞及一系列排水孔排除,排水孔深入 P_2^2 岩层 48 m,达 100 m 高程,排水效果良好,渗流量也相应较大。

在 F_1 断层通过坝基处,有混凝土盖板、固结灌浆和帷幕灌浆等处理措施,并有一系列渗压计进行安全监测。曾发现有渗压计测值异常情况,并进行了补充灌浆处理。

2002 年完成补强处理后,库水位 250~260 m 时的渗流量约相当于处理前水位 220 m 时的渗流量,处理前后同一库水位下的渗流量减少了 36% 左右,并可预期在库区泥沙淤积达到 205 m 高程,封堵 P_2^2 透水岩层进水前沿以后,渗水情况将有进一步改善。同时,由 1 号排水洞渗流量与库水位关系曲线可见,在 2003 年库水位上升与下降过程中,同水位下渗流量相差 700 m³/d 左右,而 2004 年库水位升降过程中渗流量曲线几乎重合,说明渗流量已趋稳定。预测到正常高水位时,右岸 1 号排水洞的渗流量应不超过 7 500 m³/d。

(一)F_1 断层渗压计监测结果

为防止沿断层带的渗漏和对坝体的接触冲刷,沿心墙与 F_1 断层的接触面设置了混凝土盖板,盖板下设置了固结灌浆和帷幕灌浆,在断层出口铺设了反滤层,在断层带右侧设 2 号观测灌浆洞。在盖板上下和帷幕前后,埋设了 21 支渗压计。

1. 帷幕上游侧

帷幕上游侧渗压计 P25~P27 测值随水位变化,且变化规律一致。主坝灌浆帷幕前的 3 支渗压计位势 Φ 比较接近,变化范围均为 54%~82.7%。

2. 帷幕下游侧

盖板上的渗压计 P42、P43、P44、P45、P46、P48 测值随库水位变化不明显,位势 Φ 为 0.16%~0.92%。

盖板下的渗压计 P38、P40、P41 安装在同一孔内,高程分别为 102.59 m、112.59 m 和 122.99 m。其测值随库水位变化,但最大测值小于 160 m,且位势逐渐减小,后期最大值为 6.44%~13.71%。

3. 帷幕轴线附近

F_1 断层带渗压计 P32~P37 位于帷幕线附近,因测值异常而进行了补强灌浆处理。2002 年 9 月 1 日补强灌浆结束后,原来测值接近的盖板上下、帷幕前后的 P32、P35、P37 3 支渗压计的测值在量值上出现一定的差异,盖板下 P32、P37 渗压计测值较灌浆前有所下降,而盖板上 P35 渗压计测值较灌浆前升高,P34、P36 渗压计测值差由原来的 1 m 左右增加到约 2 m,总体来看,对 F_1 断层的灌浆处理取得了一定的效果。2003 年 10 月以后,帷幕前的 P32 渗压计的测值明显大于 P37 渗压计,P32 与 P37 渗压计测值差最大达 10 m,P37 渗压计近期位势在 48% 左右,仍低于设计警戒值 215 m。

(二)小浪底水利枢纽竣工验收技术鉴定结论

(1)沿 F_1 断层与心墙接触面布设混凝土盖板,对盖板下基岩进行帷幕及固结灌浆,这对防止沿 F_1 断层产生渗流破坏是有效的。施工期混凝土盖板虽产生过质量问题,但已作处理,措施得当,结果基本满意。盖板与基岩接触面补强灌浆,有利于提高防渗性能。

(2)经对蓄水后盖板上下渗压计的观测值进行分析,可认为渗流情况正常,测值由上游向下游递减,下游反滤层处渗压计水位已接近下游水位,帷幕下游渗压计位势都不高,仅 P37 渗压计位于 F_1 上盘,帷幕未达相对不透水层,位势较高是合理的。

(3)斜心墙及内铺盖与盖板接触面长达 120 m,有足够渗径,下游渗流出口位置加强了反滤保护;F_1 断层伸入库区,被淤积物覆盖,对防渗有利;随淤积加厚,情况将会更好,通过 F_1 断层的渗透比降小于设计容许值,能保证沿 F_1 断层的渗流稳定,不会影响大坝安全。

(4)F_1 断层有隔水作用,使断层两侧有各自独立的渗流场,右岸坝基渗漏不会影响 F_1 断层以北地区,不影响大坝安全。

(5)2005 年后渗压计监测结果未见异常趋势性变化,前两次安全鉴定和评估结论仍然有效。在淤积高程超过 205 m 时,P_2^2 在库区出露的渗水进口被淤积物覆盖后情况当更为好转。

四、结语

(1)沿 F_1 断层布设盖板,对盖板下基岩进行帷幕及固结灌浆,这对防止沿 F_1 断层产生渗流破坏是有效的。

(2)施工期虽产生质量问题,但已作处理,措施得当,结果基本满意。

(3)经对蓄水后盖板上下渗压计的观测值进行分析,认为渗流情况正常,处理是有效的。

(4)对盖板与基岩接触面进行灌浆,有利于提高防渗性能。

(5)考虑到斜心墙及内铺盖与盖板接触面长达 120 m,有足够渗径;F_1 断层伸入库区,被淤积物覆盖,对防渗有利;随淤积加厚,情况将会更好,故能保证沿 F_1 断层的渗流稳定,不会影响大坝安全。

第二节 水库蓄水初期两岸及坝基渗漏问题与防渗补强处理

1999 年 10 月 25 日水库下闸蓄水后不久,发现右岸 1 号排水洞、左岸 2 号排水洞、地下厂房区 30 号排水洞及消力塘 115 m 排水廊道相继出现渗水,且其渗漏量随库水位上升有加大趋势;2002 年,当库水位超过 235 m 后,2 号排水洞、30 号排水洞等的渗水量均有十分明显的增加;2003 年秋汛期间,水库水位达到 265. 69 m,4 号、30 号排水洞及地下厂房的渗水量又有显著增加,河床段坝基的渗漏量也有所增加。两岸坝肩山体的渗漏和坝基的渗漏问题引起了运行管理单位的高度重视,并作为整个工程的重大技术问题密切关注、研究,及时采取一系列工程措施,作了相应的处理。

本节针对小浪底水利枢纽下闸蓄水以来发现的水库渗漏问题及渗控工程措施进行了总结,根据对枢纽区水文地质条件的认识、水库投入运用以来枢纽各主要建筑物运行工况的分析,以及对各部位渗透途径、渗漏特征等的判断,就水库渗漏特别是坝基的渗漏对大坝及枢纽各主要建筑物的安全影响问题进行了初步分析。

一、枢纽区水文地质条件

(一)坝址区地形地质条件

小浪底水利枢纽选定的三坝线位于黄河中游最后一个峡谷的出口,处于豫西山地和山西高原的接壤部位。西部和北部属太行山系,南部属于秦岭余脉崤山山系,黄河由西向东出峡谷后逐渐展宽。坝址处河谷宽约800 m,河床右岸为滩地和黄土二级阶地。右岸山势陡峻,高程为380~420 m,坡度为40°~50°;左岸山势平缓,高程为290~320 m,且有高程为240 m左右的垭口。受沟道切割的影响,形成单薄分水岭。

小浪底坝址区主要出露的地层为二叠系上石盒子组、石千峰组黏土岩和砂岩,三叠系下统刘家沟组及和尚沟组砂岩、粉砂岩。第四系主要是黄土和砂砾石层。坝址区地层褶皱轻微,断裂构造发育。由于断距220 m、顺河向F_1断层的切割,河床右岸出露的岩层主要为二叠系砂岩和黏土岩,左岸出露的岩层主要是三叠系的砂岩和粉砂岩。河床部分为最大深度达70 m的砂砾石覆盖层。坝址处于狂口背斜的东端,其轴部在右坝肩。受背斜褶皱的影响,岩层呈单斜地层以10°左右的缓倾角倾向北东。坝址区构造纲要如图3-1所示。

1. 河床深覆盖层

河床覆盖层一般深30~40 m,最大深度达70余m。覆盖层上部为松散的Q_4粉细砂层,下部为密实的Q_3砂砾石层,其间含有粉细砂透镜体和底部连续的粉细砂层。作为大坝基础的河床覆盖层,其防渗和抗地震液化是设计的关键。

2. 断裂构造发育

坝址区出露的主要断裂构造自北向南有F_{461}、F_{240}、F_{238}、F_{236}、F_1、F_{233}、F_{231}、F_{230}及F_{28}等。除F_{28}走向北东外,其余主要断裂构造均呈上下游方向展布,且大部分为高倾角正断层,将坝区岩体切割成条块状。坝址区节理裂隙发育,其发育程度与岩性和岩层单层厚度有关。砂岩地层较黏土岩地层节理发育。一般每米1~2条节理。坝区主要节理有NW270°~NW290°、NW340°~NW350°、NE10°~NE20°和NE60°~NE70°四组,倾角为70°~80°,属于剪切性节理,一般延伸不长。在每一地段发育有2~3组节理。这些断裂构造与建筑物围岩稳定关系密切,且形成了明显的上下游方向带状渗水的水文地质特征。

3. 泥化夹层

小浪底坝址区的砂岩层系河湖相沉积,在砂岩中常夹有黏土岩,后期受剪切构造作用而发生层间错动。因砂岩刚度较大,易沿薄层黏土岩发生剪切错动,造成黏土岩破碎、泥化现象。泥化层的分布一般以长度30~50 m、层厚1~2 cm者为主。在左岸坝肩山体泥化层有延伸长200~300 m的。通过大量室内外试验,泥化层的力学指标较低,根据不同的组成和岩性,$f=0.20~0.28$,$c=0.005$ MPa。因岩层呈10°左右的缓倾角倾向下游,因此在枢纽建筑物区基岩地层中的泥化夹层基本上是控制稳定的关键地层。

4. 左岸单薄分水岭

坝址左岸山体山势平缓,上游有风雨沟,下游有葱沟、瓮沟、西沟和桥沟切割,岩层主要为三叠系的砂岩和黏土岩互层,岩层中有F_{236}、F_{238}、F_{240}等基本为上下游方向展布的断层和与分水岭呈北东向斜交的F_{28}大断层。岩层节理裂隙发育,风化卸荷严重。左岸山体和建筑物关系密切,水库蓄水后,山体南段存在自身稳定和整个山体的漏水处理问题。

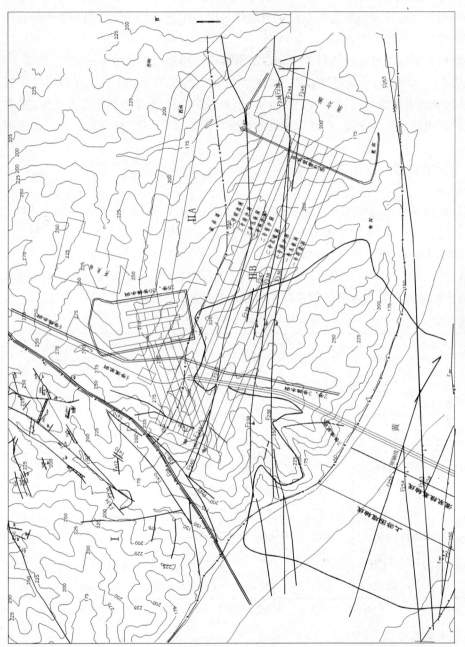

图3-1 坝址区构造纲要

5.滑坡和倾倒变形体

由于坝址区岩层为倾向北东的单斜地层,河谷南岸多发育有倾向河床的滑坡及倾倒变形体。距坝轴线上游 2 ~ 3 km 的 1 号、2 号滑坡体体积分别为 1 100 万 m^3、410 万 m^3,坝肩处的东坡滑坡体和坝下游的东苗家滑坡体与枢纽建筑物的安全运用关系十分密切。

6.地震

小浪底坝址远源破坏性地震主要来自汾渭地震带和太行山麓地震带,历史地震 8 级,震中距为 140 ~ 250 km。近源地震以小浪底为中心,半径 30 km 范围内有封门口和城崖地断裂,历史地震 5 级。经国家地震局审定,小浪底坝址区地震基本烈度为 7 度,主要挡水建筑物的设防烈度为 8 度,在远源和近源地震共同作用下,10^{-4} 概率最大水平加速度为 0.215g。

(二)地质构造

1.断层

坝址区位于狂口背斜的外倾转折端,岩层呈单斜构造,倾向下游,倾角约为 10°。区内断裂构造比较发育,走向以近 EW 最为发育,其次为近 SN 及 NE,倾角大多在 70°以上。断层带物质为角砾、断层泥及方解石脉体。区内具有水文地质意义的断层共有 9 条,其中以 F_{28}、F_{461}、F_1 3 条规模最大,断距都大于 200 m,断层泥带较宽,在横向上具有相对隔水作用,但其影响带却是强透水的。枢纽区主要断层特性如表 3-1 所示。

表 3-1　枢纽区主要断层特性

编号	产状			断距(m)	宽度(m)	
	走向	倾向	倾角		断层带	影响带
F_{28}	45°~55°	NW	85°	300	4~6	20~30
F_1	100°~118°	NE	73°~85°	220	5~12	14~20
F_{461}	310°	NE	80°~88°	300	4~6	
F_{236}	90°~106°	SW	70°~87°	60~85	1.5~6	0~10
F_{238}	90°~106°	NE	80°~85°	12~30	1.2~8	12~25
F_{240}	80°~105°	N	80°~87°	2~15	0.5~2	2~3
F_{230}	90°~100°	SW	52°~75°	50~70	0.5~2.2	10
F_{231}	103°~110°	NE	75°~90°	0~9	1~2	4
F_{233}	95°~102°	SW	65°~80°	15~17	0.5~2	4

2.水文地质分区

根据枢纽区内地层岩性、地质构造及水文地质构造的组合条件,从灌浆帷幕布置和排水帷幕设计角度出发,可将 F_{28} 断层以东、F_{461} 断层以南的区域划分为以下 6 个水文地质区:Ⅰ区,F_{461} ~ F_{240};Ⅱ区,F_{240} ~ F_{236};Ⅲ区,F_{236} ~ 岸边;Ⅳ区,河床;Ⅴ区,F_1 ~ F_{230};Ⅵ区,F_{230} 以右。

1）Ⅰ区

Ⅰ区分布的基岩地层：下部为三叠系石干峰组（P_2^4），中上部为三叠系刘家沟组（$T_1^1 \sim T_1^5$），顶部为和尚沟组（T_1^{6-1}）。

P_2^4 岩组为一区域性隔水层，厚为 56～68 m，是左坝肩及左岸山体透水岩体下部的隔水底板。

$T_1^1 \sim T_1^5$ 岩组总厚约为 250 m，岩性为厚层钙质、硅质细砂岩夹薄层泥质粉砂岩与黏土岩，是一个统一的裂隙透水岩体，也是本区主要的含水层。

T_1^{6-1} 岩组厚为 52～57 m，是左坝肩及左岸山体的相对隔水顶板。

本区无较大断层通过，层状透水体和陡倾角的小断层构成本区岩体的基本渗透网络。由于本区南侧 F_{240}、F_{238}、F_{236} 几条断层的阻隔，地下水位基本不受黄河水位的影响。

2）Ⅱ区（断层交汇带水文地质区）

Ⅱ区分布的基岩地层同Ⅰ区。本区的最大特点是：展布 3 条近东西走向的主要断层，即 F_{240}、F_{238}、F_{236}。3 条断层间相距 120～200 m，主断层间发育有分支断层及次一级小断层，断层影响破碎带几乎连为一体。3 条断层贯通水库的上下游，构成沟通库水向下游渗透的强透水带。

3）Ⅲ区（左坝肩水文地质区）

Ⅲ区的基岩地层分布同Ⅰ区。本区岸坡为风化卸荷带，其厚度可达 50～80 m。风化卸荷带大大增加了本区岩体的透水性，故地下水位与黄河水位同步变化。

4）Ⅳ区（河床水文地质区）

Ⅳ区包括河槽及两岸漫滩和一级阶地。南侧以 F_1 断层为界，宽约 500 m。地下水类型主要为覆盖层孔隙潜水及下伏基岩中埋藏的承压水。河床中有基岩深槽，最低槽底高程约为 60 m，覆盖层最厚达 70 m 以上，一般厚度为 20～30 m。下伏基岩上部为 $T_1^1 \sim T_1^3$，下部 P_2^4 为黏土岩。本区有多条顺河向小断层展布，因断距小，未能将相对隔水层 P_2^4 错开，从而形成其下 P_2^3 中的砂岩为承压含水层。

F_1 断层顺河向展布，由于断距达 220 m，规模大，较厚的断层泥带具有相对隔水性能，但其两侧影响带则是贯通水库上下游的渗漏通道。

5）Ⅴ区（右岸水文地质区）

Ⅴ区为右岸岸坡地段，上游以小清河为界，$F_1 \sim F_{230}$ 间长约为 500 m。

区内分布二叠系上统石河子组（$P_2^1 \sim P_2^3$）地层。底部 P_2^1 岩组，厚度为 130 m 左右，是一区域性隔水层，埋藏较深，在帷幕线附近顶板高程为 80～93 m。中上部为 P_2^2、P_2^3 岩组，总厚度为 150 m 左右，岩性为紫红色粉砂质黏土岩与黄绿色、灰白色钙质、硅质砂岩互层。砂岩与黏土岩相间排列，构成了本区多个相间的砂岩含水层（P_2^2、P_2^{3-2}、P_2^{3-4}、P_2^{3-6}）以及多个黏土岩相对隔水层（P_2^{3-1}、P_2^{3-3}、P_2^{3-5}）。因地层以 7°倾角向下游倾伏，形成砂岩含水层中的地下水在西侧为层间自由水，向东则逐渐过渡为承压水。各含水层的承压水位：P_2^2 为 142～187 m；P_2^{3-2} 为 143～211 m；P_2^{3-4} 为 186～213 m。

区内展布 3 条近东西向的断层，即 F_{230}、F_{231}、F_{233}，贯通水库上下游。在地表，F_{231} 与 F_{233} 相距 80～120 m，构成一个小地堑，地堑内岩体较破碎，为强透水带。各断层与 P_2^2 层相交的部位是水库集中渗流上溢的通道。

6) Ⅵ区(右岸山地水文地质区)

Ⅵ区山体雄厚,上游以小清河为界,出露地层以刘家沟组地层 $T_1^1 \sim T_1^5$ 砂岩为主。根据长期观测资料,寺院坡 T_{442} 号孔基岩裂隙水位达 270 m,接近水库 275 m 正常高水位,因此本区绕坝渗漏问题不大。

(三)透(含)水层与相对隔水层

坝址区红色碎屑岩系的岩性组合特征为:中细粒砂岩,泥质粉砂岩和粉砂质黏土岩互层。砂岩为硬岩,硅质或硅钙质胶结,性脆,裂隙发育,为透(含)水层;泥质粉砂岩和粉砂质黏土岩为软岩,裂隙不发育,属相对隔水层。各岩组透水性取决于岩组内泥质岩石含量的多少及其组合特性。以厚层砂岩为主的地层构成透(含)水层,砂岩夹薄层泥质岩石或互层的岩组为弱透水层,以厚层泥质粉砂岩或粉砂质黏土岩为主的岩组组成相对隔水层。

从整体而言,由于岩体中夹有弱透水岩层,一般顺层的渗透性大于垂向的透水性,因而坝址区岩体从整体上讲应该是层状非均质各向异性渗透结构。

坝址区各组地层渗透性划分:

左岸:透(含)水层,T_1^1、T_1^2、T_1^{3-1}、T_1^4、T_1^{5-2}、T_1^{5-3};弱透水层,T_1^{3-2}、T_1^{5-1};相对隔水层,P_2^4。

河床:透(含)水层,T_1^1、T_1^2;相对隔水层,P_2^4。

右岸:透(含)水层,P_2^2、P_2^{3-2}、P_2^{3-4}、P_2^{3-6};相对隔水层,P_2^1、P_2^{3-1}、P_2^{3-3}、P_2^{3-5}。

(四)岩体的渗透特性

根据前期各种水文地质勘探试验成果,枢纽区内各岩组及主要断层的渗透系数见表 3-2。

表 3-2　枢纽区内各岩组及主要断层的渗透系数

序号	岩层	分布位置	渗透系数 (m/d)	序号	岩层	分布位置	渗透系数 (m/d)
1	P_2^4	左岸	0.01	16	P_2^{2-2}	右岸	0.014 8
2	T_1^{1-2}	左岸	0.03	17	P_2^{2-3}	右岸	0.071 4
3	T_1^{3-1}	左岸	0.10	18	P_2^{3-1}	右岸	0.012 8
4	T_1^{3-2}	左岸	0.01	19	P_2^{3-2}	右岸	0.111 3
5	T_1^4	左岸	0.30	20	P_2^{3-3}	右岸	0.021 5
6	T_1^5	左岸	0.053	21	P_2^{3-4}	右岸	0.226 0
7	T_1^6	左岸	0.01	22	P_2^{3-5}	右岸	0.093 5
8	F_{28} 影响带	左岸	10.0	23	P_2^{3-6}	右岸	0.340 0
9	P_2^{3-6}	河床	0.229 6	24	P_2^4	右岸	0.210 0
10	P_2^4	河床	0.14	25	F_{230} 以南	右岸	0.020 0
11	T_1^1	河床	0.227 5	26	F_{230} 断层	右岸	0.003 0
12	T_1^2	河床	0.30	27	F_1 断层	河床	0.0
13	T_1^{3-2}	河床	0.18	28	F_1 断层破碎带	EL. 30 m 以上	10.0
14	P_2^1	河床	0.003	29	F_1 断层破碎带	EL. 30 m 以下	0.010
15	P_2^{2-1}	右岸	0.174 8	30	$F_{236} \sim F_{240}$ 断层	—	0.01 ~ 2.67

(五)岩体的渗透特征

根据枢纽区岩体的水文地质结构和枢纽区的水文地质条件,枢纽区的渗漏表现为以下三个特征。

1.层状透水

所谓层状透水,是指沿各水文地质区透水岩层产生的渗漏。砂岩中节理比较发育,对库水渗漏有重要影响的节理主要为:

(1)走向 270°~290°,倾向 S~SW,倾角 80°~88°;

(2)走向 60°~70°,倾向 SE 或 NW,倾角 80°。

第(1)组节理在 T_1^4 中的线连通率范围为 33%~65%,平均为 47%,裂隙宽度一般为 0.1~1.0 mm,间距变化为 0.1~1.5 m,延伸长度为 3~30 m,一般不穿过厚度较大的软岩层。裂隙构成了砂岩岩体中地下水赋存和运移的渗透网络。

2.带状透水

所谓带状透水,是指沿断层及其两侧影响带产生的渗漏。由于主要构造均呈上下游方向展布,故沿断层带及两侧影响带形成了明显的渗流通道,这一特征从 1 号排水洞中排水孔出水量的大小可明显看出。

3.壳状透水

所谓壳状透水,是指沿岩体表部风化卸荷带形成的渗漏。这一渗漏特征在去年水库高水位运行时,左岸山体的渗漏已明显表现出来了。

综上所述,坝区多层状非均质各向异性透水岩体是库水渗漏的基本结构,它们和强透水的断层带及由于风化卸荷作用形成的风化壳岩体共同构成了坝区的渗漏网络。因此,坝基及左岸山体的渗漏应是层状、带状、壳状三种渗透结构相互组合的结果。

二、坝型及渗控方案

(一)坝型

小浪底大坝为壤土斜心墙堆石坝,最大坝高为 160 m,填筑工程量为 5 185 万 m³。河床部位坝基采用 1.2 m 厚混凝土防渗墙完全截断砂砾石覆盖层,防渗墙插入心墙内 12 m,它与大坝心墙共同构成大坝的主要防渗系统。

在坝型选择时,充分考虑了黄河多泥沙的特点,为充分利用坝前淤积形成天然铺盖的防渗作用,在上游拦洪围堰的下游坡上设置了厚 6 m 的掺合料内铺盖,它将大坝心墙和上游围堰斜墙及坝前淤积连接起来,作为坝基的辅助防渗措施。

河床段防渗墙帷幕轴线位于坝轴线上游 80 m,到两岸岸坡附近,大坝由斜心墙逐渐过渡到正心墙,最终以正心墙与两岸岸坡连接,帷幕轴线亦随之过渡到位于坝轴线上游 4 m。

(二)帷幕灌浆设计

1.设计原则和防渗标准

对于土石坝而言,设置灌浆帷幕主要是为了封堵宽大裂隙。因此,小浪底大坝在坝基灌浆帷幕设计中,充分考虑了黄河泥沙形成天然铺盖对坝基防渗的有利作用,确定除断层带以外其余均为单排帷幕。左岸相对隔水层为 P_2^4,深埋于 40 m 高程以下;右岸相对隔水

层为 P_2^1，深埋于 80 m 高程以下。若帷幕伸入到相对隔水岩层内，帷幕灌浆工程量将成倍增加，故参照国内外类似工程经验和三向渗流计算结果，左岸幕底伸入到相对弱透水岩层 T_1^{3-2} 中，即达高程 130 m；河床深槽两侧幕底深入到相对隔水岩层 P_2^4 中；右岸岸坡部位因建基面逐渐抬高，距相对隔水层较深，帷幕深度按 0.5 倍最大水头确定。

依据《碾压式土石坝设计规范》(SDJ 213—84)规定，并考虑黄河多泥沙的特点，确定帷幕的防渗标准为小于 5 Lu。

根据两岸坝肩基岩不同的水文地质条件和结构要求，左岸山体地下洞室密布，设计要求排水帷幕后地下水位应低于 200 m；右岸有承压水，水库蓄水后，承压水位会大幅度上升。为此，左、右两岸山体中均布置了排水帷幕，以降低山体中地下水位。所以，两岸山体中渗流控制措施布置原则是"上堵下排，堵排结合，以排为主"。

2. 灌浆帷幕布置

根据大坝基础的防渗要求以及水文地质分区和岩体的水文地质结构，灌浆帷幕布置大体可分为四个区段。

1) 河床段(DG0 +232.94 ～ DG0 +709.00)

河床段灌浆主要为单排孔，孔距为 2 m。防渗墙右端至 F_1 断层影响带(DG0 +653.00 ～ DG0 +709.00)因有 F_{258} 断层及分支断层通过，基岩上部透水率较大，故在主帷幕两侧各设一排副帷幕。副帷幕的孔距为 2 m，孔深为 15 m。

DG0 +365.80 ～ DG0 +522.801 57 的河床深槽段，因为墙下基岩为二叠系的 P_2^4 粉砂质黏土岩，为相对隔水层；深槽部位覆盖层厚达 50 ～ 70 m，且存在连续分布厚为 10 ～ 20 m 的底砂层，是良好的反滤层，即使墙底基岩有渗流发生，渗透压力也将很快消散。据上述理由，该段墙下基岩未作灌浆。

其余防渗墙下的基岩灌浆均为单排孔，孔距为 2 m。

2) 左岸山坡及洞群段(DG0 +232.94 ～ DG0 -347.89)

左岸相对单薄的山体视做大坝的延伸，因而按大坝的防渗要求布设了灌浆帷幕。

左岸岸坡段(DG0 +232.94 ～ DG0 +0.00)因基岩风化及卸荷影响，基岩上部透水性较强。该段除布置一排主帷幕外，还在其两侧各布置一排副帷幕。副帷幕孔距为 2 m，桩号 DG0 +232.94 ～ DG0 +200.00 孔深为 25 m，桩号 DG0 +200.00 ～ DG0 +0.00 孔深为 15 m。根据岩层节理裂隙产状，为提高灌浆效果，自地面施工的灌浆均采用斜孔，孔斜倾向岸内，倾角为 12°，洞内灌浆采用直孔。

桩号 DG0 +232.94 ～ DG0 +200.00 帷幕底高程为 60 m，其以左逐渐升到高程 130 m，最大灌浆深度达到 150 m。因而，在 170 m 和 235 m 高程上布置两条断面尺寸为 2.5 m × 3.5 m 的灌浆隧洞。

洞群段(DG0 +0.00 ～ DG0 -347.89)帷幕除 F_{236} ～ F_{240} 断层带为双排孔外，其余均为单排孔，孔距为 2 m，孔底至 130 m 高程。帷幕轴线与泄洪洞、发电洞轴线近于正交，为加强帷幕的整体性，帷幕灌浆与上述洞周围的环形灌浆采用搭接方式连接，以保证形成完整的幕体。

3) 右岸岸坡段(DG0 +709.00 ～ DG1 +520.00)

右岸岸坡段帷幕位于二叠系 P_2^2、P_2^3 岩组内，且主要位于 P_2^3 砂岩与黏土岩呈互层状的地层内。由于隔水的黏土岩厚度相对较薄,为保持帷幕底线较为平顺,帷幕深度按50%的最大水头确定。

F_1断层带为5排深帷幕,幕底深入到相对隔水岩层P_2^1内,高程为65 m,孔距、排距均为2 m。其余均为单排孔,孔距为2 m。

4)左岸桩号DG0 – 347.89以左山体

该段帷幕为单排孔,孔距为2 m。地下厂房一段幕底高程为140 m,以封堵主要透水岩层T_1^4,向左幕底逐渐抬高至210 m高程,主要封堵山梁上部的风化壳岩体。

(三)排水设计

1.左岸山体

左坝肩及左岸山体上游有风雨沟,下游有瓮沟、葱沟等支沟的切割,山体相对比较单薄,且山体内集中布置了所有泄水及引水发电建筑物,地下洞室密布。根据"上堵下排,堵排结合,以排为主"的渗控方案布置原则和地下洞室的设计要求,泄水建筑物范围内,排水幕后的地下水位不高于200 m,地下厂房周围的地下水位不高于134 m。根据施工期消力塘上游边坡的稳定要求和检修期消力塘底板的稳定要求,以及整个左岸山体的稳定要求,进行排水帷幕的布置,各部位排水幕的基本特征见表3-3。

表3-3　左岸山体排水帷幕的基本特征

排水洞	洞底高程(m)	洞长(m)	排水帷幕顶底高程(m)	排水帷幕穿过岩组
2号	154.95~170.17	321.58	140~200	T_1^{3-1}、T_1^{3-2}、T_1^4
3号	234.77~236.52	353.80	与2号洞连接	T_1^4、T_1^5
4号	185.17~189.42	872.06	150~220	T_1^4、T_1^5
28号	161.65~164.33	761.64	幕顶198	T_1^4
30号	117	995.94	幕底85,100	T_1^{3-2}、T_1^4
115 m廊道	115	855.00	幕底90	T_1^5、T_1^{6-1}
105 m廊道	105	—		T_1^5

上述各排水洞内排水孔间距为3 m,孔径为110 mm,凡位于断层带及其影响带内的排水孔,孔内均安装了组合过滤体予以保护。

2.右岸山体

为排泄右岸山体P_2^2、P_2^3砂岩岩层中的承压水,确保右岸山体和坝基的稳定,在F_1~F_{230}断层坝轴线下游50 m处布置了1号排水洞,洞底高程为147~149 m,洞长为777 m。排水幕顶和幕底高程分别为180 m和100 m。

由于排水孔要穿过多层黏土岩,因而所有排水孔内均安装了组合过滤体。

(四)枢纽区渗流场研究

1.研究项目

枢纽总布置和渗控方案最终确定后,对渗控方案进行消力塘三向渗流试验、上游围堰覆盖层防渗三向渗流计算、地下厂房区三维渗流计算、小浪底枢纽工程三维渗流计算,以上各项研究采用的计算参数见表3-4。

表 3-4　岩层及建筑材料渗透系数

序号	岩层	区域	渗透系数 K(m/d)	序号	岩层	区域	渗透系数 K(m/d)
1	P_2^4	左岸	0.01	21	P_2^{3-4}	右岸	0.226 0
2	T_1^{1-2}	左岸	0.03	22	P_2^{3-5}	右岸	0.093 5
3	T_1^{3-1}	左岸	0.10	23	P_2^{3-6}	右岸	0.340 0
4	T_1^{3-2}	左岸	0.01	24	P_2^4	右岸	0.210 0
5	T_1^4	左岸	0.30	25	F_{230} 以南	右岸	0.020 0
6	T_1^5	左岸	0.053	26	F_{230} 断层	右岸	0.003 0
7	T_1^6	左岸	0.01	27	堆石坝壳	大坝	86.400 0
8	F_{28} 影响带	左岸	10.00	28	覆盖层	河床	36.400 0
9	P_2^{3-6}	河床	0.229 6	29	黏土斜心墙	大坝	0.000 086 4
10	P_2^4	河床	0.14	30	防渗墙	河床	0.000 008 64
11	T_1^1	河床	0.227 5	31	围堰防渗墙	河床	0.000 864
12	T_1^2	河床	0.30	32	围堰斜墙	IB 区	0.000 086 4
13	T_1^{3-2}	河床	0.18	33	内铺盖	5 区	0.000 864
14	P_2^1	河床	0.003	34	天然铺盖	—	0.008 64
15	P_2^{2-1}	右岸	0.174 8	35	灌浆帷幕	$K \geqslant 0.3$ 时	0.03
16	P_2^{2-2}	右岸	0.014 8	36	灌浆帷幕	$K = 0.3 \sim 0.03$	0.01
17	P_2^{2-3}	右岸	0.071 4	37	F_1 断层	河床	0.0
18	P_2^{3-1}	右岸	0.012 8	38	F_1 断层破碎带	EL. 30 m 以上	10.0
19	P_2^{3-2}	右岸	0.111 3	39	F_1 断层破碎带	EL. 30 m 以下	0.01
20	P_2^{3-3}	右岸	0.021 5				

2. 研究成果

(1)消力塘三向渗流试验和有限元计算结果表明,由于消力塘底板下的排水井列和网状排水暗沟的出水口高程远低于下游水位,因而排水系统不仅要排除来自左岸的绕渗水量,还要排除来自下游河道的渗水;在消力塘四周设置灌浆帷幕有一定效果,渗流通过帷幕仅损失 2.0 ~ 5.5 m 水头;帷幕加排水方案,消力塘底板仅承受 0.6 m 渗压力,因此说明消力塘的防、排渗系统,特别是排水井列的效果良好。

据本次试验研究成果,并为保证消力塘开挖施工时边坡的稳定,对消力塘的渗控方案进行了优化,取消了四周的灌浆帷幕,加强了排水措施。

(2)进行上游围堰覆盖层三向渗流计算的目的是:研究上游围堰防渗墙右端缺口处的渗流场,以确定防渗墙下游覆盖层的保护范围。计算结果表明,防渗墙右端及附近渗透坡降最大,最大达 0.747,随着距防渗墙右端距离的增大,渗透坡降渐小。

据此次研究成果,在防渗墙右端及其附近渗透坡降大于 0.1(含 0.1)的区域,围堰基础表面设置 1 m 厚 2C 区反滤料,以确保该区覆盖层的渗透稳定。

(3)地下厂房区三维渗流计算域为:上游侧为 F_{28} 断层、北侧为 F_{461} 断层、南侧为 F_{236}/F_{238} 断层、下游侧以桥沟为界。

参照此次三维渗流计算结果,对厂房区的排水幕布置做了如下调整:厂房上游侧排水幕底部高程由 115 m 降至 85 m,达 T_1^{3-1} 岩层底部;左侧的排水幕底部高程由 115 m 降至 100 m;取消 28 号与 30 号排水洞之间、位于 140 m 高程的 29 号排水洞,即为现已实施的厂房区渗控工程。

当库水位为 275 m、下游尾水位为 134.65 m 时,地下厂房区域内自由水面为 123.6 ~ 140.7 m,平均为 133.04 m,满足设计对渗流的要求;进入地下厂房区的渗漏量为 4 240.51 m^3/d。

(4)整个枢纽区渗控方案的依据是 1995 年 5 月完成的枢纽区整体三维渗流计算成果,其计算条件和计算成果如下。

①计算域及计算条件。

根据枢纽区的水文地质条件,建筑物布置及渗流控制措施确定的计算域为:左岸上游以 F_{28} 断层为界,北到 F_{461} 断层,下游到桥沟河;河床段上游考虑天然铺盖作用,取距坝 1 100 m 处为入渗区边界,下游到桥沟河入黄河处;右岸上游以小清河为界。右端到天然地下水位接近水库正常高水位 275 m 处,下游边界与河床段同。计算域的底部到相对不透水岩层 P_2^1 和 P_2^4。本次计算还考虑了西沟水库蓄水对地下厂房区地下水位的影响问题。

计算设定水位:上游库水位为 275 m,下游水位为 141.5 m。

②计算成果分析。

天然铺盖的防渗效果:计算中天然铺盖的渗透系数采用 1×10^{-5} cm/s,顶面高程为 200 m,计算结果显示,天然铺盖削减 20% 的水头,与二维稳定渗流计算结果及坝基渗压观测结果几乎完全相同。

渗流量:当水库水位为 275 m,并形成稳定渗流时,各部位的渗流量计算结果见表 3-5。

表 3-5　枢纽区渗漏量计算结果　　　　　　（单位:m³/d）

部位		有天然铺盖	无天然铺盖
左岸	Ⅰ区(F$_{238}$断层以北)	12 380.5	12 380.5
	Ⅱ区(F$_{238}$断层—河边)	1 799.5	1 821.9
河床	Ⅲ区(河床区)	15 196.2	16 658.6
	Ⅳ区(F$_1$断层带)	4 714.6	5 117.8
右岸	Ⅴ区(F$_1$~F$_{230}$断层)	1 366.3	1 418.1
	Ⅵ区(F$_{230}$断层以南)	290.6	291.1
总计		35 747.7	37 688.0

注:表中分区系三维稳定渗流计算分区。

渗漏量计算结果表明,F$_{238}$~F$_1$断层间渗漏量约占整个枢纽区总渗漏量的54%。

渗透坡降:混凝土防渗墙承受的渗透坡降,当考虑天然铺盖的防渗作用时为84.11%~87.55%,当不考虑天然铺盖的防渗作用时为96.34%~99.79%。

混凝土防渗墙插入心墙内12 m,当有天然铺盖时,平均接触渗透坡降为4.60~4.75。以上说明,防渗墙各部位承受的渗透坡降均在设计允许值范围内。

根据此次三维渗流计算结果,在混凝土防渗墙下游侧砂砾石覆盖层内渗透坡降大于0.1的范围内,其表面均铺设一层厚1 m的2C区(0.1~60 mm)反滤料予以保护,保证了河床砂砾石层的渗透稳定性。

三、两岸渗漏情况及采取的工程措施

(一)渗漏原因分析

根据枢纽区水文地质条件和渗控工程设计情况,渗漏原因分析如下。

1. 悬挂式灌浆帷幕

左、右两岸相对隔水岩层埋深大,左岸P$_2^4$黏土岩层埋深在40 m高程以下,右岸P$_2^1$黏土岩层埋深在80 m高程以下,帷幕底未伸入到相对隔水岩层内,属悬挂式帷幕。左、右两岸岩层倾向下游,主要透水岩层在库区出露于地面以上,具有良好的库水入渗补给条件,库水必然从帷幕以下的透水岩层产生层状渗漏。

英国学者葛兰德对欧美一些大坝坝基灌浆帷幕进行分析后认为:对于均质透水岩层,即使帷幕深度达到透水岩层厚度的90%,而经过其余10%厚度透水岩层的渗漏量,仍然高达相当于未处理时渗漏量的35%。由此可见,采用悬挂式帷幕对于减少坝基渗漏量是相当有限的。

2. 帷幕体单薄

由于坝基岩层节理裂隙比较发育,节理的线密度一般为2~3条/m,且均为80°以上的陡倾角,左坝肩部位的帷幕最深达120~160 m,虽经过补强灌浆,灌浆帷幕很难封堵所有的宽大裂隙,因而仍会有库水穿过帷幕的薄弱部位渗向下游。河床深槽段防渗墙下部基岩宽157 m未进行灌浆,其两侧基岩为孔距2 m的单排帷幕,未能实施补强灌浆。

3. 库水入渗补给边界长

国内外许多水利水电工程的渗流观测结果表明,渗漏量大小与库水入渗边界长短及壅高水头有密切关系。小浪底大坝上游左岸有风雨沟,右岸有深约数千米的小清河,当库水位为 265 m 时,库水入渗边界长达 4 km,壅高水头为 130 m。

4. 承压含水层水量得到充分补给

右岸的承压含水层(P_2^{2-1}、P_2^{2-3}、P_2^{3-2}、P_2^{3-4})在水库蓄水前便有较高的承压水位和一定的含水量。坝基开挖时,P_2^{3-4} 岩层已被挖除,P_2^{3-2} 岩层也大部分被挖除,因此造成库水渗漏的只有 P_2^{2-1}、P_2^{2-3} 砂岩层。P_2^2 砂岩层厚约 50 m,为硅质中粒砂岩,水库蓄水前,在坝基下的承压水位为 142~190 m。水库蓄水后,当库水位超过该层的承压水位时,库水便会沿该层顺层向坝下游渗漏,使其水量得到充分补给,并沿 F_1、F_{230}、F_{231}、F_{233} 等几条断层上溢,进入 1 号排水洞内。

5. 库水沿内铺盖、淤积泥沙及其与两岸岸坡接触带入渗

对于坝基渗漏而言,心墙上游内铺盖、淤积泥沙及其与两岸岩坡接触面基岩是坝基水平防渗的薄弱部位,当库水位达到一定的高度后,库水会通过这些部位向主坝防渗墙上游河床段坝基渗漏,致使防渗墙上游侧的渗压计测值升高,进而使坝基渗漏量相应增加。

(二)工程措施及效果

两岸坝肩基岩渗漏及相应采取的工程措施,大致可以分为三个阶段。

1. 第一个阶段(2001 年底前)

1)工程措施

水库下闸蓄水后不久,便发现右岸 1 号排水洞、左岸 2 号排水洞、地下厂房区 30 号排水洞及消力塘高程 115 m 排水廊道相继出现渗水,其渗漏量随库水位上升有明显加大趋势。

根据各部位的渗漏情况、水文地质条件和专家咨询意见,在本阶段主要采取了以下工程措施:

(1)在 2 号灌浆洞内,对 F_1 断层以南帷幕针对 P_2^2 强透水岩层进行补强灌浆(2000 年 3 月~2001 年 2 月);

(2)在右岸上游坝脚处的 215 m 高程平台上,布置一排灌浆孔,对 F_{231}~F_{233} 断层宽 120 m 范围实施封堵灌浆(2000 年 3 月~7 月 15 日);

(3)左岸 3 号、4 号灌浆洞内的帷幕补强灌浆,由原 1 排灌浆孔增加为 2 排灌浆孔,并且孔深增加到封堵 T_1^{3-1} 强透水岩层(2000 年 3 月~2001 年 2 月);

(4)对尚未实施的 1 号灌浆洞内的帷幕灌浆由 1 排孔增加为 2 排孔,孔深不变(2002 年 2 月完工);

(5)对大坝以北左岸山体(DG0 – 347.89 ~ DG0 – (1 + 097.89))尚未实施的地面灌浆,也由 1 排孔增加为 2 排孔,孔深增加到封堵住 T_1^4 强透水岩层(2001 年 4 月~2002 年 1 月上旬完工)。

2)补强灌浆效果

(1)右岸:由于采取上述两项补强灌浆工程,以及坝前淤积的发展,使 1 号排水洞的渗水量有显著减少(见表 3-6)。

表 3-6　右岸 1 号排水洞渗水量

日期 (年-月-日)	库水位 (m)	渗水量 (m³/d)	减少 (%)
2000-04-19	210.00	5 078	
2000-09-09	220.36	7 467	35.4
2002-07-02	220.90	4 822	
2000-11-02	234.66	9 126	36.1
2002-07-07	234.28	5 832	
2002-03-02	240.83	6 560	20.8
2003-09-01	240.00	5 193	

(2)左岸 3 号、4 号灌浆洞内补强灌浆完成后,左岸山体渗漏量有以下变化:当库水位低于 230 m 时,地下厂房上游边墙和拱顶的渗水量显著减少,渗水量由 2000 年 12 月 18 日库水位 234.24 m 时的 96.3 m³/d 降为 2002 年 1 月 10 日库水位 234.90 m 时的 4.7 m³/d。位于左坝肩下游侧的 P148、P181 两支渗压计的测值下降约达 17 m。

2. 第二阶段(2002 年~2003 年 8 月底)

当库水位超过 235 m 后,出现了以下问题:

(1)2 号排水洞南侧的 U－028~U－036 号排水顶孔中有 6 个孔的渗水量显著增加。2002 年 2 月 21 日库水位为 240.37 m 时,6 个排水孔的总渗水量高达 1 700.8 m³/d,其中 U－028 号孔的渗水流量达到 10.45 L/s。同时发现从 U－028 号孔中有软岩岩块、岩屑被渗水带出,总质量达 21.7 kg。

(2)30 号排水洞渗水量明显增加(见表 3-7)。

表 3-7　30 号排水洞渗水量变化

日期 (年-月-日)	库水位(m)	日渗水量(m³/d)	增量(m³/d)
2002-01-13	234.95	6 600	0
2002-01-25	236.27	6 736	136
2002-01-31	237.66	6 930	194
2002-02-03	238.56	7 102	172
2002-02-18	239.50	8 325	1 223
2002-02-24	240.53	8 619	294
2002-03-02	240.83	9 224	605

说明:根据地下厂房 8 号交通洞中排水孔在库水位超过 237 m 后出现的渗水情况和表中 2002-02-18 日渗水量实测情况,在库水位为 237~239 m 时可能存在一个"门坎水位"。

(3)埋设在 F_1 断层带帷幕轴线上及其附近的 5 支渗压计 P32、P35、P37 和 P34、P36 的测值异常。

P32 渗压计位于帷幕轴线上游,P37 渗压计位于下游,两者相距 22.31 m,且都位于混凝土盖板下,它们的测值和位于帷幕轴线上、混凝土盖板上面的 P35 渗压计测值几乎完全一样;同样,位于帷幕轴线及混凝土盖板上面的 P34 渗压计和位于帷幕轴线下游盖板下面的 P36 渗压计(相距 11.08 m)测值几乎完全一样。

针对库水位超过 235 m 左岸渗漏量显著增加的情况,经过反复研究,进行了以下一些工作:

(1)查找渗漏通道。

2002 年 4 月采用同位素综合示踪方法以及瞬变电磁法,研究探测左岸山体的渗漏途径和可能存在的集中渗漏通道。

同位素综合示踪方法研究的主要结论如下:

①在 F_{28} 断层下盘与灌浆帷幕之间(58 m 高程以上)的地层中(通过 T_1^{3-1} 岩层)存在一条绕过坝肩的集中渗漏通道,该渗漏水通过 30 号排水洞北侧的 109~171 号孔岩层排出,该通道是 30 号排水洞的主要补给源。

②4 号排水洞 26~27 孔附近 160 m 高程以上的灌浆帷幕(T_1^1 岩层)存在渗漏,同样在 120 m 高程以下的 T_1^{3-1} 岩层中也存在渗漏。

③30 号排水洞下游侧的 189 号~202 号排水孔的渗漏水主要来自下游。

采用瞬变电磁法探测结果见表 3-8。

表 3-8 集中渗漏通道空间分布

渗漏通道	起止桩号(m)	中心桩号(m)	高程范围(m)	所在岩层
TD1	0~10	5	120~170	T_1^{3-1}
TD2	97~120	107	110~145	T_1^{3-1}、T_1^{3-2}
TD3	140~160	150	105~140	T_1^{3-1}、T_1^{3-2}
TD4	230~350	290	75~190	T_1^{3-1}、T_1^{3-2}、T_1^4
TD5	390~410	400	110~220	T_1^{3-1}、T_1^{3-2}、T_1^4

注:桩号起始点为溢洪道左边墙。

(2)左岸渗流场研究。

对左岸山体在不同库水位条件下的渗流场进行研究,并对枢纽建筑物安全的影响进行评价。

根据以上探测、研究结果,本阶段采取以下主要工程措施:

①F_{28} 断层下盘影响带及下盘裸露岩石边坡是库水可能的入渗口之一。为此,对 215 m 库水位以上的断层带及下盘影响带挖槽回填 3~5 m 厚土封闭;对下盘裸露的岩石边坡喷 0.2 m 厚混凝土;垂直断层走向,在断层带及下盘影响带范围内布置 2 排封堵灌浆孔,孔底达 T_1^2 岩层内,以截断库水沿 F_{28} 断层向北的运移。

②补充封堵位于帷幕轴线上游侧的 5 个地质探硐:Π_{17}、Π_{18}、Π_{19}、Π_{24}、Π_{25},对工程前期已封堵的 Π_{30} 探硐采用灌浆方法进行补充封堵。

③对 3 号灌浆洞南端洞顶以上的左岸岸坡"三角区"进行补强灌浆,灌浆范围见图 3-2。

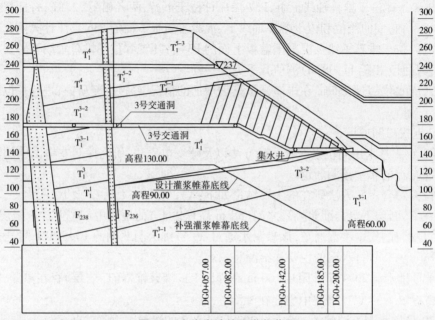

图 3-2　左岸岸坡补强灌浆范围

④在 4 号灌浆洞内对用瞬变电磁法探测到的两个集中渗漏通道 TD1、TD2 实施灌浆封堵,对 F_{238} 断层带及影响带再次实施补强灌浆。

⑤在 28 号排水洞内对原有向上的排水孔加深,并在 f_1、f_2 两个小断层范围内增设倾斜的向上排水孔。

⑥在右岸 2 号灌浆洞内,对 F_1 断层带进行水泥 – 化学复合灌浆。

⑦厂房顶拱 f_1、f_2 两个小断层范围内实施化学灌浆,孔距 1 m,孔深 1.5 m。

⑧30 号排水洞内渗流量大于 1 L/s 的排水孔上安装控制阀门。

(3)实施效果。

本阶段各项工程措施完成后,左、右两岸的渗漏量有所减少,主要表现在以下几个方面:

①1 号排水洞的渗漏量明显减小,见表 3-9。

表 3-9　1 号排水洞渗漏量变化

日期 (年-月-日)	库水位(m)	渗漏量(m³/d)
2001-11-20	230.14	5 475
2002-02-20	240.20	6 508
2003-09-01	238.75	5 146
2003-10-08	261.42	6 678

2003年9月1日库水位238.75 m时的渗漏量比补强灌浆前的230.14 m库水位时的渗漏量还少;库水位261.42 m时的渗漏量与2002年2月20日库水位240.20 m时的渗漏量相当,说明灌浆效果显著。

自2004年底至2005年5月底,库水位持续维持在250~260 m,1号排水洞的渗漏量在6 000~6 600 m³/d之间变化,说明1号排水洞在高水位时的渗漏量渐趋稳定。

②3号灌浆洞南侧岸坡"三角区"补强灌浆后,2号排水洞 U-028 号—U-036 号排水顶孔的渗漏量由库水位240.37 m时的1 700.8 m³/d,减小为262.80 m库水位时的125 m³/d。

③30号排水洞的渗漏量也显著减小,见表3-10。

表3-10 30号排水洞渗漏量变化

日期 (年-月-日)	库水位(m)	渗漏量(m³/d)	减少(%)
2001-11-20	230.14	4 003	20.4
2003-08-26	230.23	3 186	
2002-02-20	240.20	8 325	44.66
2003-09-02	240.35	4 607	

④当库水位低于235 m时,厂房顶拱已不渗水。

3. 第三阶段(2003年9月至2005年5月)

2003年9月,华西秋雨导致渭河出现近一个月的洪水,下游滩区出险,小浪底水库水位迅猛上涨,最高达265.69 m,水库渗漏量明显增加。

1)渗漏量变化情况

右坝肩265 m库水位时,1号排水洞的渗漏量仅较库水位为243.01 m(2003年9月4日)时增加1 678 m³/d,为6 984 m³/d(2003年10月15日),增幅为76.3 m³/(d·m)。对右坝肩而言,主要透水岩层为 P_2^2,其层顶高程约为205 m,渗漏量的增加仅仅由渗压力增大引起,前沿入渗面积并未增加。

随着库水位的抬升,左岸山体入渗面积和渗压力同时增加,同时山体上部风化壳岩体也成为库水渗漏的主要通道,因而各部位的渗漏量显著增加。

当库水位低于234 m时,4号排水洞无渗漏;当库水位为241.73 m(2003年9月3日)时,渗漏量为176.3 m³/d;当库水位为250.25 m(2003年9月20日)时,渗漏量为772.3 m³/d;当库水位为265.27 m(2003年10月16日)时,渗漏量达1 603.7 m³/d。

当库水位为240.35 m(2003年9月2日)时,30号排水洞渗漏量为4 607 m³/d;当库水位为250.15 m(2003年9月12日)时,渗漏量为8 419 m³/d;当库水位为260.96 m(2003年10月7日)时,渗漏量为10 454 m³/d;最高水位时达11 462 m³/d。厂房顶拱和28号排水洞的渗漏量也都明显增加。

2）工程措施

鉴于小浪底水利枢纽在黄河下游的防汛中具有极其重要的地位,2003年华西秋汛期间首次高水位运用情况受到了高度重视和关注。为此,2003年11月中旬从对集中渗漏通道的研究探测结果、坝区水文地质条件、处理方案的可操作性等方面考虑,最终确定了左岸山体进一步防渗补强设计方案:

(1)从3号灌浆洞北端对4号、5号、6号发电洞下面岩体实施补强灌浆(2004年7月27日～2005年1月31日)。

(2)在4号灌浆洞内从3号明流洞以北范围向下补打一排灌浆孔,孔距为2 m,孔底高程为140 m,主要封堵 T_1^4 强透水岩层(2004年7月5日～2004年12月31日)。

(3)在灌溉洞内对TD3、TD4、TD5三个集中渗漏通道实施封堵灌浆,孔底达90 m高程;向上的灌浆孔孔顶达245 m高程,主要封堵 T_1^4、T_1^5 岩层内的渗漏通道(2004年7月16日～2005年5月25日)。

(4)从3号明流洞以北,由地面进行补强灌浆。2排孔,孔距为2 m,在4号灌浆洞范围内,孔底达4号灌浆洞底部主要封堵左岸山体上部风化壳岩体;4号灌浆洞以北,孔底为140 m高程;与灌溉洞灌浆衔接的一段灌浆,孔底高程为120 m(2004年7月1日～2004年12月31日)。

(5)对高程275 m以下的进水塔后边坡及其他迎水面裸露的岩石边坡采用喷0.15 m厚混凝土予以封闭(因库水位上升,高程230～250 m间约有2 000 m² 未喷)。

(6)厂房顶拱、主变洞顶拱和尾闸室顶拱的渗漏水引排处理。

(7)4号、28号排水洞内补打、加密、加深排水孔及孔内安装组合过滤体。

(8)地下厂房范围内地表的封闭处理。

(9)西沟水库库盆及右岸边坡的防渗处理。

以上各项工程措施除西沟水库右岸边坡的防渗处理尚未完成外,其余已全部完成。

通过上述工程措施,期望显著减少左岸山体,特别是地下厂房区的渗漏量;显著改善地下厂房的运行环境,确保左岸山体的稳定。

3）效果

左岸山体经过几次补强灌浆后,各部位的渗漏水量显著减少,2005年4月中旬库水位为259.00 m时,左岸山体总渗漏量为6 859 m³/d,而2003年同水位下的渗漏量为12 131 m³/d,同比减少43.5%,其中4号、28号、30号排水洞和厂房顶拱的渗漏量分别减少80.65%、77.35%、33.64%和83.61%。

4号、28号、30号排水洞及厂房顶拱在补强灌浆前后渗漏量变化情况详见表3-11～表3-14。

第三阶段帷幕补强灌浆的主要目的是减少厂房区的渗漏量,以改善电站的运行环境,确保机电设备的安全运转。由表3-11～表3-14帷幕补强灌浆前后渗漏量的变化情况可以看出,灌浆效果十分显著,达到了预期目的。

厂房顶拱、主变洞顶拱及尾水闸门室顶拱的渗水经对渗漏水进行引排水处理后,上述部位已接近干燥状态,厂房、主变洞及尾水闸门室的运行环境已得到了根本的改善。

表 3-11　4 号排水洞渗漏量变化对比

灌浆前			灌浆过程中			减幅 (%)
日期 (年-月-日)	库水位 (m)	渗漏量 (m³/d)	日期 (年-月-日)	库水位 (m)	渗漏量 (m³/d)	
2003-09-06	245.82	496	2004-11-24	245.18	178	64.11
2003-09-16	250.36	772	2004-12-30	250.92	183	76.30
2003-09-25	255.00	913	2005-03-03	255.31	172	81.16
2003-10-02	258.00	1 041	2005-03-31	258.12	205	80.31
2004-04-21	259.92	1 070	2005-04-14	259.21	207	80.65
2004-05-27	255.05	716	2005-05-10	255.28	164	77.09
2004-06-10	252..11	589	2005-06-02	252.19	151	74.36
2004-06-21	243.01	370	2005-06-20	242.79	133	64.05
2004-07-01	236.58	177	2005-06-21	235.69	102	42.37
2004-07-24	224.51	22	2005-07-07	224.18	15	31.82

表 3-12　28 号排水洞渗漏量变化对比

灌浆前			灌浆过程中			减幅 (%)
日期 (年-月-日)	库水位 (m)	渗漏量 (m³/d)	日期 (年-月-日)	库水位 (m)	渗漏量 (m³/d)	
2003-09-03	241.73	193.5	2004-10-19	241.73	180.8	6.56
2003-09-06	245.83	376.5	2004-11-25	245.40	209.3	44.41
2003-09-13	250.36	567.5	2005-01-12	250.91	238.0	58.06
2003-09-24	254.76	672.0	2005-02-27	254.66	270.0	59.82
2003-10-05	258.12	742.0	2005-03-31	258.12	304.0	59.03
2004-04-21	259.92	1 395.0	2005-04-15	259.32	316.0	77.35
2004-05-20	255.86	1 049.0	2005-05-05	256.10	299.0	71.50
2004-06-17	249.40	718.0	2005-06-13	250.24	235.0	67.27
2004-07-15	224.79	101.0	2005-07-06	225.21	32.0	68.32

表 3-13　30 号排水洞渗漏量变化对比

灌浆前			灌浆过程中			减幅 (%)
日期 (年-月-日)	库水位 (m)	渗漏量 (m³/d)	日期 (年-月-日)	库水位 (m)	渗漏量 (m³/d)	
2003-09-05	244.43	6 131	2004-11-23	244.95	5 986	2.37
2003-09-09	248.95	7 908	2004-12-14	248.87	6 123	22.57
2003-09-12	250.15	8 419	2004-12-28	250.52	6 624	21.32
2003-09-25	254.78	9 475	2005-02-27	254.66	6 138	35.22
2003-10-05	258.45	9 985	2005-03-30	258.00	6 380	36.10
2004-04-27	259.26	9 502	2005-04-12	259.46	6 306	33.64
2004-05-25	255.24	8 748	2005-05-11	254.95	6 122	30.02
2004-06-22	245.68	7 817	2005-06-17	246.77	5 548	29.03
2004-07-13	225.00	5 750	2005-07-05	224.99	3 667	36.23

注:施工期间地下厂房区渗漏量约达 1 700 m³/d,扣除此数才是 30 号排水洞实际渗漏量。

表 3-14　厂房顶拱渗漏量变化对比

灌浆前			灌浆过程中			减幅 (%)
日期 (年-月-日)	库水位 (m)	渗漏量 (m³/d)	日期 (年-月-日)	库水位 (m)	渗漏量 (m³/d)	
2003-08-29	234.12	11.8	2004-09-26	234.15	7.0	40.68
2003-09-06	245.83	58.1	2004-11-26	245.58	27.5	52.67
2003-09-20	250.25	127.7	2004-12-29	250.74	34.0	73.38
2003-09-24	254.76	140.1	2005-02-25	254.24	34.0	75.73
2003-10-05	258.45	164.0	2005-04-01	258.23	30.0	81.71
2003-10-07	260.96	183.0	2005-04-08	259.36	30.0	83.61

四、坝基渗漏问题研究及防渗补强设计

(一)坝基渗漏情况

1. 坝基渗漏量观测结果

坝下游原河床内两个量水堰于 2003 年 3 月建成并开始观测。为说明坝基渗漏量的变化情况,现选取自 2003 年 8 月 7 日~2004 年 7 月 13 日间库水位由 225 m 上升到最高库水位 265.69 m,然后又下降到 225 m 期间典型库水位时的坝基渗漏量观测结果,见表 3-15。

表 3-15　坝基渗漏量观测结果

时间 （年-月-日）	库水位 （m）	渗漏量（m³/d）	时间 （年-月-日）	库水位（m）	渗漏量（m³/d）
2003-08-07	225.03	17 961	2004-02-27	260.01	33 204
2003-08-26	230.23	16 892	2004-03-08	260.36	34 094
2003-08-30	235.52	19 971	2004-03-31	261.97	34 447
2003-09-02	240.35	19 655	2004-04-12	261.47	34 719
2003-09-06	245.83	20 193	2004-05-27	255.05	32 836
2003-09-20	250.25	22 489	2004-06-16	250.08	31 814
2003-10-03	255.60	28 857	2004-06-20	248.01	31 643
2003-10-06	260.60	28 049	2004-07-04	235.65	30 617
2003-10-15	265.48	24 466	2004-07-11	229.42	25 185
2003-11-15	260.01	29 642	2004-07-13	225.00	22 742

注：1.2003 年 8 月 29 日降雨约为 72.5 mm。

2.2003 年 9 月 17 日、18 日、19 日、22 日降雨量分别为 29 mm、32.2 mm、19.5 mm、25.36 mm。

3.2003 年 10 月 10 日降雨量为 34.5 mm。

2003 年 11 月 15 日和 2004 年 2 月 27 日的库水位均为 260.01 m，而渗漏量则分别为 29 642 m³/d 和 33 204 m³/d，后者的渗漏量增幅达 12%。

2.渗漏量观测结果分析

2003 年 8 月 7 日~10 月 15 日为水库水位迅猛上升阶段，2003 年 10 月 15 日~2004 年 7 月 13 日为水库水位缓慢下降阶段。在库水位上升阶段，因库水要使未饱和的岩（土）体充水、排气饱和及岩（土）体渗流特性的调整并形成稳定的渗流场需要有一个过程，即所谓的"滞后效应"，所以坝基渗漏量增加变化缓慢。

当稳定渗流场形成后，反映出库水位相同时，库水位下降过程中的坝基渗漏量明显大于库水位上升阶段的渗漏量，在这部分渗漏量中包括饱和岩（土）体释放出的水量。左岸山体各排水洞的渗漏量观测结果也有相同的规律。相同库水位时，库水位下降时的渗漏量大于库水位上升时的渗漏量，符合渗流场的变化规律。

小浪底大坝坝基防渗除有 1.2 m 厚的主坝混凝土防渗墙外，大坝防渗体通过内铺盖和上游拦洪围堰斜墙及坝前淤积泥沙形成的天然铺盖联系起来，组成坝基的辅助防渗体系。当库水位快速上升时，库水主要通过内铺盖、天然铺盖与两岸山体接触带入渗到主坝防渗墙上游侧的坝基内，各种介质渗透特性的调整也需要一定的过程。这个过程可由埋设在主坝防渗墙上游侧覆盖层内渗压计的观测结果和坝基渗漏量的观测结果得到证明。

以上分析说明，2004 年 2 月以后在相同库水位时，较 2003 年华西秋汛期间的坝基渗漏量增加较多，纯属渗流场范围内各种介质渗透特性调整产生的"滞后效应"，是渗流的正常现象。

(二)坝基渗漏途径分析

1. F_1 断层以南右岸坝基

正如前述，F_1 断层顺河向展布，断距达 220 m，在横向上具有隔水作用，但其两侧影响带却是强透水带。$F_1 \sim F_{230}$ 断层间，F_{230}、F_{231}、F_{233} 3 条近东西向断层横贯右坝肩，贯通水库的上下游，构成本区主要渗漏通道，其渗漏水绝大部分排泄到 1 号排水洞；F_{230} 断层以南渗水，由于该断层断距较大，断层泥较厚，可以看成是一条隔水边界。若有少量渗水透过断层，也会被 1 号排水洞排水幕截住。所以，F_1 断层带以南的渗水排泄到河床的可能性不大。

2. 左坝肩及左岸山体渗水

F_{236} 断层以北的 I 区、II 区，库水的渗漏主要应是沿 F_{236}、F_{238}、F_{240} 3 条贯穿左岸山体的主断层及其之间发育的分支断层、次一级小断层构成的强渗漏通道排向下游，其中绝大部分渗水将排泄到布置在不同高程上的 2 号、4 号、28 号和 30 号排水洞内；同时在横向上，3 条断层还具有一定的隔水作用，所以 F_{236} 断层以北的渗水排向河床的可能性也不大。

由此可以认为，河床段坝基渗漏水应主要来自 $F_1 \sim F_{236}$ 之间宽约 700 m 的坝下基岩，特别是 F_{236} 以南左坝肩强风化卸荷带、左坝肩下部 $T_1^1 \sim T_1^{3-1}$ 强透水岩层和河床基岩深槽及深槽两侧的 T_1^1、T_1^2 透水岩层。

(三)河床段坝基渗漏分析

根据 $F_1 \sim F_{236}$ 断层之间坝基水文地质条件，该段坝基的渗漏主要由以下三部分组成：

(1)F_1 断层上盘(北侧)影响带及其以北与防渗墙南端(桩号 D0 + 643.34)间，坝基因有 F_1、F_{251}、F_{252}、F_{257}、F_{258} 等数条小断层贯通水库上、下游，且该段坝基岩体较为破碎，坝基固结灌浆时由 II 序孔最终增加到 IV 序孔才满足设计要求；帷幕灌浆时，水泥单耗也相对较大。该段坝基应是库水渗漏的主要通道之一。这个观点可由埋设在帷幕轴线上游、F_1 断层带混凝土盖板下的渗压计 P25、P26、P27 及帷幕轴线下游、F_1 断层上盘的渗压计 P36 的测值明显高于河床中部相应部位的 P65、P66、P95 及 P67、P68 等渗压计的测值 10 m 之多得到证明。

(2)河床深槽段宽约 160 m(灌浆桩号 DG0 + 365.80 ～ DG0 + 522.80)的防渗墙下基岩未灌浆，深槽内有 F_{253}、F_{254}、F_{255} 等数条小断层顺河向展布，贯通水库的上、下游，该段基岩虽为厚约 20 m 的 P_2^4 黏性土岩层，根据防渗墙上、下游渗压计测值的变化情况，以及二维和三维渗流分析判断深槽段坝基岩体是库水渗漏的主要通道。

(3)左坝肩(III区)基岩的渗漏应是坝基渗漏的主要部位。主要依据如下：

①左坝肩地形陡峻，岸坡平均坡度为 30° ～ 40°，岸坡上基岩裸露，风化卸荷带深度可达 50 ～ 80 m，坝基开挖时，岸坡岩体卸荷裂隙十分发育，有的张开裂隙最宽可达 20 ～ 30 cm，延伸长度大于 40 m，坝基灌浆时，该部位的水泥单耗达 1 000 ～ 2 000 kg/m。

由于组成岸坡的岩体为 $T_1^1 \sim T_1^5$ 的坚硬岩组，总厚约为 250 m，风化卸荷作用增强了本区岩体的透水性，见图 3-3。

②该区灌浆帷幕虽然经过补强，但幕底仍未深入到 P_2^4 相对隔水岩层内，属悬挂式帷幕。

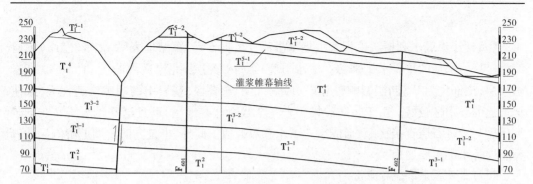

图 3-3　小浪底水利枢纽左坝肩工程地质横剖面图

③帷幕轴线上游约 100 m 的冲沟内及岸坡上发育两条高角度的 F_{601} 与无名小断层，它们均位于上游坝壳下面，是库水的直接入渗口，且渗径很短。

④2 号排水洞南端距岸坡尚有约 100 m 的距离，所以 2 号排水洞以南岸坡的渗漏将直接向河床排泄。2 号排水洞中位于 F_{236} 断层以南向下的排水孔中无水渗出。我们曾经用 10 L/s 的流量向孔内注水，也未见水位升高，可见左岸山体下部基岩的渗漏通道极为通畅。

⑤1999 年 11 月，在左坝肩下游葱沟供水井做抽水试验时，正值水库下闸蓄水后不久，主井和滩区其他几个水位观测孔抽水后不但水位恢复快，而且水位比下闸前平均抬高 1.9 m，这也充分说明了左坝肩下部岩体渗水通道相当畅通。

（四）坝基渗漏通道的探测和研究

1. 物探探测结果

为研究坝基渗漏的主要来源，根据现场条件采用瞬变电磁法、可控源音频大地电磁法和大地电磁法，在 F_{238} 断层到 F_1 断层间沿坝轴线长度约 770 m 的范围内，在坝上游坡 260 m 高程、坝轴线、坝下游坡 250 m 高程马道上布置三条测线，用三种方法进行探测，探测结果见表 3-16。

表 3-16　坝基渗漏通道空间分布

渗漏通道号	在 1 测线的位置		帷幕轴线上的位置		在 2 测线(坝轴线)的位置		在 3 测线的位置	
	桩号(m)	高程(m)	桩号(m)	高程(m)	桩号(m)	高程(m)	桩号(m)	高程(m)
可能的通道	-20～5	127～214	-70～-11	90～160	-70～-11	90～160	-70～0	60～160
渗漏通道 1	50～80	185～212	32～64	175～240	32～64	175～240	54～83	176～226
渗漏通道 2	117～220	50～250 的山体内	80～107	160～230	80～159	160～230	103～220	60～210
			107～220	42～160	160～220	40～160		
局部异常 1	570～590	0～50	—	—	—	—	—	—
局部异常 2	300～370	20～50	—	—	—	—	—	—

表 3-16 说明，采用物探方法对坝基渗漏通道的探测结果与根据坝基水文地质条件的分析，所得结论基本吻合。

2. 三维渗流反演分析

《黄河小浪底水利枢纽工程大坝坝基渗流分析报告》计算结果表明,北岸(左岸)坝肩绕渗是坝后水塘的重要水量来源。库水可直接进入该上游北岸区内的 T_1^3、T_1^2 和 T_1^1 基岩透水层,该部位为 F_{236} 断层影响带和岸边卸荷带的重叠区,基岩中的裂隙渗透性大,致使该通道的导水性较好。由于主防渗帷幕未完全截断这些地层,而且这些透水层又在下游河床区与砂砾石层直接接触,形成了地下水渗流通道。此外,也是向防渗墙上游侧深槽砂卵石层补水的主要通道。

3. 河床覆盖层渗流稳定分析

1)覆盖层的组成及颗粒级配

河床部位下游坝壳基础面高程一般为 130 m,其以下的覆盖层由厚度为 30~37 m 的上部砂卵石层,分布于上部砂卵石层中间的夹砂层(厚 1~4 m),位于河床深槽、厚度为 10~20 m 的底砂层及 5~30 m 厚的底部砂卵石层组成。

砂卵石层的颗粒级配试验,水上采用竖井取样,水下采用管钻或钻孔取样。由表 3-17 可知:砂卵石层中 <5 mm 的颗粒含量大多为 25%~35%;底砂层以细砂为主,占 50%~60%,极细砂为 10%~20%,并夹有中粗砂。

表 3-17　河床砂卵石渗透变形计算成果

含砂率 (%)	密度 ρ_d (g/cm³)	孔隙率 n (%)	等效粒径 $d_{\partial k}$ (mm)	平均孔隙 直径 d_0 (mm)	临界比降计算结果	
					J_{cr}(平均)= $0.000\,148d_0^{-2.529}$	J_{cr}(下限)= $0.000\,052\,8d_0^{-2.553}$
15	2.20	18.50	0.961	0.085 5	0.07	0.03
	2.25	16.70	0.961	0.076	0.10	0.04
	2.30	14.80	0.961	0.065	0.15	0.06
	2.35	13.0	0.961	0.056	0.22	0.08
20	2.20	18.50	0.728	0.065	0.15	0.06
	2.25	16.70	0.728	0.057	0.21	0.08
	2.30	14.80	0.728	0.050	0.29	0.11
	2.35	13.0	0.728	0.043	0.42	0.16
30	2.20	18.50	0.49	0.044	0.40	0.15
	2.25	16.70	0.49	0.039	0.54	0.21
	2.30	14.80	0.49	0.033	0.83	0.32
	2.35	13.0	0.49	0.029	1.15	0.44

2)覆盖层的渗透特性

在地质勘察过程中,现坝址、坝基覆盖层共进行过群孔抽水试验两次,单孔抽水试验 22 次,另外夹砂层和底砂层只在二坝址进行过 6 次单孔抽水。

　　由试验结果可以看出,上部砂卵石层因受含砂率影响,透水性极不均一,含砂率大于30%的孔段,渗透系数一般在10.0 m/d左右;当局部孔段含泥量较高时,渗透系数在1.0 m/d左右;当遇低含砂率地层时,渗透系数大于200.0 m/d(T262号钻孔高程100 m左右渗透系数达225 m/d)。混凝土防渗墙造孔试验时也曾发生过严重漏浆现象(漏浆量100 m³)。另外,两个群孔抽水点为河床上部砂卵石层的全层抽水,在造孔过程中曾使用泥浆护壁,局部漏浆孔段甚至使用倒土堵漏,这对地层实际渗透性质有较大影响。初步设计阶段,根据现场抽水试验结果,各层位建议的渗透系数值为:上部砂卵石层平均厚30 m,渗透系数60 m/d;夹砂及底砂层平均厚15 m,渗透系数5 m/d;底部砂卵石层平均厚8 m,渗透系数85 m/d,据以上数据按加权平均求得全层的渗透系数值为48.2 m/d。

　　3)覆盖层渗透稳定性试验研究

　　(1)河床覆盖层渗透稳定性研究工作有,1961年在二坝址进行过试坑渗透稳定试验,1982年在现坝址取样进行过室内渗透变形试验研究,试验结果见表3-18和表3-19。

表3-18　二坝址砂卵石渗透稳定试验结果

编号	出逸点数	破坏比降	水源
1号试坑	11	0.298 ~ 0.442	清水
	10	0.244 ~ 0.360	
2号试坑	16	0.472 ~ 0.720	黄河水

表3-19　坝基砂卵石渗透变形室内试验结果

含砂率(%)	容重(t/m³)	孔隙率(%)	渗透系数(cm/s)	试验临界比降 J_{cr}	破坏形式
15	2.18	19.30	3.60×10^{-1}	0.060	管涌
20	1.99	26.30	3.10×10^{-1}	0.085	管涌
20	2.10	22.20	1.65×10^{-1}	0.115	管涌
20	2.25	16.70	3.61×10^{-3}	0.080	管涌
20	2.13	21.10	1.96×10^{-2}	0.099	管涌
25	2.10	22.20	8.28×10^{-3}	0.062	管涌
25	2.17	19.60	1.95×10^{-3}	0.173	管涌
25	2.21	18.10	1.41×10^{-3}	0.168	管涌
25	2.29	15.20	3.19×10^{-4}	0.475	管涌
30	1.98	26.60	1.48×10^{-2}	0.079	管涌
30	2.10	22.20	2.87×10^{-3}	0.101	管涌
30	2.16	20.00	2.50×10^{-3}	0.228	管涌
30	2.25	16.70	1.05×10^{-3}	0.115	管涌
30	2.29	15.20	3.32×10^{-4}	0.620	管涌
40	2.00	25.90	8.56×10^{-4}	0.344	管涌
40	2.08	23.00	9.91×10^{-4}	0.760	管涌
40	2.14	20.70	3.72×10^{-4}	0.851	流土
40	2.20	18.50	2.95×10^{-4}	1.300	流土

由表 3-19 可知,由于砂砾石层级配不连续,2 ~ 10 mm 的颗粒含量约为 13%,缺少中间粒径,所以渗透试验的破坏形式主要为管涌。

(2)由于室内试验试样配制容重值偏小,因而所得临界比降明显偏低。按砂卵石含砂率小于 30% 的实测天然干容重介于 2.2 ~ 2.35 t/m³ 之间,选用反映级配特征、孔隙大小和颗粒形状的平均孔隙直径 d_0,根据其与渗透系数和临界比降之间的关系,计算得出的临界比降见表 3-17。

计算结果与野外实地渗流试验成果基本相似,经综合考虑,坝基覆盖层的综合临界渗透比降 J_{cr} 取 0.2 ~ 0.4。若取安全系数为 2.0,则河床覆盖层的允许渗透比降为 0.1 ~ 0.2。

(3)《水利水电工程地质勘察规范》(GB 50287—2008)附录 M 规定,对于无黏性土的允许比降,当无试验资料且渗流出口无反滤层时,建议不连续级配的允许比降为 0.1 ~ 0.2。

以上说明,坝基覆盖层允许渗透比降取 0.1 ~ 0.2 是有充分依据的。

4)河床覆盖层允许最大过水能力估算

根据达西定律,河床覆盖层允许最大过水能力按下式计算:

$$Q_{\max} = K[i]A \quad (\text{m}^3/\text{d})$$

式中　K——河床覆盖层及浸润线以下坝壳的平均渗透系数,m/d;

　　　$[i]$——河床覆盖层及浸润线以下坝壳的允许渗透比降;

　　　A——高程 129.00 m 以下覆盖层和下游坝壳浸润线以下过水面积之和,m²。

(1)渗透系数 K。

渗透系数 K 应是覆盖层的渗透系数和下游坝壳浸润线以下坝壳渗透系数的加权平均值。

如前所述,覆盖层全层渗透系数的加权平均值为 48.2 m/d。根据经验和工程类比,堆石坝坝壳的渗透系数值可达每天数百米之多,但为安全计,现取 86.4 m/d(1 × 10⁻¹ cm/s)。

(2)允许渗透比降 $[i]$。

根据河床覆盖层野外和室内渗透变形试验结果及有关规范规定,并从安全考虑现取 $[i]$ =0.10。当有反滤层保护时,允许渗透坡降还可提高若干倍。

(3)过水面积。

河床部位渗漏水的过水面积由两部分组成:高程 129 m 以下覆盖层的过水面积和下游坝壳浸润线以下坝壳的过水面积。

覆盖层的过水面积选取 4 个剖面中断面面积最小的 3—3 剖面,其面积为 11 360 m²。

根据防渗墙下游侧覆盖层内渗压计的观测结果,从安全考虑,取坝壳内浸润线平均为 138.00 m,相应高程处坝壳底宽 372 m,则坝壳内浸润线以下的过水面积为 3 348 m²。河床覆盖层和下游坝壳浸润线以下总的过水面积为 14 708 m²。

(4)允许最大过水能力估算。

关于坝基允许最大过水能力,当采用覆盖层的渗透系数值时,则 $Q_{\max}$ =70 893 m³/d;当采用覆盖层和下游坝壳浸润线以下坝壳渗透系数按其面积的加权平均值 56.9 m/d 时,则坝基覆盖层和浸润线以下坝壳允许的最大过水能力为 83 689 m^3/d。

以上计算说明,只有当河床部位坝基的渗漏量大于下游坝基的允许最大渗漏量时,河床覆盖层才有可能产生渗透破坏,并影响到坝的安全。

目前,河床段坝基测到的渗漏量约为允许最大渗漏量的 1/2(通过覆盖层深部的渗漏量无法估算),同时在大坝设计时,为确保覆盖层的渗透稳定,在下游坝壳底部一定范围设置了厚度为 1 m 的 2C 区反滤层,河床段坝壳下面铺 1 m 厚的 3 区过渡料。因此,坝基实际的允许最大过水能力要比上述数值大得多。此外,混凝土防渗墙可以认为是不透水的,因而水库渗漏应是通过基岩进入到砂砾石层中,很明显渗流方向为自下而上,渗流方向与重力方向相反,有利于砂砾石层的渗透稳定。综上所述,目前坝基的渗漏量尚未影响到大坝的安全。

(五)左坝肩防渗补强设计

1. 帷幕补强方案

根据对坝基渗透途径的分析、物探探测结果、三维渗流反演分析结果和现场条件,从左坝肩 3 号、4 号灌浆洞内对 F_{236} 断层和 F_{238} 断层两侧影响带及 F_{236} 断层以南山体再次进行补强灌浆。补强灌浆范围及相应工程量见表 3-20。

表 3-20　左坝肩补强灌浆范围及相应工程量

部位		孔数(个)	进尺(m)	最大孔深(m)
3 号灌浆洞	灌浆孔倾向南	42	3 616	125.6
	灌浆孔倾向北	168	14 550	103.5
4 号灌浆洞	灌浆孔倾向南	17	1 211	71.3
	灌浆孔倾向北	109	7 765	71.3
合计		336	27 142	—

注:表中灌浆量未计入 10% 的检查孔工程量。

2. 实施

左坝肩帷幕补强灌浆设计方案提出后,业内专家针对坝基水文地质条件、坝基渗水来源、坝基渗水对大坝安全的影响以及帷幕补强设计方案等议题进行了认真充分的讨论,并对帷幕补强设计方案提出了修改意见。

根据此次专家咨询会咨询意见,对左坝肩帷幕补强灌浆设计方案做了补充和完善,于 2004 年底提交了施工图。2005 年 7 月上旬补强灌浆全部完工。

3. 灌浆效果分析

为研究左坝肩帷幕补强灌浆效果,现选择 2004 年上半年和 2005 年上半年库水位缓慢下降过程中坝基渗漏量观测结果进行了对比,如表 3-21 所示。

由于库水位变化缓慢,渗压计测值及坝基渗漏量观测结果应能反映渗流场的实际情况。

表 3-21 中坝基渗漏量观测结果表明,左坝肩帷幕补强灌浆完成后,坝基渗漏量有所减少,但减少量有限。

此次左坝肩补强灌浆效果不十分理想,可能主要有以下原因:

表 3-21　库水位下降过程坝基渗漏量变化

日期 （年-月-日）	库水位 （m）	渗漏量 （m³/d）	日期 （年-月-日）	库水位 （m）	渗漏量 （m³/d）	减少量 （m³/d）	减少 （%）
2004-04-26	259.45	32 591	2005-04-10	259.61	31 341	1 250	3.8
2004-05-03	258.15	32 856	2005-04-13	259.13	30 332	2 259	6.9
2004-05-26	255.15	32 696	2005-04-23	258.27	31 281	1 575	4.8
2004-06-07	253.16	32 599	2005-05-10	255.28	29 911	2 785	8.5
2004-06-16	250.08	31 814	2005-05-19	253.11	29 112	3 487	10.7
			2005-06-12	250.76	26 328	5 486	17.2
			2005-10-03	250.02	24 997	6 817	21.4
			2005-10-24	255.83	27 460	5 236	16.0
			2005-11-28	258.78	30 648	2 208	6.7

注：1. 2005 年汛后库水位—渗流量关系为库水位上升过程的测量值。

2. 2005 年 8 月中旬 ~ 9 月底量水堰经过改造,堰口抬高 1.3 m。

（1）由于地质条件限制,河床左侧基岩陡坎下面有相当大范围的主要透水岩层 T_1^{1+2}、T_1^{3-1} 无法补灌,而该部位也正是库水渗向下游的主要部位。

（2）主要渗水通道不在左坝肩,而是在河床区。河床深槽部位宽约 157 m 的防渗墙下部基岩未灌浆及 F_1 断层影响带是库水渗向下游的主要通道。

五、安全性评价

经过 2003 年华西秋汛较高库水位运用的考验,现坝基渗漏量虽比原三向渗流分析值较大,但其工作性态未见异常,水库初期运用的实践表明,坝体施工质量总体良好,大坝变形已趋稳定,坝体、坝基防渗可靠,大坝处于正常工作状态,大坝是安全的,主要理由如下。

（一）坝基渗透比降远小于设计允许值

（1）根据对埋设在主坝防渗墙下游侧渗压计测值和坝后水塘内渗压计 P300 的测值进行比较,实测坝基覆盖层内渗透比降值如表 3-22 所示。

表 3-22　实测坝基覆盖层渗透比降

断面	渗压计	测值（m）	P300 测值	渗透比降
F_1 以左	P36	162.972		0.055
B—B	P105	141.809	138.068	0.008
C—C	P150	139.030		0.002

注：1. 均采用 B—B 断面处主坝防渗墙至 P300 间距离 456 m。

2. 时间为 2004 年 5 月 27 日库水位 255.05 m,该时段库水位稳定时间较长,渗压计测值较能反映真实情况。

由表 3-22 可知,覆盖层内实际渗透比降远小于其允许比降（0.1）。

（2）B—B 断面渗压计 P110 ~ P300 位于坝基渗流的出口附近,其间典型库水位条件下实测渗透比降见表 3-23。

表3-23 P110～P300 间实测渗透比降

日期 （年-月-日）	库水位 （m）	P110	P112	渗压差 （m）	渗透比降
		118.50 m 高程 210.00 mD/s	134.43 m 高程 385.00 mD/s		
2003-10-16	265.26	138.041	137.967	0.074	0.000 4
2004-02-27	260.01	138.223	138.021	0.202	0.001 1
2004-05-27	255.05	138.299	138.068	0.231	0.000 9
2004-06-16	250.08	138.268	138.020	0.248	0.001 4
2005-04-10	259.61	138.526	138.209	0.317	0.001 8
2005-05-11	254.95	138.342	138.051	0.291	0.001 2
2005-06-13	250.24	138.006	137.885	0.121	0.000 7

P110～P300 间的实测渗透比降也远小于坝基砂砾石层的允许渗透比降。

（二）坝基渗漏量（渗流场）已趋稳定

2003 年华西秋汛期间库水位迅猛上升,8 月 26 日～10 月 15 日库水位由 230.23 m 上升到 265.69 m,库水位上升速率平均为 0.71 m/d,其中 8 月 26 日～9 月 13 日（库水位 250.36 m）库水位上升速率平均为 1.12 m/d。在库水位迅速上升期间测得的坝基渗漏量不能反映坝基真实的渗漏量,这是显而易见的。

当某一库水位稳定一个较长时间,各种渗透介质的渗透特性经过调整后所反映出的渗漏量才是真实的渗漏量。2004 年上半年和 2005 年上半年库水位在 250 m 以上稳定了较长时间,两个时段坝基渗漏量应能反映坝基的实际渗流情况。2004 年 3 月以前,库水位变化与渗漏量变化不同步,具有明显的滞后现象;2004 年 3 月以后,库水位与坝基渗漏量几乎同步变化,说明坝基已形成稳定的渗流场,由此所反映的坝基渗漏量应是正常的。

（三）坝体、坝基防渗可靠

（1）由埋设在主坝防渗墙下游侧渗压计的观测结果可以看出:自水库下闸蓄水以来,特别是 2003 年秋汛水库高水位运用以来至今,下游侧所有渗压计测值变化很小,充分说明坝体、坝基防渗体系运行正常,防渗可靠。由于心墙下游侧及坝基加强了反滤保护,河床段坝基防渗除有 1.2 m 厚的混凝土防渗墙外,并有内铺盖及天然铺盖形成的辅助防渗体系,因此可以保证大坝在高水位运用条件下的安全。

（2）由埋设在主坝防渗墙上游侧渗压计测值和防渗墙下游侧渗压计测值对比可知,混凝土防渗墙削减剩余水头（扣除内铺盖和天然铺盖削减水头）的 98% 以上,说明坝基防渗可靠。

（四）坝体变形已趋稳定

大坝变形监测结果表明,大坝的水平变形和沉降变形无异常趋势性变化,符合土石坝变形的一般规律。

（五）坝基覆盖层渗漏水均为清水

渗漏水水质各项指标监测结果表明,渗水对坝基岩体无化学溶蚀性。

六、结语

左岸山体及坝基、右岸坝基及河床段主坝坝基渗漏问题经补强处理,效果明显,目前渗漏水量已趋稳定,渗漏问题不影响大坝的整体安全。

小浪底水利枢纽蓄水运用以来,枢纽主要建筑物运行性态良好,在黄河下游防洪、减淤、供水、灌溉、发电等方面已发挥了显著的社会效益、经济效益。

第三节　主坝维护及修补

一、坝顶表层裂缝

(一)裂缝基本情况

2001 年 7 月 24 日,在巡检中发现大坝坝顶下游侧桩号 D0 +727 以北,距下游侧路缘石内侧 40 ~60 cm 处有一条长约 100 m、最大开口宽度约 10 mm 的非连续纵向裂缝。2002 年 5 月坝顶铺设六棱砖时,裂缝被覆盖。

2003 年 10 月 18 日(华西秋雨期间)发现主坝下游侧桩号 D0 +690 以北,距下游侧路缘石 80 ~120 cm 处,六棱砖缝间有 1 条长 160 m、最大宽度约 4 mm 的连续缝隙。为了进一步查明裂缝情况,2004 年 6 月开挖了 4 个探坑(探坑位置见图 3-4)。2004 年 8 月拆除了该处坝顶路面的六棱砖,发现裂缝基本平行于坝轴线,自桩号 D0 +130 延续到桩号 D0 +757,长约 627 m。裂缝位置见图 3-4、图 3-5。

2004 年 7 ~11 月,对裂缝与探坑作临时处理和回填,同时埋设了 8 支位移计,测量缝的开度。

2005 年和 2006 年水库调水调沙期间,受水位骤降影响,裂缝开度又有发展,为此在裂缝部位又开挖了 5 号、6 号、7 号 3 个探坑,观测裂缝性态后,在回填时又埋设了 7 支位移计进行观测。

2004 年开挖 1 ~4 号探坑,经现场检测,裂缝位于坝顶下游侧,距路缘石 0.8 ~1.2 m,与坝轴线基本平行。从坝体剖面可见裂缝基本竖直,位于坝体 3 区料范围内,与防渗体的距离约为 6.3 m。缝深自六棱砖面算起为 2.60 ~3.90 m,裂缝在平面上的开口宽度为 2 ~100 mm,其中 30 mm 及以下的占 75.7%。在开挖的 4 个探坑中,测得最大裂缝宽度为 150 mm(有扰动影响),位于 4 号探坑深度 0.00 ~0.90 m 范围内,裂缝宽度随深度而减小。裂缝两侧土体未看到明显错台现象。

新开挖的 5 号、6 号、7 号探坑,位置分别在桩号 D0 +400、D0 +450、D0 +585 处。发现裂缝基本沿竖向发展。检测结果表明,接近最大断面的 5 号坑裂缝宽度最大处达 61 ~73 mm,6 号、7 号坑裂缝宽度一般在 22 mm 以下,裂缝深度为 2.0 ~2.8 m。用灌水法在不同深度处检测试样干密度,11 组干密度值为 2.05 ~2.35 t/m³,平均值为 2.19 t/m³;孔隙率为 13% ~24%,平均值为 19%。

(二)坝顶表层裂缝处理情况

2004 年 7 月对裂缝及探坑进行充填处理,并埋设了 8 支土体位移计,于 2004 年 11 月

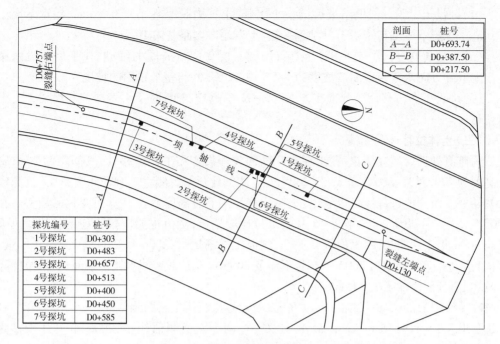

图 3-4 主坝坝顶裂缝及探坑平面位置

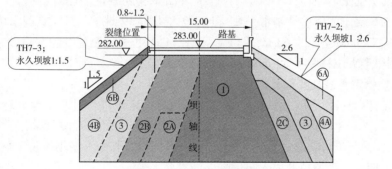

图 3-5 主坝坝顶裂缝剖面图

完工。

处理情况如下：

（1）六棱砖拆除。将 D0 + 130.00 ~ D0 +757.00 之间、路缘石向坝上游 4.0 m 范围内的六棱砖拆除。

（2）裂缝开挖。沿坝顶下游路缘石向上游开挖宽 3.0 m、深 15 cm 的裂缝，再以裂缝为中心开挖宽 60 cm、深 20 cm 的梯形槽。

（3）裂缝充填和探坑回填。裂缝充填采用最大粒径为 10 mm 的砂砾料，采用人工钢钎捣实。4 个探坑采用最大粒径为 200 mm 的砂砾料回填，每层回填厚度为 0.3 m，夯实后干容重不小于 2.0 t/m³。梯形槽及裂缝周边开挖区域回填黏土与砂砾石混合料，砂砾石粒径为 2 ~ 4 cm，与黏土按 1∶1 的比例充分拌和，拌和料中黏土的黏粒含量不小于 15%，回填压实后的厚度为 15 cm，黏土和砂砾石混合料回填夯实后的干容重不小于 1.68 t/m³。

（4）铺设土工膜。回填结束后铺设土工膜，土工膜膜厚不小于 0.5 mm，幅宽不小于 2.5 m，土工膜下游端与路缘石黏结到一起，上游端嵌入路基内 10 cm。

（5）六棱砖恢复。土工膜铺设结束后，铺一层 2 ~ 3 cm 厚的细砂，找平后铺设六棱砖。上下游方向六棱砖顶面的坡度为 1.5% ~ 2.5%，并与整个顶面的坡度平顺衔接。

（6）埋设土体位移计。分别在 A—A、B—B、C—C 3 个断面及 4 号探坑各埋设 2 支土体位移计。

（三）土体位移计观测情况

为监测处理后裂缝变化情况，在 4 个断面各埋设 2 支土体位移计，其间距为 2 m，安装高程为 279.713 ~ 280.158 m，自 2005 年 1 月 3 日开始观测，以 2005 年 2 月 17 日测值为初始值。由测值过程线可以看出：土体位移计测值有随库水位升降而变化的趋势。在 2005 年 2 ~ 6 月以及 2006 年 2 ~ 6 月间水位比较稳定，测值也相应较为稳定。2005 年 7 月至 2006 年 2 月期间，库水位缓慢上升，测值也逐渐增大，2006 年 2 月的最大值（增量，下同）达到 8.79 mm。但 2005 年 6 月下旬及 2006 年 6 月下旬调水调沙期间，受水位骤降影响，测值分别增加了 1.95 mm 及 7.49 mm。

在 4 个断面的位移计测值中，以 B—B 及 4 号探坑两个断面测值较大，至 2006 年 7 月 3 日累计达 12.62 ~ 16.09 mm，而 A—A、C—C 两个断面测值较小，2006 年 7 月 3 日为 1.12 ~ 5.50 mm。说明裂缝在河床深槽部位最大断面处较大，而向两侧逐渐变小。

新埋设的 7 支土体位移计于 2007 年 1 月 14 日取得初始值，其测值变化规律总体上与原来埋设的 8 支土体位移计基本一致，在 2007 年 6 月 19 日至 7 月 3 日调水调沙期间，库水位由 244.77 m 降至 223.63 m，水位降落 21.14 m，位移计测值变化甚微，未见异常趋势性变化，测得最大位移为 1.59 mm。

（四）主坝稳定复核及变形分析结果

在大坝设计和初期运用过程中，曾对坝体的边坡稳定性进行过系统地分析。主坝坝顶发生裂缝后，又对主坝边坡稳定性进行了复核计算分析。稳定性复核采用了摩根斯坦法、斯宾塞法及简化毕肖普法。计算参数采用原设计参数，其中上游坝坡稳定性复核中考虑了调水调沙期间库水位短期内大幅度降落的工况。

计算结果表明，坝体上、下游边坡在各工况下的抗滑稳定安全系数均满足规范要求，仅坝顶附近下游坡局部浅层滑动安全系数略低于规范要求，若考虑坝顶局部边坡在沉降后变缓及堆石强度的非线性特点，仍可满足安全运用要求。经核算，调水调沙期间水位大幅度骤降不影响大坝安全。

裂缝存在时，由于通过裂缝的滑裂面并非最危险滑裂面，其抗滑稳定安全系数均大于无裂缝条件下的计算值，因而坝顶发生的纵向裂缝不会影响坝体安全运用。

主坝在初期运用过程中已经历了多次水位升降变化，最高历经水位 265.69 m，与设计正常蓄水位仅差 9.31 m，此期间获得了较多的变形观测资料。为了分析坝顶裂缝成因，预测今后大坝变形发展，选择坝体最大剖面（B—B 剖面）进行了主坝变形的有限元反演分析，并以反演的模型参数进行了变形规律的预测；同时进行了变形和渗流耦合的有效应力有限元计算，并考虑了坝体的长期变形，模拟小浪底主坝坝体分级填筑、初次蓄水及运行中的多次蓄、泄水位变化过程，以确定坝体各个时段的变形、应力、孔隙水压力等的变化规律及对未来运行性状进行预测。

计算结果表明：

（1）坝体应力。计算所得的坝体应力分布符合土石坝应力分布的一般规律，最大主应力数值约为 3.5 MPa，与上覆土重数值接近。防渗体内部各处的有效主应力均为正值，说明心墙内不具备发生水力劈裂的应力条件。坝顶存在一个深度约为 5 m 的拉应力区，位置在心墙下游侧堆石料中，与坝顶纵向裂缝深度基本一致。但是，坝顶局部拉应力区没有对坝体的整体应力、变形分布造成明显的影响。

（2）坝体变形。主坝填筑完成时计算得到的坝体的水平位移多朝向下游，最大水平位移数值为 0.8 m，位于下游坝壳中，最大沉降变形为 2 m，位于心墙中上部及下游侧堆石体内。水库蓄水至今，大坝在自重、水压力、固结、流变等多方面因素共同作用下，坝体内水平位移、竖直沉降均有所增加，坝体内最大沉降增大至约 2.5 m，水平位移增加至为 1.2 m。坝顶附近沉降变形和水平位移计算结果与观测结果的发展变化趋势总体一致，但计算水平位移差值明显小于观测值。

（3）心墙防渗体内孔隙水压力。坝体填筑完成时心墙内的最高孔隙水压力约为 110 kPa，水库蓄水至今，心墙内施工时积累的超静孔隙水压力并未明显消散，部分区域反而有一定上升，心墙中间部位的孔隙水压力值仍高于两侧，还远未形成稳定渗流场。总体而言，计算分析得到的心墙内的孔隙水压力发展过程与监测结果趋势一致，量值相近。部分测点孔隙水压力高于库水位，但孔隙水压力系数远小于 1，正是荷载下孔隙水压力尚未消散的正常反应。

（4）坝体变形及裂缝发展预测。根据计算分析预测结果，经过两年的库水位升降过程，坝体水平位移、沉降变形较目前有所增长，但坝体内部最大沉降量不超过 3 m；心墙内孔隙压力略有降低；心墙下游侧有效应力略有提高；坝顶局部区域小主应力区的深度略有增大，范围向上游略有扩展。根据坝顶拉应力区发展的趋势和坝顶部位土料本身的性质综合判断，坝顶裂缝的发展深度不会超过 6 m。

设计单位的分析结果有相似的规律性，并从实测资料分析，裂缝深度应在 4.6~8.0 m 以内。

二、大坝坝坡修整回填

小浪底水利枢纽于 1999 年 10 月 25 日下闸蓄水，主坝于 2000 年 11 月 30 日完工，蓄水运行后发现上、下游坝坡坡面呈明显的不均匀沉降。2001 年 12 月底曾对主坝 6 个断面上游坝坡沉降进行测量，结果表明，以设计坝坡线为基准最大沉降达到 2.65 m。据此，2002 年 4 月设计单位提出了大坝上游坝坡整修意见。2002 年 8 月完成了对大坝上游坝坡桩号 D0+000.0~D0+800.0 之间，原 260 m 马道以上坝坡的整修。整修回填石料采用原大坝 6A 料，即护坡料，填筑方量为 7.6 万 m³，平均填筑厚度为 0.3 m，没有碾压。

随后经过数年运用后，发现大坝上游坝坡桩号 D0+800.0 右侧 260 m 马道以上至右坝端的约 500 m 范围内出现了不均匀沉陷，以设计坝坡线为基准最大沉降达到近 3 m。

为做好大坝坝坡修整回填工作，首先对出现缺陷的坝坡进行了测量，测量断面间距为 10 m，根据各断面测量的坡比情况，确定各断面的平均坝坡坡比，根据此坡比对沉陷部位进行了修整,恢复成原设计坡比。

2010 年 9 月对上述范围进行了修整回填,修整回填石料采用原大坝 6A 料(即护坡料),从原施工采石料场取材,为新鲜坚硬的硅质和钙硅质砂岩,石粒径不小于 0.5 m。处理时以 30 m 为单元,统一进行放线,从下部往上部进行摆放,块石摆放平整、靠缝严密、塞垫稳定,填筑方量为 1.28 万 m³。

三、主坝稳定性分析

(1)抗滑稳定分析结果表明,坝体上、下游边坡的整体抗滑稳定安全系数均满足规范要求;下游边坡的局部浅层滑动安全系数略低于规范要求值,考虑到最上一级坝坡随沉降而变缓以及堆石强度的非线性特点,其稳定性可满足安全运用要求。裂缝的存在不影响坝体抗滑稳定性。水库水位大幅度骤降工况下大坝抗滑稳定安全系数仍满足规范要求。

(2)根据主坝变形监测及应力变形计算成果,河床坝段上、下游存在较大的水平位移差,是坝顶下游侧纵向裂缝产生的主要原因。上、下游不均匀沉降梯度较大,水库水位快速上升及大幅度骤降都可加剧裂缝过程。从裂缝形态分析,其平面形状平直无弧形、两侧土体无错台、缝面基本竖直,说明不是失稳产生的滑坡裂缝。结合监测和计算结果分析可以判定,坝顶下游侧的裂缝属于不均匀变形引起的张性裂缝。现状运行情况下增速已减缓,裂缝位置距防渗心墙尚有一定距离,并在正常蓄水位以上,因此可以认为坝顶裂缝不影响大坝整体安全。但目前坝体变形尚未完全稳定,水库尚未达到正常蓄水位,还会有调水调沙过程中的水位骤降,因此仍应继续加强监测,及时分析研究,注意其发展趋势。

(3)由于斜心墙渗透系数小,目前施工期孔隙压力尚未完全消散,坝体内尚未形成稳定渗流场,孔隙压力仍主要受上覆填土荷载控制。测值较高的几个点,渗压计水位虽超过库水位,但孔隙压力系数远小于 1,心墙内有效小主应力大于 0,不具备产生水力劈裂的应力条件,但仍应加强观测。

四、结语

目前大坝变形和裂缝发展趋势变缓,但尚未稳定,且库水位未达到正常蓄水位,对裂缝采取防护性临时处理措施是必须的和合适的。由于坝顶裂缝不致影响大坝安全运行,待大坝变形和裂缝基本稳定后,再适时进行处理。

第四节　排沙洞锚具槽渗油处理

排沙洞是我国首例采用无黏结预应力混凝土衬砌的水工隧洞,规模巨大,运用频繁,担负着水库排沙、泄洪和保护发电洞的进水口不被泥沙淤堵及调节水库下泄流量的任务,是解决黄河高泥沙水流问题的重要工程措施。

排沙洞最高运用水头为 122 m,采用双环绕无黏结预应力混凝土衬砌。预应力衬砌段布置在防渗帷幕与出口闸室之间,应用总长度达 2 169 m,为洞身总长的 76.57%,预应力混凝土浇筑的分块长度为 12.05 m,3 条洞共浇 182 块。混凝土强度等级为 C40,预应力混凝土浇筑厚度为 0.65 m,内径为 6.5 m,沿洞轴向预应力筋间距为 0.45 m,每束预应力含 8 根无黏结筋,每根无黏结筋包括聚氯乙烯保护层,防腐油脂和 1860 级 7 Φ5 高强低松弛钢绞线,无黏结钢绞线分内、外两层布设在衬砌混凝土中,两层距离为 80 mm,无黏结钢绞线绕洞两圈在锚具槽内锁定。锚具槽尺寸为 1.54 m(长)×0.30 m(宽)×0.25 m(高),在隧洞底 120°范围 4 个位置交错布置,将无黏结筋直接埋入混凝土中,张拉前要剥离其塑料套管和除油,张拉后,对裸露钢绞线要作涂油防腐包括密封处理。每仓混凝土两侧各有 12 块锚具槽。

自下闸蓄水以来,发现部分锚具槽周围有油脂渗出,经过检查和试验,分析认为这些油脂来自预应力环锚钢绞线内的保护油脂,渗油问题直接影响钢绞线的防腐效果,进而影响预应力环锚的耐久性。考虑到排沙洞的重要性,运行管理单位对锚具槽渗油处理问题进行了多年的探索和实践。

一、历次排沙洞锚具槽渗油处理情况

(一)2003 年 2 号排沙洞锚具槽渗油处理试验情况

2003 年 12 月在 2 号排沙洞预应力无黏结段选取了 13 块锚具槽进行了渗油处理试验。

1.处理方案

采用内部灌浆、外部密封的方法处理。沿锚具槽渗油线点(二期混凝土接缝)清除油污,布置电锤斜穿孔对锚具槽进行内部灌浆,浆材采用黏结性好、强度高的环氧补强灌浆材料,以提高其黏结力和密封性。内部灌浆后,再进行外露缝面密封封闭处理。排沙洞锚具槽布置见图 3-6。

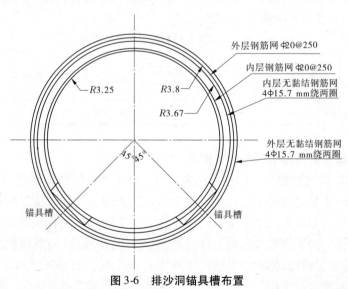

图 3-6　排沙洞锚具槽布置

2.施工工艺

(1)首先用汽油、丙酮清除缝面油渍,擦洗干净。

(2)对于渗油较大者,可采用钻孔将渗油引出、减压,以利封闭和灌浆;布设电锤斜浅孔(或骑缝孔),孔位距缝 80 mm,孔深为 150 mm,孔距为 300 mm,孔径为 20 mm,严格控制孔位、孔向(45°)、孔深,避免破坏预应力管线、锚束。

(3)钻孔完毕后用小型打气泵压风吹出孔内灰粉。

(4)插入灌浆塞,压入丙酮清洗内部缝面,疏通灌浆通道,仔细观察并记录孔缝关系。

(5)插入灌浆塞,进行压风试验,一方面检查孔缝是否相通(必要时进行补充布孔),另一方面在缝表面刷肥皂水检查,若有较大漏风区段,需作密封处理。

(6)灌浆。采用单孔进浆,灌浆压力为 0.6~3.0 MPa,灌浆顺序由低位到高位;压力由低到高,达到预定压力,不再进浆或进浆量不大于 0.01 L/min 方可结束该孔灌浆,直至灌完所有灌浆孔。

(7)灌浆结束后,次日清理干净外部缝面,喷灯烤干并预热混凝土面,然后使用环氧胶泥,薄薄涂抹(刷)2~3 层,但不要明显凸出混凝土面。

(8)待灌入浆液硬化后,拔出灌浆塞,用密实性好的环氧砂浆封孔。

3. 处理材料

(1)表面封闭材料:要求黏结性好,其性能指标见表 3-24。

表 3-24　表面封闭材料性能指标

性能	密度 (g/cm³)	抗压强度 (MPa)	抗拉强度 (MPa)	黏结强度 (MPa)	固化收缩率	吸水率	耐久性
技术指标	1.3 左右	≥70	≥10	≥3(与混凝土)	≤0.15%	≤0.5%	优良

(2)内部灌浆材料:采用 KLY-G1 型环氧灌浆液,该材料黏度适中,黏结性好,强度较高,增长较快;为适应排沙洞内锚具槽漏油这一特点,适当加入增黏剂,以提高浆材的黏结力。此材料的主要性能指标见表 3-25。

表 3-25　内部灌浆材料的主要性能指标

性能	密度 (g/cm³)	本体强度(MPa)		与混凝土黏结 强度(MPa)	固化收缩率	吸水率	耐久性
		抗压	抗拉				
指标	1.05~1.15	>60	8~10	≥3	0.15% 左右	1.0% 左右	优良

(二)2004 年汛前锚具槽开槽检查情况

2004 年 3 月,检查发现 2 号排沙洞已进行渗油处理试验的锚具槽有 5 个灌浆孔部位仍存在渗油现象,于是对渗油灌浆孔进行了重新封闭处理。为查清排沙洞锚具槽渗油的机制,在 1 号排沙洞预应力无黏结生产试验段选取一个锚具槽进行了开槽检查。从开槽检查的情况看,预应力钢绞线及锚具工作正常,钢绞线防腐系统(防腐保护油脂、套管等)在锚具附近存在少量渗油,但未见锈迹。检查结果表明,排沙洞锚具槽渗油产生的主要原因表现为:一是二期混凝土回填不实;二是一、二期混凝土施工缝开裂;三是一、二期混凝土不能形成整体联合受力。排沙洞过水时承受较大的内水压力,导致内水由裂缝进入锚具槽内不密实孔隙;隧洞放空内水压力消除时,在高压孔隙水和毛细作用下,钢绞线保护油脂由裂缝渗出,从而产生渗油现象,一方面会导致钢绞线保护油脂损失,另一方面内水将会反复进入锚具槽,对钢绞线的防腐保护产生不利影响。

2004 年汛后检查发现,2003 年已处理过的 13 块锚具槽中,有 1 个锚具槽灌浆孔部位仍存在渗油点,2 点表面封堵局部脱落,其他 12 块锚具槽运行情况良好。

(三)2005 年汛前锚具槽渗油处理试验情况

在 2003 年、2004 年试验的基础上,经过技术探讨对排沙洞锚具槽渗油处理工艺进一步进行了完善。2005 年 4 月对 2 号排沙洞预应力无黏结段共 24 块锚具槽采用 4 种施工方案和工艺做锚具槽渗油处理对比试验,具体处理方案及工艺如下。

1. 方案一

对排沙洞锚具槽进行化学灌浆后,沿锚具槽施工缝凿宽深 5 cm × 3 cm 小槽,在小槽底面涂刷环氧基液后浇灌 1.0 cm 厚弹性环氧封闭层,然后分层填筑抗冲耐磨的环氧树脂砂浆找平,锚具槽表面单层双向贴碳纤维布加固,具体处理方案见图 3-7 ~ 图 3-10。

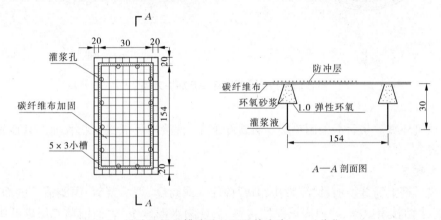

图 3-7　排沙洞锚具槽渗油处理总体方案一　（单位:cm）

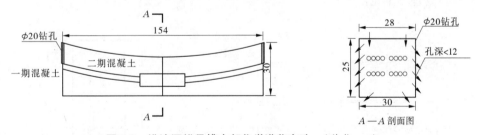

图 3-8　排沙洞锚具槽内部化学灌浆布孔　（单位:cm）

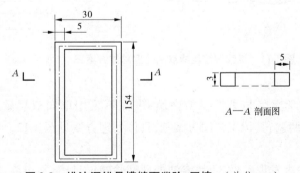

图 3-9　排沙洞锚具槽缝面凿除、回填　（单位:cm）

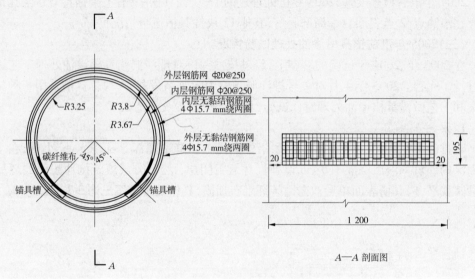

图 3-10　排沙洞锚具槽外部碳纤维布加固方案　（单位:cm）

2. 方案二

在填筑环氧砂浆后不采用单层双向碳纤维布,直接用环氧聚合物收面。其他施工工艺同方案一。

3. 方案三

在锚具槽上骑缝切槽、钻灌浆孔、力顿特种水泥封缝、埋灌浆管、丙酮清洗缝面、灌注LW、HW水溶性聚氨酯、缝内嵌填弹性材料、聚合物水泥砂浆、表面铺贴二层碳纤维补强材料,具体处理方案见图 3-11。

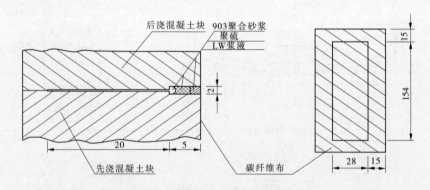

图 3-11　排沙洞锚具槽渗油处理总体方案三　（单位:cm）

4. 方案四

对接缝进行化学灌浆与柔性材料嵌填;表面不采用单向双层碳纤维布,直接涂刷HK-961环氧涂料两遍;其他工艺同方案三,具体处理方案见图 3-12。

5. 处理后效果

2005 年汛后检查发现已做 37 块渗油处理试验的锚具槽,不再渗油,表面封堵材料未发现脱落,达到试验预期目标。

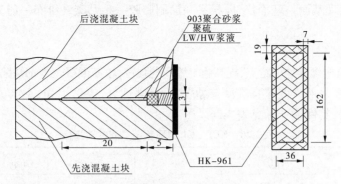

图 3-12　排沙洞锚具槽渗油处理总体方案四 （单位:cm）

(四)2008 年排沙洞锚具槽渗油处理情况

根据排沙洞锚具槽渗油历次处理经验总结,并咨询国内权威专家意见,2008 年进一步对处理方案及施工工艺进行了完善和改进,采用对施工缝进行内部化学灌浆、表面粘贴碳纤维布加固的综合处理方案,取消锚具槽周边施工缝切槽施工工艺,保留回填灌浆和表面粘贴双向碳纤维布加固,碳纤维布周边伸入一期混凝土的最小宽度为 150 mm,见图 3-13。

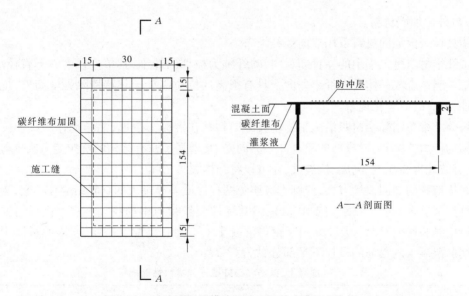

图 3-13　排沙洞锚具槽渗油处理总体方案 （单位:cm）

在保证总体处理工艺不变和处理效果要求相同的前提下,选择了两家施工单位,1 号排沙洞锚具槽采用KLY‒G1型双组分环氧灌浆液进行灌浆处理,2 号排沙洞锚具槽采用水溶性聚氨酯 LW/HW 混合材料进行灌浆处理,除采用材料不同外,其他施工工艺基本相同,具体处理方案及工艺如下。

1.方案一:采用 KLY‒G1 型双组分环氧灌浆液处理工艺

1)施工工艺流程

锚具槽漏油情况调查→钻孔→风压冲缝→封缝→压风检查→灌浆(补灌)→待凝→

封孔→打磨、清理基面→基面修补、找平→涂刷底胶→粘贴碳纤维布→防冲层施工。

2)处理材料

(1)内部灌浆材料。

为适应锚具槽渗油这一特点,提高施工缝间的强度,填充混凝土内部缺陷,采用 KLY – G1 型双组分环氧灌浆液。该灌浆液具有黏度低、可灌性好、渗透力强、黏结力好、强度高、耐水、耐油等特点,其性能指标见表 3-26。

表 3-26　KLY – G1 型环氧灌浆液性能指标

项目	指标
初始黏度(MPa·s)	30
拉伸强度(MPa)	≥30
弯曲强度(MPa)	≥40
抗拉强度(MPa)	≥60
拉伸胶结强度(MPa)(混凝土/混凝土)	4.7 混凝土破坏
拉伸胶结强度 – 潮湿状态(MPa)(混凝土/混凝土)	4.2 混凝土破坏

(2)外部加固材料。

锚具槽表面加固材料采用双向碳纤维布。

碳纤维材料是工程中的一种新材料,碳纤维为极细的纤维,其单位强度高但直径小,由黏结树脂结合成一体后在纤维方向上具有很高的抗拉强度。其特性除强度高外,抗腐蚀性佳,没有疲劳老化现象。

将碳纤维布用黏结树脂沿施工缝垂直方向粘贴在混凝土表面,黏结剂作为其加固修补之间的传力的媒介,形成新的复合体系共同受力,增强了原有结构的抗拉能力或抗剪能力,能有效地提高强度、刚度、抗裂性,还可以将结构裂缝密闭。

在构造物的加固设计方面,原则上应避免两种性质差异过大的材料结合在一起,碳纤维的抗拉强度很高(约为钢筋的 10 倍),但其弹性模量却与钢筋相差不多。由钢筋混凝土的使用经验研究判断,碳纤维用于钢筋混凝土上不会有搭配上的问题,因此可以用于弥补钢筋混凝土内钢筋的抗拉不足部分,见表 3-27。

表 3-27　混凝土、钢筋和碳纤维三种材料性能指标

指标	混凝土	钢筋	碳纤维
弹性模量(GPa)	2.5	200	230
强度(MPa)	20	300 ~ 400	3 000 ~ 3 500
延展性	0.2% ~ 0.3%	5% ~ 10%	0.9% ~ 1.5%
热膨胀系数	10×10^{-6}	11×10^{-6}	0.5×10^{-6}

碳纤维布的性能指标见表 3-28。

表 3-28　碳纤维布的性能指标

产品型号	450
纤维方向	双向
纤维重量(g/m^2)	450
厚度(mm/层)	0.5
抗拉强度(MPa)	≥3 000
弹性模量(MPa)	$≥2.1×10^5$
伸长率(%)	≥1.5
幅宽(cm)	60

KLY 碳纤维专用胶的性能指标见表 3-29。

表 3-29　KLY 碳纤维专用胶的性能指标

指标	底胶	面胶
初始黏度(MPa·s)(23 ℃)	600	9 900
密度(g/cm^3)	1.21	1.15
抗压强度(MPa)	7 d≥70(23 ℃)	7 d≥70(23 ℃)
拉伸强度(MPa)	7 d≥30(23 ℃)	7 d≥30(23 ℃)
弯曲强度(MPa)	7 d≥30(23 ℃)	7 d≥30(23 ℃)
与混凝土黏结强度(MPa)	7 d≥2.0(23 ℃)	7 d≥2.0(23 ℃)

2.方案二:采用水溶性聚氨酯 LW/HW 混合材料化学灌浆处理工艺

1)施工工艺流程

锚具槽漏油情况调查→钻孔→洗孔→埋嘴→压水检查→灌浆(补灌)→待凝→封孔→打磨、清理基面→基面修补、找平→涂刷底胶→粘贴碳纤维布→防冲层施工。

2)处理材料

(1)内部灌浆材料。

采用 LW/HW 水溶性聚氨酯混合材料,该灌浆液具有黏度低、可灌性好等特点。其性能指标见表 3-30 和表 3-31。

表 3-30　HW 水溶性聚氨酯性能指标

项目	指标
密度(g/cm^3)	1.10±0.05
黏度(MPa·s)(25 ℃)	≤100
凝胶时间(min)(浆液:水=100:3)	≤20
黏结强度(MPa)(饱和面干)	≥2.0
抗压强度(MPa)	≥10

表 3-31　LW 水溶性聚氨酯性能指标

项目	指标
密度(g/cm³)	1.05 ± 0.05
黏度(MPa·s)(25 ℃)	120～280
凝胶时间(min)(浆液:水 = 100:3)	≤1.5
包水量(倍)	≥20
遇水膨胀率(%)	≥100

(2)外部加固材料。

锚具槽表面加固材料采用双向碳纤维布进行加固。碳纤维的性能指标见表 3-32,碳纤维底胶的性能指标见表 3-33,碳纤维面胶的性能指标见表 3-34。

表 3-32　碳纤维的性能指标

序号	项目名称	技术指标	
		高强度 Ⅰ 级	高强度 Ⅱ 级
1	抗拉强度标准值(MPa)	≥3 400	≥3 000
2	受拉弹性模量(MPa)	≥2.4×10⁵	≥2.1×10⁵
3	伸长率(%)	≥1.7	≥1.5
4	抗弯强度(MPa)	≥700	≥600
5	层间剪切强度(MPa)	≥45	≥35
6	与混凝土正拉黏结强度(MPa)	≥2.5,且混凝土内聚破坏	≥2.5,且混凝土内聚破坏
7	单位面积质量(g/m²)	≤200	≤200

表 3-33　碳纤维底胶的性能指标

序号	项目名称	技术指标
1	钢与钢拉伸抗剪强度标准值(MPa)	当与 A 级胶匹配时≥14;当与 B 级胶匹配时≥10
2	与混凝土的正拉黏结强度(MPa)	≥2.5,且混凝土内聚破坏
3	不挥发物含量(固体含量,%)	≥99
4	混合后初黏度(MPa·s)(23 ℃)	≤6 000
5	湿热老化后抗剪强度降低率(%)	≤10
6	冻融循环 50 次后抗剪强度降低率(%)	≤5

表 3-34 碳纤维面胶的性能指标

序号	项目名称			技术指标	
				A 级胶	B 级胶
1	胶体性能		抗拉强度（MPa）	≥40	≥30
			受拉弹性模量（MPa）	≥2 500	≥1 500
			伸长率（%）	≥1.5	
			抗弯强度（MPa）	≥50	≥40
			抗压强度（MPa）	≥70,且不得呈脆性破坏	
			冻融循环 50 次后抗剪强度降低率（%）	≥70	
2	黏结能力		钢与钢拉伸抗剪强度标准值（MPa）	≥14	≥10
			钢与钢不均匀扯离强度（kN/m）	≥20	≥1 500
			与混凝土的正黏结强度（MPa）	≥2.5,且混凝土内聚破坏	
3	不挥发物含量（固体含量,%）			≥99	
4	湿热老化后抗剪强度降低率（%）			≤10	
5	冻融循环 50 次后抗剪强度降低率（%）			≤5	

二、值得探讨的几个问题

在多年的排沙洞锚具槽渗油处理过程中,通过不断地技术探索和工程实践,总结出了一套行之有效的处理方法。

(1)内部灌浆材料的选择问题。市场现有灌浆材料亲水性较多,而普遍油溶性效果较差。对密实性灌浆材料、表面防护材料,需要进一步对比优化,所采用的灌浆材料应性能稳定,对锚具无腐蚀性。

(2)渗油严重部位的处理方案问题。排沙洞锚具槽一般情况下宜采用灌浆加表面防护方案,但是渗油较严重部位局部应增加凿槽嵌缝工艺或采用其他方法等。

(3)投资费用的问题。现行处理方案费用较高,今后处理中,在技术可行的前提下,应考虑经济合理性,尽量节省投资。

三、结语

排沙洞是国内首例采用后张法无黏结预应力混凝土衬砌技术的水工隧洞,其规模也是世界上最大的。鉴于锚具槽在预应力结构中的重要性,在枢纽运行日常管理工作中应加强监测,及时检查和分析,确保排沙洞的长期安全运行。

第五节　正常溢洪道混凝土裂缝处理

一、概述

小浪底水利枢纽正常溢洪道由引渠、控制闸、泄槽和挑流鼻坎组成,进口底板高程为258 m,进口水位275 m时总泄量为3 700 m³/s,最大流速为34.4 m/s。溢洪道全长为990 m,进水口以下长为930 m,宽为40.9~28.0 m。正常溢洪道泄槽段全长为875.0 m,由收缩段(长100.0 m)和等宽泄槽(宽28.0 m)段组成。根据岩基出露高程的变化,泄槽底坡分为4级。第一级(0+040~0+140)槽宽由40.9 m收缩至28.0 m,底坡$I=0.1$;第二级(0+140~0+460)长为320 m,底坡$I=0.04$;第三级(0+460~0+720)长为260 m,底坡$I=0.17$;第四级(0+720~0+915.72)长为195.72 m,底坡$I=0.07$。从桩号0+580开始往下游设5个掺气坎,分别设在0+580、0+660、0+740、0+810和0+880处,掺气设施选择挑坎的形式,主要是避免高含沙水流在低流速时堵塞掺气结构。掺气坎下两侧边墙内设通气井(2.0 m×1.0 m)。斜槽段底板混凝土厚为0.8 m,边墙结构形式分为重力式挡土墙和直立式两种,墙顶厚为0.8~1.2 m,底板混凝土分块尺寸为15 m×13 m,缝内设有止水。斜槽段1号掺气槽以上采用C25级混凝土,1号掺气槽以下采用C70级混凝土。

在施工期间,正常溢洪道发现泄槽段存在不同类型裂缝,施工方采用CARBOUR进行了灌浆封堵,2002年施工方再次对正常溢洪道大于0.3 mm的裂缝进行了化学灌浆处理,但仍有部分裂缝未进行处理。2003年华西秋汛期间,正常溢洪道投入运用累计96 h,运用后即发现伸缩缝处部分混凝土脱落,混凝土底板裂缝分布较多。2003年11月对伸缩缝混凝土脱落部位使用环氧砂浆进行了修补。2007年经现场检查统计,正常溢洪道大于0.3 mm裂缝共3 952 m,其中边墙裂缝为643 m,底板裂缝为3 309 m,底板裂缝中贯穿裂缝726 m。

正常溢洪道运用时,水流可能沿裂缝进入混凝土内部并引起脉动压力,影响建筑物的安全。另外,冬季雨(雪)水进入裂缝,水的冻胀会导致裂缝进一步加深,影响混凝土的耐久性。因此,2008年对正常溢洪道混凝土裂缝宽度大于0.3 mm且以前未处理过的裂缝进行了全面处理。

二、处理情况

(一)裂缝缺陷调查

裂缝缺陷调查时使用了DJCK-2型裂缝测宽仪对裂缝宽度进行测量。由于溢洪道已建成多年,裂缝表皮破损严重,因此裂缝宽度测量时,选取裂缝表面相对完整且具有代表性的位置,进行多点测量,取平均值作为所测裂缝的宽度。裂缝深度使用KON-FSY型裂缝测深仪进行测量。

在正常溢洪道裂缝调查的基础上,选取2条典型裂缝进行了钻孔取芯,全方位了解裂缝深度和宽度变化以及缝内充填情况,以制订更为科学适用的处理方案。

（二）处理措施

对于宽度大于 0.3 mm 的不渗水干缝,先对裂缝表面使用封缝材料进行封闭,然后用灌浆法灌注环氧类浆液,灌浆完成后对裂缝表面打磨清理干净再涂刷柔性涂料进行封闭。对于极少数宽度大于 0.3 mm 的渗水裂缝,灌浆材料改用聚氨酯类材料,处理方案参照不渗水干缝。

在处理方案确定后,分别采用聚脲、HK-961、KLY 建筑结构胶三种表面封缝材料和环氧砂浆、聚氨酯两种灌浆材料,选取典型裂缝进行裂缝表面涂刷柔性涂料封闭试验和裂缝灌浆试验,以便选择适宜的材料,完善处理方案和施工工艺。

1. 表面封缝材料

混凝土裂缝处理时,为避免浆液从裂缝表面渗出,造成裂缝内部浆液不充实无法达到裂缝加固目的,因此内部灌浆施工前,一般都对裂缝表面进行封闭,避免浆液走失,在灌浆施工结束后再使用角磨机将封缝材料打磨平滑。由于封缝材料在灌浆结束打磨后,仍有部分材料填充在破损的裂缝表面缝隙内,封缝材料在降低浆液走失的同时,也对裂缝表面进行了修补,因此封缝材料与混凝土的黏结强度等技术指标尤为重要。

在处理方案确定后,分别采用聚脲、HK-961、KLY 三种表面封缝材料,选取典型裂缝进行裂缝表面涂刷柔性涂料封闭试验,最终确定封缝材料为 KLY 柔性抗冲耐磨树脂砂浆。相比之下,KLY 柔性抗冲耐磨树脂砂浆的与混凝土黏结强度、固化收缩率及抗拉抗压强度明显优于 HK-961 环氧增厚涂料和聚脲,内部灌浆施工时漏浆概率降低,保证了裂缝内部的浆液充实效果。从施工效果看,此封缝材料在保证灌浆效果的同时,也对裂缝表面进行了有效修复,效果良好。此材料主要性能指标见表 3-35。

表 3-35　KLY 柔性抗冲耐磨树脂砂浆

性能	密度(g/cm³)	抗压强度(MPa)	抗拉强度(MPa)	黏结强度(MPa)	固化收缩率(%)	吸水率(%)
技术指标	2.0 左右	≥70	≥10	≥3(与混凝土)	≤0.15	≤0.5

2. 内部灌浆材料

不渗水干裂缝采用 KLY-G1 型环氧灌浆液,该材料黏度适中,黏结性好,强度较高,增长较快。为适应排沙洞内锚具槽漏油这一特点,适当加入增黏剂,以提高浆材的黏结力。此材料的主要性能指标见表 3-36。

表 3-36　KLY-G1 型环氧灌浆液性能指标

性能	密度(g/cm³)	本体强度(MPa)		与混凝土黏结强度(MPa)	固化收缩率(%)	吸水率(%)	耐久性
		抗压	抗拉				
指标	1.05~1.15	>60	8~10	≥3	0.15 左右	1.0 左右	优良

渗水裂缝采用 LW/HW 水溶性聚氨酯混合材料,该灌浆液具有黏度低、可灌性好等特点。其性能指标见表 3-30 和表 3-31。

(三)施工工艺

1.灌浆孔设置

混凝土裂缝处理时,灌浆孔分为斜孔和骑缝孔,以斜孔为主,骑缝孔为辅。斜孔根据裂缝宽度及走向,孔距为 0.3 ~ 0.6 m,孔径为 20 mm。孔位距裂缝 10 ~ 15 cm,角度为 45°,孔深≥40 cm,确保孔缝相交。骑缝孔主要作用为灌浆时排气,孔深≥15 cm,孔距为 1 ~ 2 m。

在灌浆孔设置时,不再严格按照固定尺寸设置灌浆孔,而按照裂缝宽度和走向合理布置灌浆孔,并增加了排气孔。从灌浆效果看,灌浆孔的优化与改进对灌浆效果起到了至关重要的作用。

2.灌浆孔清理

灌浆孔首先使用清水进行清洗,再使用压缩空气对孔内进行清理,使灌浆孔内清洁、干燥、无粉尘,使钻孔粉末堵塞裂缝缝隙的可能性显著降低,确保被灌裂缝缝内浆液饱满充实。

3.灌浆压力

由于灌浆材料的改进,经现场试验,最高灌浆压力定为 12 MPa,灌浆压力的提高使灌浆效果和工作效率有了较大改善。

三、处理效果

正常溢洪道混凝土裂缝处理后,为检测灌浆效果,使用水钻在已处理的裂缝上钻取岩芯 6 个,相比以往处理效果,岩芯的完成度、取芯率和浆液密实情况都有较大提高。2008年正常溢洪道混凝土裂缝处理后芯样情况见表 3-37。

表 3-37　正常溢洪道混凝土裂缝处理后芯样情况

序号	编号(同裂缝编号)	直径(mm)	长度(mm)	状态描述
1	DL – 23 – 4	70	450	浆液密实,芯样为 2 节
2	DR – 26 – 5	70	471	浆液密实,芯样为 3 节
3	DR – 38 – 18	70	470	浆液密实,芯样为 2 节
4	DL – 44 – 2	70	630	浆液密实,芯样为 3 节
5	BR – 57 – 7	70	465	浆液密实,芯样为 3 节
6	BL – 51 – 9	70	28	浆液密实,芯样为 2 节

四、结语

2008 年正常溢洪道混凝土裂缝处理施工,由于材料及工序的优化和改进,处理效果较以往历次施工有了显著提升,在混凝土裂缝处理方面积累了宝贵经验。通过此次全面处理,增强了混凝土的耐久性,延长了正常溢洪道的安全运行寿命,达到了预期目的。

第六节　地下厂房顶拱渗水引排处理

一、概述

小浪底水利枢纽地下厂房区域由于地质结构复杂等因素,自地下厂房顶拱开挖完成后,厂房顶拱一直存在较大的渗漏。2003 年小浪底左岸山体经过全面补强灌浆处理后,厂房顶拱渗漏量虽有所减少,但渗漏水从未中断。特别是在小浪底水库水位较高时,厂房顶拱渗漏量明显增加,对地下厂房的安全运行构成威胁。

针对厂房顶拱渗漏水的实际情况,采取以排为主、堵排相结合的综合处理措施。2004 年 11 月,在 28 号排水洞与 21 号交通洞交叉口严重渗漏部位进行了引排处理试验,试验结果良好。2005 年 2 月,对地下厂房顶拱区域进行了全面的渗水引排处理。

二、处理情况

渗水类型分为裂隙渗水和单点渗水两类。

(一)裂隙渗水处理

沿裂隙走向开凿不规则 V 形槽→清理基面→埋设排水波纹管→敷填堵漏王浆→寻找薄弱环节,再止水,反复多次→堵漏宝整体抗渗→埋设止水条→填塞密封腻子→做混凝土砂浆保护层→涂刷防水浆液→养护→完工。

(二)单点渗水处理

以渗漏点为中心开凿混凝土(或喷混凝土),形成圆锥状孔洞($R = 75$ mm、$H = 130$ mm)→清理基面→埋设引水波纹管→敷填堵漏材料→4 h 后沿堵漏材料与混凝土接合处埋设止水条→堵漏砂浆找平→做混凝土砂浆保护层→涂刷防水浆液→养护→完工。

(三)施工要点

(1)施工范围内的渗水点和渗水缝先要进行仔细辨认,开槽(孔)前先进行线路标认,确定合理的开槽路线。

(2)基础清理要彻底,开槽形成的 V 形槽(或孔洞)清洗要干净,无钙化物和其他杂质。

(3)止水材料安装要位置合适,刚柔结合,能适应一定应力的破坏;堵漏材料敷填必须达标,以提高混凝土基面的密实度和强度;对所用材料严格配比,对每一道工序严格检查,检查不合格的坚决返工处理。

(4)排水管末端放置在排水沟水面以下或人为设置的水面以下,以防止渗漏水在排水管中结垢而阻塞出水口。

(5)已处理完的裂缝和渗水点要及时养护。

三、结语

小浪底水利枢纽地下厂房顶拱区域渗漏水引排处理后,顶拱区域内渗水做到了有序排放,厂房顶拱干燥。但内置式引排处理也存在薄弱环节,因钙质析出堵塞内置式排水管,从而导致周边渗漏,应加强维护,发现堵塞及时疏通。

第二篇　金属结构设备

第四章　设计与安装

第一节　闸门及启闭机设计与安装

一、闸门及启闭机设计

小浪底水利枢纽泄洪排沙系统和引水发电系统共有闸门 72 扇,其中平面闸门 50 扇、弧形闸门 22 扇。拦污栅 26 扇。各种起重机械 74 台套,其中固定卷扬式启闭机 19 台、液压启闭机 37 台套、门式启闭机 2 台、台车式启闭机 1 台及其他检修桥机 24 台,还设有 10 套充水平压系统和 10 套高压冲沙系统。对泄洪系统的工作闸门和事故闸门及配套的充水平压系统实行远方计算机监视和控制。金属结构设备总质量约为 32 000 t。

小浪底水利枢纽是以防洪、防凌、减淤为主,兼顾供水、灌溉、发电综合利用的大型水利枢纽,金属结构数量大、种类繁多、技术复杂。根据工程规划和枢纽布置要求,孔板洞工作闸门设计水头为 140 m;排沙洞工作闸门设计水头为 122 m,并经常局部开启运用;1 号明流泄洪洞工作闸门总水压力为 75 000 kN,2 号明流泄洪洞事故闸门滚轮单轮轮压为 4 130 kN,这些都是国内最大或技术最复杂的。小浪底水利枢纽的金属结构设备中起用了许多国内较先进的技术项目,如卷扬式启闭机的折线绳槽卷筒、液压系统中蓄能器的投入、背腔增压系统应用于事故闸门的封水、偏心铰弧形闸门、双向调心滚动轴承等。

小浪底最大的弧形闸门为溢洪道工作闸门,宽×高 = 11.5 m×17 m,弧面半径为 20 m,质量为 186 t,设计水头为 17 m;设计水头最高的深孔弧门为 1 号孔板洞工作闸门,宽×高 = 4.8 m×5.4 m,弧面半径为 9 m,质量为 267 t,设计水头为 139.4 m;最重的弧门为 1 号明流洞工作闸门,宽×高 = 8 m×10 m,弧面半径为 20 m,质量为 421 t,设计水头为 80 m;最大的平面闸门为 2 号明流洞检修闸门,宽×高 = 9 m×17.5 m,质量为 185 t;最大的平面定轮闸门为 2 号和 3 号明流洞事故闸门,宽×高 = 8 m×11 m,质量为 174 t。门机高为 39.5 m,宽为 44 m,轨距为 20 m,扬程为 120 m,质量为 760 t。

小浪底水利枢纽金属结构设备有关参数见表 4-1。

表 4-1　小浪底水利枢纽金属结构设备有关参数

序号	闸门						启闭机	
	设备名称	数量	孔口尺寸（m）	设计水头（m）	形式	运行条件	形式	数量
1	排沙洞事故闸门	6	3.7×5	100.0	平面定轮闸门	动水闭门静水启门	固定卷扬式	6
2	排沙洞工作闸门	3	4.4×4.5	122.0	偏心铰弧形闸门	动水启闭局部开启	液压式	3
3	排沙洞检修闸门	6	3.5×6.3	85.0	平面滑动闸门	静水启闭	门式	2
4	孔板洞事故闸门	6	3.5×12	100.0	平面定轮闸门	动水闭门静水启门	固定卷扬式	6
5	1号孔板洞工作闸门	2	4.8×5.4	139.4	偏心铰弧形闸门	动水启闭	液压式	4
6	2号、3号孔板洞工作闸门	4	4.8×4.8	129.9	偏心铰弧形闸门	动水启闭	液压式	8
7	孔板洞检修闸门	2	4.5×15.5	85.0	平面滑动闸门	静水启闭	门式	共用
8	1号孔板洞出口检修闸门	1	13×9.0	9.0	浮箱式叠梁门	静水启闭	手拉葫芦	2
9	1号明流洞事故闸门	2	4×14	80.0	平面定轮闸门	动水闭门静水启门	固定卷扬式	2
10	1号明流洞工作闸门	1	8×10	80.0	弧形闸门	动水启闭	液压式	1
11	1号明流洞检修闸门	2	5.6×18	65.0	平面滑动闸门	静水启闭	门式	共用
12	2号明流洞事故闸门	1	8×11	66.0	平面定轮闸门	动水闭门静水启门	固定卷扬式	1
13	2号明流洞工作闸门	1	8×9	66.0	弧形闸门	动水启闭	液压式	1
14	2号明流洞检修闸门	1	9×17.5	51.0	平面滑动闸门	静水启闭	门式	共用
15	3号明流洞事故闸门	1	8×11	50.0	平面定轮闸门	动水闭门静水启门	固定卷扬式	1
16	3号明流洞工作闸门	1	8×9	50.0	弧形闸门	动水启闭	液压式	1
17	3号明流洞检修闸门	1	9×14.5	35.0	平面滑动闸门	静水启闭	门式	共用
18	溢洪道工作闸门	3	11.5×17	17.0	弧形闸门	动水启闭	液压式	3

续表 4-1

序号	闸门						启闭机	
	设备名称	数量	孔口尺寸 （m）	设计水头 （m）	形式	运行条件	形式	数量
19	发电洞事故闸门	6	5×9	85.0	平面定轮闸门	动水闭门静水启门	液压式	6
20	发电洞进口检修闸门	6	4×40	70.0	平面滑动闸门	静水启闭	门式	共用
21	尾水检修闸门	6	10.5×10.58	13.6	平面滑动闸门	静水启闭	台车式	1
22	发电洞主拦污栅	18	4×35 4×40	10.0	直立滑动式		门式	共用
23	发电洞副拦污栅	6	4×35 4×40	10.0	直立滑动式		门式	共用
24	防淤闸工作门	6	14×11	10.3	露顶弧门	动水启闭	液压式	6
25	灌溉洞事故闸门	1	3×3.5	52.0	平面定轮闸门	动水闭门静水启门	固定卷扬式	1
26	灌溉洞工作闸门	1	2×2	54.0	弧形闸门	动水启闭局部开启	液压式	1
27	灌溉洞检修闸门	1	3×6.5	37.0	平面滑动闸门	静水启闭	门式	共用
28	灌溉洞拦污栅	1	3×10	10.0	直立滑动式		门式	共用
29	西沟水库泄洪洞事故闸门	1	2.8×3	20.0	平面滑动闸门	动水闭门静水启门	固定卷扬式	1
30	西沟水库泄洪洞拦污栅	1	4.5×5.5	5.0	直立滑动式		固定卷扬式	1

（一）闸门设计

1. 工作闸门

工作闸门选用了弧形闸门形式,共计有 22 扇。其中 3 条孔板洞中部设有 6 扇工作闸门,3 条排沙洞出口设有 3 扇工作闸门,3 条明流洞进口设有 3 扇工作闸门,溢洪道进口设有 3 扇工作闸门,灌溉洞出口设有 1 扇工作闸门,防淤闸设有 6 扇工作闸门。

由于孔板洞和排沙洞工作闸门设计水头高,孔板洞工作闸门设计水头为 140 m,排沙洞工作闸门设计水头为 122 m,并且排沙洞工作闸门经常局部开启运用,因此采用了偏心铰弧形闸门。明流洞、溢洪道、防淤闸和灌溉洞工作闸门设计水头较低,在 80 m 以下(包括 80 m),因此采用了圆柱铰弧形闸门。所有工作闸门要求在动水情况下启闭闸门。

偏心铰弧形闸门是利用偏心原理,借助偏心铰操作机构,推动闸门压紧止水元件,达到止水的目的。压紧式止水的压紧动力是机械力,可以根据闸门止水的需要控制闸门径向移动的行程,在多种工况下,都能得到可靠的密封,对止水橡胶的材质和制造精度没有过高的要求。同时,为保证闸门任意开度运行时均能防止狭缝射水,偏心铰弧门两侧采用了预压式辅助止水,弧门门顶采用了转铰式辅助止水。偏心铰弧形闸门在高水头情况下(80 m 以上)止水的密封性要远好于圆柱铰弧形闸门。

2. 事故闸门

事故闸门采用平面定轮闸门,共计有 24 扇。其中 3 条孔板洞进口设有 6 扇事故闸门,3 条排沙洞进口设有 6 扇工作闸门,3 条明流洞进口设有 4 扇事故闸门(其中 1 号明流洞 2 扇,2、3 号明流洞各 1 扇),灌溉洞进口设有 1 扇事故闸门,6 条发电洞进口设有 6 扇事故闸门,西沟泄洪洞进口设有 1 扇事故闸门。

根据闸门结构布置,闸门定轮支承方式采用了简支式和轴承箱式两种,轮体采用实体锻制合金钢材料。由于闸门挡水水头提高至 100 m 左右或更高的时候,密封要求的预压量很大,启闭中造成的磨损很大,因此孔板洞、排沙洞事故闸门采用了充压伸缩式止水,其他事故闸门采用预压式止水。

事故闸门的任务是在定期检修工作闸门及门槽时关闭闸门挡水,或者是工作闸门不能正常启闭时需动水情况下关闭闸门挡水,运行条件是静水启门动水闭门。

3. 检修闸门及拦污栅

检修闸门采用平面滑动闸门,共计有 26 扇;拦污栅也采用平面滑动式,共计有 26 扇。其中 3 条孔板洞进口设有 2 扇检修闸门,6 个孔口共用;3 条排沙洞进口设有 6 扇检修闸门,18 个孔口共用;3 条明流洞进口设有 4 扇检修闸门(其中 1 号明流洞 2 扇,2、3 号明流洞各 1 扇),6 条发电洞进口设有 6 扇检修闸门、尾水设有 6 扇检修闸门,灌溉洞进口设有 1 扇检修闸门,西沟泄洪洞进口设有 1 扇检修闸门。6 条发电洞进口设有 18 扇主拦污栅和 6 扇副拦污栅,灌溉洞进口设有 1 扇拦污栅,西沟泄洪洞进口设有 1 扇拦污栅。

根据水工建筑物布置条件,孔板洞检修闸门采用上游面止水,明流洞、排沙洞检修闸门采用下游面止水。止水形式选用预压式止水,滑道材料选定油尼龙作为滑道材料。

检修闸门的任务是在定期检修事故闸门门槽及隧洞时,关闭闸门封闭隧洞进口,运行条件是静水启闭。由于检修闸门布置在隧洞最前端,门槽埋件没有检修条件,考虑到多沙河流泥沙磨蚀的影响,采用不磨蚀流速控制选择孔口尺寸,以满足在汛期泄洪时过门流速不超过埋件磨蚀流速的要求。

4. 闸门充水平压系统

事故闸门和检修闸门的运行条件分别是动水闭门静水启门和静水启闭。启门前均需先向门后充水平压。检修闸门(排沙洞检修闸门,由于位置低受淤沙影响严重,不能采用充水阀除外)采用充水阀方案,以旁通管方案作为备用措施。事故闸门和排沙洞检修闸门采用旁通道方案,以提门充水作为备用措施。

3 条孔板洞的充水平压管道进口布置在 200.5 m 高程,3 个发电塔(发电洞和排沙洞的充水平压管道进水口共用)的充水平压管道进口分为上、下两层,布置在 200. 5 m 和 225 m 高程,3 个明流洞的充水平压管道进口分别布置在 213. 5 m、225 m 和 239 m 高程,灌溉洞的充水平压管道进口布置在 239 m 高程。发电塔在 200. 5 m 高程处充水平压管道与孔板洞充水平压管道相连。充水平压管道进口直接和库区相通,在管道进口处均设有阀门室,管道进口处主阀采用电动闸阀,控制下游和左、右两侧引水的分水阀采用电动蝶阀。

为了防止充水平压管道进口被淤堵,在每个进口处均平行设立了一套高压水枪,水枪的管嘴从充水平压管道壁上专门预留的法兰盘孔接入,引高压清水射向管道进口,冲刷进口淤沙。高压清水引自 290 m 高程的储水池,经专设的高压管道和加压泵站到各进水口的阀门室,再经高压软管与水枪管嘴接通。

(二)闸门埋件设计

1. 弧形闸门埋件

弧形闸门埋件分为一期混凝土埋件和二期混凝土埋件,一期混凝土埋件由钢筋和钢板焊接而成,二期混凝土埋件由门楣、侧导板、底坎、支铰大梁、连接螺柱等组成。门楣上布置止水座板和转铰止水装置,止水座板面为不锈钢加工面,转铰止水共设 13 个同心转动的转铰和 13 个定位轮。侧导板分为上、下两部分,下侧导板兼作止水座板和侧向支承轨道,其中止水座面为不锈钢加工面,上侧导板只作侧向支承轨道。为保证底坎的浇筑质量,在底坎焊接件上预留了活动板并在每个梁格中间设置灌浆孔。支铰大梁结构为厚钢板焊接而成的箱梁结构,梁的长度比闸室宽度小 400 mm,以满足安装空间的要求;两铰座的支承面是机加工面,以保证两铰座的安装精度;在大梁的腹板、下翼缘和内部隔板上都开有较大的浇筑孔,以利于二期混凝土浇筑密实。二期混凝土埋件与一期混凝土埋件通过连接螺柱连接,连接螺柱可以现场调节和固定埋件,以保证埋件的安装精度。

2. 平面定轮闸门埋件

平面定轮闸门埋件分为一期混凝土埋件和二期混凝土埋件。一期混凝土埋件由钢筋和钢板焊接而成。二期混凝土埋件由门楣、主轨、副轨、侧轨、反轨、底坎、钢板衬砌和连接螺柱等组成。门楣和反轨侧布置止水座板,止水座板面为不锈钢加工面,门楣止水座板下面水平布置了 1 条防射水橡皮,橡皮头与闸门面板的间隙为零,以便在闸门启闭过程中,阻止射水或减小射水水头。主轨由轨头和主轨焊接件组成,轨头为矩形断面合金结构钢,具有较高的强度和硬度,以适应轮轨踏面的接触应力;主轨焊接件断面为工字形断面,将定轮集中荷载扩散到混凝土中,轨头与主轨焊接件之间采用不锈钢螺栓连接,当轨头出现磨损或气蚀破坏时,可以更换轨头。为了抵抗门槽部位的高速高含沙水流,在门槽及前后一段范围的侧墙、底板、洞顶采用了钢板衬砌。孔板洞、排沙洞、事故闸门的主轨长度为 1. 5 倍孔口高度,主轨上部接一段副轨,再往上门槽加宽,不再布置埋件,闸门依靠侧轨导向。明流洞和发电洞的侧轨、反轨、副轨一直通到检修平台高程。

3. 平面滑动闸门埋件

平面滑动闸门埋件分一期混凝土埋件和二期混凝土埋件。一期混凝土埋件由钢筋和钢板焊接而成,二期混凝土埋件由门楣、主轨、副轨、侧轨、反轨、底坎和连接螺柱等组成。闸门为上游止水时,门楣和反轨侧布置止水座板;闸门为下游止水时,止水座板布置在主轨侧,止水座板面为不锈钢加工面。主轨由轨头、底板和工字钢焊接组成。轨头为方钢,顶面贴焊不锈钢板,不锈钢顶面被加工成弧面,弧面半径为 300 mm。底板为厚钢板,宽度、厚度以满足混凝土承压强度而定。轨头焊在底板上,底板下面为钢板组焊的倒 T 形梁结构,以提高主轨的刚度。孔板洞、排沙洞检修门的主轨长度为 1.2 倍孔口高度,主轨上接副轨,反轨从底坎向上布置超过门楣一段高度与副轨一齐中断,再向上门槽变宽,不再布置埋件,闸门依靠侧轨导向。明流洞、发电洞检修门的导轨,一直布置到检修平台高程。

(三)启闭机设计

根据小浪底水利枢纽闸门的不同形式和实际情况,设计采用不同形式的启闭机来满足闸门操作要求。根据弧形工作闸门动水启闭、局部开启的工作条件,从抑制振动、调节灵活、运行稳定、便于远控等方面考虑,全部工作闸门均选用液压启闭机。根据各个闸门不同的条件,对于明流洞工作闸门采用单吊点摇摆式液压启闭机,以适应弧门起升过程中门顶吊点行走弧形轨迹的特点。对于孔板洞、排沙洞工作闸门,除起升闸门同样用单吊点摇摆式液压启闭机外,在两支铰中间增设 1 台带滑槽的液压启闭机,操作弧门偏心机构,以便满足闸门径向位移的需要。溢洪道弧门和防淤闸弧门孔口宽大,选用双吊点悬挂式液压启闭机。为满足快速闭门要求,发电洞事故闸门选用直立浮动式液压启闭机。孔板洞、排沙洞、明流洞事故闸门,起升扬程为 50 ~ 90 m,无快速闭门要求,运用频繁,用高扬程固定卷扬式启闭机。检修闸门、拦污栅、清污机均用门机起吊,以适应一套设备多孔口使用的要求,门机通过液压自动抓梁起吊各检修门和拦污栅。

1. 卷扬式启闭机

小浪底水利枢纽共有固定卷扬式启闭机 19 台,门式启闭机 2 台,台车式启闭机 1 台。

孔板洞和明流洞进口设有 10 扇事故闸门,配备 10 台起升容量为 5 000 kN 的高扬程固定卷扬式启闭机;排沙洞进口设有 6 扇事故闸门,配备 6 台起升容量为 2 500 kN 的高扬程固定卷扬式启闭机;灌溉洞进口设有 1 扇事故闸门,配备 1 台起升容量为 1 250 kN 的固定卷扬式启闭机;西沟水库泄洪洞进口设有 1 扇事故闸门,配备 1 台起升容量为 800 kN 的固定卷扬式启闭机,还设有 1 扇拦污栅,配备 1 台起升容量为 320 kN 的固定卷扬式启闭机。进水塔顶设有两台起升容量为 4 000 kN/600 kN/400 kN 的多功能双向门式启闭机,供进水塔内所有进口检修闸门、拦污栅和清污机的升降操作以及设备的吊运、安装,是小浪底水利枢纽启闭机械中功能最多、技术最为复杂的大型机械设备。发电洞尾水闸门室设有 1 台起升容量为 2×2 500 kN 的台车式启闭机,配备有液压自动抓梁,供机组检修时操作闸门使用。

小浪底水利枢纽的门式启闭机和操作事故闸门用的固定卷扬式启闭机均采用了钢丝绳多层卷绕卷筒方案,以满足高扬程(90 ~ 120 m)提升闸门的需要,同时启闭设备布置在进水塔顶部,便于检修维护。

2. 液压启闭机

小浪底水利枢纽共有液压启闭机 37 台(套),其中孔板洞工作闸门液压启闭机 12 台(套),排沙洞工作闸门液压启闭机 6 台(套),明流洞工作闸门液压启闭机 3 台(套),溢洪道工作闸门液压启闭机 3 台(套)(双缸),发电洞事故闸门液压启闭机 6 台(套),防淤闸工作闸门液压启闭机 6 台(套)(双缸),灌溉洞工作闸门液压启闭机 1 台(套)。

孔板洞、排沙洞工作闸门配套的是带有主、副油缸的双作用液压启闭机,主、副油缸共用一套液压泵站系统,主缸控制闸门开启关闭,副缸用以控制闸门的偏心铰旋转,使闸门前移后撤。

明流洞、灌溉洞工作闸门配套的是摇摆式单作用液压启闭机操作,考虑到水工建筑物布置影响,液压泵站与液压油缸采用上、下分层布置方案。

发电洞事故闸门配套的是具有快速落门功能的单作用快速液压启闭机,当水轮机发生事故时,可在 2 min 内快速关闭闸门,以防止机组发生飞逸事故。

由于闸门尺寸较大,尾水防淤闸、溢洪道工作闸门配套的是双缸单作用液压启闭机。

二、闸门及启闭机安装

(一)工作闸门及液压启闭机安装

1. 设备简介

小浪底水利枢纽的工作闸门采用偏心铰弧形闸门和圆柱铰弧形闸门,有 9 扇偏心铰弧形闸门和 12 扇圆柱铰弧形闸门。承受水头较高的工作闸门采用了偏心铰弧形闸门,其中排沙洞工作闸门共 3 扇,每条排沙洞 1 扇,布置在排沙洞出口,设计水头为 122.3 m;孔板洞的工作闸门共 6 扇,每条孔板洞 2 扇,布置在孔板洞中部,其中 1 号孔板洞工作闸门设计水头为 139.4 m,是国内已建工程同类闸门中最高的,2 号、3 号孔板洞工作闸门设计水头为 129.9 m。承受水头较低(设计水头 80 m 以下)的工作闸门采用了圆柱铰弧形闸门,其中明流洞工作闸门共 3 扇(单吊点),每条明流洞 1 扇,布置在明流洞前部;溢洪道工作闸门共 3 扇(双吊点),布置在溢洪道渠首;尾水防淤闸的工作闸门共 6 扇(双吊点),布置在发电洞尾水出口。

偏心铰弧形闸门和圆柱铰弧形闸门主要是支铰与止水形式不一致。偏心铰弧形闸门的支铰采用偏心铰,主止水采用压紧式止水,弧门两侧采用了预压式辅助止水,弧门门顶采用了转铰式辅助止水;圆柱铰弧形闸门的支铰采用圆柱铰,止水采用预压式止水。因此,两种闸门采用的启闭方式是不同的,偏心铰弧形闸门由两台液压启闭机操作,主机控制闸门提升与下降,副机控制闸门后撤和前移;圆柱铰弧形闸门由一套液压启闭机控制闸门提升与下降,没有使闸门后撤和前移的机构。从安装的角度看,只是偏心铰弧形闸门多了一套液压启闭设备,两种闸门的安装工序基本是相同的。

偏心铰弧形闸门是利用偏心原理,通过闸门的偏心铰操作机构推动闸门压紧止水元件,达到止水的目的,适合应用于高水头闸门,目前国内已建成的工程中,龙羊峡电站和东江电站的高水头弧形闸门也采用这种方式。普通圆柱铰弧形闸门目前在低水头弧形闸门中应用较为普遍。

2. 安装过程

小浪底水利枢纽的工作闸门及液压启闭机布置范围较分散,但安装工序基本相同,安装的工作范围由以下几部分组成:二期埋件安装(包括二期混凝土)、闸门部件安装、液压启闭机安装、闸门试验。闸门和液压启闭机的安装是同时开始交叉进行的。

1）二期埋件安装

（1）底坎、支铰大梁安装。凿毛一期混凝土和二期混凝土的结合面，吊装底坎、支铰大梁到位并调整至合格，浇筑底坎、支铰大梁二期混凝土。

（2）其余二期埋件安装。安装主水封座板、侧水封座板、侧导板和胸墙，调整至合格后再安装封堵板，为保证混凝土的浇筑质量，分两次浇筑上述埋件的二期混凝土。

（3）在胸墙上安装转角水封。

2）闸门部件安装

（1）支铰、拐臂安装。先在闸室下部流道内搭建临时工作平台，在临时工作平台上组装支铰并将拐臂组装到铰座上（圆柱铰弧门无拐臂），吊装组装后的支铰靠近支铰大梁，定位后用连接螺栓固定。

（2）门叶安装。先在 2 片门叶上安装好侧轮装配件和侧水封压板，起吊 2 片门叶就位，调整 2 片门页中间的定位孔，穿上销钉定位，安装 2 片门页之间所有的连接螺栓并紧固，最后焊接 2 片门叶的止水焊缝。

（3）支臂的安装。先在闸室内组装好支臂的各个部件，起吊支臂的下半部分就位，调整支臂和门叶的连接螺栓孔，装上螺栓，然后用同样的方法安装支臂的上半部分，再连接支铰和支臂，最后焊接左右支臂间的连接板。

（4）主水封及侧水封安装。在液压启闭机吊头与闸门连接后安装闸门的主水封和侧水封。

3）液压启闭机安装

（1）启闭机机架、泵站支撑架及电动机机架安装。在闸门二期埋件安装的同时进行上述机架的安装，安装完毕后浇筑机架二期混凝土。

（2）油缸及液压部件安装。将油缸吊装到启闭机机架上并与配套的液压管道进行连接。

（3）电气部件安装。安装传感器、电磁阀、电气控制柜及电缆等电气部件。

（4）空载试验。在液压及电气设备安装完成之后，不连接闸门对液压启闭机进行空载试验，确保液压启闭机已可正确运行。

4）闸门试验

（1）无水试验。液压启闭机空载试验后，连接闸门和液压启闭机，在运行前对闸门水封浇水润滑。现地操作闸门进行全关和全开运行，在无水条件下，检查闸门的电气系统和液压系统是否工作正常，并检查闸门水封的压缩量是否满足设计要求。

（2）有水试验。在水位达到招标文件要求时进行，在动水条件下操作闸门进行全开和全关试验，记录电气系统和液压系统的有关参数并与设计值进行比较，检查并试验电气设备和液压设备是否正常工作并达到设计要求，检查闸门的运行稳定性和闸门的渗漏水情况并作好记录。

3. 安装过程中的注意事项

（1）在安装支铰大梁的过程中，由于要求安装精度高，要特别注意控制安装尺寸和配套的埋件加固，以免浇筑二期混凝土时变形，支铰大梁误差过大会使支铰定位不准，导致闸门偏斜，影响闸门止水效果并且水封容易被损坏。小浪底水利枢纽 2 号排沙洞工作闸门就发生过因闸门安装偏斜导致闸门辅助侧水封撕裂的事件,后来管理单位通过对水封进行改造解决了这个问题。

(2)在液压系统安装过程中的管道、油箱及阀门清洗时,要特别注意按审定过的清洗工序进行,避免异物或用来清洗的物品遗漏在管道、油箱、阀门里,导致液压系统不能正常运行。

(二)事故闸门及固定卷扬启闭机安装

1.设备简介

小浪底水利枢纽的事故闸门采用平面定轮闸门,其中孔板洞事故闸门共6扇,每条孔板洞2扇;明流洞事故闸门共4扇,其中1号明流洞2扇,2号、3号明流洞各1扇;排沙洞事故闸门共6扇,每条排沙洞2扇;发电洞事故闸门(快速闸门)共6扇,每条发电洞1扇;灌溉洞事故闸门1扇;共计23扇,所有事故闸门都布置在洞的前部。每扇孔板洞事故闸门和明流洞事故闸门采用1台5 000 kN固定卷扬式启闭机操作,共10台,此项设备在国内已建工程同类设备中卷筒容绳量最大、启闭力最大和卷筒直径最大;每扇排沙洞事故闸门用1台2 500 kN固定卷扬式启闭机操作,共6台;灌溉洞事故闸门用1台2 000 kN固定卷扬式启闭机操作,总计有17台;每扇发电洞事故闸门用1台4 000 kN液压启闭机(其安装参见"液压启闭机安装")操作,共6台。所有事故闸门的运行条件为动水闭门静水启门。

另外,小浪底水利枢纽还有3扇导流洞封堵闸门,是平面滑动闸门,每扇门采用1台固定卷扬启闭机操作。在小浪底水利枢纽截流之后,3台导流洞封堵门固定卷扬启闭机都随后拆除,3扇闸门则全部留在进水塔中,不再回收。

2.安装过程

小浪底水利枢纽的事故闸门及固定卷扬式启闭机主要布置在进水塔内及塔面上,事故闸门及固定卷扬式启闭机安装由于门槽多,闸门多,闸门轨道长,安装工作量大而且安装强度大,安装工期受到土建施工的影响被压缩,为了确保1999年小浪底水利枢纽安全度汛,因此安装工作基本上是和土建施工交叉与并行作业,在进水塔混凝土施工的同时主要利用脚手架、吊笼及塔吊进行门槽二期埋件的安装工作,利用Demag CC2000履带式吊车(最大起重量300 t)进行事故闸门及固定卷扬式启闭机的安装。最终在1999年汛期之前将事故闸门金属结构工作全部安装完毕。

安装工作范围由以下各部分组成:二期埋件安装(包括底坎、主副轨、反轨、侧轨以及二期混凝土)、闸门门叶安装、固定卷扬式启闭机安装、闸门试验。

1)二期埋件安装

(1)底坎安装。安装底坎,浇筑底坎二期混凝土。

(2)轨道安装。由于进水塔顶部仍在施工,无法一次安装完成闸门轨道,因此分两个阶段进行安装。先安装闸门轨道约20 m高,完成安装后浇筑该部分门槽二期混凝土;在进水塔土建施工基本完成后,安装闸门轨道到顶,完成安装后浇筑门槽二期混凝土到顶。

2)闸门门叶安装

(1)门叶预组装。在留庄铁路转运站搭建组装平台对所有事故闸门进行预组装,为了现场安装的方便,预组装后对部分门叶进行焊接。

（2）门叶安装。用平板拖车将焊接后的门叶运送至进水塔后的 230 m 高程平台，用 300 t 的 Demag CC2000 履带式吊车将其吊装至进水塔内门库并进行最终拼装和焊接。

（3）水封安装。在闸门门叶安装完毕后安装闸门水封。

3）固定卷扬式启闭机安装

（1）机架安装。先对固定卷扬式启闭机机架进行组装，将组装后的机架吊装到启闭机室进行安装，调平机架后浇筑机架二期混凝土。

（2）启闭机机械及电气部件安装。安装固定卷扬式启闭机的卷筒、电机、减速器、齿轮、滑轮组、电气盘柜、荷载传感器、高度传感器等启闭机零部件。

（3）空载试验。在机械及电气部件安装完成后对启闭机进行空载运行，以确保启闭机可以正常运行。

4）闸门试验

（1）无水试验。在空载试验后，连接闸门和固定卷扬式启闭机，在运行前对闸门水封浇水润滑。现地操作闸门进行全关和全开运行，在无水条件下，检查启闭机的电气系统是否工作正常，特别是限位开关、制动器动作要可靠稳定，并检查闸门水封的压缩量是否满足设计要求。

（2）有水试验。在水位达到招标文件要求时进行有水试验，在动水条件下操作闸门进行全开和全关试验，记录电气系统的有关参数并与设计值进行比较，检查并试验电气设备是否正常工作并达到设计要求，检查闸门的运行稳定性和闸门的渗漏水情况并作好记录。

3. 安装过程中的注意事项

（1）安装前应详细检查设备是否符合安装要求，若在安装之后发现设备有问题，处理起来就会要麻烦得多。如明流洞事故闸门启闭机、孔板洞事故闸门启闭机和排沙洞事故闸门启闭机的钢丝绳供货过长，安装前承包商未进行检查，导致安装后发现钢丝绳太长，超出设计要求，闸门无法提到检修位置，后将钢丝绳拆除后截短，费工又费时。

（2）在动水落门试验过程中，注意观察流道的补气情况并封堵危险的进气孔洞，以免发生设备损坏及人身事故。

（3）安装过程中要注意调整闸门滚轮踏面的平面度使之符合要求，防止由于滚轮受力不均发生事故。

（三）检修闸门和拦污栅安装

1. 设备简介

小浪底水利枢纽的检修闸门采用滑动平面闸门，其中孔板洞检修闸门 2 扇，共用 6 个门槽；排沙洞检修闸门 6 扇，共用 18 个门槽；发电洞尾水检修闸门 6 扇，共用 6 个门槽；明流洞检修闸门 4 扇，其中 1 号明流洞 2 扇，2 号、3 号明流洞各 1 扇；灌溉洞检修闸门 1 扇；共计 19 扇，其运行条件为静水启闭。拦污栅采用滑动式，其中发电洞主拦污栅 18 扇；发电洞副拦污栅 6 扇，共用 18 个栅槽；灌溉洞主、副拦污栅各 1 扇，共计 26 扇。发电洞尾水检修闸门由 1 台台车式启闭机负责操作，其余进水塔内的检修闸门和拦污栅由设在塔顶的门机通过液压自动抓梁进行操作。

2. 安装过程

检修闸门的安装主要是检修门槽,拦污栅槽数量多,检修闸门试槽工作量大,在混凝土浇筑到进水塔塔顶以前,上述门槽基本上是和土建施工交叉与并行作业的,主要利用脚手架和吊笼进行门槽的安装工作,在混凝土到塔顶之后,不再有施工干扰,主要利用塔吊和吊笼进行安装。检修闸门门叶及拦污栅的安装主要利用已投入运行的塔顶门机进行。

检修闸门、拦污栅及清污机的安装工作范围由以下各部分组成:二期埋件安装(主要包括主副轨、反轨、侧轨、二期混凝土)、检修闸门门叶安装、拦污栅栅节安装。

1)二期埋件安装

(1)底坎安装。安装底坎,浇筑底坎二期混凝土。

(2)轨道安装。由于进水塔顶部仍在施工,无法一次安装完成闸门轨道,因此分两个阶段进行安装。先安装闸门轨道及拦污栅轨道约 20 m 高,完成安装后浇筑该部分门槽二期混凝土;在进水塔土建施工基本完成后,安装轨道到顶,完成安装后浇筑门槽二期混凝土到顶。

2)检修闸门门叶、拦污栅栅节安装

(1)门叶及栅节预组装。所有检修闸门门叶之间、拦污栅栅节之间采用销轴连接,对所有检修闸门和拦污栅进行预组装。

(2)门叶及栅节安装。用进水塔塔顶门机将检修闸门门叶吊装入门库进行拼装和穿销,将栅节吊装至进水塔塔顶进行一节节的最终拼装和穿销。

(3)水封安装(拦污栅无此项)。在闸门门叶安装完毕后安装闸门水封。

3)检修闸门和拦污栅试验

(1)检修闸门试验。在无水条件下检验检修门对于不同的门槽的适用情况,在静水条件下检查闸门的渗漏情况以及检修门液压自动抓梁的自动穿销情况。

(2)拦污栅试验。在无水条件下检查主、副拦污栅对主、副拦污栅槽的适用情况以及拦污栅液压自动抓梁的自动穿销情况。

3. 在安装过程中的注意事项

在安装过程中应注意水工设计和金属结构设计存在的不协调,由于土建施工一期混凝土允许误差较大,而检修门及拦污栅的二期埋件的安装允许误差较小,导致二期埋件安装和一期混凝土槽有干扰,因此要注意处理一期混凝土的误差,以免导致检修闸门及拦污栅无法入槽。

(四)门机安装

1. 设备简介

小浪底水利枢纽有两台门式起重机(简称"门机"),布置在进水塔顶部,负责进水塔内所有检修门、拦污栅和清污耙的操作。轨距为 20 m,轮距为 12 m。主起升机构最大起升荷载为 4 000 kN,最大运行荷载为 2 000 kN,最大起升高度为 120 m;副起升机构最大起升荷载为 600 kN,起升高度为 120 m;偏轨小车最大起升荷载为 400 kN,起升高度为 75 m。

2.安装过程

门机的安装主要用 Demag CC2000 履带式吊车,最大起重量为 300 t,门机的大件都是在进水塔顶组装后一次吊装就位的,由于采用了大吨位的吊车,大量地节省了门机安装调整的时间,两台门机(总工程量 1 700 t)仅用了 3 个月的时间就基本完成了安装并投入了运行,如果没有大吨位吊车而采用常规方法安装,约需要 6 个月时间。

1)安装

(1)门机轨道安装。铺设门机轨道,安装缓冲装置,严格检测和控制轨道接头部位的允许误差。

(2)门架安装。将大车运行机构及下横梁安装到位→拼装上游侧门架部件→吊装上游门架组件(重 88.5 t)→拼装下游门架部件→吊装下游门架组件(重 88.5 t)→拼装上框架北侧主梁部件→吊装上框架北侧主梁组件(重 55 t)→拼装上框架南侧主梁部件→吊装上框架南侧主梁组件(重 51 t)→拼装边梁部件→吊装边梁组件,至此门机的主要支撑机构安装完毕。

(3)起升及运行机构安装。拼装主小车运行机构及小车架部件→吊装主小车运行机构及小车架组件(重 80.7 t)→吊装主起升机构部件→吊装副起升机构部件→吊装偏轨小车组件→安装其他零部件,至此门机的部件全部安装完毕。

在门机安装过程中,较大的门机部件的组件(超过 50 t)都是用 Demag CC2000 履带式吊车进行吊装的。

2)荷载试验

(1)空载试验。检查所有的机械部件、电气部件,在空载试验期间,使各个起升机构及运行机构在其工作范围内运行 3 次,测试时间应不少于 30 min,以保证所有部件工作正常。

(2)静载试验。保持主小车位于跨中,分别起吊主起升机构、副起升机构和偏轨起升机构 25%、50%、75% 及 100% 的额定荷载,对门机的所有部件进行检查并记录有关数据;分别起吊主起升机构、副起升机构和偏轨起升机构 1.25 倍的额定荷载,吊离地面 100 mm,持续 10 min,然后卸载,检查门机是否变形并作好记录,重复 3 次。对于主起升机构 1.25 倍的额定荷载试验(即 5 000 kN),由于质量太大,全部用配重块做试验有困难,因此承包商采用了液压测力计和配重块相结合来进行试验。

(3)动载试验。根据实际情况和设计要求,大车运行机构、主小车运行机构的动载试验额定荷载为 2 000 kN,偏轨小车运行机构动载试验额定荷载为 200 kN。分别起吊主起升机构、副起升机构和偏轨起升机构 25%、50%、75% 及 100% 的额定荷载在其工作行程内运行,对门机的所有部件进行检查并记录有关数据;分别起吊主起升机构、副起升机构和偏轨起升机构 1.1 倍的额定荷载,重复启动、运行、停止,作好相关记录,重复 3 次。

3.安装过程中的注意事项

(1)由于门机部件质量大,安装时要特别注意起吊过程的安全。

(2)由于门机连接板多,因此安装过程中要注意不要搞错连接板编号和顺序。

第二节　压力钢管设计制作与安装

一、压力钢管的设计

　　小浪底水利枢纽工程压力钢管(以下简称压力钢管)属于引水发电系统的一部分,共有6条,起始点位于引水发电洞的上斜段灌浆帷幕中心线上游14.5 m处,末端延伸到厂房约1.0 m止,与蜗壳相接。结构形式为地下埋藏式,引水方式为单机单管有压引水,内径为7 800 mm,接近蜗壳处内径渐变为7 000 mm,单管设计引水量为312 m³/s,设计水头为146 m,最大 PD 值为15.33 × 10³ kg/cm,属于一级特大型压力钢管。

　　压力钢管分为上斜段、上弯段、斜井段、下弯段、下平段5个部分。6条压力钢管总长为1 132.8 m,总质量为6 720 t,共分为430个制作单元,178个安装单元。其在平面上的投影为6条平行的直线,轴线间距为26.5 m。压力钢管典型单线图见图4-1。

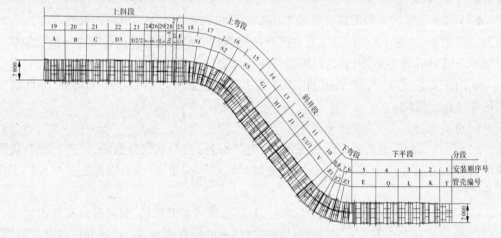

图 4-1　压力钢管典型单线图

　　压力钢管使用日本 NKK 公司按美国 ASTM 标准生产的 A537CL.1 钢(正火钢,抗拉强度85 ~ 620 MPa)和 A517F 钢(高强钢,抗拉强度795 ~ 930 MPa)制作而成,设计厚度为20 mm、22 mm、24 mm、28 mm、30 mm、32 mm、34 mm 7 种。压力钢管外围至围岩之间回填C15 素混凝土,压力钢管与外围混凝土联合受力。

二、压力钢管的制作

　　压力钢管共分为430个制作单元,其中直管274节,一般3 m一节;弯管132节,一般2.18 m一节;锥管24节,一般2 m一节。制作工作由中信重机公司(以下简称 CITIC)分包,在1号场地建设长×宽×高为78 m×30 m×13.5 m的钢桁架生产厂房1座,安装32 t桥机两台,采用工厂式方式生产。制作工作于1996年6月开始准备,于1996年12月3日开始生产,于1998年12月24日制作工作全部结束,历时总计751 d。

　　在压力钢管制作工作开始前,制定了17份规范性文件和17个质控表格。文件和表格的内容包括原材料的验收、焊条的保管、验收、烘干和发放、几何尺寸的检查、焊缝的焊接和返修、焊工的考核和记录、焊缝的检查,生产性试验、无损检测人员的资格、无损检测的方法和结果、油漆的涂装、设备的检查和维护等内容。质控表格的设立使压力钢管制作的全部过程都有了翔实的记录,为工程竣工后压力钢管的使用和运行保留了完整的第一手资料。

(一)板材检验

制作压力钢管上斜段、上弯段、斜井段、下弯段和下平段上游部分用的钢板是A537CL. 1 钢,有 20 mm、22 mm、24 mm、28 mm、30 mm、32 mm 6 种厚度,总质量为 5 570 t,占总用钢量的 82%;制作压力钢管下平段下游部分和锥管段用的是 A517F 钢,有 32 mm和 34 mm 两种厚度,总质量为 1 170 t, 占总用钢量的 18%。A537CL. 1 钢和 A517F 钢的化学成分见表 4-2。

表 4-2　A537CL. 1 钢和 A517F 钢的化学成分　　　　　　　　(%)

材质	C	Mn	Si	Ni	Cr	Mo	P	S
A537CL. 1	≤0. 24	0. 70 ~ 1. 35	0. 15 ~ 0. 50	≤0. 25	≤0. 25	≤0. 05	≤0. 35	≤0. 35
A517F	0. 10 ~ 0. 20	0. 60 ~ 1. 00	0. 15 ~ 0. 35	0. 70 ~ 1. 00	0. 40 ~ 0. 65	0. 40 ~ 0. 60	≤0. 35	≤0. 35

板材检验包含化学成分检验、机械性能检验、外观和内部缺陷检验三个部分。化学成分检验由生产厂家在生产时完成,确保板材的化学成分满足 A537/A537M 及 A517/A517M 的要求,然后为每张钢板出具一份检验报告,并为检验报告的真实性负责,用户保留对板材化学成分复检的权利。机械性能检验包含冲击性能试验和拉伸性能试验两种,钢板出厂前由生产厂家自检,然后为每张钢板出具一份检验报告,并为检验报告的真实性负责。钢板到货后,按照 ASTM A370 和 ASME 规程第 8 卷第 2 册的规定对机械性能进行复检。所有 A537CL. 1 钢的抗拉强度约为 540 MPa,0 ℃的冲击功约为 260 J,符合 ASTM A537M 的要求。所有 A517F 钢的抗拉强度约为 870 MPa,0 ℃的冲击功约为 250 J,符合 ASTM A517M 的要求。压力钢管所用钢板的外观和内部缺陷标准远远高于钢板出厂的合格标准,为保证钢板质量,委托日本 NKK 实验室在钢板出厂前进行外观检验和 100% 的超声波探伤检查,超声波检查执行 ASTM A435M 标准。钢板到货后,对钢板进行外观检查和 100% 的超声波检查。用于吊装、锚固、支撑及其他用途的临时直接焊在或固定在压力钢管上的钢制部件都要进行检验,并符合 ASTM A36 的要求。通过检验,保证所有用于压力钢管的钢材表面平整度、化学成分、机械性能和尺寸精度符合压力容器质量要求规定。

在定购钢板时,将钢板的厚度增加了 2.5% 作为海运过程中的锈蚀厚度,钢板到货后经检验发现,不但海运过程中钢板基本没有锈蚀,而且钢板的实际厚度大于订货厚度,这样实际的压力钢管厚度比设计厚度厚 1.1 ~ 2.2 mm。钢板的设计厚度、订货厚度和实际厚度值见表 4-3。

表 4-3　钢板的设计厚度、订货厚度和实际厚度

序号	设计厚度(mm)	订货厚度(mm)	实际厚度(mm)	钢号
1	10	10.3	11.2	A537CL.1
2	20	20.5	21.2	A537CL.1
3	22	22.6	23.1	A537CL.1
4	24	24.6	25.7	A537CL.1
5	28	28.7	29.3	A537CL.1
6	30	30.8	31.6	A537CL.1
7	32	32.8	33.7	A537CL.1
8	32	32.8	34.2	A517F
9	34	34.9	36.1	A517F
10	40	41	41.7	A537CL.1

(二)下料

所有钢板都按照车间图尺寸下料。车间图中考虑了 2 mm 的焊缝收缩裕量,下料后钢板的宽度、长度、对角线相对差、对应边相对差和矢高满足《压力钢管制造安装及验收规范》(DL 5017—93)要求。钢板用半自动火焰切割小车切割后,钢板边缘至少要用 B81160A/1 - 160 型刨边机(最大刨边长度 16 m)刨除或用砂轮机磨除 3 mm。板缘形状完全按照图纸要求加工,满足完全熔深及熔焊要求。板材边缘必须露出无层叠、无表面裂纹、无其他有害缺陷的新鲜金属面。所有预加工过的板边用液体渗透法检查,以保证无裂纹等缺陷存在。为便于现场组装和识别,永久安装的压力钢管的每个部件都在显著位置用油漆字迹清楚地作上标记。禁止在压力钢管上打钢印作标记。

(三)卷板

压力钢管直管、弯管和锥管的瓦片都用意大利 SERTOM 三辊卷板机(最大可卷 100 mm × 4 000 mm 的 16Mn 钢板)卷曲,此卷板机上辊为主动辊,可上下移动,下辊为被动辊,可在水平方向上移动,并能形成一定夹角。调整卷板机的下辊可以使瓦片端头直边小于 50 mm,从而满足规范中规定的曲率和圆度要求。由于钢板较长($L = 12$ m),管壁较薄($t = 20 \sim 34$ mm),整体卷板困难较大,所以直管和弯管瓦片采取分两段卷曲的方法。操作程序如下:①压头;②卷曲 $L/2 + 0.1$ m(L 为钢板长度),为保证钢板逐步产生塑性变形,每张钢板都辊压 7 ~ 8 次;③在分别卷曲的两部分中间 0.4 m 宽的范围内辊压 2 ~ 3 次,以使分别卷曲的两部分弧度均匀过渡。

由于 A517F 钢的强度太高(实际抗拉强度达 880 MPa),在使用传统的方法卷制锥管瓦片时卷不到 $L/3$,卷板机端部固定挡块的螺栓就全部被剪断,所以锥管瓦片采取分区卷曲的方法,操作程序如下:①将扇形板分成 11 等份;②按公式 $L = KW\alpha$ 张开两下辊(L 为下辊张开位移,K 为实际卷板宽度与标准宽度比,W 为实际卷板宽度,α 为锥管锥度);③压头,压头时确保扇形板的端头平行上辊轴线;④分区依次卷曲。卷曲时保证此区中

心处的素线平行上辊轴线,每个区域都辊压 7 ~ 8 次,以保证钢板逐步产生塑性变形。卷后用弦长 1.5 m 的样板检验,最大间隙为 3 mm,弦长误差为 130 ~ 180 mm,完全满足规范要求。

压力钢管卷曲前去掉钢板上的锈皮和其他杂质,钢板卷曲时不加热、不锤击,卷板方向和钢板的压延方向一致,卷板后严禁用火焰校正弧度。压力钢管直径大,管壁薄,刚度差,受自重影响严重,所以在卷板时用两台桥机分别吊住钢板的两端协助卷板,以防钢板在卷曲过程中由于自重而影响卷曲弧度。

(四) 组对

组成压力钢管单元管壳的两半瓦片都立放在组装平台上组对,并保证管口的平面度满足要求。组装平台上划有与管壳内圆同等大小的圆。用千斤顶和楔铁调整管壳,使管壳的管口与组装平台上的线对齐,并使纵缝对齐。两条纵缝分别定位焊 2 ~ 3 点,然后将活动内支撑吊入管壳内,上、下管口各一架,利用内支撑上的千斤顶调圆管壳,使管壳的几何尺寸满足规范要求。两名焊工同时对两条纵缝进行定位焊,焊接顺序从中间到两边。由于管壳定位焊好后要用桥机吊起并在空中旋转 90° 后转移到滚胎上,所以为防止在吊运和翻身过程中由于定位焊强度不足开裂而发生事故,在满足定位焊要求的前提下,两条纵缝的定位焊尽可能加长加厚。

(五) 车间焊接

1. 车间焊接一般要求

焊接前将坡口和焊缝周围至少 20 mm 范围内钢板表面的锈皮、铁锈、油脂、油渍、油漆、石蜡、水分和其他潜在的污垢清除干净。

ASME 规程第 8 卷第 1 册 UW - 30 段中推荐的"不同气候条件下的焊接工艺要求"强制执行。母材温度低于 10 ℃时不能施焊,当周围气温低于 0 ℃时,所有钢板都在焊前预热。当两块焊接钢板中的任意一块的厚度大于 25 mm 时,焊缝每侧连续 75 mm 范围内的钢板都预热到 65 ℃以上,预热温度连续、均匀。局部预热只用于定位焊、焊缝的修补和临时附件的焊接,其预热温度比主焊缝预热温度高出 20 ~ 30 ℃。

对需要预热焊接的钢板,焊定位焊时以焊接处为中心,至少在 150 mm 范围内进行预热,预热温度比主焊缝预热温度高出 20 ~ 30 ℃。定位焊位置距焊缝端部 30 mm 以上,长度为 50 mm 以上,间距为 100 ~ 400 mm,厚度不超过正式焊缝高度的 1/2,且不超过 8 mm。施焊前检查定位焊质量,若有裂纹、气孔、夹渣等缺陷,均应清除干净。

焊接过程中和焊接后,用除锈锤和钢丝刷把焊缝焊道上的杂渣碎屑清除干净,必要时进行铲平,以供下一轮焊道熔敷。对有缺陷的焊缝进行返修并进行重新检查。所有焊缝都修整成光滑均匀面,所有对接焊缝都为全部熔透焊缝,要求得到 100% 的连接功效。在坡口中采用定位焊的双面焊焊缝,定位焊焊接在反面坡口内,在正面坡口焊接结束后,反面清根时将定位焊缝清除干净。所有角焊缝不小于 8 mm,根部焊道施焊所用焊条直径不大于 3.2 mm。

在生产过程中,要求做生产性试验,焊缝和热影响区的冲击韧性值按 ASME 规程第 8 卷第 2 册 T - 2 节中要求的夏比 V 形缺口试验方法确定。

2.车间焊接工艺评定试验及焊接参数的选定

ASTM A537 钢和 ASTM A517 钢,尤其 ASTM A517 钢,焊接冷裂倾向严重。在压力钢管的车间焊接工作开始之前,对将要使用的焊接方法进行焊接工艺评定。焊接工艺符合 ASME 规程第 8 卷第 2 册 AF210 段的规定。该工艺包括焊接电流、焊接电压、焊接速度、预热温度、后热温度、层间温度、加热时间、吸热量和焊接前后的热处理要求,使得按照该工艺焊接的接头机械性能与未焊接钢材相同。焊接工艺设计使得收缩和残余应力尽可能小。所有焊接工艺评定试验试块都在实际用于钢管制作的钢板上进行,并按照 ASTM A370 规定进行拉伸、弯曲、硬度和夏比 V 形槽冲击试验。

合适的焊接工艺参数是保证焊接质量、提高焊接效率、减少焊接缺陷、降低劳动强度的关键,通过焊接工艺评定试验,确定车间焊接工艺参数(见表 4-4)。焊接线能量是影响焊接接头特别是热影响区性能的重要控制参数,焊接线能量大,高温停留时间长,T8/5 大,产生粗大的魏氏组织、铁素体或出现岛状马氏体及上贝氏体,使强度、韧性下降;焊接线能量小,高温停留时间短,T8/5 小,产生淬硬组织,韧性降低。通过焊接线能量试验,找出的最佳线能量控制范围见表 4-5。根据 ANSI/AWS D1.1《Structural Welding Code》、《压力钢管制造安装及验收规范》(DL 5017—93)和斜 Y 型抗裂试验确定的预热温度见表 4-6。

表 4-4　A517F 钢和 A537CL.1 钢主要焊接参数

材质	焊接方式	电流(A)	电压(V)	焊接速度(mm/min)	电流极性
A517F	SAW	430~550	28~30	450	
	SMAW	120~165	22~26	70~120	
A537CL.1	SAW	440~550	28~30	280~350	直流反极性
	GMAW	240~270	23~25	180~220	
	SMAW	120~175	22~26	70~110	

表 4-5　A517F 钢和 A537CL.1 钢最佳线能量

材质		焊接方式	线能量(kJ/cm)
A517F		SMAW	8~30
		SAW	18~40
		SMAW 和 GMAW	10~35
A537CL.1	$t \geqslant 25$ mm	SAW	20~40
	$t < 25$ mm	SMAW 和 GMAW	10~30
		SAW	18~35

3.车间焊接坡口形式选择

角变形可导致脆性断裂,并给安装工作带来困难,传统的方法是用火焰或机械方法矫形。A517F 钢属 800 MPa 级高强钢,对角变形比较敏感,严禁火焰和焊口机械矫形(火焰矫形和焊口机械矫形会使材质劣化及焊接接头机械性能降低）。压力钢管纵缝采用外大内小的不对称 X 形坡口对接接头，见图 4-2，施工时先多层多道焊满大坡口，然后反面碳弧气刨清根，将渗碳层用砂轮打磨干净后满焊，有效地控制了角变形的产生。

表 4-6　A517F 钢和 A537CL. 1 钢预热温度

材质		预热温度	层间温度	后热温度
A517F		120 ~ 150 ℃	150 ~ 200 ℃	150 ~ 180 ℃ × 2 h
A537CL. 1	$t \geqslant 30$ mm	65 ~ 80 ℃	65 ~ 200 ℃	—
	$t < 30$ mm	环境温度低于 0 ℃时适当预热	10 ~ 200 ℃	—

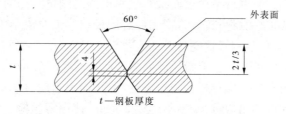

图 4-2　纵缝接头形式　（单位:mm）

4. 车间焊接方式方法

压力钢管纵缝采用埋弧自动焊，A517F 钢加劲环采用手工电弧焊，A537CL. 1 钢加劲环采用 CO_2 气体保护焊焊接。A517F 钢的埋弧自动焊采用 OK Tubrod14. 55 – ϕ 4.0 mm 焊丝配合 OK Flux 10. 66 焊剂，手工电弧焊采用林肯 Conarc85 – ϕ3. 2mm/ϕ4. 0 mm 焊条（相当于 AWS E12018 – G）焊接；A537CL. 1 钢气体保护焊采用 PK – YJ507 – ϕ1. 6 mm 药芯焊丝，埋弧自动焊采用 H08MnA – ϕ 4. 0 mm 焊丝配合 SJ14HR 焊剂焊接。施工时严禁在坡口以外引弧，管壁上的任何弧伤都必须打磨干净，并进行液体渗透检查，临时附件的焊接与主焊缝要求相同，预热温度比主焊缝高 20 ~ 30 ℃。SJ14HR 为核电站专用焊剂，S、P 含量低，脱 S、P 效果好，其配合 H08MnA 焊丝焊接 A537CL. 1 钢所得焊缝在 – 20 ℃的冲击功由 HJ431 焊剂配合 H08MnA 焊丝所得焊缝的冲击功的 60 J 提高到 120 J，将作为薄弱带的焊缝的冲击功提高了一倍，接近母材本身的冲击功 170 J，从而大大提高了压力钢管的整体性能。

5. 焊工培训和考试

压力钢管的制作和安装都只使用熟练焊工，他们具有厚度与要焊接的部件相当的压力容器或管道的焊接经验，且达到 ASME 规程第 9 卷中要求的标准。每个焊工在参加压力钢管制作和安装之前 10 d 内，都要按照 ASME 规程进行资格测试，并要求焊工通过具有使用特定焊条所需的资格考试。

6. 车间焊缝的无损检测

压力钢管纵缝全长作 100%的超声波检验和不少于 25%的射线检验；加劲环对接焊缝作 100%的超声波检查和不少于 10%的射线检查；去掉焊在压力钢管上的临时附件修整以后，对连接处作液体渗透检验或磁粉检验；压力钢管焊缝表面用液体渗透法检查。无损检测人员都受过培训,并考试合格取得相应的资格。压力钢管焊缝射线探伤检验标准符合《钢熔化焊接对接接头射线照相和质量分级》(GB 3323—87)的规定。焊缝的磁粉检查符合 ASTM E709 标准,验收标准符合 ASME 规程第 8 卷第 2 册附录 9 的规定。用磁粉法对补充焊缝和加劲环角焊缝进行检验符合 ASME 规程第 5 卷第 7 节要求。液体渗透法检查采用 ASTM E165 规定的方法,其验收标准符合 ASME 规程第 8 卷第 2 册附录 9。超声波检验符合《钢焊缝手工超声波探伤方法和探伤结果分级》(GB 11345—89)的规定。

压力钢管共有纵缝 860 条,1 374 条加劲环角焊缝,4 122 条加劲环对接焊缝,经上述方法检查全部合格。压力钢管制作的一次合格率,超声波检查为 99.6%,射线检查为 98.4%。

(六)车间尺寸检查

压力钢管焊接结束后进行一次全面检查。用钢卷尺测量管壳的外周长,每个管壳的两端管口和中间都要进行测量,其值与管壳标定周长差的绝对值小于 10 mm。相邻管节的周长差小于 8 mm。单节钢管长度与设计值之差小于 5 mm。钢管任意横断面上的两互相垂直的直径差不大于 15 mm。下游尾部处的管径差不超过 5 mm,每端管口至少测两对直径。用弦长 2 m 的弓形圆弧样板检查钢管的圆度,误差不超过 5 mm。使用钢板尺、焊角检验尺检查对接焊缝的错边量,误差不超过 2 mm。使用钢丝检查钢管管口平面度,误差不超过 3 mm。使用特制的钢尺测量加劲环与管壁的垂直度,误差不超过 4 mm。

管壁上不允许有疙瘩、凹凸或其他缺陷,管壳不允许有不正常的弯曲、扭曲等其他缺陷,管壳的编号已经用油漆标记清楚,管壳的任何部位都未打印或刻印标记。

以上项目检查合格后才准许管壳转移出制作车间,准备进行油漆等工作。

三、安装

压力钢管共分为 178 个安装单元,其中直管 116 节,一般 9 m 一节;弯管 56 节,一般 6.54 m 一节;锥管 6 节,8 m 一节。压力钢管安装工作 1997 年 1 月开始准备,1997 年 5 月 7 日开始安装,1999 年 7 月 20 日安装工作全部结束,历时两年 2 个月 13 天,总计 804 d。

在压力钢管安装工作开始前,制定了 15 份规范性文件和 26 个质控表格。文件和表格的内容包括原材料的验收、焊条的保管、验收、烘干和发放、几何尺寸的检查、焊缝的焊接和返修、焊工的考核和记录、焊缝的检查,生产性试验、无损检测人员的资格、无损检测的方法和结果、油漆的涂装、设备的检查和维护等内容。质控表格的设立使压力钢管安装的全部过程都有了翔实的记录,为工程竣工后压力钢管的使用和运行保留了完整的第一手资料。

压力钢管安装的基本方法是:制作车间完成制作的制作单元(标准制作单元 3 m 一节),用 40 t 平板拖车经施工交通洞(8B 洞)运入发电洞的拼装间,拼焊成安装单元(标准安装单元 9 m 一节),再将安装单元下放到设计位置完成安装工作。

拼装间共有 4 个,由发电洞断面扩挖后形成,其中 1 号、2 号拼装间为主拼装间,长 32 m,各配备 32 t 电动葫芦一套,压力钢管的拼焊工作主要在这里完成,3 号和 4 号拼装间为辅助拼装间,主要用于安装单元的储存、探伤和返修。1 号拼装间断面尺寸见图 4-3,其他拼装间断面尺寸与 1 号拼装间类似。

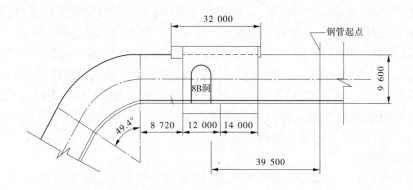

图 4-3　1 号拼装间断面尺寸　（单位：mm）

（一）运输和拼装

制作完毕的管节放在支架上，当需要运输到安装位置时用千斤顶将管壳顶起，30 t 平板拖车退到支架中间，然后将管壳落在平板拖车上，平板拖车沿 8 号、12 号、14 号公路和 8 号交通洞将制作单元运入 8B 洞，利用安装在发电洞洞顶的 32 t 电动葫芦卸车、翻转管节并吊装在专门用于 8B 洞和拼装间拼装与运输压力钢管管壳的台车上（以下简称拼焊台车）。在 8B 洞和拼装间都铺设有轨道，拼焊台车在卷扬机的牵引下沿轨道移动。拼焊台车的轮子可以旋转，当台车到达 8B 洞与拼装间的交叉处时，用千斤顶将台车连同管壳一起顶起，转动台车上的轮子，使其能够沿拼装间的轨道运行。将载有管壳的拼焊台车转移至 1 号或 2 号拼装间，在拼装间中将 2～4 个制作单元拼焊成一个安装单元。

为方便管壳拼装、焊接，拼装间中设置了两套脚手架，一套用于压力钢管内部，可以沿压力钢管轴线移动，需要时移入压力钢管内部，不需要时移入拼装间。此套脚手架上安装有压缝装置，可以用它对拼装焊缝进行压缝，且脚手架的外缘可以安放远红外加热片，以便给焊缝加热；另一套用于压力钢管外部，不能移动，见图 4-4。用手拉葫芦调整拼装间隙，然后利用这两套脚手架完成压力钢管管节的压缝、定位焊、加热、焊接等工作。

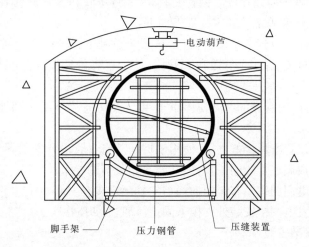

图 4-4　压力钢管拼焊　（单位：mm）

　　焊接完毕,用固定卷扬式启闭机,通过埋设在 8B 洞中的定滑轮牵引拼焊台车沿拼装间和 8B 洞内铺设的轨道将安装单元转运至 3 号或 4 号拼装间。当拼焊台车到达拼装间与 8B 洞的交叉处时,用 4 个 50 t 千斤顶将台车顶起,并将台车的轮子旋转 90°,使其能够沿 8B 洞或拼装间内的轨道移动。为加快施工进度,安装单元的无损检测、返修等工作在 3 号、4 号拼装间完成。返修完毕安放内支撑,每个安装单元安放三榀内支撑,并用其顶端的螺旋千斤顶调整管壳的圆度,使其满足规范的尺寸要求。当拼装速度大于安装速度时,安装单元就临时存放在 3 号或 4 号拼装间。

(二)下放和安装

　　当已经拼焊完毕的安装单元需要安装时,将载有安装单元的拼焊台车转移至 8B 洞与发电洞的交叉处,调整拼焊台车的位置,使拼焊台车上的轨道与发电洞中的轨道对齐,利用 4 个 50 t 千斤顶和与管壳具有相同弧度的托梁将安装单元托起,将 4 只铁鞋安放在加劲环上(前后各安放 2 只),同时将下放台车与安装单元相连,利用步进式液压牵引装置通过钢丝绳将安装单元下放到安装位置。之后,在内支撑上搭建脚手架,安装压缝装置。使用千斤顶和手拉葫芦调整安装单元的位置,使其就位,测量安装单元的里程、高程、中心位置和管口圆度,使其满足合同要求。定位焊,并安装外支撑,正式焊接前再次测量,以确认其里程、高程、中心位置和管口圆度均满足合同要求。纵贯全长的压力钢管管节实际中心线与图纸上中心线的偏差不大于 25 mm。弯管中心角的容许偏差在 ±15′以内。始装节管口中心的极限偏差小于 5 mm。始装节两端管口垂直度偏差不超过 ±3 mm。管口圆度偏差小于 40 mm。

(三)起始段管节安装

　　压力钢管起始段管节为 T + K 管节。T 管段长为 5 m,位于压力钢管的最下游,与蜗壳相连;K 管段长为 8 m,与 T 管段相连。由于 T 管段有近一半的长度(约 2 m 长)伸到了厂房内,所以 T 管段单独作为始装节,将位置调整好之后很难将其固定,安装 K 管段时,在调整、拼装、焊接拉应力等的作用下,很容易使 T 管段的位置发生变化,从而影响 K 及后续管段的安装位置。所以在压力钢管安装时,先将 T 管和 K 管焊接在一起,再将 T + K 作为始装节进行安装和固定。其安装程序如下:

　　(1)先将 T 管段下放到下平段,再将 K 管段下放到下平段;

　　(2)在下平段拼装、焊接 T 管段和 K 管段,使 T 管节和 K 管节中心线在任一方向上的偏差小于 10 mm;

　　(3)调整内支撑,使管壳的圆度偏差小于 40 mm,T 管段下游尾部处的圆度偏差小于 5 mm;

　　(4)T 管段和 K 管段焊接好之后,使用手扳葫芦将 T 管段和 K 管段牵引到安装位置;

　　(5)使用千斤顶调整管段的位置,使其满足始装节的要求;

　　(6)利用在发电洞洞壁上布置的插筋与加劲环焊接在一起;

　　(7)在厂房和发电洞中安装外支撑来固定 T 管段和 K 管段。

(四)封闭段管节安装

　　压力钢管施工交通洞(8B 洞)横穿 6 条压力钢管上斜段,交通洞所在位置的管壳(5 ~ 6 节,长 13.5 ~ 16.5 m,$t = 20$ mm)作为封闭段被最后安装,此时其他所有管壳均已安装完毕并回填了混凝土,从而在封闭段两端形成了两个固定端,这给安装、焊接工作带来了极大的困难,如果此时最后一条环缝仍采用背部带垫板 V 形坡口对接接头,那么焊缝在焊接拉应力的作用下有可能被拉裂,从而影响压力钢管的安装质量和安装进度,并进一步影响首台机组按期发电,给业主造成经济损失和不良社会影响。在这种情况下,监理工程师和业主进行了认真的分析和研究,充分考虑了技术、经济、合同等多方面因素后,决定最后一条环缝采用图 4-5 所示对接接头,并在施工中采取措施,减小最后一条环缝的拼装间隙和拼装应力,以减小焊缝金属填充量和焊接拉应力,保证压力钢管顺利封闭。安装程序如下:

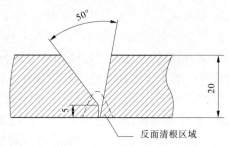

图 4-5　最后一条环缝接头形式　（单位:mm）

（1）除最后一节管壳外,其他 4 ~ 5 节管壳全部就位,调整管口圆度、中心、环缝间隙,使其处于安装位置。

（2）精确测量最后一节管壳两边两管壳间距,考虑其他 4 ~ 5 条环缝焊接时产生的焊接收缩量 8 ~ 10 mm,得出最后一节管壳应保留的长度,并进行配割。

（3）将其他管壳的拼装间隙调为最小,使最后一节管壳以两半瓦片的形式就位,焊接其纵缝。

（4）拼装最后一条环缝,使间隙尽可能小,并用拉板和压码固定,以防止管壳产生轴向和径向上的相对位移。

（5）拼装倒数第二条环缝,考虑由于其他 4 ~ 5 条环缝焊接时产生的焊接收缩量 8 ~ 10 mm,预留拼装焊缝间隙,并在焊缝外面打好压码,以阻止其在径向产生相对位移。

（6）拼装其他几条环缝,并依次焊接。

（7）去除最后一条环缝上的拉板,重新拼装、焊接倒数第二条环缝。

（8）待其他环缝的返修工作全部完成后,重新拼装最后一条环缝,在间隙大于 3 mm的部位堆焊。

（9）焊接最后一条环缝。

由于最后一条环缝接头形式选择正确,施工方法得当,从而使封闭段管壳得以顺利安装,避免了索赔问题的发生,并提前完成了压力钢管安装工作,为首台机组按期发电创造了有利条件。

（五）现场焊接

1. 现场焊接一般要求

焊接前将坡口和焊缝周围至少 20 mm 范围内钢板表面的锈皮、铁锈、油脂、油渍、油漆、石蜡、水分和其他潜在的污垢清除干净。

ASME 规程第 8 卷第 1 册 UW - 30 段中推荐的"不同气候条件下的焊接工艺要求"强制执行。母材温度低于 10 ℃时不能施焊,当周围气温低于 0 ℃时,所有钢板都在焊前预热。当两块焊接钢板中的任意一块的厚度大于 25 mm 时,焊缝每侧连续 75 mm 范围内的钢板都预热到 65 ℃以上,预热温度连续、均匀。局部预热只用于定位焊、焊缝的修补和临时附件的焊接,其预热温度比主焊缝预热温度高出 20 ~ 30 ℃。

对需要预热焊接的钢板,焊定位焊时以焊接处为中心,至少在 150 mm 范围内进行预热,预热温度比主焊缝预热温度高出 20 ~ 30 ℃。定位焊位置距焊缝端部 30 mm 以上,长度 50 mm 以上,间距 100 ~ 400 mm,厚度不超过正式焊缝高度的 1/2,且不超过 8 mm。施焊前检查定位焊质量,若有裂纹、气孔、夹渣等缺陷,均应清除干净。

焊接过程中和焊接后,用除锈锤和钢丝刷把焊缝焊道上的杂渣碎屑清除干净,必要时进行铲平以供下一轮焊道熔敷。对有缺陷的焊缝进行返修并进行重新检查。所有焊缝都修整成光滑均匀面,所有对接焊缝都为全部熔透焊缝,要求得到 100% 的连接功效。在坡口中采用定位焊的双面焊焊缝,定位焊焊接在反面坡口内,在正面坡口焊接结束后,反面清根时将定位焊缝清除干净。所有角焊缝不小于 8 mm,根部焊道施焊所用焊条直径不大于 3.2 mm。在坡口中采用定位焊的背部带垫板对接接头,定位焊在焊接前很难清除,所以定位焊的焊接工艺和对焊工的要求与主缝相同,并在施焊前认真检查,若有裂纹、气孔、夹渣等缺陷,均应清除干净。

现场焊接工艺及焊接参数与车间焊接工艺及焊接参数相同。焊工的培训和考试要求与车间的焊工培训及考试要求相同。在生产过程中,要求做生产性试验,焊缝和热影响区的冲击韧性值按 ASME 规程第 8 卷第 2 册 T - 2 节中要求的夏比 V 形缺口试验方法确定。

2. 现场焊接坡口形式选择

本着减少土建开挖量、缩短工期、节约投资的考虑,弯管段所有环缝及 A537CL.1 钢的安装环缝都采用背部带垫板的 V 形坡口对接接头,见图 4-6。为保证根部焊透,打底层采用 φ3.2 mm 焊条分两道进行焊接。由于拼装环缝在拼装间焊接,具备在管壳外部施焊的条件,所以拼装环缝采用内大外小的不对称 X 形坡口对接接头,见图 4-7。由于 A517F 钢采用图 4-6 所示接头形式时,背弯不合格,所以所有 A517F 钢的环缝都采用图 4-7 所示接头形式。

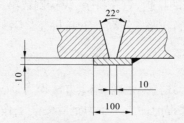

图 4-6　安装环缝接头形式　(单位:mm)

3. 现场焊接方式方法

压力钢管的安装全部采用手工电弧焊(SMAW),为了更好地控制线能量,均采用多层多道焊技术。A517F 钢选用 Conarc85(相当于 AWSE12018 - G)焊条焊接,焊接前预热到

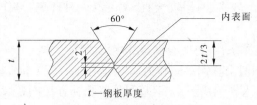

t—钢板厚度

图 4-7　拼装环缝接头形式

120 ~ 150 ℃,层间温度控制在 150 ~ 200 ℃,焊接之后立即后热 2 h,温度控制在 150 ~ 180 ℃,焊后 48 h 作无损检查;A537CL.1 钢选用 J507(相当于 AWSE7015)焊条焊接;管壳厚度 t≥30 mm 的焊缝,在焊接前预热到 65 ~ 80 ℃,层间温度控制在 65 ~ 200 ℃,焊接之后不后热;管壳厚度 t < 30 mm 的焊缝,只在环境温度低于 0 ℃时适当预热,层间温度控制在 10 ~ 200 ℃,焊接之后不后热。

最后一条环缝定位焊之后检查对接缝的间隙,间隙大于 3 mm 的部位都进行堆焊,使对缝间隙小于 3 mm。焊接时全部使用 3.2 mm 的焊条多层多道施焊,以减小线能量的输入,从而减小焊接应力。最后一条环缝焊后立即后热 1 h,温度控制在 150 ~ 180 ℃,焊后 24 h 作无损检查。

4.现场焊缝的无损检测

压力钢管环缝的全长作 100% 的超声波检查和不少于 10% 的射线检查;每条压力钢管最后焊接的一条环缝环作 100% 的超声波检查和不少于 25% 的射线检查;去掉焊在压力钢管上的临时附件修整以后,对连接处作液体渗透检验或磁粉检验;压力钢管焊缝表面用液体渗透法检查。无损检测人员都受过培训,并考试合格取得相应的资格。压力钢管焊缝射线探伤检验标准符合《钢熔化焊接对接接头射线照相和质量分级》(GB 3323—87)的规定。焊缝的磁粉检查符合 ASTM E709 标准,验收标准符合 ASME 规程第 8 卷第 2 册附录 9 的规定。用磁粉法对补充焊缝和加劲环角焊缝进行检验符合 ASME 规程第 5 卷第 7 节要求。液体渗透法检查采用 ASTM E165 规定的方法,其验收标准符合 ASME 规程第 8 卷第 2 册附录 9。超声波检验符合《钢焊缝手工超声波探伤方法和探伤结果分级》(GB 11345—89)的规定。

压力钢管共有环缝 424 条,1 312 个灌浆孔角焊缝,6 组人孔角焊缝,经上述方法检查全部合格。压力钢管安装的一次合格率,超声波检查为 98%,射线检查为 88%。

(六)灌浆孔封堵

压力钢管共有 1 512 个灌浆孔,其中 A517F 钢有 216 个灌浆孔,灌浆孔直径为 72 mm,开有灌浆孔的部位在压力钢管外壁焊有 20 mm 厚的补强板,补强板上车有螺纹。由于高强钢焊接条件苛刻,对裂纹敏感,所以用焊接的方法封堵灌浆孔封水焊缝容易产生裂纹,且焊前需要预热,焊后需要后热,施工难度很大。裂纹的产生既带来大量返修工作,又由于延迟裂纹难以全部被发现,使内水外漏,造成外水位抬升,外水压增大,给压力钢管及整个水利枢纽工程的安全运行带来不利影响。由此可见,传统封堵灌浆孔的方法已不适用于高强钢的施工。同时,随着科技的发展,如今有许多环氧胶已具有优异的抗老化性、耐磨性、强度和韧性,用这些胶以黏结代替焊接封堵灌浆孔施工方法简单,省时省力,封水性能好,具有焊接封堵法无可比拟的优越性。经大量试验和多方对比,最终选定历史较为

悠久、在国外应用于工程较多、时间较长的 Sika 胶(一种环氧胶)作为封堵灌浆孔的材料。施工程序如下:

(1)用钢丝刷清理灌浆孔,将所有铁锈和水泥清除干净。

(2)用 Sika 清洗剂清洗软铜垫圈和钢塞(钢塞直径为 70 mm,材质与管壳材质相同)。

(3)在灌浆孔中放入软铜垫圈,在钢塞和灌浆孔补强板的螺纹上刷 Sikadur752 胶,并将钢塞旋入灌浆孔。

(4)在钢塞与灌浆孔的间隙中填入 Sikadur752 胶。

(5)24 h 后在灌浆孔部位用 Sikadur30 胶填充至与管壳内壁平齐。

(七)临时人孔的封堵

在压力钢管封堵段的所有安装工作结束之后混凝土浇筑之前,封堵临时人孔。在开设人孔的部位使用与管壳相同厚度和同此部位具有相同曲率的钢板封闭,在封闭钢板的外围安装一板厚 $t = 30$ mm 的框型结构,用搭接接头形式将封闭钢板焊接在压力钢管管壁上。临时人孔与封闭钢板间的 1~5 mm 间隙用 Sikadur30 胶填充。

四、压力钢管防腐

压力钢管共使用两类三种型号的油漆防腐,防腐方法为真空喷涂和用刷子涂刷。油漆为 846 环氧沥青厚浆型防锈漆和 704 无机硅酸锌底漆。油漆生产厂家为上海开林造漆厂。

846 环氧沥青厚浆型防锈漆具有优异的耐水性和防锈性,具有良好的附着力、耐冲击性、耐磨性,具有良好的耐阴极保护性能,具有良好的抗化学药品和耐油性。它分 846 - 1 环氧沥青厚浆型防锈底漆和 846 - 2 环氧沥青厚浆型防锈面漆两种。用于压力钢管内壁防腐。

704 无机硅酸锌底漆具有阴极保护作用和优异的防锈性能,具有优异的耐热性,焊接和切割时损伤面积小,具有优异的焊接性和切割性能,具有优异的耐溶剂性能。其用来暂时防护压力钢管安装缝的坡口和灌浆孔周围 200 mm 以内的区域。此种底漆不影响焊接质量,并与 846 油漆有很强的黏结性。

压力钢管内壁防腐涂层厚度共 300 μm,分为三层喷涂,每层厚 100 μm。在制作车间喷涂两层,第一层为 846 - 1,第二层为 846 - 2。待第一层油漆实干后才喷涂第二层油漆。第三层油漆、安装环缝和灌浆孔周围的油漆待压力钢管安装完毕后在安装现场喷刷。

喷漆前进行表面清理,清除所有油污、油脂、污物、铁锈、焊接飞溅物、熔渣和焊剂沉淀、旧漆和其他杂物。在机械清理前,必须清理掉油污和油脂。粗糙焊缝和锋利凸起在进行进一步表面清理之前凿去和磨平。钢板表面处理依据 SSPC - SP - 10 作喷砂处理,使其表面清洁度达到 SSPC - SP - 10 中 $Sa2.5$ 级,粗糙度达到 40~70 μm。使用样块作比较检查。

使用清洁布和清洁液进行清洗,以便避免薄层残留体留在正在进行清洁的表面。合理安排清理和油漆程序,确保在清理过程中,灰尘和液体不落到和溅到刚油漆过的湿润表面。

表面预处理后,用干燥、无油的压缩空气清除浮尘和碎屑。涂装前如果发现基体金属表面被污染或返锈,则重新处理达到原要求的表面清洁度等级。

当天下雨或预报温度将下降到 5 ℃以下时,若无遮盖保护,不进行室外油漆工作。钢管不暴晒在阳光下油漆。被涂基体金属表面温度低于露点 3 ℃时,不进行涂装。表面处理与涂装之间的时间间隔尽可能短,潮湿或工业大气等环境条件下,在 4 h 内涂装完毕;晴天或湿度不大的条件下,最长不超过 12 h。

在压力钢管制作车间涂装的油漆,涂装间隔时间都严格控制在油漆生产厂家规定的最长涂装时间间隔之内。第二层和第三层油漆涂装间隔时间远远超过油漆生产厂家规定的最长间隔时间,所以在进行第三层油漆涂装之前将第二层油漆喷砂打毛,粗糙度达到 20 ~ 30 μm,以便保证涂层间的结合力。

油漆涂刷仅在干燥的表面及湿度、气温条件只引起蒸发而不是结露的条件下才施工。当表面水分正在冷凝时不油漆。

在压力钢管内表面第二层油漆完成后,压力钢管所有的管壳标记包括水流方向和中心指示标记均转移到压力钢管内表面。

漆膜厚度使用磁性漆膜测厚仪检查。附着力检查采用压力钢管制作和安装验收规范中规定的方法。用针孔检验仪检查有无针孔。油漆表面光滑、均匀无流挂、褶皱等现象。

压力钢管安装过程中损坏的小面积涂层,在第三层油漆喷涂之前,第二层油漆表面喷砂后用环氧胶泥抹平;损坏的较大面积涂层重新喷砂并刷两遍以上的油漆补平。环氧胶泥由环氧树脂、固化剂、稀释剂、粉料等配制而成,这种胶泥黏结力大,收缩率小,机械强度高,对酸碱等化学介质有一定的稳定性。压力钢管安装焊缝和灌浆孔附近在喷砂之后立即刷漆,涂刷至少两遍,以保证最终漆膜厚度不小于 300 μm。涂刷的间隔时间满足制作车间的规定。所有的补漆和焊缝、灌浆孔周围的刷漆工作完成并检查合格后,使用刷子、抹布和压缩空气彻底清理需要油漆的表面,直到表面用干净的白布检查没有灰尘后才准许喷涂第三层油漆。

经过十几年的运行,压力钢管防腐涂层完好,实践证明,以上方法具有很好的防腐性能和抗磨蚀性能。

第三节　闸门控制系统

一、设计综述

小浪底水利枢纽是一个重要且复杂的特大型水利工程,在黄河水量调度、保证下游不断流、河床不抬高等方面的作用十分重要,调水调沙是小浪底水库的主要运用方式,枢纽运用以水调为主,电调为辅,正常运行时以发电流量保证下游供水,当出现缺额时开启相应闸门泄水补充水量。为了更好地发挥小浪底水利枢纽的作用,枢纽闸门控制采用了计算机控制系统,主要控制枢纽 3 条排沙洞工作闸门和事故闸门、3 条孔板洞工作闸门和事故闸门、3 条明流洞工作闸门和事故闸门、正常溢洪道工作闸门、灌溉洞事故闸门(共计32 扇闸门)和 90 个充水平压阀门。枢纽闸门控制系统于 1998 年开始安装,1999 年 9 月水库下闸蓄水后现地控制设备投入运行,2000 年整个系统投入正常运行。

闸门控制系统设有 1 个控制中心,布置小浪底水利枢纽坝顶控制中心;设有 25 套现地控制装置,分别布置在小浪底水利枢纽进水塔、孔板洞中闸室、排沙洞出口、正常溢洪道进口等部位,集中控制 32 扇闸门和 90 个电动阀门。闸门控制系统采用计算机、可编程逻辑控制器、通信网络、自动化元件等组成的完整控制系统,不仅要对上述闸门和阀门进行现地和远方启闭控制,还要对这些闸门和阀门的工作状态以及其他参数进行监视。

闸门开度采集装置采用德国 IFM 公司的绝对型多转光电编码器,该编码器由绝对型编码器和 SSI 接口模块组成,SSI 与编码器之间通过 RS － 422 总线进行通信,采用差分信号传输,数据转换可靠,SSI 接口模块连续地从编码器读取串行同步的格雷编码值,然后将它们转换为并行二进制或 BCD 编码值传送到 PLC,为控制系统提供了准确的闸门位置信息,提高了闸门运行的安全性和可靠性。

在系统应用程序方面,上位机应用 UNIX 操作系统下的 C 语言程序,现地控制单元采用 PLC 梯形图语言。梯形图语言具有简单易用、方便直观的优点,既可进行离线的程序开发,也可进行在线的显示、更改。

二、结构和功能

(一)结构

闸门控制系统采用由上位机系统(主控级)及现地控制单元(LCU)组成的分层分布式控制系统。

1. 上位机系统

上位机系统采用双机互为热备用方式,以主、备方式运行,能够实现自动切换。另外,设有两套操作员工作站,每套操作员工作站由计算机、外围设备以及不间断电源(UPS)等组成,操作员可通过操作员工作站上的显示器、标准键盘和鼠标等,对监控对象进行控制。

2. 现地控制单元

现地控制单元(LCU)采用可编程逻辑控制器为基础的控制装置,并布置在启闭机旁。根据水库闸门的控制要求,闸门现地控制装置按 1 条洞的事故闸门和工作闸门分别配置 1 套控制装置,即孔板洞、排沙洞、明流洞各设 2 套控制装置,共计 18 套,溢洪道 3 套,灌溉洞 1 套,充水平压系统 3 套,整个现地控制设置 25 套现地控制单元。现地控制单元根据闸门的不同地理位置分成 5 组,每组现地控制单元通过工控机与通信网相联,实现与上位机系统的通信,现地控制单元上设有切换开关以实现远方控制与现地控制之间的相互闭锁。现地控制装置与闸门启闭机同时安装、调试和投运。

3. 数据通信

通信网络采用单总线以太网,实现了"控制分散,信息集中",其中某处设备出现故障时,并不影响其他设备的正常运行,在硬件上确保整个系统简单、安全、可靠。现地控制单元通过单总线网络与上位机系统进行通信,现地控制单元的 PLC 与工控机通过 RS － 485 总线相连,多个控制单元的 PLC 通过 RS － 485 总线挂接在同一台工控机上,构成一对多的通信结构。每一台 PLC 可以向工控机发送数据,但同一时刻只能有一台 PLC 向工控机传送数据,这需要有通信程序和通信规约来实现;工控机也可向每一台 PLC 传送数据,数据的传送目标 PLC 则由每台 PLC 特有的地址码来区分, PLC 通信模块会自动识别这一地址码。

（二）功能

1.上位机系统

（1）数据采集和处理。包括：事故闸门、工作闸门的位置，闸门上升或下降接触器状态，充水平压阀门开启或关闭状态，闸门启闭机机械和电气保护装置状态，主电源和控制电源状态，有关操作状态。

（2）实时控制。所有被控对象均可在现地控制屏上进行现场控制或通过闸门控制室进行远方操作。现地控制与远方操作互为闭锁，在现地切换，以距操作对象最近的控制点为最高优先级。控制内容包括：闸门提升或下降，充水平压阀门开启或关闭。

（3）运行监视。运行监视包括状态监视、过程监视、控制系统异常监视。状态监视主要监视电源断路器事故跳闸、运行接触器失电、保护动作等。过程监视是在控制台 CRT 上动态显示闸门升降过程和开度。控制系统异常监视是在控制系统任一硬件或软件故障立即发出报警信号，并在 CRT 及打印机上显示记录，指示报警部位。

（4）运行管理。运行管理包括报表打印、画面显示、人机对话等。可以打印闸门升降、阀门开闭情况表，事故、故障记录表等。画面显示以数字、文字、图形、表格等形式组织画面进行动态显示，包括闸门控制系统框图、充水平压系统图、进水塔上游侧立视图、坝区供电接线图、闸门操作流程图、上下游水位显示、各闸门开度模拟显示、各种事故和故障统计表、闸门操作次数统计表、各种监视点上下限值整定表等。闸门控制系统在坝顶控制中心闸门控制室设 2 个互为备用的操作计算机工作台，通过键盘、鼠标、CRT 可输入各种数据，更新修改各种文件，人工置入各类缺漏数据，输入控制命令等，以监视和控制各闸门、阀门的运行。

（5）数据通信。闸门控制系统各设备间通信采用单总线结构，由于各现地控制单元布置分散，组网时按现地单元相对集中组合成 5 组，通过各组某一控制屏上设置的工控机作为通信接口与控制总线连接。

（6）系统诊断。系统诊断包括硬件故障和软件故障诊断，可在线或离线自检计算机和外围设备故障、各类基本软件和应用软件故障。

（7）软件开发。能方便地进行系统应用软件的编辑、调试和修改。

2.现地控制单元

现地控制由 25 套现地控制单元(LCU)组成，LCU 的核心采用 GE－90/30 系列可编程逻辑控制器(PLC)，PLC 装置由 CPU 模块、输入/输出(I/O)模块、通信模块和底座等组成，各模块都采用标准化的接口和通信格式，便于扩展和维护。现地控制单元主要功能如下：

（1）数据采集和处理。包括：闸门位置、开度，闸门行程开关位置，闸门上升或下降接触器状态，充水平压阀门开启或关闭状态，启闭机机械、电气保护装置状态，主电源、控制电源状态，有关操作按钮、开关状态。

（2）实时控制。现场操作人员能根据控制屏上触摸屏的信号显示、闸门位置指示、按钮及开关等进行闸门提升或下降、中途停机、阀门的开启或关闭等操作。当现地控制屏上控制权切换开关打到远方位置时，LCU 接收上位机的控制命令，自动完成闸门的提升或下降、阀门的开启或关闭。

（3）信号显示。对于现场控制对象的各种状态信号,在现地控制屏上设置了闸门(阀门)位置、启闭机(电动装置)电气故障、机械故障、系统故障及有关操作电源状态等信号灯、光学牌等信号指示。各输入状态和输出控制状态均可通过 PLC 输入/输出模块状态指示灯指示。

（4）数据传输。现地控制单元的 PLC 与工控机通过 RZ－485 总线相连,多个控制单元的 PLC 通过 RZ－485 总线挂接在同一台工控机上,构成一对多的通信结构。每一台现地控制单元的 PLC 都可以向工控机发送数据,工控机也可向每一台现地控制单元的 PLC 传送数据。现地控制单元通过通信接口及网络将有关操作信息传送至上位机,上送信息不受控制权切换开关位置的影响。

（5）现地编程。现地控制单元留有与电脑连接的接口,可在现场对现地控制单元程序进行编辑或修改。

三、运行情况

小浪底水利枢纽闸门控制系统是一个复杂的系统,要控制的设备多且分布范围广,给系统的设计控制方案提出了很高的要求,控制对象的数量和复杂程度更是设计的难点。经过长时间的研究和设计,小浪底水利枢纽闸门控制系统于 1998 年开始安装,1999 年 9 月水库下闸蓄水后现地控制设备投入运行,2000 年整个控制系统投入正常运行,经过历年小浪底水利枢纽调水调沙的实践检验,闸门控制系统运行状况良好。

第五章　运行维护与检修

　　1999 年 10 月 25 日下闸蓄水以来,截至 2010 年 12 月 31 日,各泄洪孔洞累计过流运用36 611 h,闸门累计启闭 4 610 次,平均每年启闭 419 次,其中 3 号排沙洞工作闸门启闭运行次数最多,为 1 230 次,平均每年启闭 112 次,溢洪道 1 号和 3 号工作闸门运行次数最少,各 8 次。按年统计,2003 年闸门启闭运行次数最多,为 886 次,启闭最频繁的闸门启闭了 333 次。2008 年启闭运行次数最少,为 128 次。小浪底泄洪孔洞闸门启闭次数及过流运用时间见表 5-1。

表 5-1　小浪底泄洪孔洞闸门启闭次数及过流运用时间

（截至 2010 年 12 月 31 日）

序号	建筑物名称	闸门启闭次数	累计过流时间(h)	最高运用水头(m)
1	1 号排沙洞	948	7 570	122.69
2	2 号排沙洞	1 172	12 150	122.69
3	3 号排沙洞	1 340	12 237	122.69
4	1 号明流洞	402	676	54.06
5	2 号明流洞	306	2 178	54.10
6	3 号明流洞	208	1 529	37.32
7	1 号孔板洞	54	29	74.82
8	2 号孔板洞	88	54	79.66
9	3 号孔板洞	64	92	85.01
10	正常溢洪道	28	96	7.12

第一节　巡视检查

一、一般要求

　　金属结构设备的检查分为经常检查、定期检查、特别检查和安全检测。

（一）检查周期

　　经常检查随时进行,调水调沙、枢纽泄洪运用及大流量下泄时,运用中的闸门及启闭机每 2 h 巡检一次;其他时段,排沙洞、孔板洞、明流洞事故闸门和工作闸门、发电洞进口事故闸门、灌溉洞事故闸门、充水平压系统每天至少巡检一次,其他设备每周至少巡检一次。定期检查每年汛期前后或供水期前后各一次,汛前着重检查启闭设备的运行状况是否正常、防汛措施是否充分;汛后着重检查设备变化和损坏情况。在启闭设备超标运行或发生重大事故及特大洪水、暴风、暴雨、强烈地震后,应及时进行特别检查或安全检测。

(二)检查内容

经常检查主要检查金属结构设备运行工况是否正常,各表计及信号指示是否正常,零部件是否齐全完好;定期检查主要对金属结构设备进行全面检查和必要的测量;特别检查重点检查影响安全运行的关键部位;安全检测应按照《水工钢闸门和启闭机安全检测技术规程》(SL 101—94)的有关规定进行。

(三)检查程序

经常性的巡检作为设备日常性管理,每次巡检时及时填写检查记录,检查记录由工作负责人填写,记录必须准确、详细,填写完毕的记录本要妥善保管,每年整理归档一次;定期检查由管理单位统一安排组织实施,检查完毕后写出检查报告,报有关部门并归档保存;特别检查由生产技术及安全监督部门组织进行,检查完毕写出检查报告报有关领导,并归档保存。

二、固定卷扬式启闭机的检查

固定卷扬式启闭机的检查内容主要包括环境检查、结构件检查、减速器检查和机械传动装置检查四个部分。为消除由于巡检人员个体技术水平、工作状态及责任心的差异对巡检结果的影响,保证重点部位检查到位,小浪底为所有固定卷扬启闭机都编制了巡检记录表,巡检时巡检人员按照检查记录表的内容逐项认真检查,并将检查结果及有关问题填入检查记录表中。

(一)环境检查

环境检查的主要内容为:机房、护罩、门窗、玻璃等是否完好,密封是否正常,有无雨水渗入;金属结构设备室、闸室、机房等应保持清洁、通风、干燥,且无杂物堆放;金属结构设备的电气盘柜、进线柜应接地正常,无外接电线供电现象。

(二)结构件检查

结构件检查的主要内容为:金属结构件(含机架、吊板、机房等)的防腐涂层是否完好,所有连接螺栓有无松动、断裂情况,金属结构件有无变形、裂纹,连接焊缝有无锈蚀、裂纹。

(三)减速器检查

减速器检查主要包括噪声故障判断、震动、箱体发热、减速器有无渗漏、齿轮的磨损及齿面缺陷等六个方面。

(1)噪声故障判断:断续而清脆的撞击声是由于啮合的某齿面上有疤或有黏附物,用油石清除;轴承间隙调整不当,会造成无规律的噪声;轴承的内环、外环、滚珠出现剥落,引起研沟发出尖哨声;齿轮侧隙过小、啮合两齿轮的中心线未对正、齿顶磨出尖峰、齿面磨出沟槽等将发出剧烈的金属锉擦声;缺少润滑将发出断续的嘶哑声。

(2)震动:减速器震动的主要原因是主动轴与被动轴轴线偏差过大。同时,联轴器松动、减速器底座刚度不足、支架刚度不足也会引起震动。

(3)箱体发热:轴承损坏或润滑不良、轴承间隙调整不当等将引起减速器箱体发热

（特别是轴承处）。

（4）减速器有无渗漏情况。

（5）齿轮的磨损：第一级齿轮的允许磨损量应小于原齿厚的15%，其他齿轮的允许磨损量应小于原齿厚的25%，开放齿轮的允许磨损量应小于原齿厚的15%。

（6）齿面缺陷：齿面不应有裂纹、断齿情况，齿面点蚀应小于啮合面的30%。

（四）机械传动装置检查

机械传动装置检查的主要内容为：检查各机构轴承、销轴的润滑状况，轴承间隙及轴径向磨损量；检查开放齿轮啮合面润滑状况，有无裂纹、断齿及齿面磨损量；检查减速器的油位是否正常，端面、密封面有无渗漏，运转时有无异常声响、震动、箱体发热等情况；检查联轴器的转动是否平稳，其齿套、键、销等零件有无裂纹、变形、松动、脱落情况；制动器工作是否灵活可靠，运行时有无打滑、焦糊和冒烟现象；各铰接点的润滑是否良好；紧固件有无松动，定位块有无位移；液压推力器的工作是否正常，液压油是否足量，有无变质、渗漏现象，负载弹簧有无变形、裂纹情况；制动轮表面有无裂纹、划痕及表面退火现象；制动轮与闸瓦间隙及其磨损量是否满足规范要求；动、定滑轮等转动是否灵活，轮缘及轮体有无裂纹，绳槽的磨损量是否超标；检查钢丝绳防护状况、腐蚀程度及磨损程度；在钢丝绳的通长范围内检查断丝分布情况及每节距内的断丝数量；检查钢丝绳压板有无松动、脱落现象，各压板的紧固程度应一致；检查卷筒、卷筒轴的裂纹、变形、磨损情况；卷筒与开放齿轮的连接螺栓、定位销、抗剪套有无松动、错位、变形情况；辅助吊具（液压抓梁、平衡梁等）的工作是否灵活可靠、信号是否准确，有无腐蚀、锈死、短路等现象；主令控制器、角度编码仪等闸门开度测量装置的工作是否正常，联轴节、传动轴、链轮链条等零件有无锈蚀、裂纹、变形、松动情况。

三、液压启闭机的检查

液压启闭机的检查内容主要包括环境检查、机械部分检查和液压系统检查三个部分。为消除由于巡检人员个体技术水平、工作状态及责任心的差异对巡检结果的影响，保证重点部位检查到位，小浪底为所有液压启闭机都编制了巡检记录表，巡检时巡检人员按照检查记录表的内容逐项认真检查，并将检查结果及有关问题填入检查记录表中。

（一）环境检查

环境检查的主要内容为：机房、护罩、门窗、玻璃等是否完好，密封是否正常，有无雨水渗入；金属结构设备室、闸室、机房等应保持清洁、通风、干燥，且无杂物堆放；金属结构设备的电气盘柜、进线柜应接地正常，无外接电线供电现象。

（二）机械部分检查

机械部分检查的主要内容为：机架防腐蚀涂层是否完好，结构有无变形、裂纹；检查连接螺栓有无松动、断裂现象；检查主令控制器工作是否正常，齿轮、轴承的润滑情况是否良好；主令控制钢丝绳有无松动、打折、断丝、乱槽现象。

（三）液压系统检查

液压系统检查的主要内容为：油缸与支座、活塞杆、闸门的连接是否牢固；油缸支铰、副机滑道的润滑、腐蚀及磨损情况；油缸、活塞有无裂纹、变形、腐蚀、渗漏等情况；油箱及管路有无腐蚀、裂纹、渗漏或堵塞现象；油泵与阀组元件的工作是否正常，操作及控制是否灵活可靠；油泵及油路系统运行是否平稳，有无异常声音；油位、油压、油温等仪表应清洁、牢固、无损伤、无泄露，且指示正常；滤油器、空气滤清器、放气螺塞等工作是否正常，有无锈蚀、堵塞情况；系统压力、流量要求、运行速度、同步性等整定值是否满足规定要求；液压油有无浑浊、变色、异味、沉淀等情况。

四、门式(台车式、桥式)启闭机的检查

门式(台车式、桥式)启闭机的检查内容主要包括环境检查，结构件检查，减速器检查，机械传动装置检查，电缆卷筒、安全滑触线、滑线小车检查，电动葫芦及地面控制机构检查和运行机构检查七个部分，每部分的检查内容如下。

(一)环境检查

环境检查的主要内容为：机房、护罩、门窗、玻璃等是否完好，密封是否正常，有无雨水渗入；金属结构设备室、闸室、机房等应保持清洁、通风、干燥，且无杂物堆放；金属结构设备的电气盘柜、进线柜应接地正常，无外接电线供电现象。

(二)结构件检查

结构件检查的主要内容为：金属结构件(含机架、吊板、机房等)的防腐涂层是否完好；所有连接螺栓有无松动、断裂情况；金属结构件有无变形、裂纹；连接焊缝有无锈蚀、裂纹；空载小车位于跨端，主梁的下挠度应小于 $L/700$；起升额定载荷的小车位于跨中，主梁的下挠度应小于 $L/1\,500$；主梁的水平弯曲不得大于 $L/2\,000$，且最大值不大于 20 mm。

(三)减速器检查

减速器检查主要包括噪声故障判断、震动、箱体发热、减速器有无渗漏、齿轮的磨损、齿面缺陷等 6 个方面。

(1)噪声故障判断：断续而清脆的撞击声是由于啮合的某齿面上有疤或黏附物，用油石清除；轴承间隙调整不当，会造成无规律的噪声；轴承的内环、外环、滚珠出现剥落，引起研沟发出尖哨声；齿轮侧隙过小、啮合两齿轮的中心线未对正、齿顶磨出尖峰、齿面磨出沟槽等将发出剧烈的金属锉擦声；缺少润滑将发出断续的嘶哑声。

(2)震动：减速器震动的主要原因是主动轴与被动轴轴线偏差过大。同时，联轴器松动、减速器底座刚度不足、支架刚度不足也会引起震动。

(3)箱体发热：轴承损坏或润滑不良、轴承间隙调整不当等将引起减速器箱体发热(特别是轴承处)。

(4)减速器有无渗漏情况。

(5)齿轮的磨损：第一级齿轮的允许磨损量应小于原齿厚的 15%，其他齿轮的允许磨损量应小于原齿厚的 25%，开放齿轮的允许磨损量应小于原齿厚的 15%。

(6)齿面缺陷：齿面不应有裂纹、断齿情况，齿面点蚀应小于啮合面的 30%。

(四)机械传动装置检查

机械传动装置检查的主要内容为：检查各机构轴承、销轴的润滑状况，轴承间隙及轴径向磨损量；检查开放齿轮啮合面润滑状况，有无裂纹、断齿及齿面磨损量；检查减速器的油位是否正常，端面、密封面有无渗漏，运转时有无异常声响、震动、箱体发热等情况；检查

联轴器的转动是否平稳,其齿套、键、销等零件有无裂纹、变形、松动、脱落情况;制动器工作是否灵活可靠,运行时有无打滑、焦糊和冒烟现象;各铰接点的润滑是否良好;紧固件有无松动,定位块有无位移;液压推力器的工作是否正常,液压油是否足量,有无变质、渗漏现象,负载弹簧有无变形、裂纹情况;制动轮表面有无裂纹、划痕及表面退火现象;制动轮与闸瓦间隙及其磨损量是否满足规范要求;动、定滑轮等转动是否灵活,轮缘及轮体有无裂纹,绳槽的磨损量是否超标;检查钢丝绳防护状况、腐蚀程度及磨损程度;在钢丝绳的通长范围内检查断丝分布情况及每节距内的断丝数量;检查钢丝绳压板有无松动、脱落现象,各压板的紧固程度应一致;检查卷筒、卷筒轴的裂纹、变形、磨损情况;卷筒与开放齿轮的连接螺栓、定位销、抗剪套有无松动、错位、变形情况;辅助吊具(液压抓梁、平衡梁等)的工作是否灵活可靠、信号是否准确,有无腐蚀、锈死、短路等现象;主令控制器、角度编码仪等闸门开度测量装置的工作是否正常,联轴节、传动轴、链轮链条等零件有无锈蚀、裂纹、变形、松动情况。

(五)电缆卷筒、安全滑触线、滑线小车检查

电缆卷筒、安全滑触线、滑线小车检查主要内容为:电缆卷筒能否与运行机构同步运行,电缆的收放、缠绕是否灵活自如;电缆卷筒摩擦面的摩擦力调节是否适当,力矩电机有无过载发热现象;电缆卷筒各组件有无锈蚀、松动、干摩擦、裂纹、变形等情况;安全滑触线应平直无弯折,工作表面应光滑清洁,固定支架牢固可靠;集电滑块或集电滑轮必须紧密地压在导电轨上且压力适当;绝缘子必须完整无缺、表面无锈蚀灰尘,集电器灵活可靠无电火花;滑线支架固定牢固,工字钢滑线导轨应平直、无锈蚀、无弯折;滑线小车应转动灵活、无卡阻,小车轴承润滑适当;电缆在滑线小车上应夹持牢固、排列整齐;接线柱无松动锈蚀。

(六)电动葫芦及地面控制机构检查

电动葫芦及地面控制机构检查的主要内容为:在操作者步行的范围内必须道路畅通;轨道上不得有异物、油污等;轨道端部车挡处不得存在变形或破损现象,轨道连接螺栓不能有松动现象,焊接轨道的焊缝不能有裂纹;锥面车轮应转动灵活、固定可靠,外观无裂纹或伤痕;轮缘的磨损量应小于原厚度的50%,轮缘与轨道侧向的总间隙应小于锥面车轮踏面宽度的50%;踏面的直径测量磨损量应小于原尺寸的5%,踏面的直径差应小于公称直径的1%,圆度差应小于0.8 mm;操作按钮的外壳及其内部元件应绝缘良好、无锈蚀情况;按钮的起升、下降、左右运行的动作应灵敏、准确;按钮的连锁装置,在其升与降、左与右各组之间的连锁应安全可靠;按钮用的悬挂电缆及其上、下两端的固定件应牢固,电缆无破损、断线等缺陷且须确保绝缘良好;接触器的动作状态、触头的关合和分断应动作灵敏,严禁出现触头粘住不释放的弊病;限位开关应动作灵敏、可靠,当调节到吊钩上极限位置时,吊钩装置的最高点与卷筒间的间距应保证不小于50 mm;吊钩外观表面不应有裂纹、螺纹处、危险断面极其颈部不应有塑性变形;吊钩在水平360°与垂直180°范围内应转动灵活,吊钩滑轮转动时不应有卡阻和碰擦,吊钩的放松装置应正常牢固;在升降过程中,制动器应灵活可靠,排绳器应工作正常。

(七)运行机构检查

运行机构检查的主要内容为:轨道踏面不应附着有大量的尘埃及油污;轨道压板无松

动脱落现象;运行轨道应无弯曲变形、扭曲变形、裂纹等情况,疤痕应修磨平整;轨道踏面的磨损量应小于原厚度的 10% ,轨道侧面的磨损量应小于原厚度的 15% ,轨道接头处上、下两侧的位移量不得大于 1 mm;车挡、缓冲器、安全尺应无裂纹、变形、损伤情况,行程保护准确可靠;车轮整体任何部位应无裂纹;车轮应与轨道踏面接触、无悬空现象;车轮踏面的磨损量应小于原厚度的 15% ,轮缘的磨损量应小于原厚度的 50% ;在车轮踏面和轮缘内侧面上直径 $d \leqslant 1.5$ mm、深度 ≤3 mm 的麻点个数不得多于 5 处,且不允许有其他缺陷;主动车轮磨损后的直径相对差应小于 1‰,圆度差应小于 0.8 mm;检查各机构轴承、转动销轴的润滑状况,轴承间隙及轴径向磨损量;夹轨器工作是否灵活可靠,有无夹不紧、打不开的情况,夹钳的磨损量;减速器的油位是否正常,运转时有无异常声响;联轴器各零件有无裂纹、变形或松动,转动是否平稳;电动机、制动器、减速器的定位块有无裂纹变形,地脚螺栓有无松动脱落;开放齿轮啮合面润滑状况,有无裂纹、断齿及齿面磨损量。

五、电气设备的检查

电气设备的检查内容主要包括环境检查、电气元件检查和电气参数定值检查三个部分,每部分的检查内容如下。

(一)环境检查

环境检查的主要内容为:机房、护罩、门窗、玻璃等是否完好,密封是否正常,有无雨水渗入;金属结构设备室、闸室、机房等应保持清洁、通风、干燥,且无杂物堆放;金属结构设备的电气盘柜、进线柜应接地正常,无外接电线供电现象。

(二)电气元件检查

电气元件检查的主要内容为:电动机运转是否平稳,有无异常声音或过热(手感发烫)现象;电气接线是否牢固、排列有序,无破损、挤压、弯折现象;接线端子排固定可靠,无锈蚀、灼伤现象;各种电气仪表是否齐全完好,指示正确;操作机构、按钮、启动器等是否安装牢固,动作灵活可靠;电缆卷筒、电缆滑车、安全滑线等装置灵活可靠、无卡阻。

(三)电气参数定值检查

电气参数定值检查的主要内容为:主回路和控制回路的绝缘电阻值及设备外壳、支架等的接地电阻值;主令控制器、行程开关、感应发生器等限位保护装置应动作准确,灵活可靠;电机碳刷和接触器、继电器触头的磨损、烧蚀情况,触头的开距、超程、压力是否合适;漏电保护、过流保护、时间整定是否准确可靠。

六、闸门及埋件的检查

闸门及埋件的检查内容主要包括闸门检查和埋件检查两个部分,每部分的检查内容如下。

(一)闸门检查

闸门检查的主要内容为:闸门防腐涂层是否完好,闸门位置是否端正,闸门防腐涂层是否完好,面板、梁系、吊耳、支臂、锁定装置等有无变形、焊缝及母材有无裂纹,紧固件有无松动、缺损和断裂现象;定轮、侧轮、支铰等部件润滑是否良好,转动时有无卡阻或异常声响,定轮总成每年汛后进行抽查,支铰轴承每两年进行抽查,根据抽查结果确定是否全部进行解体检修;滑块有无裂纹、磨损及老化现象;闸门止水部件工作区域内有无沉积和杂物,止水是否良好,部件是否完整,有无变形和老化现象;液压止水入口是否堵塞,止水换向阀、单向阀工作是否正常;闸门有无振动和空蚀现象。

(二)埋件检查

埋件检查的内容主要为:门槽埋件与混凝土是否结合牢固,结构有无变形、混凝土有无脱落现象;埋件磨损、腐蚀程度,以及表面粗糙度和不平整度。水下部件的检查应尽量在低水位时进行,必要时可进行排水或水下检查。

七、充水平压系统的检查

充水平压系统检查主要包含以下内容:闸门充水阀、旁通充水系统阀止水是否良好、部件是否完整;阀体结构有无变形,母材有无裂纹、开裂;旁通管路、伸缩节(补偿器)有无渗漏,焊缝及母材有无裂纹、开裂;阀门电动装置工作是否正常;超载、限位保护是否可靠,位置指示是否正确。

第二节　运行管理

根据黄河来水特点和小浪底水利枢纽水库调度运用方式,金属结构设备运行工作分为以下几个阶段。

汛前检查。每年的 1 月 1 日至 5 月 31 日黄河上游来水较少,小浪底水库以供水、灌溉、防凌和减淤调度运用为主。下泄水量主要通过发电机组的出力来调节,泄洪系统闸门及启闭机一般不操作运行。此期间主要对设备进行全面维护保养和调试,对汛后检查发现的设备问题进行检修,以使防汛设备在汛期来临之前处于 100% 的完好状态。

调水调沙运行。调水调沙期间黄河下泄流量大,水沙调控组合运用条件复杂,闸门启闭操作频繁,一般情况下,全年 50% 以上的闸门启闭操作集中在 6 月中旬至 7 月上旬的十几天时间里。此时运行操作人员实行三值三倒 24 h 值班。为保证闸门安全及时启闭操作,一般情况下,调水调沙期间闸门操作实行远控操作、现地监视为主,现地操作为辅的运行方式。运行值班人员接到调度指令后,在小浪底坝顶控制中心闸门监控室上位机启闭操作闸门,设备运行过程中认真检查设备各运行参数是否正常,运行完毕后电话向调度汇报闸门启闭操作结果,并填写闸门计算机监控系统上位机运行记录表和值班记录表。运行中的设备每 2 h 巡视检查一遍,备用中的设备每 4 h 巡视检查一遍,其他泄洪系统设备及充水平压系统每日巡视检查一遍,现地人员巡检时,按照设备巡检制度要求,对照巡检记录表内容逐项检查,并将检查结果填写到相应的巡检记录表上,将在巡检中发现的问题及时反馈给相关人员。

汛后检查。每年的 11 月 1 日黄河的伏秋大汛结束,小浪底水库转入防凌、减淤调度运用。闸门启闭机经过一个汛期运用后的状况如何,需要通过全面检查摸清情况。运行维护人员用一至二个月的时间逐一对闸门的门体、埋件、启闭机的各转动部件、钢丝绳、油缸及阀组等进行全面彻底的检查,小的问题及时检修,大的问题进一步查明原因,做好检修计划,准备好检修设备和材料,至第二年汛前检修完毕。此时闸门启闭次数较少,在运行维护一体化的工作模式下，为提高人员利用率，一般采用现地操作、监控的运行方式，现地人员运行操作前，先按照安全管理制度规定办理操作票，对照运行记录的内容对设备进行检查，然后按照操作票的内容逐项进行操作，并作好相关运行参数记录，操作完毕后再对照运行记录的内容进行检查，将有关情况及时反馈给相应人员。

一、运行要求

闸门启闭运行操作必须严格执行调度指令，运行操作人员按操作票项目安全、准确、及时操作。闸门及启闭机的检修调试操作根据生产实际情况安排，工作前必须办理工作单，泄洪系统的工作单须经水调部门批准，发电系统的工作单须经发电调度单位批准。

运行操作人员必须身体健康，无视力、听力障碍，经检查证明无心脏病、高血压、眩晕等可能影响正常工作的疾病。上岗前必须通过劳动安全技术培训和专业技术培训，熟悉操作程序，具有熟练的操作技能，并经考试合格。

运行操作人员应坚守工作岗位，应严格执行交接班制度，认真履行职责，严格按安全操作规程操作，如实填写运行记录、值班记录和设备缺陷记录。现场操作时必须穿戴好安全防护用品，携带通信器材、常规的检修工具及运行记录本。

设备运行前应进行检查，闸门及启闭机的金属结构件应无扭曲、变形和损伤等，液压元器件应完好、无泄露、各表记压力正常，油箱油液正常、油位正常，闸门及启闭机工作范围内无影响运行的杂物及障碍物，电气控制系统工作状态良好，各指示灯及显示信号显示正常，三项电压平衡，其他辅助装置工作状态良好，并作好检查记录。安装调试好的机械、液压、电器元件不得随意改动其工作状态。运行过程中，应密切观察设备的电压、电流、启闭速度、油压、油温等运行参数，听设备的运行声音，感觉设备的震动等运行状态，并作好检查记录，闸门启闭若发现沉重、停滞、杂声等异常情况，应及时停车检查，发生异常情况立即向上级报告。运行结束后，亦应进行运行后的检查，确保设备安全。

二、运行方式

由于小浪底水利枢纽闸门布置较分散，且距离较远，为了减轻运行人员的劳动强度、实现无人值班少人值守，闸门控制系统由现地控制单元和上位机监控系统组成，运行人员可以在小浪底坝顶控制中心或郑州生产调度中心的上位机进行监控操作。当出现闸门故障时，系统能及时报警。为便于现场的调试、维护和紧急情况处理，系统还能现地对闸门进行控制操作，远方控制与现地控制之间的转换旋钮设在现地。

调水调沙及汛期发生较大规模以上的洪水时，闸门启闭比较频繁，为提高工作效率，保证及时调整和控制下泄流量，一般采用上位机操作，同时加强现地监控、巡检的运行方式。现地人员巡检时，按照设备巡检制度要求，对照巡检记录表内容逐项检查，并将检查结果填写到相应的巡检记录表上，将在巡检中发现的问题及时反馈给相关人员。非汛期及汛期发生较小规模以下的洪水时，闸门启闭次数较少，在运行维护一体化的工作模式下，为提高人员利用率，一般采用现地操作、监控的运行方式，现地人员运行操作前，先按照安全管理制度规定办理操作票，对照运行记录的内容对设备进行检查，然后按照操作票的内容逐项进行操作，并作好相关运行参数记录，操作完毕后再对照运行记录的内容进行检查,将有关情况及时反馈给相应人员。

(一)远方控制

小浪底水利枢纽工程闸门上位机采用双机互为热备用方式,通信网络采用单总线以太网,做到了"控制分散,信息集中",如某处设备出现故障,并不影响其他设备的正常运行,在硬件上确保整个系统简单、安全、可靠。上位机设 2 套操作员工作站,操作员工作站由计算机、外围设备以及不间断电源(UPS)等组成。操作员可通过操作员工作站,对监控对象进行控制。上位机采用双计算机系统,以主、备方式运行,能够实现无间隔切换。

(二)现地控制

现地控制单元(LCU)采用以可编程逻辑控制器为控制装置,布置在启闭机旁。对 1 条洞有 2 扇事故闸门(或工作闸门)的,在动水中必须 2 扇门同时启闭,故闸门现地控制装置按 1 条洞的事故闸门和工作闸门分别配置 1 套控制装置,即孔板洞、排沙洞、明流洞各设 2 套控制装置(共计 18 套),溢洪道 3 套,灌溉洞 1 套,充水平压系统 3 套,整个现地控制层设置 25 套控制装置。这些 LCU 根据闸门的不同安装位置,分成 5 组,每组 LCU 通过工控机与通信网相联,实现与主控级的通信。闸门控制系统上位机与现地控制单元之间通过单总线网络进行通信,LCU 的核心采用 GE - 90/30 系列可编程逻辑控制器(PLC),PLC 装置由 CPU 模块、输入/输出(I/O)模块、通信模块和底座等组成,各模块都采用标准化的接口和通信格式,便于扩展和维护。现地控制屏采用 IP55 防护等级和加热驱潮装置,适合现场高湿度运行环境。

三、运行操作

小浪底水利枢纽工程闸门控制系统对所有闸门和阀门均可进行现地控制,工作闸门和事故闸门可在小浪底坝顶控制中心闸门监控室或郑州生产调度中心的上位机进行远方控制,远方控制和现地控制权在现地控制屏上切换。下面以排沙洞为例说明闸门的运行操作程序。

(一)排沙洞的布置及运用要求

小浪底水利枢纽在左岸山体中布置有 3 条直径为 6.5 m、长约为 1.1 km 的排沙洞,担负着调节水库下泄流量、排沙、排污、保护泄洪洞和发电洞的进水口不被泥沙淤堵、进水塔前形成冲刷漏斗的任务。其进水口的底坎高程均为 175 m,其出水口挑流鼻坎的高程为 148 m。水流经过进水塔段、洞身压力段、出口闸室段、明流段分别排入 1 号、2 号、3 号消力塘。排沙洞的进水口布置在发电洞的正下方,每洞分 6 个进水口,布置 6 个检修门槽,进水口中部设有长中墩使其形成三合一的水流,长中墩后部设 2 扇事故闸门,水流经过长中墩后,两股水流合二为一。在出口闸室段各设 1 扇工作闸门。

为保证排沙洞工作闸门前全洞段形成压力流,要求 3 条排沙洞启用的最低水位为 186 m。当库水位超过 220 m 时,为限制洞内流速不超过 15 m/s,防止洞内磨损,要求工作闸门局部开启运用,控制泄量为 500 m^3/s。

(二)排沙洞金属结构设备的运用工况

1.挡水运用

正常情况下,排沙洞采用工作闸门挡水,工作闸门处于全关前移位。事故闸门锁定在检修平台上,库水位高于检修平台时,闸门不得锁定,需悬挂在闸室内。检修闸门放入门库。汛期,为防止洞内淤积,关闭工作闸门后,再关闭事故闸门挡水、挡沙,事故闸门前后处于平压状态。

2. 泄洪运用

排沙洞泄洪时,检修闸门放入门库;事故闸门处于工作位;工作闸门处于全开后撤位(当局部开启时,工作闸门处于前移位置)。

3. 检修运用

(1)检修事故闸门及门槽或事故闸门前的洞身时采用检修闸门挡水,事故闸门处于检修位,用锁定梁锁定,工作闸门应于全开后撤位。

(2)检修工作闸门及门槽时采用事故闸门挡水,检修闸门放入门库,工作闸门处于检修后撤位。

(3)检修事故闸门后的洞身时采用事故闸门挡水,检修闸门放入门库,工作闸门处于全开后撤位。

(三)排沙洞金属结构设备的运用条件

排沙洞按压力洞设计,形成洞内压力流的最低水位为186 m。当库水位超过220 m需用排沙洞泄洪排沙时,要求工作门局部开启运用,一般控制单洞流量不超过500 m³/s,压力洞段流速不大于15 m/s,以减轻洞内磨损。排沙洞停泄时,由工作闸门挡水,汛期关闭事故闸门,以防洞内淤积。停用排沙洞时,关闭工作闸门。在工作闸门局部开启运用过程中,若门体发生振动,则应立即小幅度调整其开度将振动消除。当排沙洞工作闸门发生事故不能正常关闭时,每洞进口的2扇事故闸门应同时动水关闭切断水流。排沙洞检修闸门应在库水位低于260 m的静水条件下进行启闭操作。排沙洞事故闸门采用双门同步运行,严禁局部开启运用。正常情况下应静水启门静水闭门,事故情况下允许动水闭门。排沙洞工作闸门允许局部开启使用。运用条件为动水启闭。充水平压系统阀门严禁局部开启运用。运用时必须逐一启闭。

(四)排沙洞金属结构设备的运行操作

1. 泄洪操作

(1)关闭工作闸门,至全关前移位。

(2)对事故闸门充水平压(压差应在10 m水头范围以内)。

(3)静水开启事故闸门至工作位。

(4)关闭充水平压系统。

(5)开启工作闸门至全开后撤位(当局部开启时,工作闸门处于前移位置)。

2. 调节下泄流量操作

(1)后撤工作闸门至后撤位。

(2)启闭工作闸门调整闸门开度。

(3)前移工作闸门至前移位。

3. 挡水操作

(1)动水关闭工作闸门至全关前移位。

(2)静水关闭事故闸门至全关位(非汛期无此操作)。

（3）投入背腔增压系统（非汛期无此操作）。

4.检修操作

（1）检修事故闸门、门槽及事故闸门前的洞身。①关闭工作闸门至全关前移位。②投入充水平压系统，对事故闸门充水平压（压差应在10 m水头范围以内）。③静水关闭检修闸门。④提升事故闸门至检修位锁定。⑤关闭充水平压系统。⑥开启工作闸门至全开后撤位，放洞内积水。⑦检修完成后，清理现场，运出洞内杂物。⑧关闭事故闸门。⑨对检修闸门充水平压。⑩静水提升检修闸门，并放入相应门库内。

（2）检修工作闸门、门槽及事故闸门后的洞身。①关闭事故闸门，投入背腔增压系统。②开启工作闸门至检修位。③检修完成后，清理现场，运出洞内杂物。④关闭工作闸门至全关后撤位。

（五）排沙洞工作闸门及其启闭系统的运行

排沙洞工作闸门为一洞一门布置形式。液压启闭机有远方和现地两种控制方式，在现地控制屏上选择，平常选择远方控制工作状态。正常运用时排沙洞工作闸门允许局部开启，但应尽量避开闸门振动区0~1.5 m和4.4~4.87 m。经调试设定的溢流阀、压力阀、压力继电器、开度显示装置、主令控制器等不得随意拆卸或改变其工作状态。严禁在闸门运用状态下处理机械、液压、电器方面的故障。主、副机不允许同时操作，且前一工作步骤完成后方可进行下一步骤的操作。无水条件下操作闸门，必须对侧水封橡皮进行润滑。

排沙洞工作闸门及其启闭系统具有以下性能：

（1）成套性。工作闸门启闭系统共三套，每套由一扇偏心铰弧形闸门、一套主液压启闭机、一套副液压启闭机、一套液压泵站、一面现地动力屏、一面现地控制屏组成。主机用于操作工作闸门升降，副机用于操作偏心轴带动工作闸门前移后撤。

（2）自动控制性能。工作闸门启闭系统采用可编程逻辑控制（PLC）技术和计算机通信技术，实现了"现地自动"和"远方自动"控制。

（3）数码显示特性。工作闸门的开度值用德国IFM角度编码器测量，由6 in LCD显示屏显示。

（4）下沉复位性能。主机或副机的活塞杆由全开位（或局部开启位置）下沉200 mm时，主令控制器动作（局部开启时由编码器控制），指示灯亮，工作泵投入，延时10 s后，压力油进入油缸下腔，活塞杆上升复位，工作泵断电退出。若活塞杆下沉200 mm后工作泵未动作，继续下沉到300 mm时，控制机构动作，指示灯亮，延时2 s后，备用泵投入，延时10 s后，压力油进入油缸下腔，活塞杆上升复位，备用泵退出。

（5）机电保护性能。当主机（或副机）动作时，若工作泵有故障，系统压力低于3 MPa，压力继电器PJ1动作，系统发出声光信号，自动切换备用泵。当主机启门（或副机前移闸门）时，若油缸下腔的压力超过19 MPa，压力继电器PJ6（或PJ7）动作，系统发出声光信号，同时切断电源，延时5 s后停机。当主机闭门（或副机后撤闸门）时，若油缸上腔的压力超过5 MPa，压力继电器PJ2（或PJ4）动作，系统发出声光信号，同时切断电源，延时5 s后停机。当油箱油位太高、偏低、太低时，系统发出声光信号，且油位太低时系统自动切断电源，停止运行。当滤油器堵塞时，系统发出声光信号。当油泵电机在运行过程中过载时,热继电器 KT1、KT2、KT3 动作,自动切断电源,电机停止运行。

1. 现地开启排沙洞工作闸门操作程序

(1)旋转控制方式旋扭,选择现地控制方式。

(2)按"启动"按钮,电机、油泵空载启动。电机、油泵空转 10 s。

(3)按"后撤"按钮,闸门后撤。后撤至后撤位时自动停机,位置指示灯亮。

(4)按"提升"按钮,闸门提升。

(5)按"停止"按钮,停止提升(全开位自动停机,不需按停止按钮)。

(6)按"前移"按钮,闸门前移。前移至前移位时自动停机,位置指示灯亮(全开位不需前移,无此项)。

(7)置控制方式为远方控制。

2. 现地关闭排沙洞工作闸门操作程序

(1)旋转控制方式旋扭,选择现地控制方式。

(2)按"启动"按钮,电机、油泵空载启动,约 10 s 后电机达到额定转速。

(3)按"后撤"按钮,闸门后撤。后撤至后撤位时自动停机,位置指示灯亮(闸门在全开位时无此项操作)。

(4)按"下降"按钮,闸门下降。

(5)按"停止"按钮,停止下降(全关位自动停机,不需按停止按钮)。

(6)按"前移"按钮,闸门前移。前移至前移位时自动停机,位置指示灯亮。

(7)置控制方式为远方控制。

3. 远方开启排沙洞工作闸门操作程序

(1)在顺控流程中设定闸门提升的开度值,点击"确认"键。

(2)鼠标左键依次点击要开启的"闸门"键、"提升"键、"确认"键、"执行"键。

(3)在弹出的信息框中,用左键单击"确认"键。

4. 远方关闭排沙洞工作闸门操作程序

(1)在顺控流程中设定闸门要降落的开度值,点击"确认"键。

(2)鼠标左键依次单击要关闭的"闸门"键、"下降"键、"确认"键、"执行"键。

(3)在弹出的信息框中,用左键单击"确认"键。

5. 停机及检查

(1)巡视检查整机的结构、机械与电气设备是否正常,如有异常,应及时处理。

(2)检查工作闸门的泄漏情况。

(3)检查设备的停机状态是否与要求相符。

(4)整理好工器具,做好机上清洁卫生工作。

(5)如实填写运行记录和有关报表。

6. 运行中的注意事项

(1)运行操作中,主、副机的电动机均为空载启动,当转速达到额定转速时,才能接通主油路(即负载运行)。

(2)当气温低于 10 ℃时,空载运行时间应延长到 5 min,预热油液。

(3)启闭工作闸门时,补气量大,注意人身安全。

（4）运行中如果发现异常的震动和噪声,应及时与上级领导联系,采取相应的措施。

（六）排沙洞事故闸门及其启闭系统的运行

每条排沙洞内设有两扇平板事故闸门,由布置在 276 m 高程闸室的两台 2 500 kN 固定卷扬式启闭机运行,一门一机配置。正常运行时要求双门同步运行,单门操作仅限于检修、调试时使用。在全程范围内的同步允许差值不超过 200 mm。正常运用时事故闸门不允许局部开启,其全关位、工作位、检修位由编码器自动控制,上下极限位置由主令装置保护。现地检修、调试时允许局部开启。卷扬式启闭机有远方和现地两种控制方式,均可控制双门同步运行,在现地控制屏上选择。平常应选择双门、远方工作状态。事故闸门从全关位提升前,洞内必须先充水平压。

排沙洞事故闸门及其启闭系统具有以下性能:

（1）成套性。事故闸门启闭系统共三套,每套由两扇平板事故闸门,两台固定卷扬式启闭机,两面接触器屏,一面继电器屏,一面现地控制屏组成。一门一机布置,双门同步运行。

（2）自动控制性能。事故闸门启闭系统采用可编程逻辑控制（PLC）技术和计算机通信技术,实现了"现地自动"和"远方自动"控制。现地控制屏上设有"现地/远方/检修"切换开关,置于"现地"和"检修"位时,现场操作,闸门到达全关位、工作位或检修位自动停机,远方计算机只作监视不能控制;置于"远方"位时,上位计算机控制闸门的预置终端位置,现地操作无效。

（3）数码显示特性。工作闸门的开度值用德国 IFM 角度编码器测量,由 6 in LCD 显示屏显示。闸门开度经编码器采集后送至现地控制屏上的 PLC 模块,在显示器上显示并送给远方的计算机系统。

（4）平压保护性能。压差测量系统采集闸门前后的水压数据送至现地控制屏上的 PLC 模块进行判断,平压（有平压信号）后才能从全关位开启闸门。

（5）机械过载保护性能。若启闭机机械过载,载荷限制仪输出接点信号给 PLC 模块,系统发出声光信号并自动停机。

（6）电机过载保护性能。若电动机过载,热继电器动作,输出接点信号给 PLC 模块,系统发出声光信号并自动停机。

（7）极限保护性能。若闸门运行到全关位或检修位仍未停机,则主令控制器动作,切断电源,自动停机。

1. 现地开启排沙洞事故闸门操作程序

（1）确认事故闸门平压完成,供电正常。

（2）关闭背腔增压系统。

（3）选择双门操作方式,预置终点位置（工作位或检修位）。

（4）按"起升"按钮,两台启闭机错开 5 s 顺序启动。

（5）提升 250 mm 到达泄水位置,自动停机。液控止水的泄水阀开启泄水,闸门水封回缩。2 min 后闸门自动提升。

（6）提升至预置位置（工作位或检修位）后自动停机。

（7）关闭背腔增压系统。

（8）置操作方式为：双门、远控方式。

2．现地关闭排沙洞事故闸门操作程序

（1）确认流道状态是否满足静水闭门的条件（事故落门时无此要求）。

（2）确认事故闸门的位置，如在锁定位置时，解除闸门锁定。

（3）选择现地、双门操作方式。

（4）按"下降"按钮，两台启闭机错开 5 s 顺序启动。

（5）闸门下降至全关位，自动停机。

（6）根据高度显示屏的数据确认闸门及泄水阀已关闭后，投入背腔增压系统。

（7）置操作方式为：双门、远控方式。

3．远方开启排沙洞事故闸门操作程序

（1）在闸门启闭顺控流程中设定闸门提升的开度值，点击"确认"键。

（2）鼠标左键依次单击要开启的"闸门"键、"提升"键、"确认"键、"执行"键。

（3）确认启门完成，现场关闭背腔增压系统。

4．远方关闭排沙洞事故闸门操作程序

（1）在闸门启闭顺控流程中设定闸门要降落的开度值，点击"确认"键。

（2）鼠标左键依次单击要关闭的"闸门"键、"下降"键、"确认"键、"执行"键。

（3）确认启门完成，现场投入背腔增压系统。

5．停机及检查

（1）闸门按指令完成操作后，应清洁现场。

（2）电源开关应处于闭合状态并投入电器盘柜驱潮装置。

（3）如实填写运行记录及设备运行中出现的缺陷记录。

6．运行中的注意事项

（1）闸门运行中，运行人员应注意有无异常现象和异常声音，若发现异常，应立即查明原因，若无法迅速排除，应与领导联系并采取相应的安全措施。

（2）制动器打开后，闸瓦两侧间隙应均匀、适当。

（3）运行中闸瓦应无摩擦、发热、烧糊现象，停机时制动器应平稳、可靠制动。

（4）运行中，电机的实际温度不得超过 120 ℃，轴承处的温度不得超过 70 ℃。

（5）减速机应平稳运行，无振动、无噪声、无漏油，轴承温度不得超过 70 ℃。运行中应观察开式齿轮的啮合情况和润滑情况。

（6）闸门运行应无卡滞、倾斜，如因机械过载停机，应立即进行检查处理。

（7）运行中各动滑轮和定滑轮应转动自如，钢丝绳应无抖动现象，若发现类似情况，应立即停车并检查处理。

（8）如闸门前因泥沙淤积太高引起过负荷，可利用高压冲沙系统进行高压冲沙扰动。

（9）同步闭门前，应检查并调整两门的同步，确保同步差小于 200 mm。

（七）排沙洞检修闸门的运行

3 条排沙洞共用 6 扇检修闸门，在检查或修理排沙洞事故闸门及埋件、事故闸门前的流道时对号入槽挡水。检修闸门应与门机、排沙洞检修闸门液压抓梁配合使用。液压抓梁使用完后，放置在进水塔 283 m 液压抓梁支架上。进行门机与液压抓梁的连接工作时，应作好相应的安全措施,防止高空坠落。检修闸门应静水启闭,不使用时放入门库内。发电洞过流发电时,严禁启闭对应的排沙洞检修门。

1.静水开启排沙洞检修闸门

(1)确认平压完成。

(2)门机主钩挂上检修闸门抓梁,空载试验穿销、脱销和就位试验,记录穿销、脱销、就位指示电流表指示值。

(3)测量并记录抓梁电缆的绝缘值。

(4)分别运行大车、小车,调整液压抓梁的位置并导入需要开启的门槽。

(5)拨动闸门位置测控仪拨盘开关至对应位置,并按技术参数表预置对应检修闸门的全关位置值。

(6)将"充水平压/直接上升"转换开关置于"直接上升"位置。

(7)按"下降"按钮,液压抓梁开始下降。

(8)到达全关位自动停机。

(9)测量并记录抓梁电缆的绝缘值,若绝缘下降则提出门槽进行处理(如果是第一次下水工作,在抓梁下放到最深水位处,停留30 min后进行测量)。

(10)确认抓梁就位后,按"穿销"按钮,起动液压泵站,穿销开始。

(11)确认穿销到位按"起升"按钮,门机开始起升检修闸门。

(12)起升至所需位置,按"停机"按钮。

2.静水关闭排沙洞检修闸门

(1)确认工作闸门或事故闸门已关闭,可静水关闭检修闸门。

(2)操作门机主钩的手动穿销装置,挂上排沙洞检修闸门液压抓梁。

(3)液压抓梁进行穿销、脱销、就位试验后,记录穿销、脱销、就位指示电流表指示值。

(4)测量并记录抓梁电缆的绝缘值。

(5)起吊检修闸门。运行大车将闸门导入要求的闸井内,调整大车、小车位置使闸门入门槽。

(6)拨动闸门位置测控仪拨盘开关至对应位置,并按技术参数表预置对应检修闸门的全关位置值。

(7)按"下降"按钮,闸门与液压抓梁开始下降。

(8)到达全关位自动停机。

(9)测量并记录抓梁电缆的绝缘值,若绝缘下降,则提出门槽进行处理(如果是第一次下水工作,在抓梁下放到最深水位处,停留30 min后进行测量)。

(10)确认闸门全关后,按"脱销"按钮,开始脱销。

(11)确认脱销完成,按"起升"按钮,主钩开始起升。

(12)起升至所需位置,按"停机"按钮。

3.停机及检查

(1)把闸门停放在要求的位置上,脱开液压抓梁。

(2)检查液压抓梁油箱及接线盒的密封情况。

(3)清理工作现场,作运行记录。

4. 运行中的注意事项

（1）运行中要依据钢丝绳的松紧程度，从经验上判断是否到达全关位，如果没有到达全关位，应作微量调整。

（2）起吊检修闸门的过程中，要结合运行记录观察电流表、载荷仪、开度指示的变化情况作出正确的判断。

（3）运行中如果出现机械过载，应立即停机处理。

第三节　维护管理

一、维护要求

小浪底水利枢纽工程金属结构设备维护工作贯彻"预防为主"的原则，主要任务是保持设备清洁、防止连接件松动、防止零部件不正常的磨损、防止电气元件受潮、保证各指示装置工作正常、保证各机构动作准确等，其主要目的是把设备故障消灭在萌芽状态，防止设备事故的发生，延长设备使用寿命和检修周期，保证设备的安全运行。

金属结构设备的维护坚持"随时维护，定期保养"的原则。对在经常性检查或日常运行中发现的问题进行及时处理、随时维护，以防止问题的扩大或给设备造成不良的后果。定期保养是指每年汛前，结合汛前检查情况，针对整台设备进行维护工作，确保启闭设备在汛期能正常运行。对长期不操作运行的金属结构设备，每季度进行一次运行测试，检测设备的性能指标有无变化，检查各零部件的老化情况。

维护工作主要分为清洁、紧固、调整、润滑，具体要求如下：

（1）清洁。设备结构完整，外观清洁，无灰尘，无油污。闸门梁格内无积水、淤泥、沉积物、水生物附着或其他杂物。闸门止水装置工作区域内无沉积物或其他杂物。

（2）紧固。各部位连接螺栓无松动、无丢失、无变形和损坏。若螺栓松动，则按照同一螺栓组的拧紧力矩保持均匀。

（3）调整。及时调节整定各机构零部件的配合关系和工作参数，保证设备处于良好的工作状态。闸门门体位置端正（整体平衡），行走支承装置转动灵活，运行平稳，无剧烈振动和噪声。闸门止水应保持完好，封水严密。在设计水头下每米长的漏水量不大于 0.2 L/s，门后无明显的水流散射现象。新更换的止水每米长漏水量应不大于 0.1 L/s。

（4）润滑。各部位润滑装置应保持齐全、完好，油路通畅，油标明晰。

二、固定卷扬式启闭机的维护

启闭机的整机清洁、紧固应包含以下工作内容：清洁结构件的表面，除去灰尘、油污等；用小锤敲击紧固螺栓，检查是否有松动现象；用测力扳手检查高强度螺栓的紧固情况，及时更换断裂、丢失的螺栓和弹簧垫圈；紧固松动的螺栓，使弹簧垫圈整圈与螺母及零件支承面相接触；结构件局部脱漆应及时修补，手工铲除起皮、鼓泡的涂层，清理铁锈、油污、灰尘、水分等，底漆和面漆的颜色、种类、涂层厚度应与原涂层一致。

启闭机的整机润滑应包含以下工作内容：保证润滑油路的畅通，注意及时更换油杯、油嘴等易损件;对加不进润滑脂的润滑点,必须利用工作间隙拆开润滑,并排除故障;每年汛前对设备定期保养时,应按要求对所有润滑点进行润滑。

机械传动装置的维护应符合下列要求:经常擦拭传动装置的外壳及护罩,固定螺栓丢失或松动时应及时补齐拧紧;定期向各润滑点加注润滑油脂。对不经常操作运行的设备,宜定期空运转,并向各润滑点注油;当减速器油位低于标尺下限时,应及时添加相同型号的润滑油,且油位不得高于标尺上限;开式齿轮啮合面应确保有一层油膜;联轴器应润滑适当,连接螺栓、柱销不得松动,橡胶圈磨损、变形或失去弹性时应及时更换。

钢丝绳及卷筒的维护应符合下列要求:定期清除钢丝绳表面的油垢,并涂敷洁净的钢丝绳防锈脂;卷筒上的钢丝绳固端绳卡数量不得缺少,紧固螺栓必须拧紧,使弹簧垫圈完全压平,弹簧垫圈断裂或失去弹性时应予以更换;卷筒支座轴承、开放齿轮润滑正常;双吊点启闭机,两吊轴中心应位于同一水平线上,当高差超过 5 mm 时应进行调整,启闭机卷筒两侧法兰盘上的槽孔宜予以封堵,卷筒内的杂物应予以清除;卷筒表面应经常涂钢丝绳专用润滑油脂或钙基润滑脂。

制动器的维护应符合下列要求:制动器与机架连接应保持牢固,不得发生位移。制动器轴瓦中心线与制动轮中心线偏差:当制动轮直径小于或等于 200 mm 时,允许偏差 2 mm;当制动轮直径大于 200 mm 时,允许偏差 3 mm。制动器各节点销轴应润滑良好、转动灵活,无卡阻、锈蚀现象;当杠杆和弹簧发现裂纹,以及各销轴磨损量超过原值的 5% 时,应予以更换;制动轮与制动瓦工作表面应保持清洁、干燥,不得沾染油污;制动衬垫与制动轮的实际接触面积,不得小于总面积的 75%;定期调整制动轮与制动瓦的间隙。

滑轮组的维护应符合下列要求:定期向滑轮组注油,保证每片滑轮组都能灵活转动;经常清除淤挂在滑轮上的杂物,避免卡阻或引起钢丝绳脱槽。

三、液压启闭机的维护

液压缸及活塞杆的维护应符合下列要求:液压缸各部位及其与支座的连接螺栓均不得松动,弹簧垫圈断裂或失效应予以更换;及时清理活塞杆行程内的障碍物,避免活塞杆受到任何刮划和摩擦;长期暴露于缸外或处于水中的活塞杆应加强防腐蚀保护;当空气进入油缸内部时,应用排气阀缓慢放气;当无排气阀时,可用活塞以最大行程往复数次,强迫排气。

油泵、阀组及仪表的维护应符合下列要求:经常擦拭油泵、阀组元件、油压表、油温表等指示仪表,各部位均不得有漏渗现象;定期校验并调节减压阀、节流阀、溢流阀和各种仪表,保持其动作灵活,指示准确。

油箱、管路及液压油的维护应符合下列要求:经常保持油箱及管路清洁整齐,油位明晰。油箱及管路附近不得堆放易燃物,且应备有良好的消防器具;定期清洗空气过滤器、吸油滤油器、回油滤油器、注油孔及隔板滤网,若有损坏,应及时更换;管路固定牢固,若有振动、摩擦,应及时处理。

液压油的维护应符合下列要求:保持环境整洁,正确操作,防止水分、杂物或空气混入;油箱口、油管口、滤油机口、临时油桶等必须保持清洁,无灰尘、水分;使用液压油要注意防火安全,消防措施必须齐备可靠;油箱中的液压油应保持正常的液面,液面下降必须补油。补油必须符合系统规定的液压油牌号并对新油进行过滤,过滤精度不得低于系统的过滤精度;液压油在使用过程中会逐渐老化,达到一定程度要及时更换。

四、门式(台车式)启闭机的维护

门式(台车式)启闭机整机的清洁、紧固、调整、润滑工作及机械传动装置的维护、钢丝绳及卷筒的维护、制动器的维护、滑轮组的维护工作要求同固定卷扬启闭机。

行走机构的维护应符合下列要求:随时清理行走轨道、轨面及轨道沟,不得存有影响台车行走的障碍物;当行走轨道有松动位移时,应立即调整紧固。当跨度 $L \leqslant 10$ m 时,轨距允许偏差为 ±3 mm;当跨度 $L > 10$ m 时,允许偏差为 ±5 mm。轨道接头处左右、上下允许偏差为 1 mm,接头间隙不应大于 2 mm;行走台车各部件应连接紧固;轴承宜每年汛前换油一次,保证运转灵活;夹轨器各转动销轴润滑良好,动作灵活、夹持可靠,钳口与轨道的间隙适当;车挡必须牢固无变位,同跨两车挡与缓冲器均应对应,若有偏差,应及时调整。

液压抓梁的维护应符合下列要求:液压抓梁各部件应连接牢固,无相对位移或结构变形;液压抓梁的销轴和轴孔表面应定期涂油防腐蚀,保持转动灵活;液压装置、信号装置以及供电插座均应密封,严防进水。

五、电气设备的维护

电动机的维护应符合下列要求:电动机必须安装牢固,风扇及护罩均不得松动;室外电动机接线盒必须防雨,接线端子不得受潮或松动;电动机绕组绝缘电阻值不小于 0.5 MΩ。

配电设备的维护应符合下列要求:配电设备应保持清洁、干燥。操作机构动作灵活可靠;各种监测仪表、信号及指示装置均应齐全完好,并定期校验,指示精度不低于1%;全部电器接线必须牢固,电器触头光洁平整,无烧灼黏连现象;当电源电压不大于 500 V 时,主回路与控制回路对地的绝缘电阻值一般不小于 0.5 MΩ,潮湿环境中不得小于 0.25 MΩ;电磁铁端面应光洁平整,吸合时接触紧密,无异常声响;行程限位开关、过载保护及其他连锁保护开关均应定期调试,保证动作灵敏可靠,能自动切断主回路电源;全部电器设备不带电的外壳及支架应接地可靠。

六、闸门的维护

门叶的维护应符合下列要求:门体上的落水孔应保证梁格内的积水排泄畅通;防腐涂层发现局部锈斑、针状锈迹时,应及时补涂涂料,当普遍出现剥落、龟裂、明显粉化等老化现象时,应全部重新防腐;连接螺栓锈损、松动或丢失,应及时配齐、拧紧(高强螺栓连接应按规定力矩拧紧),发现断裂时,应查明原因采取相应措施;当门叶位移(变形)或倾斜,使闸门单侧或对角的侧轮(滑块)受力时,应查明原因及时纠正,并检查水封压缩量是否符合设计要求;当闸门发生振动时,应及时查明原因,采取措施消除或减轻振动。

行走支承装置的维护应符合下列要求:及时清理行走支承装置表面淤泥、漂浮物和附着物;行走支承装置的零部件应完好无损,与门体连接牢固可靠;各转动部位的注油装置应保持齐全完好,油路畅通,转动灵活;自润滑(及含油)轴承应保持密封良好。封水圈损坏、失效时应及时更换。

吊耳、吊杆及锁定装置的维护应符合下列要求:吊耳、吊杆及锁定装置应保持清洁;零部件完好,存放时应排列整齐,防止变形和腐蚀;吊耳及锁定装置与闸门连接、支承必须牢固可靠,应经常检查、及时拧紧松动的螺栓,必要时加设锁紧螺母;闸门吊耳销轴应能灵活转动,必要时清洗和涂油润滑;检修门门叶节间连接用移轴装置应在每次使用前、后进行维护保养(安装时所有摩擦面加注锂基润滑脂,移动轴内腔加注50%的滑脂)。

止水装置的维护应符合下列要求:清理止水装置工作区域的沉积和杂物;适时检查、调整预压止水的预压量,以保证可靠止水;改性聚乙烯止水材料磨损量应控制在5 mm范围内;闸门的止水橡皮不得与任何非止水部位及混凝土面发生摩擦;液控止水系统的储水箱、蓄能器、水泵、阀门输水胶管等管件应完好,无漏水现象;储水箱内应保持清洁,水位显示要正确可靠,出口过滤器无堵塞;液控止水供水系统的保温层应完好,无破损;闸门止水橡皮与止水座板之间长期处于干燥状态时,起闭前应浇水润滑。

埋件的维护应符合下列要求:及时清理门槽内的淤积及漂浮物;埋件防腐蚀涂层的缺陷应及早修补;当埋件混凝土出现冲蚀孔洞时,应及时修复;当过水(水流冲刷)部位埋件连接沉孔树脂充填物冲蚀、脱落时,应及时填充;弧门铰座地脚螺栓不得有松动现象。

闸门平压系统的维护应符合下列要求:闸门充水阀止水严密,部件完整,阀门启、闭无卡阻;当电动关闭旁通管路各阀门到达终端位时,控制机构应切断电源,并同时保证阀门关闭严密,阀位指示正确;手、电动切换机构应切换可靠、复位灵活(电动时能自动复位);电动装置解体检查维护,应对转矩、行程控制机构进行重新调整和确认;阀门电动装置当遇解体维修时,应据传动机构具体情况适量加注润滑脂;各阀门填料部位、各管件连接处及管端封堵处无渗漏;各伸缩节伸缩量调节螺栓的给定量是否正确。

七、整机性能测试

性能测试包括以下内容:启闭机的运行速度、起重量、行程限位是否合适,仪器、仪表、元件的整定值是否正确,压缩量、位置设置等调试参数是否正确,各种继电保护装置是否在起作用。

性能测试的要求如下:正常工作的金属结构设备,每年汛前应进行一次性能测试;长期处于闲置状态的启闭设备,每季度要进行一次性能测试;经过大修的启闭设备,在交付使用前应进行载荷试验和性能测试;经过大修的闸门,在交付使用前应进行相应的有水试验和无水试验;发生过重大事故的金属结构设备,在继续使用前,应进行相应的试验和性能测试。

第四节　检修管理

小浪底水利枢纽工程金属结构设备实行状态检修的工作方式,通过设备运行、巡检及各专项检查,对设备的状态进行综合评估,确定其是否应该检修以及检修的部位、规模和方案,做到当修必修、修必修好。

金属结构设备检修采取自主实施与面向社会招标相结合的工作方式,对经常检查及日常运行中发现的较小缺陷和问题,自主实施检修;对工作量大、专业性较强、市场成熟的技术改造和检修等需要大量劳动力的工作,委托社会上有资质和能力的单位实施。电厂对项目加强管理,安排专业人员进行现场监理、检查和验收,确保项目实施的质量。

经过探索和实践,已经形成了符合小浪底实际的检修模式,在保持人员精干的前提下,充分利用了社会资源,保证了检修维护工作的正常开展和检修质量,提高了生产效率,节约了管理成本。

为保证设备检修工作质量,使设备处于良好的技术状态,电厂为每台设备均建立了设备档案,将设备制造、使用、管理和维修的重要资料作好归档和记录。对在设备运行、巡检及各专项检查中发现的缺陷进行登记,并及时进行消缺处理。检修工作的主要内容包括:定期的拆解检查修理工作;处理临时故障、更换损坏的零件;更换主要零件,恢复机构精度和设备性能。

一、检修的分类

检修工作分为小修、岁修、大修、抢修四个等级。检修工作均应以恢复原设计标准及其性能为原则,做到当修必修、修必修好,设备检修工作结束后检修负责人应详细填写《检修记录》及《检修报告》。

小修是指对经常检查及平常运行中发现的缺陷和问题随时进行局部修补、完善工作。通常不安排检修计划,多在设备运行间歇按水工工作单进行修复即可。小修的工作时间应少于 3 d。

岁修一般指按计划对一些部件进行解体修复,更换主要零件,恢复精度和机构性能等。岁修将影响水库的运用。每年的 12 月根据汛后全面检查发现的故障编制下年度的岁修计划,下年的 5 月前完成。岁修项目的工作时间一般为 10 ~ 20 d。

大修是指设备发生较大的损伤,一些主要部件的技术状态下降严重,需要整体解体检修,更换全部磨损零件,按技术标准恢复各机构的精度、性能及进行必要的更新改造等工作。大修修复工程量大,修复技术复杂,如液压启闭机解体检修,门机电气控制系统更新,门叶的承载构件(部位)发生变形需矫正、局部结构补强或更换材料,弧形闸门支铰及支腿需要解体检修等。大修影响水库的运用。大修前应做好充分的准备工作,提前准备好检修的零部件、工器具,做好检修计划、施工工艺、安全措施等技术文件。大修项目的工作时间一般为 30 ~ 45 d。

抢修是指重大事故或意外损伤发生后立即进行的检修。抢修属于非计划性检修,只是当金属结构设备受到意外损伤,危及工程安全或影响正常运行时安排。

二、启闭机金属结构件的检修

当门架、机架等主要结构件的涂层普遍出现剥落、鼓泡、龟裂、明显粉化等老化现象或修补面积大于40%时,应按下列要求进行整体防腐处理:防腐前的预处理应符合《涂装前钢材表面锈蚀等级和除锈等级》(GB 8923—88)中规定的 $Sa2.5$ 级,使用照片目视对照评定。除锈后的表面粗糙度应达到 40 ~ 100 μm,用专用检测量具检测;涂漆时先涂底漆两层,每层漆膜厚度为 25～35 μm,后涂面漆两层,每层漆膜厚度为 60～70 μm,漆膜的总厚度不小于 200 μm;漆膜附着力应不低于《色漆和清漆漆膜的划格试验》(GB 9286—1998)中的一级质量;涂装时,宜在气温 5 ℃以上时进行,涂装场地应通风良好;当构件表面潮湿或遇尘土飞扬、烈日直接暴晒等情况时,不得进行涂装;除锈涂装结构件时,应对机械传动部件或有配合要求的接触面进行封闭防护。

桥架或门架的变形修复后应满足下列要求:在无日照的情况下,主梁、桥架跨中的上拱度 $F=(0.9～1.4)L/1\ 000$ mm,且最大上拱度应控制在跨中 $L/10$ 范围内;在离上盖板约 100 mm 的腹板处测量,主梁的水平弯曲 $f\le L/2\ 000$,且最大不得超过 20 mm;在筋板处测量,主梁上盖板的水平偏斜 $b\le B/200$;在长筋板处测量,主梁腹板的垂直偏斜 $h\le H/500$,且最大不得超过 2 mm;箱形梁、工字梁的腹板平面度,以 1 m 的平尺检查,在离上盖板 $H/3$ 以内的区域小于等于 0.7 板厚,其余区域小于等于 1.0 板厚。

当起升额定载荷的小车位于跨中,主梁的下挠度超过 $L/700$ mm,或空载小车位于桥架一端,主梁的下挠度超过 $L/1\ 500$ mm 时,应进行检修。如果未达到修复界限,但因结构变形已严重地影响了使用,亦应考虑检修。

钢结构局部变形的火焰矫正法如下:当用火焰矫正结构变形时,被加热区域必须处于压应力状态,使结构能够实现压缩塑性变形,故加热前应人为地采取撑、压、拉及利用自重等办法来形成加热区的压应力,达到矫正变形的目的。严禁在结构的同一部位反复多次加热矫正。对重要的结构件,应避免使变形互相抵消的火焰矫正。对重要的结构件,加热后不允许用浇水法快速冷却。低碳钢的兰脆温度为 300～500 ℃,为防止出现裂纹,严禁在此范围内锤击。

对于低碳钢,火焰矫正的温度应尽量取 700～800 ℃为最适宜,矫正时的温度一般可根据钢板的颜色来判断。一般情况下,盖板带状加热区的宽度取 80～100 mm 为宜,腹板在相应位置上采用三角形加热区,其宽度与盖板相同,高度取腹板的 1/4。

结构件补强时,应采用相同材质的材料,且厚度不得小于原厚度。结构件补强的焊缝应满足与原材料等强度的要求。

三、机械传动系统的检修

机械传动系统的检修包括减速器的检修,齿轮传动副的检修,轴承与轴的检修,联轴器的检修,制动器的检修,卷筒组的检修,钢丝绳的更换,动、定滑轮组的检修,车轮组的检修,轨道的检修,夹轨器的检修和液压抓梁的检修等 12 个部分,各部分检修的内容如下。

(一)减速器的检修

(1)漏油处理。①在减速器加油孔的盖板上设置通气孔,使减速器内外气压保持一致。②清除箱体合缝处回油槽中的污物,以便油液迅速返回油池。③减速器的密封圈若发生损坏,应及时更换。当密封胶失效需重涂时,原涂层需剥离或用醋酸乙脂和汽油的混合液清洗,清除干净后再重涂。

(2)当润滑油出现异味、颜色发生变化、油中含有大量杂质和水分时,应更换。

(3)减速器接合面的间隙在任何部位都不应该超过 0.3 mm,并保证不漏油。

(4)轴承座孔不准有倒锥现象,上、下箱体接合面不得再进行加工或研磨。

（二）齿轮传动副的检修

（1）当传动齿轮噪声增大、齿面磨损加剧时，应对齿轮和齿轮箱进行彻底清洗，更换新油。

（2）齿轮与轴连接松动时，应予以紧固或更换连接键。

（3）当齿轮出现裂纹、断齿或齿厚磨损超过标准允许值时，应更换新件。

（4）渐开线齿轮的齿轮侧隙应满足规范要求。

（5）齿轮的啮合情况。根据齿面的接触痕迹确定的接触面积，在齿长方向应大于50%，在齿高方向应大于40%。

（三）轴承与轴的检修

（1）当轴的转速低于500转/min时，每米挠度应小于0.25 mm，全长应小于0.5 mm；当轴的转速高于500转/min时，每米挠度应小于0.15 mm，全长应小于0.3 mm。

（2）当轴径磨损尚未达到允许极限值时，可进行车削加工或经电镀磨削加工予以检修。

（3）轴承滚道内出现锈蚀、点蚀、剥离等应更新。

（4）轴承的径向间隙当超过规定时，应更换。

（5）在滑动轴承的摩擦面上，不允许有碰伤、气孔、沙眼、裂纹等缺陷。

（6）滑动轴承的油沟和油孔必须光滑，除去锐边和毛刺，以防刮油。

（7）滑动轴承的轴径与衬套的接触角应在60°~120°范围内，接触面积每1 cm² 范围内不得少于1个点。

（8）滑动轴承的轴径与衬套间隙应符合规定，侧向间隙一般为顶间隙的50%~75%。

（9）当滚动轴承与座孔配合松动时，允许用电镀方法加大轴承外圈直径予以修复；当滚珠或支架破裂时，应更换新轴承。

（10）滚动轴承的座圈端面与压盖的两端必须平行，拧紧螺栓后必须均匀贴合。滚动轴承的轴向间隙，按图样上规定的间隙进行调整，并使四周均等。

（四）联轴器的检修

（1）当联轴器的位移偏差超过规范要求时，必须进行调整。

（2）当弹性联轴器同心度偏差过大或键连接松动时，应调整紧固。当发现联轴器有裂纹时，应更换新件。

（3）弹性柱销联轴器如果柱销孔有较大磨损，可以回转一个方向重新钻铰孔，更换标准柱销；但不允许把柱销孔扩大来配柱销。

（4）齿轮联轴器应定期拆卸、清洗、换油。当发现裂纹、断齿或齿厚磨损超过原齿厚15%时，应更换新件。

（五）制动器的检修

（1）当制动轮磨损表面不平度达1.5 mm时，可车削加工和热处理予以修复。当出现裂纹或轮缘厚磨损至厚度的2/3时，应更换新件。

（2）组装后制动轮的轴向跳动和径向跳动符合规范要求。

（3）制动衬垫与制动轮的实际接触面积，不得小于总面积的75%，当制动衬垫的厚度小于规范规定的数值或压板与制动轮相摩擦时，应予以更换。

(4)杠杆和弹簧发现裂纹;各销轴磨损量超过原值的5%时,应予以更换。

(5)液压制动器应定期拆卸,清洗、换油。

(六)卷筒组的检修

(1)当卷筒绳槽磨损超过2 mm时,应重新车槽,但剩余壁厚应不小于原壁厚的85%。

(2)卷筒磨损后露出砂眼、气孔等缺陷,当总数不超过5处,且不分布在同一横断面上,其直径不大于10 mm,深度不超过该处名义厚度的25%(绝对值不大于4 mm)时,允许补焊磨光修复。

(3)当卷筒出现裂纹或壁厚磨损超过原壁厚20%时,应更换新件。

(4)卷筒轴径的磨损和挠度,轴承的磨损及检查更换标准。

(七)钢丝绳的更换

(1)钢丝绳若出现永久变形、打结、弯折、部分压扁、断股、电弧灼烧而高温退火,任一节距内断丝数超过规范规定,应予更换。

(2)当钢丝绳腐蚀或磨损时,按照规范要求允许断丝数予以折减。

(3)更换新钢丝绳的长度,应保证当吊点位于下极限时,留在卷筒上的钢丝绳圈数不少于4圈,其中两圈作为绳端固定用,另两圈作为安全圈。

(4)当钢丝绳与闸门连接的一端断丝超标,但其断丝范围不超过固定圈长度时,可调头使用。

(八)动、定滑轮组的检修

(1)若轮缘和轮辐有裂纹或破碎,应及时焊补或更换。

(2)当滑轮绳槽壁厚的磨损量达原壁厚的10%,径向磨损量达绳径的25%时,均应修复或更换。

(3)滑轮组各部位之间的间隙是否合适,转动有无卡阻。若有,应拆解检查,并清洗换油或更换轴承。

(4)当滑轮轴的磨损量达原公称直径的5%,滑动轴承的磨损量达原厚度的5%,滚动轴承的滚珠或支架破碎时,应更换新件。

(九)车轮组的检修

(1)同一端梁下,车轮的同位差不得大于3 mm;同一平衡梁下,不得大于1 mm。

(2)车轮的垂直偏斜 $a \leqslant l/400$;车轮的水平偏斜 $a \leqslant l/1\,000$,且同一轴线上一对车轮的偏斜方向应相反。

(3)车轮应与轨道踏面接触,不应有悬空现象。

(4)当车轮踏面磨损深度不超过原厚度的15%、轮缘厚度磨损不超过50%时,可补焊、车削修复。

(5)当车轮整体任何部位出现裂纹或磨损量超标时,应更换新件。

(6)车轮踏面和轮缘内侧面上,除允许有直径 $d \leqslant 1$ mm(当 $D \leqslant 500$ mm时)或 $d \leqslant 1.5$ mm(当 $D > 500$ mm时),深度 $\leqslant 3$ mm,个数不多于5处的麻点外,不允许有其他缺陷,也不允许焊补。

(十)轨道的检修

(1)大车轨道的轨距偏差:当跨度 $L \leqslant 10$ m时,不应超过3 mm;当跨度 $L > 10$ m时,不应超过 5 mm。

（2）小车轨道的轨距偏差：当跨度 $L \leq 2.5$ m 时，不应超过 2 mm；当跨度 $L > 2.5$ m 时，不应超过 3 mm。

（3）小车轨道应与大车主梁上翼缘板紧密贴合，当局部间隙大于 0.5 mm，长度超过 200 mm 时，应加垫板垫实。

（4）轨道的纵向直线度不应超过 1/1 500，在全行程上最高点与最低点之差不应大于 2 mm。

（5）轨道接头处左、右、上三面的偏移均不应大于 1 mm，接头间隙不应大于 2 mm。

（6）当轨道侧面磨损量超过原厚度的 15%，或轨道出现裂纹时，应考虑重新更换。

（7）轨道头部的碰撞疤痕应及时修磨平整。

（8）车轮啃轨应检查以下方面：电气方面的接、断电时间是否一致，制动器的闸瓦间隙是否一致或动作时间是否一致，轨道的直线度、同一截面的高程、跨度误差是否超标，车轮的垂直偏斜、水平偏斜是否超差，各车轮直径的相对误差是否太大，车架变形或传动装置中的零件是否磨损。

（十一）夹轨器的检修

（1）当承载的导杆螺母、夹紧弹簧等出现裂纹、变形时，应及时更换新件。

（2）当夹钳钳口出现裂纹或钳口牙齿表面的磨损量大于 0.5 mm 时，应更换新件。

（3）当夹钳夹紧轨道时，导杆螺母与垫块之间的间隙应大于 8 mm。

（十二）液压抓梁的检修

（1）液压抓梁要经常检查其水密性是否完好，油箱中是否含有水分。

（2）抓梁定位装置有无位移、变形。

四、液压系统的检修

当油缸外渗漏过大时，应压紧或更换密封圈。当活塞杆腐蚀或拉伤时，可采用电镀、磨光予以修复。当油缸内泄露过大时，应更换活塞，重新配合研磨。油缸内壁拉毛或局部腐蚀磨损严重，可镗磨内径，并按要求重配活塞。油箱及管路局部漏油，可采用焊补方法修复；当严重腐蚀造成多处渗漏时，应更换新件。油泵及阀件故障可根据产品使用说明书，调整修复或送厂返修。

五、电气设备的检修

当电动机绕组绝缘值低于 0.5 MΩ 时，应采取措施处理。电动机轴承发热，噪声增大，应拆卸清洗轴承，更换新油或更换新件。当绕线式电动机碳刷磨损量超过原高度的 1/3 时，应更换新件。各种控制电器的零部件应完整无缺，装配质量良好，若有缺损、松动，应及时修复。手操机构应动作灵活，无卡阻现象；控制器手轮各挡位手感分明，能准确定位，出现故障时应及时修复。电磁铁铁芯与衔铁接触表面应平整清洁，吸合紧密，不应发生强烈振动和无故释放现象，不能满足要求时应予修理或更换新件。电气触头表面光滑，动、静触头接触良好，接触面若有毛刺或凹凸不平，应及时修平或更换新件。触头分合应迅速可靠，无缓慢游滑或停顿现象，当不能满足要求时，应予调整或更换新件。各种电气仪表、信号及报警装置,若发现失灵,须及时更换。

六、门叶的检修

当门叶的承载构件及其他局部结构发生变形时,应及时进行矫正。变形较严重的构件,当不影响门叶整体稳定时,可拆卸后予以矫正,或用相同规格和材质的新件更换。矫正可用冷、热(加工)方法进行。热(加工)方法矫正时的加热温度宜控制为 700~750 ℃ (原则上不允许有相变),并要求缓慢冷却。冷(加工)方法矫正时应保证受力点凹陷深度不超过 0.5 mm。当环境温度低于 -15 ℃时不得进行矫正。矫正后须进行探伤检查。按以上要求检修的门叶,其行走支承、止水橡皮等安装基准面(机加工面)的几何形状、尺寸若不符合设计要求,应经机械加工使其达到设计要求。

门叶主要构件腐蚀深度达到原设计厚度的 10% 或门叶整体稳定性不满足要求时,应重新核算其强度和整体稳定性,按补强设计修理或更换新件。气蚀引起的局部剥蚀,可用堆焊高抗蚀材料或局部更换材料的方法进行修复。堆焊或材料更换部位应用砂轮机修复至原设计尺寸。

当门叶的一、二类焊缝发现表面裂纹时,应用无损探伤方法确定裂纹的深度和范围,分析裂纹产生的原因,按规范要求修复处理。门叶上的所有连接螺栓严重腐蚀时应予更换。当螺栓孔壁锈蚀严重时,可用增大一级螺栓直径的方法修复。高强度螺栓应按规定力矩拧紧。门叶节间连接轴销、连接板等不得有裂纹,当磨损、腐蚀量达到原设计的 5% 时,应予以更换。检修后的闸门门叶,其几何形状、尺寸应符合规范要求。

门叶面板经机械加工的,其面板外弧的曲率半径允许偏差为 ±1.0 mm。弧门的面板、门叶与支臂的组合面,经机械加工的,其门叶横向直线度、组合面的平面度应符合规范要求。

七、行走支承的检修

由于主滑块的磨损,造成门叶实际压缩量减少致使闸门渗水时,应更换滑块。主滑块夹槽及反向滑块出现裂纹、局部崩损,经探伤检查,确认不影响安全使用时,可焊补修复。当反向滑块摩擦面磨损、锈蚀严重时,可加工修理其摩擦面,然后在其背面加垫恢复至设计尺寸,但其最大加工量限为 3 mm。

当定轮部件中的轴(偏心轴)、轴套、滚轮等与滚动轴承配合相关的尺寸及几何形状超过设计标准时,应予以检修或更换。当轮轴的油孔、油槽堵塞时,应拆卸清洗。当其他部位的滑动轴承的配合间隙超过设计标准的 1 倍时,应更换轴套。当定轮踏面磨损的尺寸、形状公差超过设计标准的 1 倍时,可堆焊加工修复。堆焊修复后,应按设计要求进行热处理。当定轮铸钢轴承座辐板根部、转角及筋臂交连处、承压加工面等出现裂纹时,应予更换检修。当滚动轴承的滚动体出现点蚀、内外滚道出现裂纹时,应更换检修。轴承部位的密封件磨损、老化应更换。

检修后的平门支承应符合下列要求:闸门的滚轮或滑道支承组装时,应以止水座面为基准进行调整,滚轮或滑道应在同一平面内,其平面度允许公差为:当滚轮或滑道的跨度小于 10 m 时,应不大于 2.0 mm;当跨度大于 10 m 时,应不大于 3.0 mm,同时滚轮对任何平面的倾斜应不超过轮径的2/1 000。滑道支承与止水座基准面的平行度允许公差为:当滑道长度小于或等于500 mm时,应不大于0.5 mm;当滑道长度大于500 mm时,应不大于1.0 mm,相邻滑道衔接的高低差应不大于1.0 mm。滚轮或滑道支承跨度的允许偏差应符合规范规定,同侧滚轮或滑道的中心线偏差应不大于2.0 mm。在同一横断面上,滑道支承或滚轮的工作面与止水座面的距离允许偏差为1.5 mm。

当弧门支铰系统的油孔、油槽堵塞时,应拆卸清洗(根据实际情况也可采取其他措施处理)。支铰的辐板根部、转角及承压加工面出现裂纹均不允许焊补,应更新。当支腿的支臂及复杆发生变形时,应及时进行矫正。当支铰系统部件与滚动轴承相配合的尺寸及形状公差超过设计要求时,应予以检修或更新。当滚动轴承的滚动体出现点蚀、内外滚道出现裂纹时,应更换检修。轴承部位的密封件磨损、老化应更换。

检修组装后的支铰支承应符合下列要求:支臂的正、侧两面的直线度允许偏差:正面为构件长度的1/1 500,且不超过4.0 mm;侧面为构件长度的1/1 000,且不超过6.0 mm。左、右两个铰链轴孔的同轴度 a 不应大于1.0 mm,每个铰链孔的倾斜应不大于1/1 000。铰链中心至门叶中心距离 L_1 的偏差,不应超过 ±1.0 mm。支臂中心与铰链中心的不吻合值 Δ_1 的偏差,不应超过2.0 mm,支臂腹板中心与门叶主梁腹板中心的不吻合值 Δ_2,不应大于4.0 mm。支臂中心至门叶中心距离 L_2 的允许偏差为 ±1.5 mm。支臂与门叶主梁组合处的中心至支臂与铰链组合处的中心对角线 $|D_1 - D_2|$,不应大于3.0 mm。支臂两端的连接板与门叶主梁、铰链连接板,通过螺栓连接后,两者之间允许0.3 mm的局部间隙。接触面积不应少于70%。铰链轴孔中心至面板外缘的曲率半径 R 偏差,不应超过 ±3.0 mm,且左右支腿相对偏差不应超过1.0 mm。

八、吊耳、吊杆、锁定梁、环形轨道的检修

当吊耳、吊杆及锁定装置变形构件超过制造允许偏差时,应及时矫正,矫正后应进行探伤检查。吊耳、吊杆的连接轴销(包括检修门的元宝梁)不得有裂纹,当磨损、腐蚀量达到原设计的5%时,应更换。当受力拉板、撑板蚀余厚度小于原设计厚度的90%时,应予补强或更换。吊耳、锁定装置的连接螺栓及螺孔腐蚀,应予以更新。不得扩孔检修。检修过的闸门吊耳,其吊耳孔的纵、横向中心线的距离允许偏差为 ±2.0 mm。吊耳、吊杆的轴孔应各自保持同心,其倾斜应不大于1/1 000。

九、止水装置的检修

止水橡皮磨损、变形,可加垫进行调整,使其达到设计压缩量。止水橡皮断裂(或更新),其接头用热胶合方法胶合,胶合接头错位不得大于0.5 mm、凹凸不平或有疏松现象。止水橡皮严重磨损、变形或自然老化失去弹性,应予以更换。止水橡皮上的螺孔应按门叶或止水压板上的孔位配钻,严禁烫制。孔径应比螺栓直径小1 mm。止水橡皮表面应光滑,不得盘折存放。止水的厚度允许偏差为 ±1.0 mm,其余外形尺寸的允许偏差为设计尺寸的2%。止水压板变形应进行矫正,严重腐蚀变形的应予以更换。止水装置检修时,为拆卸、安装方便,可根据实际情况截短水封压板。

液控给水箱自动补水阀密封垫破损、自然老化失去弹性,应更换。阀门浮子渗水,可

用钎焊焊补或更换。

当改性聚乙烯止水材料的摩擦面磨损深度达到 5 mm 时,应更换新止水。活动支座复位弹簧断裂,应按设计要求更换新弹簧。

检修过的止水装置,在设计水头压力下每 1 m 长度范围内漏水量不应超过 2 L/s。新更换止水橡皮的止水装置,在设计水头压力下每 1 m 长度范围内漏水量不应超过 1 L/s。

十、闸门平压系统的检修

充水阀封水橡皮破损、老化,应更换检修。封水压圈气蚀、锈蚀严重,应更换检修。封水压圈紧固螺钉拧紧后,螺钉沉头孔的缝隙应用环氧树脂填补抹平。阀体挂板的定位导向螺杆锈蚀、磨损应更换。阀体座盘密封面磨损、气蚀严重可补焊研磨检修使其达到密封标准,否则应更换整体阀座。当更换阀座或吊耳板时,应严格对闸门中心进行对中。当更换吊耳板时应先装好元宝梁,然后进行后序工作。

旁通管充水装置的阀门、阀体、阀盖有裂纹、断裂等应更换,不得修补使用。阀门的密封面由于气蚀、锈蚀,造成麻点、斑孔以及磨损,可用同种材料进行焊补、研合,使之达到密封标准。充水管路及安装焊缝出现裂纹,可焊补检修。但须进行打压试验。套筒式补偿器伸、缩距离分别为 15 mm。电动装置的弹簧、传动部件损坏,应更换检修。电动装置解体检修后,应对行程控制机构进行重新调整和确认。检修后的电动装置应符合下列标准:电动关闭阀门到位,控制机构应自动切断电源,并能保证阀门的密封;电动开启阀门到位,亦应控制灵敏;位置指示机构应正确显示阀门运行情况及其所处位置;手、电动切换机构应切换可靠、复位灵活。

十一、闸门埋件的检修

主轨工作面(活动轨头)断裂、磨损或腐蚀严重,应更换(明流洞、排沙洞、孔板洞等的事故门主轨可更换)。无活动轨头的主轨可采用焊补、喷镀金属或贴补不锈钢的方法修复。可更换的主轨活动轨头更换后,连接用的螺栓沉头孔等应用环氧树脂进行封闭(抹平至活动轨头工作面)。止水座板(加工面)因腐蚀出现麻面,可采用刷涂环氧树脂或喷镀不锈钢材料予以修复。埋件因高速水流冲刷、空蚀发生脱落、变形,可局部更换。

检修后的埋件应符合下列要求:活动轨头装配在主轨上之后,接头的错位应不大于 0.1 mm,其直线度允许偏差为:长度小于 4 000 mm 的不大于 0.4 mm,长度大于 4 000 mm 的不大于 0.5 mm。焊接主轨的不锈方钢、止水座板底板组装时,局部间隙不大于 0.2 mm 且每一段(间隙)长度不超过 100 mm,累计长度不超过全长的 15%。当止水座板在主轨上时,任一横断面的止水座板与主轨轨面的距离 c 的允许偏差为 ±0.5 mm,止水座板中心的距离 a 的允许偏差为 ±2.0 mm。当止水座板在反轨上时,任一横断面的止水座板与反轨工作面的距离 c 的允许偏差为 ±2.0 mm。突扩式门槽侧轨止水座面的曲率半径允许偏差为 ±2.0 mm,其偏差应与门叶面板外弧的曲率半径偏差方向一致;一般弧形闸门侧止水和侧导轮的中心线曲率半径允许偏差为 ±3.0 mm。检修后的埋件除应满足上述要求外还应符合规范规定。

十二、闸门检修后的整体测试

平面闸门检修后应满足下列要求:节间用轴销、连接板连接的,节间止水橡皮的压缩量应符合设计要求;门整体组装后,其组合处错位不应大于 2.0 mm;橡皮安装后,两侧止水中心距离和顶止水中心至底止水底缘距离的允许偏差为 ±3.0 mm,止水表面的平面度为 2.0 mm。当闸门处于工作状态时,止水橡皮的压缩量应符合图样规定;平面闸门应做静平衡试验,试验方法为:将闸门吊离地面 100 mm,通过滚轮或滑道的中心测量上、下、左、右方向的倾斜,闸门的倾斜不应超过门高的 1/1 000,且不大于 8.0 mm;当超过上述规定时,应予配重。

弧形闸门检修后应满足下列要求:防淤闸、溢洪道工作门铰轴中心至面板外缘的曲率半径 R 的允许偏差为 ±8.0 mm,两侧相对差应不大于 5.0 mm;明流洞工作门铰轴中心至面板外缘的曲率半径 R 的允许偏差为 ±4.0 mm,两侧相对差应不大于 3.0 mm;孔板洞、排沙洞工作门铰轴中心至面板外缘的曲率半径 R 的允许偏差为 ±3.0 mm,其偏差应与门叶面板外弧的曲率半径偏差方向一致;侧止水座基面至弧门外弧面的间隙公差不大于 3.0 mm,同时两侧半径的相对差应不大于 1.5 mm。

第六章　设备改造与技术更新

第一节　充水平压系统改造

一、概述

充水平压系统的设置是为了满足事故闸门和检修闸门静水启门的运行工况的要求。充水平压的方法很多,在清水河流上,事故闸门和检修闸门多为下游面止水,充水平压宜采用在闸门上设充水阀的方式。由于黄河多泥沙的特点,如果在小浪底水利枢纽的事故闸门和检修闸门上设置充水阀,阀芯和阀座间易受污物卡塞,使阀芯回落不到底,致使充水阀漏水,或者因泥沙淤积,使阀芯提不起来,造成开阀困难。因此,经过多方案研究对比,小浪底水利枢纽的事故闸门和排沙洞检修闸门采用以旁通管充水为主的充水方案。

小浪底水利枢纽进水塔充水平压系统布置在小浪底进水塔群,进水塔群共分 10 个塔,对应于泄水与发电建筑物,其中有 3 个孔板塔、3 个发电塔(含发电洞和排沙洞)、3 个明流塔和 1 个灌溉塔,每个塔内相应的泄洪洞都布置有充水平压管道系统。为了保证引水的同时防止泥沙进入管道,充水管道的进口布置在正常死水位 230.0 m 高程以下和闸门前最高淤积面 187.0 m 以上。为了防止污物堵塞进口,主要进口集中设计在 3 个发电塔主、副拦污栅的下游。为了尽量保证充水的可靠性,将发电洞、排沙洞和孔板洞的充水管道相互连通,形成一个上下左右的给水网络,以便相互补充、互为备用。

发电、排沙系统的充水平压管道的进口分上、下两层,上层布置在 225.5 m 高程,下层布置在 200.5 m 高程,分别比排沙洞的进口高程高出 25 m 和 50 m,比闸门前最高泥沙淤积面高程高出 13 m 和 38 m。当库水位低于 2 230 m 时,从下层进口引水;当库水位高于 230 m 时,从上层进口引水。上、下两层进口处均设有阀门室及交通廊道,阀门室内的进口主阀采用电动平板阀,其他阀门采用电动蝶阀。孔板洞、明流洞充水管道在各自的胸墙上另设有一组进水口,进口高程分别为 200.5 m、225.0 m 和 239.0 m,其控制阀门及管路的布置与发电洞、排沙洞基本相似,仅高程、位置不同。

二、管道振动原型观测

充水平压系统在实际运用过程中,发出很大的噪声,平压管道也明显感觉到振动,并多次发生蝶阀电动头连接轴断裂和伸缩节拉杆座板断裂现象,这些问题直接影响了闸门正常充水平压工作。如果孔板洞、排沙洞和发电洞的充水平压旁通管道或阀门破裂,将直接导致水淹进水塔的严重后果,从而影响小浪底水利枢纽的安全运行。

为查清充水平压系统运行过程中存在的以上问题是否会危及枢纽安全稳定运行,2004 年 6 月对小浪底水利枢纽充水平压管道系统进行原型观测,观测选取了具有代表意义的 1 号排沙洞充水平压管道和 3 号孔板洞充水平压管道。观测的项目主要为:管道运行过程中的振动加速度、位移及主要部位的振动应力。1 号排沙洞与 3 号孔板洞充水平压管道布置示意图见图 6-1。

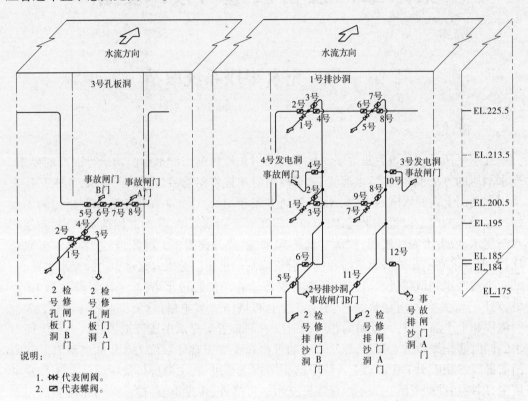

说明:

1. ✻ 代表闸阀。
2. ▱ 代表蝶阀。

图 6-1　1 号排沙洞与 3 号孔板洞充水平压管道布置示意图

(一) 仪器设备及测点布置、观测工况

1. 仪器设备

振动应力观测采用的是电阻应变计法,其基本原理是采用应变仪量测布置在测点处的电阻应变片的电阻变化,以确定测点处的应变并按虎克定理来确定应力。此观测仪器为北京科技大学研制的焊接式应变片,并配有专用点焊机进行仪器安装,这种应变片特别适合于金属结构的应力观测。二次仪表为 DPM – 82A 型自动调平动态应变仪作放大器,通过桥头与放大器连接。振动应力观测框图如图 6-2 所示。

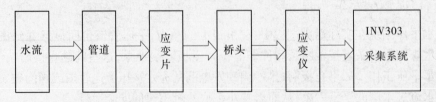

图 6-2　振动应力观测框图

　　加速度观测一次仪表为扬州无线电二厂生产的 CA – YD – 132 型低频高灵敏度压电式加速度传感器,二次仪表为丹麦 B&K 公司生产的 2693 型带双积分电路的电荷放大器。加速度观测框图如图 6-3 所示。

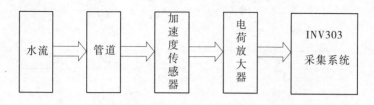

图 6-3　加速度观测框图

　　位移观测的一次仪表为中国地震局工程力学研究所生产的专门用于位移观测的 891 – 2 型速度型位移拾震器,二次仪表为与之配套的 6 线 891 型放大器。位移观测框图如图 6-4 所示。

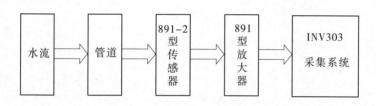

图 6-4　位移观测框图

　　三次仪表为东方振动与噪声研究所研制的 INV303 型智能信息采集系统,包括一个采集卡和一套软件,通过计算机进行数据采集与处理。

　　2. 振动测点布置

　　1)3 号孔板洞充水平压管测点布置

　　3 号孔板洞平压管从 200.5 m 高程引水进行事故闸门和工作闸门间充水,进口设 1 号闸阀,在十字交叉管道上布置 2 号、3 号、4 号蝶阀,其中 2 号、3 号蝶阀控制事故闸门与检修闸门间充水,4 号和 7 号蝶阀控制事故闸门与工作闸门间充水。7 号蝶阀后管道埋设在混凝土中,因此次观测管道为 1 号闸阀与 7 号蝶阀之间的裸露管道,裸露在外的管道长度约为 16 m、埋设在混凝土中的管道长度约为 28 m。管道上布置 3 组三向应变计、2 组二向应变计,共布置 16 个方向应变计进行振动应力观测;在 1 号、2 号、3 号、4 号阀之间十字交叉的中间位置布置 1 组加速度传感器(相互垂直的 3 个方向),在观测过程中通过移动该组传感器分别对中间位置及 1 号、2 号、3 号、4 号阀部位的加速度进行观测,在 T 形部位及 7 号蝶阀前与后分别布置 1 组加速度传感器,共布置 12 个方向加速度传感器,进行 8 个部位振动加速度观测;在十字交叉中间位置、T 形部位、7 号蝶阀前后各布置 1 组三向的 891 – 2 型位移拾震器,共 12 个方向振动位移观测。具体测点布置详见图 6-5。

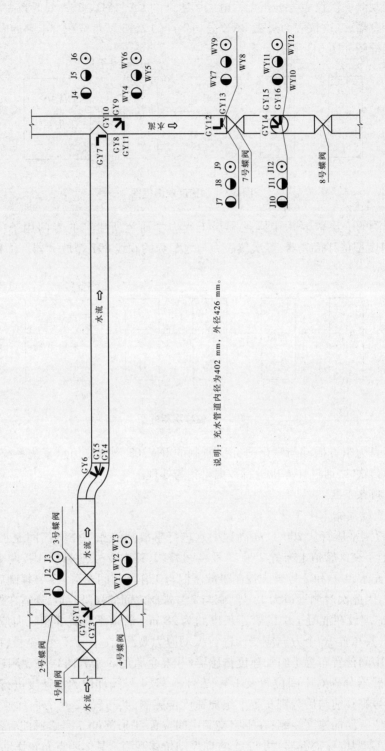

说明：充水管道内径为402 mm，外径426 mm。

图 6-5　3 号孔板洞平压管振动测点布置简图

2)1号排沙洞充水平压管测点布置

1号排沙洞充水平压管道取水口设在225.5 m高程平台和200.5 m高程平台处,整个充水管道较长。当225.5 m高程平台充水时,控制进水的为5号闸阀,充水时有7号蝶阀和12号蝶阀控制事故闸门后充水,6号、8号蝶阀为连通控制阀,在225.5 m高程平台充水时不参与开启。当200.5 m高程平台充水时,控制进水的为7号蝶阀,充水时8号蝶阀与12号蝶阀控制事故门后充水,9号蝶阀为连通控制阀。12号蝶阀之前的充水管道裸露在外,其余管道埋设在混凝土内。在管道上布置5组3向应变计、3组2向应变计,共布置21个方向应变计进行振动应力观测。共布置了6组18个方向的加速度传感器,其中采用移动布置在225.5 m和200.5 m高程平台阀门处传感器方法对不同部位的阀门振动加速度进行了观测,共观测13个部位的3个方向的振动加速度。振动位移观测共布置了3组9个方向的891－2型位移型传感器。具体测点布置详见图6-6。

3)观测时间、工况

2004年6月9日下午16:00对3号孔板洞充水平压管进行振动观测,观测期间上游库水位为252.30 m。2004年6月10下午16:00对1号排沙洞(225.5 m高程平台取水)充水平压管道进行振动观测,观测期间上游库水位为251.93 m。2004年6月22日晚20:00对1号排沙洞(200.5 m高程平台取水)充水平压管道进行振动观测,观测期间上游库水位为245.68 m。

(二)观测成果

1.3号孔板洞充水平压管振动观测

2004年6月9日进行了3号孔板洞充水平压管振动观测。观测前需将孔板洞工作闸门与事故闸门间的水体放一部分,由于7号蝶阀后埋设在混凝土中的管道较长(长度约为28 m,高程差为13.5 m),没有设置可补气的装置,造成管道内出现较大负压,当水体完全排放的瞬间,管道内负压与外界压力的剧烈变化,使得充水平压管整体移动(通过观测管道伸缩部位的痕迹约5.4 cm),同时在压力释放时发出巨大声响。

观测时首先开启1号闸阀(时间近3 min),然后开启4号蝶阀(约30 s),最后开启7号蝶阀(约30 s)进行充水,开启过程共计用时约5 min。在充水过程中声音较大,不能听清楚面对面讲话的内容。当充水管出水口为淹没出流时管道的振动及声音变小,随着压力的逐渐平衡,振动及声音逐渐减弱至消失。

分别对阀门开启过程、全开充水过程及充水结束过程中管道振动应力、加速度、位移进行观测;其中开启过程及充水结束过程管道振动为非平稳过程,全开充水过程由于出水口为自由出流,上游库水位基本保持不变,可以看做平稳随机过程。表6-1~表6-3给出了不同部位在全开时振动量的均方根值及最大值与最小值。

从表6-1~表6-3可以看出,在阀门全开充水过程中,振动应力均方根最大值出现在GY6测点,为弯管处垂直水流向,最大均方根值为2.1 MPa,最大值为9.1 MPa;GY7均方根值为1.8 MPa,另外GY4、GY8、GY9、GY11均方根值大于1.0 MPa,这些点位于弯管或是丁字形处的水流冲击区,即流态变化复杂的地方。

振动位移均方根值最大值出现在WY5测点,为丁字形处水流冲击方向,最大均方根值为2 863.0 μm,最大值为4 562.1 μm;WY8均方根值为1 818.0 μm,由于水流在丁字形

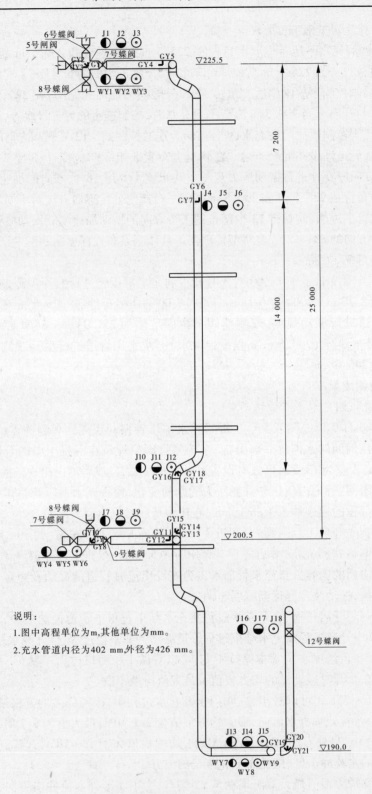

说明:

1.图中高程单位为m,其他单位为mm。

2.充水管道内径为402 mm外径为426 mm。

图6-6 1号排沙洞平压管振动测点布置简图

管道处直接冲击管道,流向有一个90°转弯,使沿水流冲击方向的振动位移较大。

振动加速度最大均方根值出现在J6测点,最大均方根值为32.2 m/s²,最大值为231.2 m/s²,J4均方根值较大,为31.3 m/s²,同样加速度最大值出现在水流流态变化复杂的地方,即有水流冲击的区域。所测到的1号闸阀、2号蝶阀、3号蝶阀、4号蝶阀加速度最大值为3号蝶阀垂直地面方向,均方根值为10.2 m/s²,最大值为38.2 m/s²;振动最小的是1号闸阀,均方根值为5.4 m/s²;2号、4号蝶阀振动加速度均方根值比1号闸阀均方根值大一些,比3号蝶阀小一些。

从振动应力、振动位移及振动加速度等几个方面综合考虑,3号孔板洞充水平压管振动较大,主要原因可能是管道布置上不合理,弯头太多,流态变化比较复杂,90°转弯的管道有2处。在事故闸门后泄水时出现很大的管道整体移动,主要是由于在泄水过程中管道内形成较大负压,又没有补气措施。

表6-1　阀门全开充水各测点振动应力均方根值、最大值、最小值

测点	方向	位置	均方根值(MPa)	最大值(MPa)	最小值(MPa)	频谱图中峰值频率(Hz)
GY1	垂直水流向	十字交叉中心	0.4	1.7	-1.4	16.3, 25.9, 57.5
GY2	45°	十字交叉中心	0.9	3.6	-3.9	16.3, 25.3, 39, 52.7
GY3	水流向	十字交叉中心	0.6	2.2	-2.4	17.5, 25.3, 39, 57.2
GY4	水流向	弯管处	1.6	7.1	-6.6	1.2, 23.5, 74.6
GY5	45°	弯管处	—	—	—	—
GY6	垂直水流向	弯管处	2.1	9.1	-9.5	1.1, 21.8, 28.6, 54.6
GY7	水流向	丁字交叉处	1.8	7.5	-7.9	1.2, 18.6, 42.0
GY8	垂直水流向	丁字交叉处	1.6	6.3	-6.9	1.5, 3.2, 17.7, 23.7, 41.9, 64.8
GY9	水流向	丁字交叉处	1.6	6.4	-7.1	1.2, 18.3, 38.3, 51.4, 63.7
GY10	45°	丁字交叉处	0.9	3.8	-3.3	1.7, 3.1, 18.6
GY11	垂直水流向	丁字交叉处	1.7	6.6	-7.0	1.5, 23.6
GY12	水流向	7号蝶阀前	0.5	1.9	-2.2	18.3, 30, 63.2, 78.9, 89.1
GY13	垂直水流向	7号蝶阀前	0.4	1.5	-1.8	1.8, 28.9, 39.8, 62.3
GY14	水流向	7号蝶阀后	0.2	0.9	-0.9	1.5, 19.0, 51.7, 72.7
GY15	45°	7号蝶阀后	0.2	1.0	-1.0	18.3, 28.4, 61.2
GY16	垂直水流向	7号蝶阀后	0.5	1.9	-1.9	1.4, 27.7, 51.7, 61.2, 73.1

表 6-2　阀门全开充水各测点振动位移均方根值、最大值、最小值

测点	方向	位置	均方根值 （μm）	最大值 （μm）	最小值 （μm）	频谱图中峰值频率（Hz）
WY1	平行地面	十字交叉中心	71.9	279.6	−259.8	0.9
WY2	水流向	十字交叉中心	133.5	443.4	−427.8	1.1
WY3	垂直地面	十字交叉中心	79.5	300.2	−380.4	0.9
WY4	水流向	丁字交叉处	520.1	2 728.4	−2 066.6	0.7
WY5	平行水流向	丁字交叉处	2 863.0	4 562.1	−4 549.9	1.1
WY6	垂直地面	丁字交叉处	765.0	2 184.5	−3 088.5	0.9
WY7	水流向	7 号蝶阀前	1 155.0	4 362.5	−4 510.5	1.1
WY8	平行水流向	7 号蝶阀前	1 818.0	4 789.0	−4 812.0	0.8
WY9	垂直地面	7 号蝶阀前	458.3	1 742.2	−1 325.8	0.9
WY10	水流向	7 号蝶阀后	20.3	77.3	−80.9	0.8
WY11	平行水流向	7 号蝶阀后	562.1	2 075.8	−1 840.2	0.9
WY12	平行水流向	7 号蝶阀后	—	—	—	—

表 6-3　阀门全开充水各测点振动加速度均方根值、最大值、最小值

测点	方向	位置	均方根值 （m/s²）	最大值 （m/s²）	最小值 （m/s²）	频谱图中峰值频率（Hz）
J1	平行地面	十字交叉处	6.2	27.6	−24.9	1.5, 3.7, 31.6
J2	水流向	十字交叉处	5.9	24.9	−22.7	22.7
J3	垂直地面	十字交叉处	12.2	51.3	−51.0	1.7
J1	平行地面	1 号闸阀	4.8	19.8	−21.2	16.6, 32.3, 53.6
J2	水流向	1 号闸阀	4.5	22.0	−22.2	16.6
J3	垂直地面	1 号闸阀	5.4	32.2	−26.6	38.3, 53.8, 61.3, 71.7
J1	平行地面	2 号蝶阀	7.5	30.7	−32.1	38.7, 64.1
J2	水流向	2 号蝶阀	5.8	20.3	−22.0	29.9, 41.8, 52.3
J3	垂直地面	2 号蝶阀	9.1	34.6	−48.9	5.8, 38.6, 55.2, 73.2
J1	平行地面	3 号蝶阀	6.0	24.4	−25.4	30.7, 36.8, 53.1, 63.8
J2	水流向	3 号蝶阀	5.6	19.5	−17.6	51.8
J3	垂直地面	3 号蝶阀	10.2	38.2	−63.3	30.6, 37.8, 52.0, 64.3, 92.6
J1	平行地面	4 号蝶阀	4.9	17.7	−24.1	19.2, 27.2, 51.7, 76.9
J2	水流向	4 号蝶阀	7.9	39.3	−43.2	18.7, 26.6, 51.5
J3	垂直地面	4 号蝶阀	5.5	19.3	−27.4	17.5, 24.4, 26.1

续表 6-3

测点	方向	位置	均方根值（m/s²）	最大值（m/s²）	最小值（m/s²）	频谱图中峰值频率(Hz)
J4	水流向	丁字交叉处	31.3	183.7	-167.9	频率成分丰富，无明显主频
J5	平行水流向	丁字交叉处	12.1	63.3	-54.4	频率成分丰富，无明显主频
J6	垂直地面	丁字交叉处	32.2	231.2	-165.7	频率成分丰富，无明显主频
J7	水流向	7 号蝶阀前	10.7	47.5	-56.2	频率成分丰富，无明显主频
J8	平行水流向	7 号蝶阀前	8.6	42.5	-45.8	43.8，频率成分丰富
J9	垂直地面	7 号蝶阀前	17.5	92.7	-100.9	41.2，频率成分丰富
J10	水流向	7 号蝶阀后	5.9	26.8	-31.3	73.1，频率成分丰富
J11	平行水流向	7 号蝶阀后	4.3	19.8	-17.5	42.2，55.3，频率成分丰富
J12	垂直地面	7 号蝶阀后	6.7	55.7	-66.6	频率成分丰富，无明显主频

2.1 号排沙洞充水平压管振动观测

2004 年 6 月 10 日(上游库水位为 251.93 m)完成了 1 号排沙洞充水平压管 225.5 m 高程平台充水时管道的振动观测。2004 年 6 月 22 日(上游库水位为 245.68 m)完成了 200.5 m 高程平台充水时管道的振动观测。

225.5 m 高程平台充水时，首先打开 225.5 m 高程平台的 5 号闸阀，然后打开 7 号蝶阀，最后打开 189 m 高程平台的 12 号蝶阀进行 1 号排沙洞事故闸门后充水。当阀门全开充水时声音比较大，两人交流需面对面大声讲才能听明白说话内容，在出水口淹没后的平压过程中声音逐渐减小至消失。

阀门全开出水口没有淹没时充水过程为平稳随机过程，可用管道振动量的均方根值、最大值和最小值及功率谱密度图表达其振动特性。表 6-4 ~ 表 6-6 为在 225.5 m 高程平台阀门全开充水时的管道振动应力、加速度、位移等振动量的均方根值、最大值和最小值。表 6-7 ~ 表 6-9 为在 200.5 m 高程平台阀门全开充水时的管道振动应力、加速度、位移等振动量的均方根值、最大值和最小值。

从表 6-4 ~ 表 6-6 可知：225.5 m 高程平台充水时，最大振动应力为 225.5 m 高程平台十字交叉管道中心 45°方向 GY2 测点，均方根值为 0.9 MPa，最大值为 3.2 MPa；最大振动加速度为竖直管道(高程 218.3 m)的 J6 测点，均方根值为 8.8 m/s²，最大值为 59.9 m/s²；最大振动位移测点为 189 m 高程平台转弯段前部水流向 WY8 测点，由于信号超量程，均方根值无法给出，最大值大于 4 558 μm，其次是平行水流向 WY2 测点，均方根值为 942.5 μm，最大值为 2 558.5 μm，但大部分测点位移均方根值小于 200 μm。

从表 6-7 ~ 表 6-9 可知：200.5m 高程平台充水时，最大振动应力为水平管道末端垂直水流向 GY11 测点，均方根值为 1.0 MPa，最大值为 3.5 MPa；最大振动加速度的测点为 189 m 高程平台转弯段前部平行地面垂直水流方向的 J15 测点，均方根值为 18.8 m/s²，最大值为 82.6 m/s²；最大振动位移测点为 189 m 高程平台转弯段前部水流向 WY8 测点，均方根值为 1 753.0 μm,最大值为 4 533.6 μm,其次是 189 m 高程平台转弯段前部垂直地面 WY7 测点,均方根值为 350.5 μm,最大值为 1 737.9 μm,其余测点振动位移均方根值均小于 300 μm。

225.5 m 高程平台充水时所测阀门振动加速度中,相比而言,最大值为 6 号蝶阀,三个方向的振动量级基本一致,垂直水流向振动加速度均方根值为 6.4 m/s²,平行水流向为 6.3 m/s²,垂直地面为 5.7 m/s²,最大值分别为 24.0 m/s²、26.3 m/s²、18.8 m/s²;其次是 7 号蝶阀,最小值为 5 号、8 号蝶阀。200.5 m 高程平台充水时阀门振动加速度最大为 8 号蝶阀,平行地面方向振动加速度均方根值最大,为 4.1 m/s²,最大值为 15.9 m/s²;其次为 9 号蝶阀,最小值为 7 号蝶阀。

225.5 m、200.5 m 高程平台充水时振动测试结果的比较主要是 200.5 m 高程平台以下测点的振动结果的比较。从 225.5 m、200.5 m 高程平台充水时所测管道振动量的结果来看,应力均方根值均小于等于 1.0 MPa,没有明显差异;200.5 m 高程平台充水时的位移均方根值大于 225.5 m 高程平台充水时的振动位移均方根值;加速度与位移一样,200.5 m 高程平台充水时的加速度均方根值大于 225.5 m 高程平台充水时的振动加速度均方根值。

表 6-4　225.5 m 高程平台充水时各测点应力均方根值、最大值和最小值

测点	方向	位置	均方根值(MPa)	最大值(MPa)	最小值(MPa)	频谱图中峰值频率(Hz)
GY1	垂直水流向	十字交叉管道中心	0.4	2.3	-2.0	42.7, 48.5, 80.2, 93.3
GY2	45°	十字交叉管道中心	0.9	3.2	-3.4	42.7, 48.5, 65.8, 87.2
GY3	平行水流向	十字交叉管道中心	0.7	2.8	-2.7	41.8, 46.9, 65.9, 93.3
GY4	平行水流向	第一个弯头处	0.3	1.0	-1.2	6.7, 14.0, 24.0, 47.8, 67.9
GY5	垂直水流向	第一个弯头处	0.2	0.9	-0.8	5.8, 15.2, 23.2, 38.7, 45.7
GY6	平行水流向	竖直管道(高程 218.3 m)	—	—	—	—
GY7	垂直水流向	竖直管道(高程 218.3 m)	0.5	1.8	-1.9	16.5, 41.2, 46, 63.7, 74.4, 77.7
GY8	水流向	丁字交叉管道中心	0.2	1.1	-0.7	4.4, 29.3
GY9	45°	丁字交叉管道中心	0.3	2.7	-1.4	4.2, 29.3
GY10	垂直水流向	丁字交叉管道中心	0.6	4.5	-2.1	4.2, 29.3
GY11	垂直水流向	水平管末端				
GY12	水流向	水平管末端	0.3	1.4	-0.7	4.4
GY13	垂直水流向	竖直管道	—	—	—	
GY14	45°	竖直管道	0.2	1.0	-1.0	4.4, 23.3
GY15	水流向	竖直管道				

续表6-4

测点	方向	位置	均方根值（MPa）	最大值（MPa）	最小值（MPa）	频谱图中峰值频率（Hz）
GY16	水流向	竖管转弯段（高程211.3 m）	0.2	0.9	-1.1	4.8, 37.2, 46.6, 60.3
GY17	45°	竖管转弯段（高程211.3 m）	0.2	0.5	-0.7	4.0, 23.3, 30.2, 46.6, 60.3
GY18	垂直水流向	竖管转弯段（高程211.3 m）	0.1	0.6	-0.5	4.8, 23.3, 30.2, 46.6, 60.3
GY19	垂直水流向	198 m高程平台转弯段	0.3	1.0	-1.2	5.6, 10.8
GY20	45°	198 m高程平台转弯段	0.5	2.2	-2.4	4.4, 10.6
GY21	水流向	198 m高程平台转弯段	0.4	1.6	-1.6	4.4, 10.6

表6-5　225.5 m高程平台充水时各测点加速度均方根值、最大值和最小值

测点	方向	位置	均方根值（m/s²）	最大值（m/s²）	最小值（m/s²）	频谱图中峰值频率（Hz）
J1	垂直水流向	十字交叉管道中心	5.0	18.7	-23.0	6.3, 40.1, 81.8
J2	平行水流向	十字交叉管道中心	4.2	23.7	-21.8	6.8, 40.1
J3	垂直地面	十字交叉管道中心	6.5	27.6	-29.0	6.1, 15.8, 22.1
J1	垂直水流向	5号闸阀	2.8	15.1	-17.2	35.2
J2	平行水流向	5号闸阀	1.5	11.8	-9.4	18.9, 35.2, 47.5
J3	垂直地面	5号闸阀	2.3	20.4	-14.5	6.1, 73.8, 82.7, 93.4
J1	垂直水流向	6号蝶阀	6.4	24.0	-23.7	48.5
J2	平行水流向	6号蝶阀	6.3	26.3	-19.0	48.3
J3	垂直地面	6号蝶阀	5.7	18.8	-26.8	46.5
J1	垂直水流向	7号蝶阀	3.1	11.3	-11.5	40.1
J2	平行水流向	7号蝶阀	5.0	20.1	-22.4	37.1, 67.2, 80.7, 94.6
J3	垂直地面	7号蝶阀	4.4	16.7	-19.6	6.1, 39.9
J1	垂直水流向	8号蝶阀	1.0	4.0	-3.4	38.6, 44.4, 46.9, 54.1
J2	平行水流向	8号蝶阀	1.3	5.2	-4.8	41.8, 44.4, 46.9, 49.8
J3	垂直地面	8号蝶阀	1.2	5.3	-6.4	71.5
J4	平行水流向	竖直管道（高程218.3 m）	5.4	29.0	-26.7	48.5
J5	垂直水流进水塔长度向	竖直管道（高程218.3 m）	4.1	29.4	-39.3	48.5

续表 6-5

测点	方向	位置	均方根值（m/s²）	最大值（m/s²）	最小值（m/s²）	频谱图中峰值频率（Hz）
J6	垂直水流进水塔宽度向	竖直管道（高程218.3 m）	8.8	59.9	−57.1	46.5
J7	垂直地面	丁字交叉管道中心	0.5	3.4	−8.8	29.3, 84.0
J8	水流向	丁字交叉管道中心	0.6	12.7	−34.0	3.95, 25.6, 75.3, 83.8
J9	平行地面	丁字交叉管道中心	0.9	13.4	−38.0	4.2, 29.3
J10	水流向	竖管转弯段（高程211.3 m）	1.8	8.3	−8.6	37.2
J11	平行进水塔长度向	竖管转弯段（高程211.3 m）	1.6	10.1	−12.5	37.2, 46.5
J12	垂直进水塔长度向	竖管转弯段（高程211.3 m）	1.7	25.7	−20.8	4.78, 30.2, 60.7
J13	垂直地面	189 m 高程平台转弯段	0.9	4.5	−3.7	48.9, 77.8
J14	水流向	189 m 高程平台转弯段	1.4	6.5	−7.4	77.4
J15	平行地面	189 m 高程平台转弯段	1.3	5.2	−5.5	49.1
J16	水流向	12 号蝶阀附近	4.1	18.5	−18.7	5.2
J17	平行地面	12 号蝶阀附近	3.2	12.6	−15.9	5.8, 64.6
J18	垂直地面	12 号蝶阀附近	4.9	26.7	−33.1	5.4

表 6-6　225.5 m 高程平台充水时各测点位移均方根值、最大值和最小值

测点	方向	位置	均方根值（μm）	最大值（μm）	最小值（μm）	频谱图中峰值频率（Hz）
WY1	垂直水流向	十字交叉管道中心	810.6	2 217.8	−2 070.9	1.2
WY2	平行水流向	十字交叉管道中心	942.5	2 558.5	−2 596.6	2.0
WY3	垂直地面	十字交叉管道中心	74.6	253.5	−242.6	1.2
WY4	垂直地面	丁字交叉管道中心	63.3	214.6	−469.2	1.5
WY5	水流向	丁字交叉管道中心	13.2	49.1	−125.2	1.5, 4.2, 29.3
WY6	平行地面	丁字交叉管道中心	13.8	103.9	−82.7	2.3, 4.4, 29.3
WY7	垂直地面	189 m 高程平台转弯段前	152.7	380.2	−551.4	1.2, 2.1
WY8	水流向	189 m 高程平台转弯段前	—	4 558.9	−4 553.1	—
WY9	平行地面	189 m 高程平台转弯段前	113.0	488.6	−402.4	1

表 6-7　200.5 m 高程平台充水时各测点应力均方根值、最大值和最小值

测点	方向	位置	均方根值（MPa）	最大值（MPa）	最小值（MPa）	频谱图中峰值频率（Hz）
GY8	水流向	丁字交叉管道中心	0.5	1.8	−2.1	13.1、25.4、28.5、51.0
GY9	45°	丁字交叉管道中心	0.7	2.5	−2.7	13.1、27.2、53.5
GY10	垂直水流向	丁字交叉管道中心	0.9	3.7	−3.4	13.1、27.9、50.8
GY11	垂直水流向	水平管末端	1.0	3.5	−3.4	3.5、17.9、25.4、30.4、75.2
GY12	水流向	水平管末端	0.7	2.1	−1.7	3.5、13.1、25.3
GY13	垂直水流向	竖直管道	—	—	—	—
GY14	45°	竖直管道	0.3	1.1	−1.1	3.1、13.1、23.3、49.7
GY15	水流向	竖直管道	—	—	—	—
GY16	水流向	竖管转弯段（高程211.3 m）	0.2	0.6	−0.6	25.0、48.0、75.1
GY17	45°	竖管转弯段（高程211.3 m）	0.1	0.3	−0.4	24.9、30.2
GY18	垂直水流向	竖管转弯段（高程211.3 m）	0.1	0.4	−0.4	24.9、30.2、48.0、75.1
GY19	垂直水流向	189 m 高程平台转弯段	0.4	1.2	−1.2	4.8、48.5、82.8
GY20	45°	189 m 高程平台转弯段	0.7	1.9	−1.9	5.4
GY21	水流向	189 m 高程平台转弯段	0.5	1.4	−1.3	3.32、5.4、9.35、25.6、82.6

表 6-8　200.5 m 高程平台充水时各测点加速度均方根值、最大值和最小值

测点	方向	位置	均方根值（m/s²）	最大值（m/s²）	最小值（m/s²）	频谱图中峰值频率（Hz）
J7	垂直地面	丁字交叉管道中心	6.1	24.1	−29.0	5.2、11.2、17.1、30.1
J8	水流向	丁字交叉管道中心	8.0	34.4	−32.4	4.6、12.0、21.9、27.6、37.7
J9	平行地面	丁字交叉管道中心	12.0	53.7	−50.5	5.8、11.9、17.6、25.8
J7	垂直地面	8 号蝶阀	3.2	37.0	−13.1	5.2、27.5、59.1
J8	水流向	8 号蝶阀	2.5	10.5	−15.3	5.8
J9	平行地面	8 号蝶阀	4.1	15.9	−20.8	5.4、55.1
J7	垂直地面	9 号蝶阀	2.4	10.0	−13.8	41.8、52.6
J8	水流向	9 号蝶阀	1.8	7.3	−7.3	4.8、11.6、16.6、30.3、48.7

续表 6-8

测点	方向	位置	均方根值（m/s²）	最大值（m/s²）	最小值（m/s²）	频谱图中峰值频率（Hz）
J9	平行地面	9 号蝶阀	2.4	17.4	-13.3	52.6, 57.2
J7	垂直地面	7 号闸阀	1.7	7.0	-7.8	30.6, 32.6, 70.3
J8	水流向	7 号闸阀	1.7	7.2	-6.9	18.9, 41.6, 70.3, 85.9
J9	平行地面	7 号闸阀	1.5	5.2	-6.2	5.8, 25.0, 70.7
J10	水流向	竖管转弯段（高程 211.3 m）	8.0	35.8	-33.9	5.0, 24.5, 47.8
J11	平行进水塔长度向	竖管转弯段（高程 211.3 m）	7.8	37.0	-37.2	4.4, 48.2
J12	垂直进水塔长度向	竖管转弯段（高程 211.3 m）	15.8	60.5	-58.0	4.6, 10.2, 17.9, 23.5
J13	垂直地面	189 m 高程平台转弯段	10.3	43.1	-59.5	4.2, 12.1, 18.1, 24.1
J14	水流向	189 m 高程平台转弯段	11.2	52.1	-61.9	5.0, 18.9
J15	平行地面	189 m 高程平台转弯段	18.8	82.6	-69.9	5.2, 25.2
J16	水流向	12 号蝶阀附近	10.3	40.5	-40.2	4.0, 13.1
J17	平行地面	12 号蝶阀附近	6.4	26.5	-28.8	4.6, 13.3, 23.5, 44.8, 58.0, 74.3
J18	垂直地面	12 号蝶阀附近	14.9	57.9	-60.3	4.6, 11.6, 32.1

表 6-9　200.5 m 高程平台充水时各测点位移均方根值、最大值和最小值

测点	方向	位置	均方根值（μm）	最大值（μm）	最小值（μm）	频谱图中峰值频率（Hz）
WY4	垂直地面	丁字交叉管道中心	144.9	532.4	-505.8	1.3
WY5	水流向	丁字交叉管道中心	12.8	39.7	-62.5	1.3, 28.1
WY6	平行地面	丁字交叉管道中心	17.3	79.7	-67.4	1.3, 28.1, 51.9
WY7	垂直地面	189 m 高程平台转弯段前	350.5	1 737.9	-1 407.1	1.7
WY8	水流向	189 m 高程平台转弯段前	1 753.0	4 533.6	-4 578.4	0.8
WY9	平行地面	189 m 高程平台转弯段前	272.6	1 250.0	-1 165.0	1.5

（三）结论

（1）3 号孔板泄洪洞充水平压管道在运行过程中振动观测结果表明，振动位移均方根值最大值为 2 863.0 μm，最大值为 4 562.1 μm，振动加速度最大均方根值为 32.2 m/s²，

最大值为 231. 2 m/s^2,管道主要应力均方根最大值为 2. 1 MPa,最大值为 9. 1 MPa。1 号排沙洞充水平压系统管道在运行过程中振动观测结果表明,最大振动位移均方根值为 1 753. 0 μm,最大值为 4 533. 6 μm;最大振动加速度均方根值为 18. 8 m/s^2,最大值为 82. 6 m/s^2;最大振动应力均方根值为 1. 0 MPa,最大值为 3. 5 MPa。

1 号排沙洞 225. 5 m 与 200. 5 m 高程平台充水时,200. 5 m 高程以下管道振动测点测试结果表明,管道振动应力均方根值均小于等于 1. 0 MPa,差别不大;200. 5 m 高程平台充水时的位移及加速度均方根值大于 225. 5 m 高程平台充水的振动位移均方根值。两个充水平台之间管道对水流的阻力,使不同充水平台充水时管道流速产生差异,因而诱发管道振动大小上有所不同。

测试结果还表明,在阀门开启过程中,充水平压管道振动逐渐增大;在阀门关闭过程中充水平压管道振动逐渐减小。因此,可以推断管道振动的大小与管道内流量有很大关系。

在充水平压管道振动测试过程中,由于水流诱发的管道振动产生了巨大声响,因此 1 号排沙洞测试现场工作人员需要大声面对面才能进行交流,而 3 号孔板洞测试现场则无法进行交流。

3 号孔板泄洪洞充水平压管道系统振动明显比 1 号排沙洞充水平压管道系统振动严重,其原因直接与两者管道布局有关,孔板洞充水平压管道系统在充水平台上的两次直角转弯可能是诱发管道振动的主要原因。孔板洞充水平台振动声响明显大于排沙洞充水平台的振动声响,除与两者振动强弱有关外,排沙洞充水平台空间开阔也是一个重要原因。

(2)3 号孔板泄洪洞充水平压系统管道振动测试前,曾将孔板洞工作闸门开启,泄放孔板洞内工作闸门与事故闸门间的水体。由于没有补气措施,在水体排放过程中,充水平压管道内产生很大负压。当水体完全排放的瞬间,管道内负压与外界压力的剧烈变化,使得充水管道产生总体向左平移 5. 4 cm。

(3)对于管道振动目前国内外还没有评价标准,不过日本提出当管道振动位移大于 1/2 000 倍的管道直径时就必须采取加固措施。小浪底电站充水平压管道直径为 400 mm,由此推断管道振动位移大于 0. 2 mm 时,管道振动就需要注意。另外,由于管道同属钢结构,美国陆军工程师兵团为阿肯色河弧门振动制定的标准同样可以用于管道振动进行参考。美国阿肯色河通航枢纽中提出的以振动位移均方根值来划分水工钢闸门振动强弱的标准,即振动可以忽略不计(0 ~ 0. 050 8 mm)、振动微小(0. 050 8 ~ 0. 254 mm)、振动中等(0. 254 ~ 0. 508 mm)和振动严重(大于 0. 508 mm)。此外,金属结构的局部振动应力不大于允许应力的 20%。从测试结果来看,振动位移远远超过了严重振动的标准,振动应力虽然较小,但可能与测点处应力不是最大应力部位有关。因此,根据上述标准,可以认为 1 号排沙洞及 3 号孔板洞的充水平压管道系统振动属于非常严重情况。

根据国内外统计资料,水电站或泵站的输水压力管道出现振动的事例大约为电站或泵站总数的 5% ~ 10%。法国 Vosges 努埃尔 - 布兰克湖抽水蓄能电站管道曾经由于振动破裂导致 9 人死亡。日本、英国等曾经报道过水电站管道流激振动较大的典型工程事例,我国泻湖峡及夹马口电站也曾经对管道流激振动问题进行了测试。从发表的振动测试结果可以看出,除日本的渥赫岛电站外,这些电站管道振动振幅大都在 2 mm 以下,小于这次 1 号排沙洞及 3 号孔板泄洪洞管道振动的观测结果。这也从另外一个侧面反映了小浪底充水平压管道振动的严重性。

（4）分析产生管道振动的原因主要是管道系统弯头太多，管道内水流与管系复杂的相互作用导致了振动过大。从观测结果可以看出，管道流激振动的大小与管道内的流量大小直接相关，因此为了减小振动及噪声，建议对充水过程中的流量进行控制，减少充水过程中管道充水流量。同时，在孔板洞及充水平压系统增设补气装置，避免管道系统内水体全部泄放瞬间管道内产生压力剧烈变化，从而引起管道很大的整体移动。

（5）3 号孔板洞闸阀振动最大的是 3 号蝶阀垂直地面方向，均方根值为 10.2 m/s^2，最大值为 38.2 m/s^2；振动最小的是 1 号闸阀，最大均方根值为 5.4 m/s^2。1 号排沙洞充水平压系统管道在运行过程中，200.5 m 充水平台振动最大为 6 号蝶阀，三个方向的振动量级基本一致，垂直水流方向振动加速度均方根值为 6.4 m/s^2，平行水流方向为 6.3 m/s^2，垂直地面为 5.7 m/s^2，最大值分别为 24.0 m/s^2、26.3 m/s^2、18.8 m/s^2；其次是 7 号蝶阀，最小值为 5 号、8 号蝶阀。220.5 m 高程平台充水时阀门振动加速度最大为 8 号蝶阀，平行地面方向振动加速度均方根值最大，为 4.1 m/s^2，最大值为 15.9 m/s^2；其次为 9 号蝶阀，最小值为 7 号蝶阀。

阀门电动装置质量约为 80 kg，3 号蝶阀最大荷载约为 5 064 kN，该蝶阀最小截面所受最大弯矩约为 2 025.6 N·m，由此推算该截面螺栓断面振动应力均方根值为 13.52 MPa，最大值达到 83.9 MPa，大于最大容许应力的 20%，这也是阀门经常由于振动而损坏的原因。

（6）鉴于小浪底水利枢纽充水平压系统使用频繁，且观测期间库水位（245.68 ~ 252.30 m）与最高库水位（275 m）有较大差异。此次管道流激振动观测结果必须引起充分的重视。

三、系统改造

根据以上的原型观测成果，为保证小浪底水利枢纽安全，决定对充水平压系统进行改造，改造工作于 2008 年 7 月 9 日开工，12 月 12 日完工。改造项目的主要工作为：采取临时措施封堵发电塔、孔板塔充水平压管道取水口，保证在廊道内进行平压管道系统改造的施工安全；拆除管道十字、丁字接头及两侧蝶阀，增设电动刀闸阀和连接管道，更换电动闸阀；在管道转弯处增设混凝土镇墩，在管道处增加钢支架；发电塔、孔板塔充水平压电气设备改造；充水平压系统改造后的调试、试验和试运行。

（一）管道进水口封堵

发电洞充水平压管道取水口设在拦污栅后的胸墙上，分上、下两层布置，每层设 2 个进口，进口高程分别为 200.5 m、225.5 m，共 12 个取水口；小浪底孔板塔的管道取水口设在进水塔中墩的前缘，分一层布置，高程为 200.5 m，共 3 个取水口。全部共有 15 个取水口均需临时进行封堵，管道改造施工完毕后，拆除临时封堵门。

封堵时，潜水员潜入水下用液压钻机对取水口部位的进水塔混凝土墙面按封堵门螺栓孔位置钻孔，钻孔直径为 30 mm、深度为 200 mm，再固定 Φ16 不锈钢铆栓。

拦污栅竖井处作为上下人和运输材料的通道，潜水员和整体封堵门由通道到水面，再从水下平移到充水平压管道取水口部位。潜水员在水下安装固定封堵门,在封堵门与取水口四周混凝土墙面之间加厚度为 5 mm 的橡胶密封垫,水下上紧螺母。最后在封堵门四周与混凝土墙面之间涂抹水下特种密封剂 SXM,保证不渗水。

(二)管道及阀件改造

1. 拆除十字接头、伸缩节及两侧蝶阀

将发电塔阀室左、右两个取水口连通的蝶阀和连通管拆除,取消 225.5 m 高程进水口与相邻进水洞之间连通的蝶阀,封堵与相邻进水洞连通的充水管路。同样,将孔板塔两侧控制检修闸门后充水的蝶阀拆除,封堵检修闸门充水管路,从而切断与相邻进水洞连接管道,使每个进口的水流只向下游单向流动。

先拆除伸缩节及两侧蝶阀,采用电动扳手松动螺栓拆除,再拆除管道十字接头,采用气割拆除、分割。

2. 更换电动楔形闸阀、电动闸阀,增设电动刀闸阀

拆除原进口第一道电动楔型闸阀,更换为不锈钢电动楔型闸阀。在电动楔形闸阀与电动蝶阀之间十字接头,增设一道电动刀闸阀作为事故阀门。当两道闸阀施工完毕后,均设置为关闭状,即可拆除取水口封堵门。

设备的廊道内运输采用平板车运输。安装时的吊装用三角架和 3 t 手拉葫芦吊运。

3. 取消丁字接头

原孔板塔事故闸门充水平压管道在阀门操作室出口与 200.5 m 高程交通廊道交界处设有丁字接头,将平压管道分成两路,分别向两个事故闸门后充水。因孔板塔为一洞双门结构,平压管道向一个事故闸门后充水仍能达到原充水的效果,故封堵通向另一个事故闸门的管道,拆除丁字接头,更换为 90°弯管。

4. 增设钢支架与永久封堵措施

在发电塔 200.5 m 高程阀门室通向 225.5 m 高程阀门室的竖向管道增设钢支架,加强钢管的刚度。封堵与相邻进水洞连通的充水管路,采用法兰盖封堵。

(三)管道制安

所有安装用管道材料均有材质合格证明或材料试验记录,符合设计要求。管道及阀件等设备按设计图纸规定的尺寸、位置安装,施工工艺及质量应达到《水轮发电机组安装技术规范》(GB/T 8564—2003)、《工业金属管道工程施工及验收规范》(GB 50235—97)的规定。在安装接通明管前,管口可靠地用钢板封堵,并清洗这些管路,保证管路是畅通的。

(四)管道压力试验及验收

改造后的各充水平压系统在施工期最高水位条件下进行充水平压试验,并与改造后的电气设备同时联合试验。改造的各充水平压系统提交验收资料,包括设计修改的证明文件和竣工图、中间验收记录,主要材料、设备、成品、半成品和仪表的出厂合格证明或检验资料,工程质量检验评定记录,充水平压系统的试运转记录等。

(五)管道防腐

充水平压试验合格后,对改造的设备、管路及附件进行表面预处理和涂装、补漆等防腐处理。防腐处理除按照技术条件和合同文件外,还须遵照《水工金属结构防腐蚀规范》(SL 105—2007)规定执行。

涂漆之前进行表面清理。清除油污、油脂、污物、铁锈、松碎金属鳞片、焊溅渣、焊剂沉淀、油漆或其他杂物;设备、管道的表面清洁度等级达到《涂装前钢材表面锈蚀等级和除锈等级》(GB 8923—88)中规定的 Sa2.5 级,表面粗糙度达到《涂装前钢材表面粗糙度等级的评定》(GB/T 13288—91)中规定的 40 ~ 70 μm。对于明敷的管道,涂环氧沥青厚浆型防锈底漆和环氧沥青厚浆型防锈面漆各一道,漆膜厚度不小于 500 μm。对精密加工的工件为防止喷射处理时损坏加工面的精加工部位,采用防护罩、填缝材料等保护。

(六)混凝土工程

充水平压系统改造混凝土工程主要为浇筑混凝土镇墩、混凝土垫层、拆除原混凝土。水泥采用普通硅酸盐水泥。

混凝土镇墩施工顺序为:钢管箍安装固定、钢筋制安、其他埋件安装、模板及止水安装、垫层浇筑、钢筋混凝土面层浇筑、拆模养护。钢管与钢管箍、混凝土结合处作垫层处理,施工前对混凝土与混凝土结合处作凿毛处理,并清理干净。

钢筋的表面洁净无损伤,油漆污染和铁锈等在使用前清除干净。带有颗粒状或片状老锈的钢筋不得使用。钢筋应平直,无局部弯折。锚筋钻孔采用空心钻钻孔成孔,定位准确,倾角符合要求。锚筋孔注胶前进行清洗,用玻璃枪打结构胶灌注锚孔,将锚筋加压插入到要求的深度,并轻敲确保结构胶密实。

由于廊道狭窄,工程量较小,人工用铁锹入仓。人工分层铺料,直至镇墩设计高程。用振动棒振捣,振捣时间以混凝土不再显著下沉、不出现气泡、开始泛浆时为准。振动棒移动距离不超过其有效半径的 1.5 倍,顺序依次,方向一致,避免漏振。镇墩顶面采用平板震动器振动密实。每块混凝土浇筑应保持连续性,不允许超过混凝土浇筑的间歇时间。混凝土浇完 12 ~ 18 h 后,洒水养护,养护时间不少于 14 d。混凝土拆模的强度必须达到2.5 MPa。拆模后仍需采取有效保护措施。

(七)电气设备

充水平压系统改造取消发电塔两个取水口连通蝶阀和 225.5 m 高程进水口与相邻进水塔连接的蝶阀;孔板塔取消控制检修闸门后充水的蝶阀,取消丁字接头一侧的平压管道;共拆除电动蝶阀 36 只。在电动楔形闸阀与电动蝶阀之间,增设一道电动刀闸阀作为事故阀门,共增加电动刀闸阀 15 只。原有 15 只电动楔形闸阀拆除,换装新的电动楔形闸阀和电动闸阀各 15 只。

所有电动阀门采用现地和远方的二级控制,既可在阀门室的控制箱上进行就地操作,也可在远方的 LCU 屏上操作。正常运行处于远方控制状态,控制权由设在阀门室控制箱上的控制开关切换。改造后这种控制方式不变,需要控制的电动阀门的数量发生变化,每个孔板塔内取消了 6 只电动蝶阀和 1 只电动闸阀,增加了 1 只电动楔形闸阀、1 只电动刀闸阀和 1 只电动闸阀,改造后需要控制的电动阀门为 3 只,1 个控制箱就能满足控制要求,所以将 2 号控制箱取消。另外,在每个孔板塔 200.5 m 高程廊道内增设 1 个报警警铃。发电塔内进水口分 225.5 m 和 200.5 m 两个高程,225.5 m 高程阀门室取消 4 只电动蝶阀和 2 只电动闸阀,新增 2 只电动刀闸阀和 2 只电动闸阀,每个控制箱控制电动阀门的数量减少一个,拆除相的控制电缆和接线。200.5 m 高程阀门室取消 2 只电动蝶阀和 2 只电动闸阀,新增 2 只电动刀闸阀和 2 只电动闸阀,每个控制箱控制电动阀门的数量不变。现场改造时,只需将原有电动蝶阀控制电缆和接线改接至电动刀闸阀即可。若电缆长度和规格不能与新增的电动刀闸阀相适,重新敷设电缆。

明敷的电缆管安装牢固,支点间的距离不宜超过 3 m,当塑料管直线长度超过 30 m 时,加装伸缩节。埋件固定好后,按照施工图纸认真检查,防止漏埋。各处接地组成一接地网。各接地装置与水工建筑物的钢筋可靠连接。各电气外壳、基础槽钢、电缆支架均与接地做可靠连接。接地网的埋设按设计施工图纸进行,接地段(或线)采用搭接焊接,其质量符合《电气装置安装工程接地装置施工及验收规范》(GB 50169—92)规范要求。接地系统全部完成后,进行接地系统的接地电阻测量,接地电阻小于 4 Ω。

预埋件在安装完成以后,先进行自检和初检,然后进行检查验收。隐蔽部分在隐蔽之前组织检查验收完毕方可实施隐蔽,并填写工程隐蔽记录。所有完工验收资料包括埋件竣工图纸、材料合格证或检查报告、验收检查记录、测试试验报告。

电缆敷设为穿管明敷,电缆敷设前检查线路畅通,排水良好;电缆型号、电压等级,规格符合设计要求;电缆外观无损伤,进行通断试验检查绝缘强度,用摇表测试绝缘电阻,并作好记录。电缆敷设时最小弯曲半径不小于技术规定的数值;机械敷设符合最大允许力要求;电缆敷设过程中,不得有压扁、绞拧、护层折痕等未清除的机械损伤。电缆在进出建筑物处于敷设完毕后进行阻火封堵;电缆在终端和中间接头处宜留有适当余度。电缆敷设时排列整齐、固定牢、无交叉、及时布设标志牌。电缆进入电缆沟、建筑物、盘(柜)以及穿入管子时,出入口封闭,管口密封。若无隔板,电力电缆和控制电缆不配置在同一层支架上。高低压电力电缆,强弱电控制电缆按顺序分层配置。电缆各支持点间的水平距离为 400 mm,垂直距离为 1 000 mm。电力电缆的最小弯曲半径为 15D(D 为电缆外径)。对于电缆的接头,并列敷设时接头位置相互错开,明敷的接头用托板托置固定。电缆终端和接头的制作严格遵守制作工艺规程,制作时空气相对湿度宜为 70% 以上,并防止尘埃、杂物落入绝缘内,严禁在雨天施工。电缆终端接头制作完毕后,进行耐压试验。电缆敷设前,对照图纸并结合工程实际情况分析电路走向和电缆敷设位置,确定敷设方法,相关埋件安装结束且牢固可靠,施工道路畅通。引入盘、柜的电缆排列整齐,编号清晰,避免交叉,并固定牢固,不得使所接的端子排受到机械压力。电动执行机构接线时,测量绕组绝缘电阻,用 10 kV 摇表测量,绝缘电阻不低于 0.5 MΩ。电动执行机构第一次启动点试,合格后在空载下运行两次,并记录空载电流。

电气设备安装完毕后,进行调试工作。调试时按规定如实填写试验数据,所有试验资料在调试结束后整理汇总,作为竣工资料移交。调试前熟悉设计图纸,了解生产工艺,对控制系统的原理、性能、参数和要求达到的技术指标进行全面了解。准备好调试用的仪表,并熟悉这些仪表的性能和使用方法。根据设计图纸、资料,对所有的电气设备及元件的型号、规格进行检查,符合设计要求。根据设计图纸核对所有连接线路的正确性,电缆、导线的型号,规格符合设计要求,并检查连接处的接触情况,保证接触良好。对断路器及隔离开关进行绝缘电阻测量,操动机构检查,动作试验,进行分合闸的时间及同期性测定。各柜箱的回路送电前均做空投试验。设备单体调试完毕后,进行系统模拟动作试验。单体调试及系统模拟动作进行完毕,并正确无误后,才可进行受送电运行,各种试验数据记录完整。

第二节　排沙洞偏心铰弧门转铰顶止水形式改造

一、闸门止水形式

小浪底水利枢纽各类闸门典型的止水方式有预压式、压紧式(机械压紧和自重压紧)、伸缩式和转铰式四种。典型的止水橡皮形式有 I 形、山字形、L 形和 P 形四种。

(一)预压式止水

预压式止水的闸门主要有进口检修闸门的顶、侧向主止水和表孔弧形工作闸门的侧向止水。

(二)伸缩式止水

伸缩式止水的闸门主要是事故闸门的顶、侧向主止水,事故闸门均为上游止水。明流洞和发电洞事故闸门是利用库水直接与止水空腔连通,使库水压力直接作用在主止水空腔内,主止水水封橡皮膨胀压紧止水座板进行止水的。排沙洞和孔板洞事故闸门是考虑到水库泥沙淤塞闸门的主止水空腔,而在主止水的背部空腔接入增压系统,使主止水橡皮膨胀压紧不锈钢埋件的止水座板来实现止水的,背腔增压系统设计的止水压力为 1.3 MPa。

(三)转铰式止水

转铰式止水的闸门主要有明流洞、孔板洞和排沙洞的顶部或辅助顶部止水。明流洞工作闸门采用滚轮作为转铰的支承,止水材料选择软橡皮压缩止水。

孔板洞和排沙洞工作闸门考虑到流速、压力等水力学条件,设计采用带突扩门槽的偏心铰弧形工作闸门,闸门在副启闭机的操作下,带动偏心铰机构使闸门做前移和后撤运行,从而实现闸门面板与埋件上安装的主止水条的压缩止水和分离过程。只有在闸门后撤到位,主止水条与闸门面板分离后,闸门才能在主启闭机的操作下,带动闸门做上升或下降动作,以实现闸门的启门和闭门动作。

闸门启闭过程中,为了防止闸门面板与主止水脱离后产生的高速缝隙水流带来的空化、空蚀和闸门振动等不安全问题,专门设计了转铰顶止水装置,装置所用的止水材料为耐磨性较好、磨擦系数小的改性高分子聚乙烯复合止水闸门运行时,该止水材料直接与闸门面板压紧实现动密封止水。

二、转铰顶止水装置止水原理和特点

(一)转铰顶止水装置的组成

转铰顶止水装置主要由固定转铰、活动转铰、转铰轴、弹簧钢板、L 形转角橡皮、聚乙烯复合止水材料和螺栓螺母等组成。

(二)转铰顶止水装置的工作原理

转铰顶止水装置的工作过程主要包括闸门前移位置到闸门脱离主止水的第一阶段和闸门脱离主止水到闸门后撤到位的第二阶段。第一阶段是靠弹簧钢板的弹力使活动转铰紧靠闸门面板,使顶止水装置随时具备止水功能的位置条件;第二阶段是利用弹簧钢板和库水压力的作用推动活动转铰绕轴转动,使止水压紧弧门面板并适应闸门的前移、后撤动作,达到辅助止水的目的。

(三)转铰顶止水装置的特点

(1)转铰顶止水装置是辅助止水,只有在闸门操作时才起止水作用。单次闸门操作将先后经历闸门后撤到位、提升或下降和前移到位三个步骤,时间一般控制在 20 min 以内。

(2)转铰顶止水装置是动止水,活动转铰随着闸门的运行位置将不断发生变化,特别活动转铰止水条与闸门面板的止水部位也将随之变化。

(3)转铰顶止水装置所承受的水压力大,受过流的高含沙水流的影响大,止水条与面板之间的磨损大。

(4)偏心铰弧形闸门在国内外的应用较少,已投用的辅助顶止水装置形式也不尽相同,可借鉴的、成功的经验很少。

三、偏心铰弧形闸门顶部止水存在的问题及原因分析

小浪底水利枢纽孔板洞和排沙洞弧形闸门支铰为偏心铰结构,顶部的辅助止水采用转铰式结构。由于排沙洞偏心铰弧形工作闸门是小浪底水利枢纽调水调沙重要的闸门控泄设备,可以局部开启,运用频繁,闸门顶部的转铰止水问题集中,故障较多,主要存在以下问题。

(一)弹簧钢板压裂损坏

(1)排沙洞工作闸门运用期间,闸门长期处于前移状态,弹簧钢板长期受压弯曲,弹性作用容易失去。

(2)转铰止水装置所用弹簧钢板为非标准产品,实际生产和应用的弹簧钢板的性能很难达到理论要求与设计的技术性能、技术指标。

(3)弹簧钢板受压弯曲时,钢板易形成应力集中,弹性不能很好发挥,致使弹簧钢板窝裂、折断。原设计的弹簧钢板两边固定,并与转铰橡皮共同承压止水,但弹簧钢板的弹性作用不能发挥。后采用一边固定,一边自由,由于闸门前移时自由边将顶住压板,弹性作用仍然不能发挥。

(二)转角橡皮鼓出损坏

弹簧钢板压裂折断后,L 形转角橡皮失去弹簧钢板的承压保护,当闸门后撤时,活动转铰和固定转铰之间将产生一定量的间隙,软橡皮在巨大的库水压力作用下,会被挤入活动转铰与铰座间隙中,闸门前移时缝隙会逐渐缩小,将对软橡皮形成剪切、破坏,从而使 L 形转角橡皮鼓出、损坏。

(三)闸门面板的刮伤、损坏

为使顶止水能够紧压闸门面板,弧形闸门面板采用整体机械加工,考虑到该部位要求的止水材料应强度高、摩擦系数小、耐磨性能好,选择了经济实用、硬度适中的聚乙烯复合止水材料。但是,由于现场运用条件复杂、特殊,面板刮伤损坏现场明显。经多次检查、认真分析,确定的主要原因有:

(1)粗颗粒泥沙和其他硬质杂物硬度较高,易嵌入聚乙烯止水材料中,加速了闸门面板的磨损。

(2)止水装置受到高水压力的推动作用,止水条与闸门面板之间滑动时形成较大的摩擦力,闸门频繁运行,聚乙烯止水条过度磨损,如果更换不及时,固定止水条的螺栓和钢板将触及闸门面板,致使弧形闸门面板受到严重的刮伤和损坏。

(四)顶止水的缝隙射水现象

(1)由于安装在闸门两侧的 P 形辅助止水橡皮安装时凸出闸门面板值达 6～8 mm,造成两侧止水与闸门面板接触不紧密,由此形成的缝隙出现了大量射水。

(2)转动的辅助侧止水与埋件的不锈钢座板之间因转动和安装的需要,两侧留有小于 1 mm 的安装间隙,此间隙也是两端射水的又一原因。

(3)连接活动转铰和固定转铰的弹簧钢板压裂折断后,L 形转角橡皮失去弹簧钢板的承压保护将会鼓出、损坏,闸门在后撤到位时,活动转铰和固定转铰之间的缝隙将会达到最大,为 20～25 mm,巨大的库水将从此缝隙中射出。

四、转铰止水改造

优化转铰止水形式,扬长避短,建立新型的偏心铰弧门顶部止水装置;在保证转铰顶止水与闸门面板有效封水的前提下,尽可能减小顶止水装置活动转铰的纵向尺寸,从而达到减小水推力、减少止水装置对闸门面板的磨损的目的。因为原转铰止水装置安装在闸门埋件的顶部,空间位置狭小,维护、检修十分困难,所以新型止水应该结构简单、运行可靠、易维护或免维护。通过调查研究,从可行性和经济性的角度,提出最适合与闸门接触的辅助顶止水材料。

(一)方案选择

1.P 形橡皮动止水方案

(1)取消弹簧钢板。充分利用巨大的库水压力来推动活动转铰部件进行止水,并增设定位挡块。

(2)改造转铰间的止水形式。参照平门上游止水形式,利用 P－60A 型橡皮条不锈钢止水座板进行止水,且利用 P 形橡皮的弹性变形量,可满足顶止水的横向位移 13 mm 的要求。

(3)引入钢性止水。为防止聚乙烯嵌入硬质粗砂和杂物,可将其更换成高强度、高耐磨性的 ZA303 系列的锌铝镍合金钢,它的摩擦系数是青铜的 1/3～1/2,耐磨性比青铜高1～4 倍,重载低速、有水条件下,自润滑性能更好,实现钢性止水。

2.可以摆动的大 P 形防射水封

大尺寸 P 形橡皮作为与闸门面板紧贴的止水元件,安装在门楣的后面,P 形头突出 5 mm,P 形橡皮柄部留有 V 字形间隙,以使在水压力作用下 P 形头弯曲紧贴闸门面板来止水。由于门楣的限制和定位,P 形橡皮不易损坏,无法采用硬止水或布置限位轮。这种方案存在以下几个问题:

(1)库水压力是将 P 形橡皮推到闸门面板上止水,还是将 P 形橡皮反方面推开,形成过流通道,而使止水橡皮失去作用的问题。这同库水压力的大小、止水橡皮的硬度、闸门面板与门楣之间的间隙有关,只要考虑到了这几个问题,就能解决,比如将 P 形橡皮后压板加长、加厚,作为库水反作用的限位装置,而一般库水压力是完全能够克服橡皮硬度的,控制好闸门面板和门楣之间的间隙,只要在设计、安装时注意到,就不是难题了。

(2)摩擦、损坏问题。在高的库水压力作用下,P形橡皮头与闸门面板之间的摩擦力会很大。闸门下降时,如果这个摩擦力大于P形橡皮柄的抗拉能力,P形橡皮就可能被拉裂。在闸门上升时,P形橡皮头在门楣的限位作用下,可以克服摩擦阻力的破坏作用,但是当橡皮在库水压力作用下变形较大,橡皮头的部分卡入门楣与闸门面板之间时,那么闸门上升时将会使P形橡皮很快挤压破坏。这些担心在方案优化和详细设计、计算时都是需要充分考虑的。

3.固定间隙止水的转铰顶止水方案

由于小浪底水利枢纽排沙洞工作闸门原转铰顶止水装置的运行轨迹复杂(四个轴心联动)、空间位置狭小(部件选型受限、安装检修困难)、运行条件特殊(高含沙水流、闸门长期全关备用状态),转铰装配精度要求严格(各轴孔的同心度要求较高),动密封止水可借鉴的经验少(高水头、硬密封与软密封结合、现场条件复杂),因此研究技术难度较大。

固定间隙就是固定转铰的内弧和活动转铰的外弧在同一圆心下转动,来适应闸门的前移和后撤位移,其间隙固定不变,这就解决了弹簧钢板易断和L形橡皮鼓出损坏的问题。即使在不安装密封装置的前提下,其漏水量也是可控的、少量的。在这个较优方案的基础上,又增加了增加限位装置、固定间隙密封装置等措施,使得止水装置得到了进一步完善。

根据运行、检修情况和多次现场检查、测量,分析小浪底排沙洞偏心铰弧形工作闸门顶止水存在的缺陷和原因,并提出了多方案比较。通过比较认为,用弹簧取代弹簧钢板,用"固定间隙止水"替代原L形止水,具有结构形式简单可靠、检修方便、改造风险小等优点。

(二)改造方案

偏心铰弧形闸门转铰顶部止水装置包括固定铰座、活动转铰、销轴、拉簧、限位装置、聚乙烯止水条和铜止水条及压板、螺栓、垫片等配件。

(1)固定转铰与闸门顶部埋件焊接固定,是支承活动转铰及库水压力的受力部件,下部同时焊有内弧止水座板。活动转铰包括与铰轴套焊为一体的竖向铰板和横向连接的外弧止水座板及加强筋板等组成,其上装配有铜止水条和聚乙烯止水条,这两种形式止水均为动止水。活动转铰和固定铰座通过销轴连接,并调置相应的限位,以实现闸门后撤时活动转铰在设计规定的范围内自由转动。

(2)拉簧是在闸门后撤时库水压力尚未建立,提供并使活动转铰转动的动力来源,由于空间位置的限制和转动力矩的需要,每个转铰配2个拉簧,采取称斜拉式结构,拉伸弹簧一端连接在固定铰座上,另一端连接在活动转铰顶端。

(3)固定铰座上部设有活动转铰的行程限位装置,该装置分为固定限位块和可调整限位块,固定限位块焊在固定铰座上,固定限位块和可调整限位块之间设有金属垫片与橡胶垫板,以实现在达到闸门后撤工作位前,利用限位装置上的橡胶垫板提供适当反向作用力,以减小巨大的库水压力对闸门面板的作用力,从而减小止水条与闸门面板相对运动产生的刮磨损伤。

(4)止水结构包括内外弧间隙止水和闸门面板靠紧止水。内外弧间隙止水是该转铰止水结构的核心思想,它是将闸门后撤的直线位移转化为活动转铰的旋转运动,实现固定转铰底部的内弧形止水座板和活动转铰的外弧形止水座板之间的间隙始终固定,即使不再安装止水条也能将漏水量控制到很小的范围,在止水设计时也可在活动转铰上设置内弧结构,在固定转铰上设置外弧结构,工作原理一样。考虑到铜的强度较高、材质相对较软、可以研磨等特点,在内外弧止水面之间增加了铜止水条,铜止水条通过压板和螺栓固定在活动转铰的外弧形止水座板的端部。外弧形止水座板的另一端设有止水槽,聚乙烯止水条通过螺栓固定在止水槽内,当然根据闸门水头和库水压力的大小,聚乙烯止水条也可选用为软橡胶止水,通过限位装置控制好软橡皮的压缩量在 3～6 mm 内,防止压缩量过大,使软橡皮拉伤损坏。内、外弧形止水座板及其主要材料选用不锈钢材料,以减少装置的防腐蚀工作。

该偏心铰弧形闸门转铰顶部止水装置,结构设计新颖、合理,简单、可靠,可以频繁使用,检修维护工作量很小,解决了目前某种典型偏心铰弧形闸门存在的弹簧钢板压裂、转铰橡皮鼓出损坏、闸门面板刮伤严重、顶止水两端射水的问题,能够防止因缝隙射水引发的门槽气蚀和闸门振动的安全运行问题,为闸门的安全运行提供了保证。由于维护工作量的大大减小,节省了弧形闸门面板刮伤后的防腐费用以及转铰弹簧钢板和止水橡皮更换的检修费用。

(三)改造后的运行方式

偏心铰弧门一般设置有主机和副机起升机构,主机操作闸门的上升和下降,副机操作闸门的前移和后撤。

顶部转铰止水装置的固定铰座与弧形闸门胸墙埋件通过焊接固定,活动转铰可以在拉伸弹簧的作用下,使装置上安装的聚乙烯止水条紧贴经机械加工的弧形闸门面板,以防止弧形闸门后撤时,主止水脱离闸门面板后,在巨大的库水压力下,闸门顶部出现高速高压水流的问题。

闸门开启时首先利用副机将闸门后撤,闸门后撤时活动转铰在拉伸弹簧的作用下绕轴转动,使聚乙烯止水条紧贴弧门面板,当弧门面板脱离门槽主止水后,库水经主止水与闸门面板之间的缝隙进入转铰止水装置的底部逐步形成压力后使活动转铰聚乙烯止水条压紧闸门面板实现动态止水,当闸门后撤到位时,主机操作闸门上升,上升到要求的局部开启位置后,副机操作闸门做前移动作,这时弧门面板逐步压紧门槽主止水,转铰止水装置的底部压力逐步消失后并在闸门前移到位时,副机停止动作,闸门开启过程完成。

闸门在某局部开启位置做全关闸门时,首先利用副机将闸门后撤,闸门后撤时活动转铰在拉伸弹簧的作用下绕轴转动,使聚乙烯止水条紧贴弧门面板,当弧门面板脱离门槽主止水后,库水经主止水与闸门面板之间的缝隙进入转铰止水装置的底部逐步形成压力后使活动转铰聚乙烯止水条压紧闸门面板实现动态止水,当闸门后撤到位时,主机操作闸门下降,下降到全关位置后,副机操作闸门做前移动作,这时弧门面板逐步压紧门槽主止水,转铰止水装置的底部压力逐步消失后并在闸门前移到位时,副机停止动作,闸门开启过程完成。

(四)实施效果

(1)新型止水装置通过在 3 条排沙洞工作闸门的偏心铰弧门上安装、试验并经过一年半的运行考验,现已彻底消除弹簧钢板压裂、转角橡皮鼓出损坏、闸门面板刮伤严重现象,解决了因缝隙流可能引发的闸门振动问题,为排沙洞的安全运行提供了保证。

(2)由于新型转铰采用固定间隙止水替代 L 形橡皮止水,采用上部拉簧替代了下部弹簧钢板,且主结构均为不锈钢材质,使得新型止水装置的维护工作量很小、检修周期长,可减少对此类闸门检修的投入。

第三节　小浪底水利枢纽偏心铰弧形闸门面板抗磨防腐蚀研究

一、小浪底水利枢纽闸门抗磨防腐蚀技术的应用和现状

小浪底水利枢纽闸门种类多,数量大,目前普遍采用"环氧富锌或喷锌 + 环氧云铁 + 氯化橡胶面漆"组合方案作为防腐蚀方案,采用"H06 - 4 环氧富锌防锈底漆 + 8840 环氧不锈钢鳞片漆"作为抗磨防腐蚀方案,经过十多年的运行考验,防腐蚀效果较好。但是,抗磨蚀性能尚不能满足特殊工况条件下闸门的运行需要。小浪底排沙洞偏心铰弧形工作闸门运行频繁,闸门面板与粗颗粒泥沙之间,尤其是顶部辅助硬止水与闸门面板之间的机械磨损尤为严重。这种磨损会加大防腐检修的费用,最关键的是磨损、锈蚀及频繁的防腐、喷沙会对闸门基体产生较强的破坏,使闸门变薄,缩短了闸门的使用寿命,危及闸门的安全运行。因此,对广泛应用于水工闸门的抗磨防腐蚀的喷涂技术进行研究十分必要。

二、常用的抗磨防腐蚀喷涂材料及工艺

金属热喷涂是一种材料表面强化和表面改性的新技术,可以使基体表面具有耐磨、耐蚀、耐高温氧化、电绝缘、隔热、减磨和密封等性能,具有应用广泛、施工工艺相对成熟、易于推广等优点。但是,不同的热喷涂工艺在水工金属结构上的应用条件也不相同,通过对国内外金属喷涂技术资料进行收集,分析和总结如下。

(一)金属陶瓷

碳化钨金属陶瓷主要成分为 WC - CoCr(Ni),是目前国际上公认的水轮机过流部件上采用的抗磨蚀涂层,具有优良的抗磨和防气蚀、防腐蚀效果的涂层,涂层致密且结合强度高,耐磨性能好。其原理是让碳化钨金属陶瓷粉末,以超音速的速度喷射到工件表面,形成高强度的涂层。其缺点是喷涂设备需要进口,设备价格昂贵,喷涂成本很高。

(二)热喷焊 Ni - Cr 合金粉末

早在 1986 ~ 1987 年,我国就开始了用热喷焊 Ni - Cr 合金来提高水轮机抗磨蚀性能。湖南冶金材料研究所首先在国内推广这一技术,随后,这项技术在北京、上海、四川等地获得了较快的发展和推广应用,形成了三个以上的粉末产地和几十个热喷焊中心。热喷焊 Ni - Cr 合金粉末的主要优点是设备简单,投资少,适合现场修复施工;在喷焊质量较好时,喷焊层与基体结合良好,喷焊层硬度较高,达到 HRC53 ~ 56,抗磨蚀性能也较好。热喷焊 Ni - Cr 合金的主要缺点是热变形和质量不稳定。喷焊分为喷粉和重熔两个阶段,不经过重熔,粉末与基体的结合是相当不牢固的,只有经过 920 ~ 950 ℃的高温重熔,Ni - Cr

合金才变成致密层,并与基体形成冶金结合。然而高温重熔并冷却后,水轮机构件(特别是转轮及抗磨板)会产生较大的变形。另外,喷焊质量的稳定是决定使用效果的关键,重熔好的部位使用效果也较好(一般可保证两年左右),重熔不透的部位或者有喷焊缺陷的部位,使用中涂层会首先脱落,并形成气蚀源,气蚀从此部位向基体内扩展,直到挖空基材。喷焊质量的优劣主要取决于喷焊操作人员的技术和精细程度。

(三)抗气蚀电镀

抗气蚀电镀层的主要成分是稀土铬合金,在黄河三门峡水电站、西昌拉青电站、云南省以礼河、东川、元江等地区的水电站推广应用,使水轮机的工作寿命提高两倍以上,获得了显著的经济效益和社会效益。抗气蚀电镀的主要优点是:不经过高温加工,没有变形问题,表面光洁度高达 9 级以上,电镀层硬度高达 HV1 000 左右。这些优点使得电镀层具有较好的抗气蚀和抗磨蚀性,修复后,水轮机构件的尺寸精度高,较易获得水电站安装及运转人员的欢迎。抗气蚀电镀的主要缺点是镀层较薄,经过 14 ~ 16 h 的电镀,镀层厚度也仅是 0. 25 ~ 0. 35 mm ,在水流量和泥沙含量均较大的介质中工作,电镀层还不能满足要求。

(四)L - 316 不锈钢喷涂剂

SUS COAT L - 316 BRIGHT 是根据苛刻的工业要求而开发的高效率的喷涂剂。它是以 stainless steel 的特性和独特的 pigment 形状来保护锈、酸化、化学变化、侵蚀、腐蚀、水、湿气、伤、磨耗、热、污染等影响中的材料,可采取毛刷、滚刷或喷射等方法,形成 STAIN-LESS STEEL L - 316 的一张一张重叠成鱼鳞形状的连续皮膜,可彻底切断与水或空气的接触。在金属、树、石头、陶器、砖头、混凝土、砂浆、玻璃、塑料、橡胶、皮革、布、纸等所有材料的表面上均可形成不锈皮膜。形成坚固的不锈皮膜,可从腐蚀、侵蚀、锈、伤、磨耗、热化、污染等影响中长期保护材料。

(五)不锈钢涂层

据国内外资料介绍,不锈钢涂层的保护周期为 40 年左右。其优点是硬度高、耐磨性好、强度大,抗破坏性能好;其缺点是易锈蚀、无阴极保护功能,表面粗糙,孔隙率大,防渗透能力弱,易剥落。但是,很少在水工钢结构中应用。

(六)常用金属涂层

常用水工钢结构金属涂层有锌、铝、锌铝合金、锌镁合金、喷稀土铝、先喷锌后喷铝和先喷铝后喷锌,涂层厚度控制在 120 μm 左右,常用的封孔涂料为磷化底漆、环氧封闭漆和氯化橡胶,厚度控制在 80 μm 左右。铝基涂层易钝化而失去阴极保护作用,在后期易出现鼓泡和白色物析出现象,使用寿命一般为 15 年左右。而锌基涂层颗粒较细且均匀,阴极保护效果稳定可靠,效果良好,特别是锌的防渗透能力强,缺点是锌层的表面硬度较差、耐磨性和抗破坏性较差。

(七)热喷涂金属阶梯涂层工艺

热喷涂金属阶梯涂层工艺是在同一工件基体上叠加喷涂,先用锌涂层做底层,再用不锈钢涂层做面层,最终形成阶梯涂层,运用到水工钢结构中。其原理是利用某种形式的热源将金属喷涂材料加热,使之形成熔融状态的微粒,这些微粒在动力作用下以一定的速度冲击并沉附在基体表面上,形成具有一定特性的金属涂层。热喷涂金属阶梯涂层工艺流程分 4 个环节。一是钢结构表面处理,二是热喷涂锌,三是喷涂不锈钢,四是涂装环氧云铁。据中国环氧树脂行业协会专家介绍,涂装环氧云铁采用手工刷涂与空气喷涂相结合的方法,要求无刷痕、无起泡、无流挂、无漏喷,外观整洁、匀称。

三、方案选择及试验

(一)方案选择

通过借鉴国内外抗磨防腐蚀技术的研究成果和目前水工金属结构防腐方案情况,利用锌层具有良好的附着力和阴极保护效果,以及不锈钢具有高强度、高耐磨和长寿命的特点,决定采用喷锌 + 喷不锈钢的组合方案,同时用封闭漆来弥补不锈钢表面粗糙、孔隙率大、防渗透能力弱的缺点。提出的七个试验方案见表 6-10。

表 6-10　抗磨和防腐蚀试验方案

件号	试验方案内容	设计涂层厚度	数量	工艺要求	作用
1	喷锌 + 喷 201 不锈钢	60 μm + 60 μm	2	粗糙度为 $Ry60 \sim 80$ μm,清洁度为 $Sa2.5$,电弧喷涂	考察不封孔时的抗磨性能
2	喷锌 + 喷 316 不锈钢	60 μm + 60 μm	2	粗糙度为 $Ry60 \sim 80$ μm,清洁度为 $Sa2.5$,电弧喷涂	
3	喷锌 + 喷 201 不锈钢 + 环氧金刚砂油漆	60 μm + 60 μm + 30 μm	2	清洁度为 $Sa2.5$,粗糙度为 $Ry60 \sim 80$ μm,电弧喷涂	考察完整喷涂系统的抗磨性能和耐腐蚀性能
4	喷锌 + 喷 316 不锈钢 + 环氧金刚砂油漆	60 μm + 60 μm + 30 μm	3	清洁度为 $Sa2.5$,粗糙度为 $Ry60 \sim 80$ μm,电弧喷涂	
5	喷 316 不锈钢 + 环氧金刚砂油漆	60 μm + 30 μm	2	清洁度为 $Sa2.5$,粗糙度为 $Ry60 \sim 80$ μm,电弧喷涂	考察抗磨性能和耐腐蚀性能
6	喷不锈钢喷涂剂 STAINLESS STEEL L - 316	30 ~ 60 μm	2	清洁度为 $Sa2.5$, 1.5 g/s,喷涂 3 ~ 4 次,温度 ≥50 ℃和 ≤50 ℃	考察抗磨性能和耐腐蚀状况
7	H06 - 4 环氧富锌防锈底漆 + 8840 环氧富锌不锈钢鳞片漆	80 μm + 420 μm	2	清洁度为 $Sa2.5$,粗糙度为 $Ry60 \sim 80$ μm,涂刷工艺,上海开林油漆厂	原闸门采用方案,通过模拟试验与其他方案进行对比

(二)试验

试验原则:采用相同的试验环境、相同规格和标准要求的试验钢板、相同的涂层厚度、相同的喷涂工人和相同的检验、对比方法,每种喷涂工艺同时喷涂两块。

试验方法:划格法拉拔试验,盐水浸泡试验,不锈钢喷涂表面粗糙度和孔隙率检测,采用模拟试验装置进行的抗磨试验。

试验钢板:尺寸为 400 mm × 100 mm × 10 mm,并将钢板正反喷砂至 Ry 处理至 60 ~ 100 μm,表面清洁度处理至 $Sa2.5$ 级,试验钢板共 17 块,分为两小组,每小组 7 块,留 3 块随时备用。

试验过程:调节好电弧喷涂设备的电压,将锌丝送入喷枪后,开启压缩空气,打开喷涂开关进行锌层的喷涂,完成 1~4 号试板的喷涂工作,测量涂层的平均厚度为 67 μm。1 h 后,对 1 号和 3 号试板进行 201 不锈钢涂层的喷涂工作,对 2 号、4 号和 5 号试板进行 316 不锈钢涂层的喷涂工作,经测量总涂层的平均厚度为 149.8 μm;再过 1 h 后对 3 号和 4 号试板涂刷环氧金刚砂油漆作为封闭油漆,平均厚度为 30 μm。对 6 号试板使用韩国进口 STAINLESS STEEL L–316 不锈钢喷剂,在距离试板 20~30 cm 处喷射(喷射时需摇晃喷雾罐),涂抹多次,可得到更加坚固的皮膜。总厚度控制在 60~80 μm。采用闸门原涂层方案对 7 号试板进行喷涂,使用气喷枪喷涂 H06–4 环氧富锌防锈底漆和 8840 环氧不锈钢鳞片漆,平均厚度分别控制在 80 μm 和 420 μm 左右。

防腐检验:随着抗磨防腐蚀技术的不断研究、推新,人们开始选用多种不锈钢喷涂工艺进行试验,进行相应的厚度检测、附着力和硬度检测、孔隙率检测等,但是这些检测手段均不能最为直接地证明所选方案是最优方案,不能直接验证方案是否满足现场实际运行工况的要求。而抗磨性能试验是本次不锈钢喷涂体系研究和试验的重点工作,经咨询和调查,目前能够进行抗磨性能试验的设备很少,而且不同原理的抗磨试验设备检验的局限性大,在现场设备上进行原型试验历时太长,不利于研究和方案的持续改进。全部试块经过 60 d 的加速浸泡试验,防腐蚀性能均未发现问题,充分说明了喷锌涂层的阴极保护和环氧类封闭油漆的保护效果。

四、结论

通过采取动态模拟多方案对比试验选出最优方案,新型不锈钢复合涂层较好地解决了磨损与电化学腐蚀的双重问题,能够延长闸门面板防腐周期,降低闸门防腐检修费用,达到了预期目标。研究成果已在小浪底水利枢纽 2 号排沙洞偏心铰弧门面板上试用,建议加强跟踪检查,积累资料,为后期的推广提供技术支持。

第三篇　枢纽安全监测

第七章　监测项目概述

第一节　枢纽安全监测及自动化系统

一、小浪底水利枢纽安全监测系统布置

(一)主坝监测项目与布置

主坝是枢纽工程的重点监测建筑物,设有内外部变形、渗流、应力应变和强震等监测项目。监测仪器布置在 3 个有代表性的横断面和 2 个纵断面上。3 个横断面分别为:$A—A$ 断面($D0 + 693.74$)位于 F_1 断层破碎带处,是监测的重点部位;$B—B$ 断面($D0 + 387.50$)位于最大坝高处,覆盖层最深;$C—C$ 断面($D0 + 217.50$)位于左岸基岩陡坎处,此处是不均匀沉陷变形的集中部位。2 个纵断面分别沿坝轴线和防渗体轴线。

1. 外部变形监测

外部变形分为水平变形和垂直变形。水平变形采用视准线法,在坝体上、下游坡面和坝顶共设 14 条视准线。其中位于上游坝坡正常高水位以下的视准线,仅在施工期和水位下降之后才进行监测。每条视准线的位移标点间距一般为 60 m,左岸陡坎处间距加密为 30 m。沿轴线方向的变形采用测距法测量。垂直变形采用几何水准测量,每个水平位移标点附近设一水准标点。视准线的工作基点采用变形控制网校测其稳定性。

2. 内部变形监测

主坝内部变形也分为水平变形和垂直变形。水平变形采用测斜仪和堤应变计两种仪器监测,每个断面布置竖向测斜仪 3 套,平行斜心墙方向布置斜向测斜仪 1 套。整个坝体共布置 4 套堤应变计,其中沿坝轴线方向 3 套,沿上、下游方向 $B—B$ 断面底部 1 套。垂直变形采用钢弦式沉降计和利用测斜仪加金属套环构成的固结管配合沉降探头进行监测:在 $B—B$、$C—C$ 两断面共布置 19 支沉降计,沉降计的布置间距为 3 m。另外,设有 4 套水平向测斜仪,分布于各断面上,作为竖直变形监测的辅助手段。在斜心墙和坝壳的接触面上、岸坡岩体与坝体的接触面上布置 11 支界面变位计,用以监测其相对变形。

3. 坝体渗透压力和土压力监测

为监测坝体内的孔隙水压力和浸润线分布,同时监测坝壳上游面泥沙淤积情况,在 3 个断面上共布置了 56 支渗压计和 2 支测压管。

土压力监测分土中应力和边界土压力监测。前者布置在 B—B 断面内,共 11 组,每组 4 支土压力计;后者布置在基础界面上,共 4 组。

4. 坝基渗流、绕坝渗流及渗流量监测

坝基渗流是主坝的重点监测项目,监测的重点是沿整个主坝防渗线及斜心墙基础面的渗压力。除在 A—A、B—B、C—C 三个断面上布置了较多的渗压计外,还在断面之间的防渗墙上、下游两侧以及排水洞附近布置了一些渗压计和测压管。由于 F_1 断层对坝基安全有较大的影响,且断层具有一定的阻水作用,断层两侧渗压有一定的差值,故在 F_1 断层两侧及右岸滩地也布置了渗压计,以监测其渗流稳定性。

两岸绕坝渗流监测是在两坝肩沿设计渗流线安装测压管进行监测。

两岸绕坝渗流自斜心墙后两岸均做有一混凝土截渗墙,嵌入基岩 0.5 m,绕坝渗流顺截渗墙后的排水沟引向下游,混凝土截渗墙末端做引水渠和量水堰,以监测两岸的渗流量;河床部分的渗流由坝体排水体汇入下游基坑后,渗流量通过设在下游围堰排水涵洞内的量水堰量测。由排水洞回流的渗流量均利用设在两岸排水洞或交通洞内的量水堰进行监测。右岸 1 号洞内设 2 个量水堰,2 号交通洞出口设 1 个量水堰;左岸在 2 号、3 号排水洞内设 2 个量水堰,3 号交通洞出口设 1 个量水堰。

5. 混凝土防渗墙监测

混凝土防渗墙分主坝、围堰防渗墙,各设 1 个监测断面。主坝防渗墙厚为 1.2 m,最大墙深为 70 m,插入斜心墙 12 m,是主坝的主要防渗结构。上游侧沿墙不同高程设有渗压计和边界土压力计。墙体左、右端头与混凝土齿墙接触部位也设有渗压计,以监测接触带的防渗效果。墙体设有应变计、无应力计、钢筋计等应力应变监测仪器。另外,还设有倾角计进行墙体变形监测。

围堰防渗墙仅设墙体应力应变监测和墙体上、下游渗压监测。

6. 地震反应监测

坝址区基本烈度为 7 度,地震反应监测对象主要为 3 度以上的地震反应。设有 2 个横向、1 个纵向监测断面和 1 个基础效应台,共 10 个监测点。仪器采用三分量强震仪。

(二)左岸山体监测项目与测点布置

左岸山体监测主要是指近河 1.5 km 的山体稳定监测,包括山体变形、地下水位、洞群渗流和山体振动监测。

山体表面变形监测采用视准线法进行,工作基点利用测量控制网校测。

山体内部变形监测采用静力水准系统和引张线配合正、倒垂线进行。引张线和静力水准系统均设在 3 号排水廊道内,引张线端点设有倒垂线。

为监测水库蓄水后左岸山体的地下水位、灌浆帷幕的防渗效果、排水洞的排水效果、地下水位与库水位之间的时效关系、地下洞室群的外水压力以及中闸室的安全,共布设 12 只测压管和 60 多支渗压计。渗流量采用量水堰配微压计分区分段进行量测。

山体振动监测在 2 号孔板洞区和出口 170 m 高程平台上分别设 1 台三分量强震仪进

行监测。

（三）进水塔塔体监测项目与测点布置

1. 塔体与基础变形监测

塔体变形采用视准线、引张线、静力水准、几何水准和正倒垂线监测,由此构成完整的塔体变形监测系统。

视准线设于塔顶,有 16 个位移标点,其端点与坝区三角控制网相连。引张线设置于高程为 276.50 m 的廊道内,全长 245 m,共有 13 个测点。在高程 190 m 纵、横向交通廊道内布设 1 套静力水准和几何水准点,以监测其垂直变形。正、倒垂线共 3 条,分别位于 1 号、3 号明流塔和 2 号发电塔段。

监测塔基垂直变形的仪器有 3 套多点位移计,分别布置在 1 号、2 号、3 号发电塔段,仪器最深的测点在塔基以下 40 m。

各塔体间还布置了 27 支测缝计,以测量施工缝开合度。

2. 塔基应力监测

在 1 号、2 号、3 号发电塔段的基础面上,共布置 9 支总压力盒、9 支渗压计,分别监测塔基面上所承受的总压力和水压力。

3. 塔体动水压力及地震反应监测

在地震作用下,塔体上游的动水压力会影响塔体的安全运用,因此在其上游面220 m 和 260 m 两个高程设置了 6 支渗压计,以监测动、静水压力的影响。地震反应将由设在塔顶和塔基不同部位的 4 台强震仪进行监测。

（四）孔板洞监测项目与测点布置

孔板泄洪洞洞径为 14.5 m,孔板口直径为 10.0 ~ 10.5 m,洞内流速一般为 10 m/s,孔板口收缩处为 20 m/s,中闸室后最高达 35 m/s。这种大洞径洞内孔板消能的结构形式在国内外均少见,由此而引起的振动、气蚀、脉动压力等问题需要进行监测。另外,由于洞径大,围岩的稳定性及衬砌混凝土应力状态也是安全监测设计的重点。为此,对 3 条孔板洞作为重点监测项目,布置相同的仪器,以便对比监测成果,验证设计和试验结果,并监控其安全运行。

1. 应力应变及围岩稳定监测

应力应变监测重点在第三级孔板和其后半倍洞径处,以及穿断层破碎带部位。3 个监测断面共布置钢筋计 32 支、混凝土应变计 24 支。在其中的两个断面上布置了渗压计和多点位移计,用以监测洞外水压力和围岩的稳定。

2. 水力学及结构振动监测

水力学监测项目有水流脉动压力、时均压力和气蚀监测。在孔板段和中间室段沿程共埋设 7 支脉动压力计、10 支时均压力计、4 支水听器。结构振动采用强震仪监测,仪器布置在第三级孔板中,接收装置设在中闸室内。

由于水力学监测属非经常性和不连续的监测项目,考虑到监测工作的灵活性和间歇性,为避免仪器损坏和老化,施工时仅将仪器底座和电缆预埋入混凝土中,待监测工作开始时临时安装仪器。

（五）明流洞监测项目与测点布置

3 条明流洞中,1 号明流洞位置最低,地质条件最差,洞内最大流速可达 40 m/s,故选择 1 号明流洞为代表进行监测。

1. 应力应变及围岩稳定监测

洞中共有 3 个监测断面,其中洞内衬砌段 2 个,明流衬砌段 1 个。3 个断面共布置了 12 支应变计、24 支钢筋计、7 套多点位移计、10 支测缝计、16 支锚杆测力计、11 支渗压计。明埋管段还布置有 9 支边界土压力计。

2. 水力学监测

水力学监测的重点为 1 号掺气坎下游,布置有 6 支脉动压力计、4 支掺气仪和 4 支流速仪。其他 3 道掺气坎下游,各布置掺气仪和流速仪 2 支,仪器间距一般为 50 ~ 60 m。

3. 闸墩应力监测

明流洞进口弧形闸门所受总推力为 76 000 kN,两侧墙也承受较大的外水压力,闸墩的应力状态较为复杂,布置一些监测仪器是十分必要的。在闸墩和混凝土支撑深梁中共布置 36 支钢筋计、66 支应变计、4 支锚杆测力计、2 套多点位移计。

（六）排沙洞监测项目与测点布置

在 3 条排沙洞中,以 3 号洞运用最为频繁,故选其为代表进行监测,排沙洞以帷幕线为界,前部为普通混凝土衬砌,后部为预应力混凝土衬砌。在监测项目的设置上,除围岩稳定监测外,突出对顶应力锚索运用状况的监测。

1. 洞身衬砌段监测

洞身衬砌段设两个监测断面,监测项目有围岩变形、外水压力、衬砌与围岩结合、衬砌结构的应力应变等。共布置 76 支钢筋计、38 支应变计、4 支预应力锚索测力计、6 套多点位移计和 4 支渗压计。

2. 出口闸室应力监测

出口闸室工作弧形闸门所受最大推力为 50 000 kN,由于闸室后无山体依托,完全靠其自身稳定抵抗推力,所以闸墩采用预应力锚索结构。监测设计中,布置了 5 支锚索测力计、47 支应变计、17 支钢筋计,以校验设计和监测结构的安全。

（七）进口高边坡监测项目与测点布置

进口高边坡的稳定直接关系到泄水建筑物的安全和整个枢纽的正常运行,一旦出现事故,将会造成不可估量的损失。因此,对高边坡实施多种手段的监测是十分必要的。

1. 变形与渗流监测

进口高边坡以监测边坡变形和地下孔隙水压力为主,共设置 3 个监测断面,以对山体内部变形和渗透压力实施监测。断面位置分别位于 1 号和 3 号孔板塔轴线以北 12 m、2 号发电塔轴线以北 6 m。每个断面布置测斜仪 1 支、多点位移计 2 套。测斜孔孔底高程深入至 T_1^{3-2} 岩层以下一定的深度,多点位移计的深度分别为 45 m 和 50 m。

为监测岩体表面变形,在 250 m 高程平台上设视准线 1 条,全长 306.75 m,位移标点间距一般为 21 m。视准线两端点各设单点位移计 1 支,以校核视准线的工作基点。

水库运行期间,库水位骤降时山体内会出现较大的孔隙水压力,对其稳定不利。因此,在每个断面 230 m 高程上布置渗压计 2 支,分别深入岩体内 6 m 和 12 m。

2.预应力锚索监测

高边坡加固措施,结构上采用岩石表面用混凝土喷锚和加预应力锚索锚固。为了监测锚索的工作状况和预应力损失情况,在边坡不同的高程和部位设置了25支锚索测力计。

(八)出口边坡和综合消力塘监测项目与测点布置

在出口边坡坡面上布置了6支测斜仪、14套多点位移计和5条测距线,以监测边坡的变形情况;为了对岩体稳定性进行监测,在边坡上还布设了19支锚索测力计和5支锚杆测力计。另外,在边坡下部的排水洞两侧布置有渗压计,以监测排水洞的排水效果。

综合消力塘主要布置了一些渗压计和锚杆测力计,用以监测消力塘底板的扬压力和锚杆应力。

(九)地下厂房监测项目与测点布置

地下厂房长为251.5 m,最大开挖跨度为26 m,总高度为64.39 m,采用喷锚支护作为永久支护。由于地下厂房地段洞室群纵横及上下交错布置,围岩中采空区域比较大,特别是在主厂房下游侧,布置6条母线洞和6条尾水洞及进厂交通洞,都与主厂房边墙垂直相交,洞室之间岩体单薄,对围岩稳定不利。因此,布置监测仪器以监测施工期、运行期洞室的稳定状况,显得十分重要。

地下厂房重点监测项目为围岩稳定,重点部位选在上下游边墙、顶拱和岩壁吊车梁处。3个监测断面分别设在1号、5号机组中心以及安装间中部。

为了能监测到厂房开挖过程中的围岩变形,设计要求上、下游边墙外3 m处的测斜仪和顶拱的多点位移计应在开挖前安装,即从山上打钻孔,将仪器埋设到设计位置。围岩内部变形采用多点位移计、锚杆测力计、锚索测力计和测斜仪监测,洞室内表面变形采用收敛计监测,厂房建筑物各层沉陷量采用静力水准配合几何水准测量,渗流压力借用北岸山体测压管和渗压计进行监测。

岩壁吊车梁为宽1.85 m、高2.43 m、长219 m的钢筋混凝土结构,锚固在厂房边墙的倾斜岩石上。其稳定变形的监测方法是利用测缝计监测梁与岩壁间的开合度,引张线测量沿梁长度方向各点的变形,锚杆测力计和预应力测力计测量吊车梁预应力锚杆的应力。

另外,对机墩、蜗壳、肘管段、尾水管等结构亦相应地布置了一些监测仪器。

(十)发电引水洞及尾水洞监测项目与测点布置

6条发电引水洞中,选1号、5号洞设置仪器进行监测。两条洞采用相同的监测项目、断面及仪器布置形式。每条洞设3个监测断面,其中一个断面设在钢筋混凝土衬砌段,另两个设在高压钢管段。

钢筋混凝土衬砌段设有应力应变、围岩变形、外水压力、接缝开合度等监测项目。钢管衬砌段设有钢板应力、外围混凝土应力应变、围岩变形、外水压力以及钢板与外围混凝土、混凝土与围岩间接缝开合度和接缝间渗压力等监测项目。

3条尾水洞中,选1号、3号尾水洞设置仪器进行监测,其监测项目及仪器布置形式相同。每条洞沿洞长设3个监测断面。断面内设有围岩变形、渗压力、洞身收敛以及接缝开合度监测。

二、安全监测自动化系统

(一)安全监测自动化原则

由于小浪底水利枢纽工程具有安全监测项目多、仪器设备种类复杂、分布区域广、环境差异大的特点,安全监测自动化的设计和实施主要遵循以下原则进行:

(1)安全监测自动化需覆盖整个枢纽建筑物及其基础,同时要突出重点工程部位的测点和重点监测项目;

(2)自动化采集系统要求可靠性高、低故障率,以保证实时监控长期、稳定、可靠的运行;

(3)安全监测自动化应体现国内外先进技术水平,具备高度方便的可维护性;

(4)安全监控系统应集现代计算机技术、网络技术、软件工程技术、水工监测、分析和馈控等技术于一体,以达到动态监测、实时馈控和综合分析枢纽工程安全状况的目的。

根据以上原则,小浪底大坝安全监测自动化基本实现了数据采集与传输自动化、信息管理集成化、专业分析模型化、辅助决策智能化等功能,满足了动态监测、实时反馈并综合分析枢纽工程安全状况的要求,为反馈设计提供了基础信息,为枢纽运行管理和工程调度(运用)决策提供了客观、科学、可靠的依据,为充分发挥工程效益提供了保证。

(二)安全监测系统自动化的项目

为了能够实现数据采集与传输自动化、信息管理集成化、专业分析模型化、辅助决策智能化等功能,同时兼顾工程建设的进度,小浪底大坝安全监测自动化的实施按照统一规划、分步实施的原则,从施工期开始着手,分别完成以下项目:部分监测数据自动化采集、人工观测数据录入与传输自动化和大坝安全监控系统。

1.部分监测数据自动化采集

小浪底水利枢纽共布置了 3 201 个观测测点,其中内部变形 1 372 个测点,渗流 449个测点,应力应变 1 268 个测点。根据设计要求,并经过反复研究和论证,从有条件实现自动化监测的 2 572 支仪器中最终选取 885 支仪器(计 1 078 个测点)实施数据自动化采集。这些测点主要分布在主坝及其基础、北岸山体、进/出口高边坡、进水塔、消力塘和地下厂房等部位。自动化采集设备经招评标最后确定选用美国 Geomation 公司的 2380 系统。该系统采用全分布式智能节点控制开放型网络结构,由中心监控站和现场数据采集单元 MCU 等组成,网络结构见图 7-1。根据当时的通信技术和条件,中心监控站与 MCU间的通信网络采用通信电缆连接。为满足系统后备通信手段和适应施工期临时组网的需要,采用超短波无线电作为其后备通信方式,一旦有线通信发生故障,系统能自动启动后备通信方式工作。同时,系统还提供电话接口作为第二后备以及对系统提供远程监控的直接途径,并与土建工程同步开始建设,共分两期实施,第一期工程于 1999 年 6 月 26 日进入现场,到 1999 年 8 月 5 日全部安装完毕,共完成了 13 台 2380MCU 的安装,并组成了一个临时的网络,供施工期的监测。一期工程不仅能满足枢纽首次下闸蓄水的需要,而且能满足汛期防大汛的要求,还要考虑施工期外部条件不完备以及土建施工干扰等的影响。经与设计和设备安装单位反复研究协商,确定在汛前投入运行的一期工程范围要覆盖以主坝基础为主的主坝及其基础、进出水口高边坡和消力塘这些直接参与度汛且与首次下闸蓄水直接关联的重点工程部位,连接的传感器共计 268 支。第二期于 2002 年 1 月进入现场,到 2002 年 6 月全部安装完毕,共完成了 24 台 2380MCU 的安装,其中包括部分一期传感器的补接。

小浪底原型观测自动化采集系统总共建立了 36 个测站,接入系统的绝缘电阻若小于 1 MΩ,则一般不接入自动化。根据测试,共有 126 支仪器不符合接入标准而未接入自动化,因此连接的自动化观测仪器有 759 支仪器,共计 978 个测点。自 1999 年 10 月自动化采集系统开始采集数据,截至 2004 年年底,记录有效监测记录 400 万条左右。

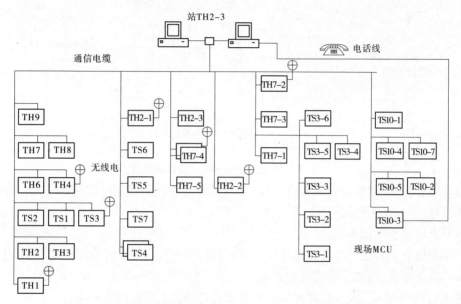

图 7-1　小浪底水利枢纽安全监测自动化采集系统网络结构

2. 人工观测数据录入与传输自动化

小浪底水利枢纽安全监测系统除接入自动化采集系统的仪器外,尚有 2 300 余支仪器需要人工测读。如果利用传统的数据处理模式,即现场纸质记录,回到办公室再人工录入计算机,不仅增加工作量,而且浪费人力、物力。因此,在借鉴加拿大 B. C. 水电局观测数据处理实践经验的基础上,在加拿大咨询专家的帮助和指导下,引进英国 Psion 公司生产的 Psion workabout 掌上电脑(见图 7-2),并进行相应的开发应用,建立起人工观测数据采集系统。

图 7-2　Psion workabout 掌上电脑

Psion workabout 掌上电脑有处理器、内存、外存和输入输出端口,可以很方便地与计算机连接,也可以单独运行,还可以外加激光码扫描器进行自动读数等。Psion workabout 需要用 OVAL(Object Virtual Application Language)和 OPL(Object Programming Language)为其编写程序,以便自动监测输入数据,检查是否有漏项,实现监测数据批量输入计算机,完成人工测读数据的自动传输。Psion workabout 数据处理流程见图 7-3。

通过 Psion workabout 的引进和开发应用,人工观测仪器数据能实现一次性录入、数据

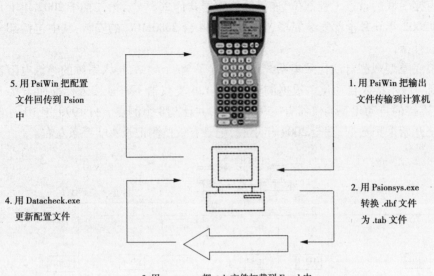

5. 用 PsiWin 把配置
文件回传到 Psion
中

1. 用 PsiWin 把输出
文件传输到计算机

4. 用 Datacheck.exe
更新配置文件

2. 用 Psionsys.exe
转换 .dbf 文件
为 .tab 文件

3. 用 covert.exe 把 .tab 文件加载到 Excel 中

图 7-3　Psion workabout 数据处理流程

自动校验和检查、数据自动化传输,提高了人工观测数据采集和处理的水平,大大降低了工作强度,提高了工作效率。

3.大坝安全监控系统

小浪底水利枢纽工程具有规模庞大、结构复杂的特点,并且建成国内已建工程中规模最大的观测系统,因此在实现数据自动采集和人工观测数据自动传输的基础上,建立一套技术先进、功能齐全、设备稳妥可靠的安全监控自动化系统显得尤为重要。

小浪底大坝安全监控系统是一个以通信和计算机网络技术为硬件基础,以分布式数据库、信息工程和 GIS 技术为软件基础,面向小浪底水利枢纽工程安全监控管理应用的决策支持系统。整个系统是一个集现代计算机技术、网络技术、软件工程技术、水工监测和馈控技术等于一体的高科技的集成网络系统。

小浪底大坝安全监控系统非常庞大,包含整个枢纽建筑物。根据枢纽工程各建筑物的布局及其所担负的功能和作用,将工程安全监测的对象划分为三大部分,即一标主坝、二标泄水建筑物群和三标引水发电系统,大坝安全监控系统相应地分为三个标和系统总装标四部分,分别由三家科研院校联合开发。

1)系统的运行环境和结构

系统的开发和运行环境采用微机局域网络环境下的客户机/服务器(C/S)体系结构,系统的运行环境由 2 台服务器和 6 台客户机组成的局域网络构成,见图 7-4。

服务器端采用双机热备形式运行,客户机工作站为高档 PC 机。系统的开发和运行以 microsoft Windows NT 作为网络操作系统,服务器端采用 Windows NT Server Enterprise 4.0,客户机端采用 Windows NT WorkStation 4.0,数据库采用大型关系数据库管理系统 Sybase 在服务器端进行设计和开发,客户端的应用子系统采用以 Power Builder、Visual Prolog 和 DVF Fortran 为主,以 Visual C + + 和 VB 为辅的技术方案在客户机上进行设计和开发。

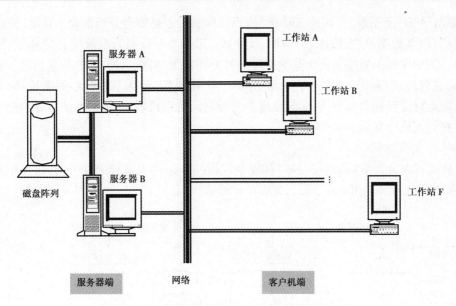

图7-4　小浪底水利枢纽安全监控系统拓扑结构

2）系统总体结构

小浪底水利枢纽工程安全监控系统的整体结构见图7-5。

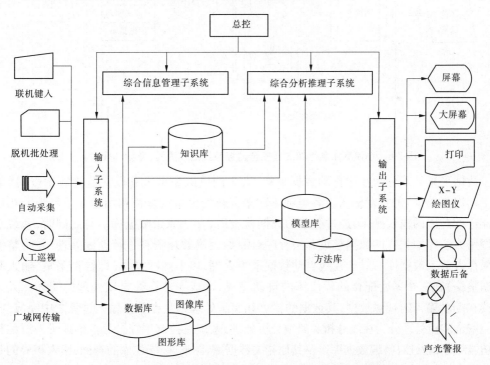

图7-5　小浪底水利枢纽工程安全监控系统的整体结构

系统采用"四库三功能"的体系结构,整个系统由下列各功能部分组成:数据库(含图形库和图像库)、模型库、方法库、知识库、综合信息管理子系统、综合分析推理子系统和输入/输出(I/O)子系统。"四库三功能"体系结构的核心是综合分析推理子系统(亦称分析推理机)以及数据库、方法库、模型库、知识库,其他各部分则为系统核心的补充、延展和支持。图形库和图像库实质上是数据库的补充和延展,系统总控、综合信息管理子系统(亦称信息处理机)和输入/输出子系统(亦称 I/O 处理机)则为系统核心的支持,确立系统的监控运行流程和数据支持,实现系统各部分之间的有机联系,提供系统良好的操作环境和友好的人机交互界面。

3) 系统工作流程

系统运行时分为数据采集(左环)和安全监控(右环)两大部分进行工作,其工作流程遵循"双闭环(Double – Ring)"模式,如图7-6 所示。

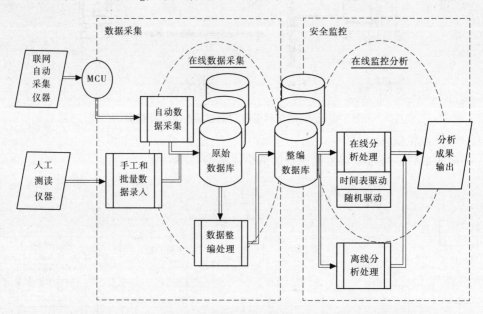

图7-6　小浪底水利枢纽工程安全监控系统工作流程(双闭环模式)

数据采集处理分为在线自动数据采集、人工测读数据录入和以往监测数据资料(如施工期观测数据)的批量输入。各类观测数据资料均由系统总控调用输入子系统的相应功能进行具体的输入操作,经过简单的数据检查后,存入原始数据库。与此同时,系统总控调用方法库中相应的数据整编算法程序对原始观测数据资料进行整编处理,并将整编结果存入整编数据库。对于在线自动数据采集处理,以上两项操作(即数据采集、输入和数据整编)在一个紧密配合的程序体内自动完成,形成一个在线自动处理的闭环。人工测读和批量输入的观测数据,其数据的检测和整编处理则是在数据输入过程之中完成的。

安全监控处理分为在线分析和离线分析处理,系统总控调用综合分析推理子系统的相应功能部分,通过对整编数据库以及其他相关数据库、图形库、图像库的查询,读入相应的观测数据资料,然后以建筑物为单位,进行异常测值检查、结构异常判断、结构异常程度和技术报警级别判定,并选用相应模型进行建筑物的综合安全评价、专家评判和辅助决策处理。

该分析系统能通过数据库的管理提供有效的监测信息,检测异常测值并进行数据误差修正,同时绘制过程线图,并进行水位分量、时效分量、温度分量等环境量的相关分析,绘制相关图等。

该系统的核心是综合分析推理子系统,可对工程观测信息进行综合分析和处理,功能主要包括把各类经整编后的观测数据和观测资料与各类评判指标进行比较,从而识别观测数据和资料的正常或异常性质。在判断观测数据和资料为异常时,进行成因分析和物理成因分析,因此该子系统是按照决策支持系统(DSS)的模式进行开发的,需要对单测点测值提供的信息最大程度的定量化,再利用专家系统技术使综合推理部分结构化,因此该子系统大量使用统计模型,并采用产生式专家系统(规则系统),基于一定的假设条件,其一般规则为 IF A THEN B,故该系统的应用受到专业水平和知识结构的限制。

总体上,该系统是信息分析、综合评估、推理和辅助决策较好的软件工具,能够为评价各建筑物的安全状态提供有用的辅助决策信息。

第二节 水文泥沙测验

一、水库概况

小浪底水库位于河南省洛阳市以北 40 km 黄河中游最后一个峡谷的出口处,上距三门峡水利枢纽 130 km。控制流域面积 69.4 万 km^2,占黄河流域面积的 92.3%。水库设计库容为 126.5 亿 m^3,后期有效库容为 51 亿 m^3(防洪库容 40.5 亿 m^3,调水调沙库容 10.5 亿 m^3)。其开发目标是以防洪(包括防凌)、减淤为主,兼顾供水、灌溉和发电,蓄清排浑,除害兴利,综合利用。小浪底水库主要由拦河主坝、泄洪排沙系统和引水发电系统组成。

小浪底坝址至三门峡区间集水面积为 5 734 km^2。库区流域属土石山区,沿黄河干流两岸山势陡峭,沟壑较多。库区支流库容大于 1 亿 m^3 的有 12 条,其中较大的支流有大峪河、煤窑沟、畛水河、石井河、东洋河、西阳河、芮村河、亳清河等。库区内黄河干流河段上窄下宽,自坝址至水库中部的板涧河河口长 63.36 km,除八里胡同河段外,河谷底宽一般在 500～1 000 m。坝址以上 26 km,进入宽为 200～300 m 的八里胡同,其长约 4 km,该段河谷两岸陡峻直立,犹如幽静阴森的胡同,仰视可见线天,是全库区最狭窄的河段。板涧河口至三门峡河谷底宽为 200～400 m。

小浪底水库蓄水至 275 m 时,形成东西长为 130 km、南北宽为 300～3 000 m 的狭长水域,总库容为 126.5 亿 m^3(断面法实测)。其中河堤(距坝 67 km)以下库容为 119.7 亿 m^3,占总库容的 94.6%。支流库容占总库容的 41.1%。

根据实测水文资料统计,1952～1996 年小浪底水文站实测平均径流量为 381.7 亿 m^3,三门峡至小浪底区间(简称三小区间)年均加入水量为 8.8 亿 m^3,年均输沙总量为 12.11 亿 t,三小区间平均产沙总量 0.074 亿 t。在小浪底水库蓄水前三小间段河床稳定,河道基本上无冲淤变化。

二、库区淤积测验断面布设

小浪底水库是黄河治理开发,防洪、防凌,确保下游安全的关键性工程。小浪底水库承接黄河三门峡出库及小浪底库区流域的全部来沙量,水库水文泥沙测验的主要任务是及时测取库区水文泥沙资料,控制进、出库水沙量及其变化过程,反映水库库区淤积变化,为探讨水库水文泥沙运动规律和水库运用效果,验证和改进工程规划设计,确保工程安全运行和建库后水库运行规律的科学研究提供资料和依据。

按相关规程规范要求,水库库容与淤积测验是水库泥沙观测的核心。水库淤积测验方法主要有地形法和断面法。小浪底水库地形特殊,支流库容占41.1%,要达到规范要求的观测精度,需要布设大量的干支流观测断面。

小浪底水库淤积断面的布设按一次性进行布设,分期实施完成。为使断面布设达到其测算的库容与地形法所计算的各级运用水位下的库容误差不超过5%,并能满足正确反映库区泥沙冲淤数量、分布和形态变化的基本要求,结合小浪底水库周边支流支沟的地形,小浪底水库淤积测验断面布设的方法和原则是:

(1)所设断面必须控制水库平面和纵向转折变化。断面方向应大体垂直于200~275 m水位的地形等高线走向。

(2)断面的数量与疏密度应满足库容和淤积量观测与计算的精度要求。

(3)断面布设近坝区和大支流较密,且观测初期宜密不宜稀。

遵照上述原则,小浪底库区共布设泥沙淤积观测断面174个(干流56个,支流118个)。干流56个断面平均间距为2.25 km。其中上库段54.71 km内布设16个观测断面,平均间距为3.42 km;下库段71.03 km内布设40个观测断面,平均间距为1.78 km。支流共布设118个断面,其中,左岸21条支流布设断面65个,控制河长98.5 km,平均间距为1.52 km;右岸畛水河布设断面25个,控制河长41.3 km,平均间距为1.65 km。除畛水河外,11条支流布设断面28个,控制河长39.67 km,平均间距为1.42 km。

为了掌握塔前漏斗区泥沙冲淤变化以及漏斗的形成与演变过程,还在坝前4.7 km范围内,即漏斗区布设了35个断面。其中干流31个,右岸小清河4个。

三、水位站网

库区布设水位站8处,其中黄河干流7处、支流1处,共同构成库区水位控制网。库区水位站按其功能可分为坝前水位站、常年回水区水位站和变动回水区水位站三种类型。

坝前水位站是反映水库蓄水量及其变化、水库防洪能力、推算水库下泄流量和水库调度运用的依据。坝前水位站布设在坝前跌水线以上水面相对平稳、受风浪影响小且便于观测的地方。

常年回水区水位站主要用于观测水库蓄水水面线,研究洪水在库内的传播、回水曲线、风壅水面变化等。小浪底水库常年回水区支沟较多,库面形态复杂,水面线的变化,除干流来水影响外,受支流洪水、水库泄流等影响也较大,而且水位变化频繁,故应有足够的水位站予以控制。经设计,在常年回水区干流设五福涧(距坝79.16 km)、河堤、麻峪(距坝44.73 km)、陈家岭(距坝22.8 km)及支流畛水设西庄(距坝21.45 km)等5处水位站。

变动回水区水位站主要用于了解回水曲线的转折变化(包括糙率和动库容的变化)、库区末端冲淤及对周围库岸的浸没和淹没的影响。小浪底水库变动回水区虽然距离不长,但水位变化迅速,水面比降大,在近40 km的河段内水位变幅达24 m之多。为此,根据上述任务和《水库水文泥沙观测试行办法》"在变动回水区段内,不宜少于3个水位站"

的规定,在白浪(距坝95.49 km)、尖坪(距坝113.24 km)设两处水位站,而最大变动回水区末端水位可利用三门峡水文站水位共同构成变动回水区水位站网。

四、水力泥沙因子断面布设

为了解水库蓄水后水文要素、泥沙的分布和变化情况,布设两处水力泥沙因子观测断面,一处在坝前1.53 km处,另一处在距坝65.21 km处的河堤。坝前水力泥沙因子断面测验是为水库运用提供坝前水位变化过程和不同泄水条件下的流速、含沙量纵横向分布的观测资料,以便掌握坝前局部水流泥沙运动形态和边界条件变化的关系,作为优化调水、调沙、发电运行方案的科学依据。

河堤水力泥沙因子断面是小浪底水库变动回水区内的水文泥沙测验站。测验方法和要求不完全同于自然河道站。主要任务是在回水影响和变动回水影响过程中观测水沙纵横向变化,了解水库的冲淤规律及其成因关系。

五、观测设施及方法

当站网规划确定后,站网建设便随之展开。淤积断面的建设步骤分为图上作业、外业查勘、选点埋标、控制测量。库区控制测量分为平面控制测量和高程控制测量。小浪底水库库区平面控制网分两期布设完成。首期平面控制网于1997年4~6月布设并施测完成,共布设首级(D级)GPS控制点23个,加密E级GPS点732个,控制面积近1 500 km²,包括黄河干流01~40断面及39条支流上120个断面,保证了小浪底水库截流前原始库容测量的顺利进行。二期平面控制测量于1998年11月施测完成,共布设首级(D级)GPS控制点8个,加密E级GPS点92个,控制面积近300 km²,范围覆盖黄河41~56断面。小浪底库区平面控制测量采用1954年北京坐标系和WGS-84坐标系两种坐标基准,BJ-54坐标系成果为高斯平面坐标系统(高斯正形3°带投影37带,中央子午线为东经111°),WGS-84坐标成果为空间大地坐标系统。

小浪底库区平面控制网全部采用双频GPS施测。小浪底测区GPS网观测分为逐级控制,在D级网内加密E级GPS网,因此外业首先进行D级GPS网观测,在D级网图形构成后再全面展开E级网观测。D级网采用静态观测,E级网采用快速静态观测模式观测。每条边重复观测次数不少于3次,观测结果采用美国Trimble公司的GPS接收机专用软件——GPSurvey进行数据处理与平差。

高程测量部分路线采用水准仪施测,在库区地形复杂、高差大,水准仪施测高程十分困难的地方,采用了全站仪电磁波测距高程导线施测方案,并开发了全站仪快速高程测量系统,使数据采集、记录、计算、校核、观测顺序、限差提示等都由计算机自动完成。由于采用仪器精度高,施测方案合理不仅解决了困难,而且保证了高程测量精度。

淤积断面测验内容包括淤积断面起点距、高程测量、库底淤积泥沙测取和颗粒级配分析。淤积断面测量测次布设范围一般每年施测3次,分别为汛前、汛期大洪水过后水沙平稳期和汛后。各次施测的范围应根据库区水位变化情况而定,一般应测至最高蓄水位回水末端以上1~2个断面。每次应测至上次测后最高洪水位以上,且需与原图衔接吻合3个地形转折点。

　　岸上测量主要采用先进的 GPS 和全站仪施测,GPS 采用 RTK 作业模式进行,平面精度为 $20+1\times10^{-6}$,高程精度为 $20+1.5\times10^{-6}$。平面精度远高于水库测量要求,经分析,当小浪底库区基站与移动站之间距离小于 6 km 时,GPS – RTK 高程与原水准精度相当,当基站与移动站距离在 6～12 km 时,通过坐标转换,并进行高程异常改正后,亦可达 5 等水准要求。岸上测量也用高精度的全站仪施测。一般采用测角精度为 $1''\sim1.5''$,测距精度为 $1+1\times10^{-6}$,精度高于经纬仪与电磁波测距。

　　水下断面测量测点的分布视水面宽窄和水下地形转折变化而定,在主槽、陡岸边及水深变化较大处,加密测点,其余部分均匀分布测点。在困难条件或特殊地形条件下,其测点间距最大不应超过河面宽的 20%。水下测点的布置一般情况下,不同河宽的测深点数参照表 7-1。

表 7-1

河面宽(m)	< 100	100～300	300～1 000	> 1 000
测点数	5～10	10～15	15～20	> 20

　　测深点的定位方法采用 GPS – RTK 定位法。依左端点的坐标 (X,Y) 为零点和测点的坐标算出距左端点的距离即为起点距;测距仪定位法和经纬仪视距法都是在岸上(左、右岸都可)选定视距站(测出视距站的起点距)向左或向右测出测点到视距站的距离。水下视距站与水面高差不宜太大,应控制视线斜距与平距之差不大于 1 m,否则应作斜距改正,再计算出测深点的起点距。无论采用何种方法定位,都必须是测深、测距同步进行。

　　水深测量中,当水深小于 5 m 时,用经过检校的测深杆测深;当水深大于 5 m 时,断面法采用双频回声测深仪测深,地形法采用条带测深仪观测水下地形,并用计算机自动记录计算。

　　测水下断面时,当水位涨落变化超过 0.1 m 时,应测开始和终了时水位,取平均值作为计算水位。一般较顺直的河道断面,当河宽小于 300 m 时,若水面平稳,可只测一岸水位;对湾道断面或斜流断面,一般应测两岸水位。当左、右岸水位差大于 0.2 m 时,应施测两岸水位,水深点应加横比降改正。分流串沟应施测各股水位。

　　每次淤积断面测量中,我们确定偶数断面进行泥沙沙样采集。断面上取样数量按河面(库区)宽度而定。取样质量一般不少于 100 g,取样确有困难时,可减少取样质量,但最少不能少于 10 g。

　　小浪底水文泥沙测验系统的建设与观测工作是在完整的规划思想指导下,通过精心的设计和艰苦的劳动,采用当今世界上最先进的技术,加强质量管理实施的,该系统可以足够准确地描述水库库区水文、泥沙的现状和演变过程,为控制水库水沙变化,延长水库有效使用寿命发挥积极作用。

第三节　水库地震监测

　　小浪底水利枢纽位于华北地震区的许昌—淮南地震带的西北部,其西邻怀来—西安地震带(汾渭地震带),北接邢台—河间地震带(太行山前地震带),南侧则为华南地震区的秦岭—大巴山地震带和麻城—常德地震带。

小浪底库坝区及邻区的天然地震活动相对较弱,但库周分布着一系列第四纪活动断裂,坝区地震地质条件极为复杂,地质工作者在1982年的水库区1:50 000地质工作中提出,水库诱(触)发地震是许多工程地质问题中的一个重要问题。为了研究小浪底水库的诱(触)发地震问题,施工初期建设的工程专用的小浪底水库遥测地震台网于1995年10月投入试运行,1996年6月投入正式运行;2000年7月采用跨断层三维变形测量法,在有诱(触)发地震可能性的小南庄、石井河、塔底和城崖地四条断层上分别布设4个断层监测站。由遥测地震台网、跨断层三维变形测量监测站组成的地震监测系统,使小浪底枢纽具备发生水库诱(触)发地震可能性的库段均处于比较严密的监控之下,为完整收集小浪底库坝区在水库蓄水前后地震活动资料奠定了良好的基础。

一、小浪底水库诱(触)发地震地质条件

小浪底水利枢纽是黄河中下游的一个特大型水利枢纽工程。由于库坝区地震地质条件极为复杂,经反复研究论证,确定了库区及周边地区的15条第四纪活动断裂中的10条作为具有诱(触)发水库地震的活动断裂,这10条断层分别是石井河断层、小南庄断层、连地断层、王良断层、坡头断层、霍村断层、塔底断层、封门口断层、城崖地断层和石家沟断层。其中王良断层、连地断层、坡头断层、霍村断层、封门口断层、城崖地断层与库水不发生直接接触,前4条断层全部都在地下水分水岭的另一侧,城崖地断层的大部分也在地下水分水岭的另一侧;同时,对于王良断面、连地断面、霍村断层,水库位于其上升盘一侧,尤其是霍村断层距水库边已达15 km以上,附加荷载影响亦很轻微,无诱(触)发构造震的充分条件;对于坡头断层和城崖地断层,荷载对两盘的影响基本上是等同的,除非这两条断层应力积累已达到临界状态,否则认为它们诱(触)发地震的可能性不大;封门口断层分布在水库区前部以北,水库位于其下降盘一侧,但断层距水库边已达15 km,水库附加荷载虽有影响,但影响已较轻微,且已停止活动50万年以上,发生诱(触)发震的可能性不大;其他4条第四纪活动断层均与库水发生直接接触,除附加荷载影响外,还存在库水入渗的可能条件,被列为具有诱(触)发水库地震的断裂构造。

在进行水库诱(触)发地震研究中,把小浪底水库区分为三段进行研究,即东段:大坝—狂口段;中段:狂口—安窝段;西段:安窝以西段。其中,东段的地层岩性、地质构造、水文地质条件等都不利于水库地震的发生,即使发震,也是一些微震或弱震。中段分布较广的灰岩地层,多期活动的断裂构造,能够形成地下水高压区(带)的水文地质条件,以及岩溶发育的灰岩峡谷地貌,这些因素都决定了本段存在水库诱(触)发地震的可能性。西段虽处于库尾,水位抬高相对较低,但无论是地层岩性、地质构造、水文地质条件,还是地形地貌,都对水库地震有利。因此,水库蓄水后,有沿石家沟断层带发生地震的可能。

根据水库区的地震地质及水文地质等条件,小浪底水库虽可能存在着喀斯特塌陷型或其他类型的水库地震,但应以构造型水库地震为主,其可能的最大震级分别为5.0~5.6级。小浪底水库地震的震级上限可按5.6级考虑。

二、水库诱发地震监测系统

小浪底水利枢纽工程具有发生水库地震的可能。为了监测水库地震动态，专门设置了水库遥测地震台网。

1992 年，依据国家地震局颁发的《地震台站观测规范》(1990) 和《遥测地震台网观测技术规范》(1991)，结合水库地震的发震规律，设计单位先后进行了小浪底地震台网的野外勘选、测试、总体设计工作。根据小浪底库坝区的场地条件、当时国内仪器的现状，从台网的先进性、可靠性、稳定性、易维护管理及经济效益等多种因素考虑，经过反复比较，最后选定小浪底台网采用遥测模——模无线传输、可见和磁介质记录、人机结合和计算机自动化进行资料分析处理的组网方式。这种组网方式代表了当时的国内先进水平。小浪底水利枢纽工程地震台网于 1994 年 10 月起建，1995 年 10 月全面建成投入试运行，1996 年 6 月正式运行，保证了大坝截流前记录到两年地震本底资料。

建成的小浪底遥测地震台网由当腰、上孟庄、螃蟹蛟、东沟、南关郎、青石疙瘩、乔岭和王良 8 个遥测地震台，一个新店中继站及洛阳台网记录中心组成（见图 7-7、表 7-2），并选择王良、螃蟹蛟和青石疙瘩为三分向台，以保证记录资料的完整性，其他则为单分向台。

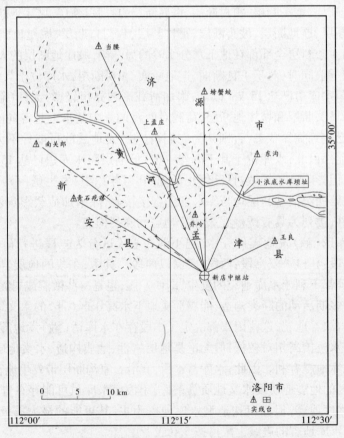

图 7-7　小浪底水库遥测地震台网布局

表 7-2　小浪底水库遥测地震台网台址状况表

台名	仪器设备	地理坐标 B	地理坐标 L	高程(m)	台基岩性	行政区划	交通状况	供电状况	通信状况	台基可使用放大倍数
洛阳	接收记录中心	34°38′	112°24′	154	黄土(Q)	洛阳市南昌路	方便	好	好	—
新店	中继站	34°49′50″	112°18′17″	430	红黄土(Q)	孟津县横水镇新店村	距公路300 m	村中有电	差	—
当腰	垂直向位移、速度	35°06′38″	112°08′34″	560	砂岩(T)	济源市邵原镇当腰村	乡村公路通村中	村中有电	差	10
上孟庄	垂直向位移、速度	35°01′27″	112°12′43″	500	砂岩(P)	济原市下冶乡上孟庄村	乡村大道通村中	村中有电	差	10
蝤蟹蛟	三分向位移、垂直向速度	35°03′50″	112°18′25″	575	砂岩(T)	济源市大峪镇蝤蟹蛟村	乡村大道通村中	村中有电	差	10
东沟	垂直向位移、速度	34°58′53″	112°23′30″	400	砂岩(T)	济源市坡头镇响河村	距乡村大道700 m	村中有电	差	12
南关郎	垂直向位移、速度	34°59′33″	112°01′45″	682	灰岩(∈)	新安县石井乡南关郎村	距公路250 m	村中有电	差	20
青石疙瘩	三分向位移、垂直向速度	34°55′26″	112°05′52″	514	灰岩(O2)	新安县北冶乡刘黄岭村	距乡村大道300 m	村中有电	差	20
乔岭	垂直向位移、速度	34°54′23″	112°17′20″	432	砂岩(P)	孟津县煤窑乡乔岭村	乡村大道通村中	村中有电	差	7
王良	三分向位移、垂直向速度	34°52′24″	112°25′04″	320	砂岩(T)	孟津县王良乡张庄村	距乡村大道300 m	村中有电	差	7

组成台网的 8 个遥测地震台基本均匀分布在库首区的黄河两岸,台网孔径 EW 约为 36 km,SN 约为 25 km,相邻台距为 10 ~ 15 km。从整体上看,其监控了库首区的重点地段和可能诱(触)发地震的主要潜在震源区。在重点监控区内,有效地震监测下限为 $ML0.5$ 级,可监控 ML 为 0.5 级的地震事件的面积达 1 400 km^2。震中定位精度误差小于 0.5 km,满足水库地震监测精度要求。

台网的主要仪器设备本着先进、实用、经济的原则选用。拾震器选用国家地震局 581 仪器厂生产的 DS - 1 型拾震器,信号传输设备选用四川省地震局仪器厂生产的 CDM 水库地震遥测系列设备,笔绘记录选用当时被国内所有的遥测台网所采用 768 型六笔自动换纸记录器,还采用了微机进行磁介质记录和存储。时间服务系统选用 SFS - 2A 型数字钟。

三、地震监测系统改造

自小浪底水库地震监测系统建成投入运行以来,在水库蓄水前后积累了宝贵的资料,为监测水库诱发地震情况发挥了主要作用。随着国家地震监测数字化采集技术的发展和水库诱发地震监测的重要使命,2008 年 4 月,对小浪底水库遥测地震台网和大坝强震监测系统进行了数字化改造,2009 年 1 月 17 日完成了数字化改造并通过专家验收,投入正式运行。改造后,台网监测系统采用光纤传输数据,实现了数据的实时监控、自动触发报警,全部地震事件采用人机交互分析处理结果。

第四节　渗漏水水质监测

一、概述

小浪底水利枢纽水库于 1999 年 10 月 25 日下闸蓄水后,两岸坝肩的 1 号、2 号排水洞以及 30 号排水洞等相继出现渗漏水现象。水与岩石之间、水与灌浆帷幕以及混凝土之间的相互作用长期存在,它可能引起坝基岩石和灌浆帷幕、混凝土构件的化学潜蚀等问题,从而影响坝基的稳定和帷幕的防渗性能。根据小浪底水利枢纽工程竣工前补充安全鉴定报告要求以及初步验收审查意见的要求,小浪底水利枢纽渗漏水水质监测项目于 2004 年 5 月启动,其目的在于查明产生坝基岩石和灌浆帷幕、混凝土构件的化学潜蚀的可能性,为枢纽的安全运行提供相关依据。

二、监测点布设

为了解库水渗过坝基、坝肩后其化学成分的变化,使监测的水样有时空上的可比性,采样部位布设为坝前 50 m(库区)、坝后、吊桥处和入黄处(坝后公园排水泵附近)。具体监测点布设见表 7-3。

监测频率为每周一次。依据专家建议和大坝安全监测规范要求,确定监测参数见表 7-4。渗漏水水质监测参数分析依据的方法和标准见表 7-5。

表 7-3 渗漏水水质监测点布设

水样类型	取样位置		说明
坝前库水	左断面	取样深度:0~60 m 每隔 10 m 取 1 个样 每个断面取 7 个样	
	右断面		
	中断面		
坝后渗漏水	左岸	2 号排水洞 U-28 孔	坝前库水取样均在距坝 50 m 处,取样数量因水位的不同而变化
		4 号排水洞 U136 孔	
		28 号排水洞 U214B 孔	
		30 号排水洞 D04 孔	
		30 号排水洞 D142 孔	
		30 号排水洞 D194 孔	
		30 号排水洞 D39 孔	
	右岸	1 号排水洞 D05 孔	
		1 号排水洞 D66 孔	
		1 号排水洞 D101 孔	
	坝基	左量水堰	
		右量水堰	
坝后库水	入黄处	坝后公园排水泵处	
	吊桥处	坝后公园吊桥处	

表 7-4 渗漏水水质监测参数

检测项目	检测参数	说明
理化指标	总溶解性固体(TDS)、水温、浊度、pH 值、CO_3^{2-}	共计 23 个检测参数
无机阴离子	Cl^-、SO_4^{2-}、HCO_3^-、F^-	
金属及其化合物	K^+、Na^+、Mg^{2+}、Ca^{2+}、Mn^{2+}、Cu^{2+}、Zn^{2+}、Fe^{3+}、Al^{3+}、总硬度、可溶性 SiO_2	
营养盐及有机污染综合指标	NH_4^+、NO_3^-、COD_{Cr}	

表 7-5　渗漏水水质监测参数分析依据的方法和标准

序号	参数名称	依据的标准名称、代号(含年号)
1	pH 值	《水质　pH 值的测定　玻璃电极法》(GB/T 6920—1986)
2	水温	《水质　水温的测定　温度计或颠倒温度计测定法》(GB 13195—1991)
3	浊度	《水质——浊度的测定》(GB 13200—1991)
4	矿化度	《重量法》
5	氨氮	《铵的测定　纳氏试剂比色法》(GB 7479—1987)
6	硝酸盐氮	《紫外分光光度法》
7	氟化物	《离子选择电极法》(GB 7484—1987)
8	碳酸盐	《总碱度、碳酸盐和重碳酸盐的测定　酸碱指示剂滴定法》(SL 83—1994)
9	重碳酸盐	《总碱度、碳酸盐和重碳酸盐的测定　酸碱指示剂滴定法》(SL 83—1994)
10	六价铬	《水质　六价铬的测定　二苯碳酰二肼分光光度法》(GB 7467—1987)
11	挥发酚	《水质　挥发酚的测定　蒸馏后 4 - 氨基安替比林分光光度法》(GB 7490—1987)
12	钙、镁(总硬度)	《钙和镁的总量、总硬度的测定　EDTA 滴定法》(GB 7476—1987)
13	钾、钠	《火焰原子吸收分光光度法》(GB/T 11904—1989)
14	氯化物	《氯化物的测定　硝酸银滴定法》(GB 11896—1989)
15	化学需氧量	《化学需氧量的测定重铬酸盐法》(GB 11914—1989)
16	五日生化需氧量	《五日生化需氧量的测定　稀释与接种法》(GB 7488—1987)
17	锰	《铁、锰的测定　火焰原子吸收分光光度法》(GB/T 11911—1989)
18	可溶性二氧化硅	《硅钼黄光度法》
19	铝	《间接火焰原子吸收法》
20	硫酸盐	《水质　硫酸盐的测定　铬酸钡分光光度法》(GB/T 113196—91)
21	铜、锌、铅、镉	《铜、锌、铅、镉的测定　原子吸收分光光度法》(GB/T 11904—1989)

　　监测的质量保证执行国家环保局颁发的环境监测技术规范。水质监测的全过程——水样采集、保存、分析试验以及计算,都严格按照《环境水质监测质量保证手册》的技术要求进行。每批样品在分析的同时做空白试验,控制空白试验值,并采取测定质控样、加标回收样、平行双样等质控措施。

第八章 水库初期运行监测成果

第一节 枢纽安全监测成果

小浪底水利枢纽建筑物中共设计布置 3 201 个观测测点,其中:变形 1 372 个测点,渗流 449 个测点,应力应变 1 268 个测点,其他 112 个测点。2003 年以来,对部分失效仪器进行了补埋或改造,包括:更换进口高边坡 250 m 高程和厂房多点位移计,在厂房周边的排水廊道内补充安装渗压计,在坝下游增设量水堰,并对不合适的量水堰进行改建等项目,共补埋或改造的仪器主要有多点位移计 30 套、渗压计 42 支、量水堰监测仪 40 支。经过补埋和改造处理,目前能采集到数据的内部观测点共 2 383 个,监测仪器工作状态基本正常。

2006 年对所有内部埋设仪器(包括自动化采集仪器)进行了现场核查,自工程部分竣工初步验收以来,各类监测仪器总完好率在 95% 以上。2006 年 12 月底完成安全监测系统鉴定,鉴定认为:小浪底水利枢纽工程的 2 858 支(台)内部监测仪器中(截至 2006 年 10 月底,不包括坝顶新装 7 支土体位移计),报损的仪器有 481 支。不计施工期损坏仪器,工程部分竣工初步验收后仪器完好率为 95.84%。各类监测项目的观测精度基本满足技术规范要求。

目前,小浪底水利枢纽外部变形测点共计 403 个测点,完好率达 99% 以上,观测精度满足技术要求。小浪底安全监测系统共有 3 380 支观测测点,包括水力学仪器底座 112 台,工程部分竣工初步验收后所有仪器完好率达 96.6%。

自水库蓄水以来,小浪底水利枢纽监测设施运行稳定,各项监测数据连续、可靠、完整。主要检测成果如下所述。

一、主坝

(一)变形监测

1. 主坝表面变形

主坝上下游方向各位移线水平位移变化规律基本一致,位移分布除个别测点外测值连续,下游侧测点位移显著大于上游侧。在同一桩号高程低的测点位移变化量小于高程高的测点。目前,水平位移上下游方向最大位移点出现在主坝下游坡高程 283 m 位移线最大坝高断面 B—B(D0 + 387.5)处。最大位移测点年变化特征值统计见表 8-1,上下游测点水平位移测值及两者差值统计表见表 8-2。全序列统计模型分析结果表明,水平位移时效速率比早期减小。

表 8-1　大坝视准线顺水流方向最大位移测点年变化特征值统计

位置	部位	最大位移点号	2010 年变化量（mm）	2009 年变化量（mm）	2008 年变化量（mm）
上游坡	260 m 高程	B13	7.1	−3.9	−7
	283 m 高程	C13	11	3.5	0.8
下游坡	283 m 高程	813	29.2	21.1	18
	250 m 高程	514	14.6	4.1	9.3
	220 m 高程	J12	3	3	−3.9

表 8-2　B—B 断面大坝上下游 283 m 高程测点水平位移测值及两者差值统计

方向	2010 年变化量（mm）	2009 年变化量（mm）	2008 年变化量（mm）	2007 年变化量（mm）	2006 年变化量（mm）
水流方向	18.2	18.4	19.1	14.0	45.9
垂直水流方向	9.9	9.9	6.8	10.4	−5.9

主坝顺坝轴线方向水平位移总体呈南北两岸向主河床区位移,即右岸测点向左岸位移,量值较小;左岸测点向右岸位移,量值较大,最大为 278.1 mm。轴向位移零点在最大坝高处,即 B—B 断面 D0 + 387.5 附近。坝顶高程同一桩号上下游部位测点位移量基本一致。

主坝垂直位移整体呈单调递增的趋势,各测点变化规律基本一致,垂直位移测值分布均匀连续,下游侧沉降大于上游侧。历年水位下降阶段,垂直位移有明显增量变化。统计模型分析结果表明:时效分量占垂直位移变化的主要成分,已趋于稳定,垂直位移水位分量的变化与库水位呈负相关的关系。B—B 断面坝顶下游侧垂直位移最大,位移测值向两岸逐次递减,在同一桩号上,高程低的测点位移变化量小于高程高的测点。最大位移测点年变化特征值统计见表 8-3。

表 8-3　大坝视准线垂直方向最大位移测点年变化特征值统计

位置	部位	最大位移点	2010 年变化量	2009 年变化量	2008 年变化量
上游坡	260 视准线	B14	27.1	31.3	27.7
	283 视准线	C13	37.8	37.3	36.7
下游坡	283 视准线	813	47.7	48.6	41.0
	250 视准线	514	14.5	18.6	20.9
	220 视准线	209	14.7	9.1	11.5

2. 坝顶不均匀变形

主坝坝顶上下游两侧存在较大的不均匀变形。上下游水平位移差值呈递增的发展趋势,B—B 断面的位移差值最大。统计模型分析结果表明:下游水平位移的时效分量明显大于上游侧,这是产生水平位移差的主要原因。此外,水平位移水位分量与库水位有明显的正相关关系,上游侧水位分量变幅大于下游侧。水位下降过程中,上游侧测点向上游方向的位移大于下游侧,致使位移差值有所增加。上下游测点位移差值变化与库水位变化条件有一定关系。坝顶上下游侧两测点垂直位移差值前期随时间有所发展,近4年基本保持平稳。

B—B断面大坝上下游283 m视准线监测点位移差特征值统计见表8-4。上下游水平位移差值呈递增的发展趋势,B—B断面的位移差值最大,与坝顶裂缝变化规律基本一致。坝顶上下游侧两测点垂直位移差值随时间也有所发展,B—B断面垂直位移差值每年大致在10 mm左右,主要原因是下游侧测点沉降速率相对上游稍快。

表8-4　B—B断面大坝上下游283 m视准线监测点位移差特征值统计　（单位:mm）

方向	2010年变化量	2009年变化量	2008年变化量	2007年变化量	2006年变化量
水流方向	18.2	18.4	19.1	14.0	45.9
垂直水流方向	9.9	9.9	6.8	10.4	-5.9

历年调水调沙期间坝顶表层裂缝变化情况和坝顶283 m高程视准线上下游对应监测点间距变化量分别见表8-5和表8-6。

表8-5　历年调水调沙期间坝顶表层裂缝变化情况

年份	库水位变化（m）	历时（d）	A—A断面 ES-500 0+694.73 280.158 m	A—A断面 ES-501 0+692.73 280.158 m	4号探坑 ES-502 0+486 279.713 m	4号探坑 ES-503 0+484 279.713 m	B—B断面 ES-504 0+388.5 279.752 m	B—B断面 ES-505 0+386.5 279.752 m	C—C断面 ES-506 0+218.5 279.797 m	C—C断面 ES-507 0+216.5 279.797 m
2007	-21.14	14	-0.05	-0.34	-0.69	-0.38	-0.03	-0.32	-0.02	-0.01
2008	-23.46	14	-0.09	-0.04	-0.46	-0.23	-0.05	-0.20	-0.01	0.01
2009	-29.69	16	-0.51	-0.14	-1.03	-0.55	-0.30	-0.79	-0.09	0.00
2010	-33.34	19	-0.49	-0.32	-0.85	-0.38	-0.07	-0.64	-0.10	-0.03

年份	库水位变化（m）	历时（d）	5号探坑 ES-508 D0+399.18 280.402 m	5号探坑 ES-509 D0+399.18 277.902 m	6号探坑 ES-510 D0+449.32 280.423 m	6号探坑 ES-511 D0+449.32 277.923 m	7号探坑 ES-512 D0+584.82 280.603 m	7号探坑 ES-513 D0+584.82 279.103 m	7号探坑 ES-514 D0+584.82 277.623 m
2007	-21.14	14	0.00	-0.19	-0.08	-0.38	0.26	-0.23	-0.06
2008	-23.46	14	-0.12	-0.18	-0.11	-0.16	-0.01	0.32	-0.02
2009	-29.69	16	-0.57	-0.48	-0.27	-0.35	-0.70	-0.22	-0.02
2010	-33.34	19	-0.58	-0.83	-0.41	-0.35	-0.04	-0.67	-0.02

表8-6　历年调水调沙坝顶283 m高程视准线上下游对应监测点间距变化量

年份	库水位 变化(m)	历时 (d)	C12–812	C13–813	C14–814	C15–815	C16–816	C17–817
2009	−29.69	16	−3.5	−6.4	−0.5	−2.1	−4.0	−2.1
2010	−33.34	19	−1.0	+3.0	−1.4	+1.4	−0.6	−1.3

(二)渗流监测

1.渗透压力监测

实测主坝防渗墙水头折减系数为51.2% ~ 72.2%,剩余水头折减系数为90%,防渗墙下覆盖层渗透比降基本稳定,且小于设计允许值,表明防渗效果显著,工作性态正常。近期无明显趋势性变化。

实测F_1断层位势,在帷幕轴线混凝土盖板上为35.4% ~ 74.6%,在帷幕下游混凝土盖板下为41.4% ~ 55.9%。近期无明显趋势性变化。

壤土斜心墙$B—B$观测断面180 m高程的3支渗压计最大测值折算水位高于上游水位3 ~ 10 m,近3年同等水位条件下,3支渗压计测值变化不大。

左岸山体位于灌浆帷幕下游、排水洞上游的渗压测点,观测值基本稳定,排水洞下游侧及地下厂房周边地下水位满足设计要求。右岸帷幕后渗压计近期测值基本稳定,未见异常变化趋势。

2.渗流量监测

坝基渗流量过程线见图8-1。通过近6年同水位条件下比较,坝基帷幕补强灌浆后,坝基渗流量呈逐渐减少的趋势,总体上未见异常趋势性变化。

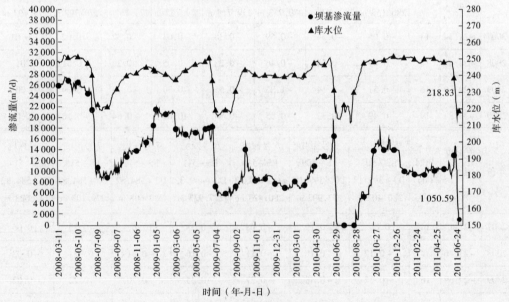

图8-1　坝基渗流量过程线

左岸山体补强灌浆后,2 号、4 号、28 号排水洞渗流量明显减小,目前测值稳定。30 号排水洞在 2003 年库水位达最高水位 265.69 m 时,渗流量最大值为 11 462 m³/d。经过灌浆处理后,同水位条件下渗流量减幅达 33.6%。2006 年之后,同水位条件下渗流量呈进一步减小趋势,左岸 30 号排水洞渗流量及库水位过程线见图 8-2。

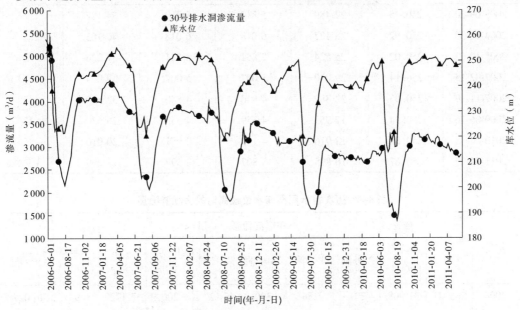

图 8-2　左岸 30 号排水洞渗流量及库水位过程线

右岸山体经过灌浆处理后,随着坝前淤积发展,渗流量减幅为 25.9% ~ 40.6%,右岸 1 号排水洞渗流量及库水位过程线见图 8-3。

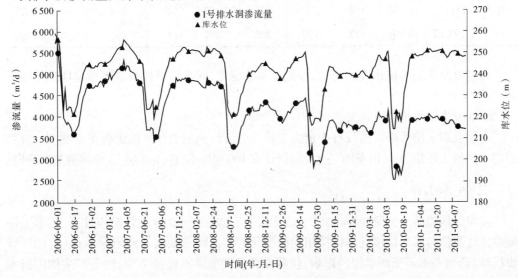

图 8-3　右岸 1 号排水洞渗流量及库水位过程线

现选择库水位为 250 m 时历次蓄水周期的大坝渗流量见表 8-7,历次蓄水周期库水位最高时的大坝渗流量见表8-8。

表8-7　历次蓄水周期的大坝渗流量(库水位为250 m时)

观测日期 (年-月-日)	库水位 (m)	坝基渗流量 (m³/d)	右岸1号洞 (m³/d)	左岸各排水洞 (m³/d)	总渗流量 (m³/d)	同比变化 (%)
2003-09-20	250.25	22 489	5 819	5 819	34 127	
2004-12-30	250.92	28 127	6 018	6 018	40 163	18
2005-10-03	250.02	25 524	5 851	5 851	37 226	-7
2007-02-15	250.14	29 010	5 007	5 007	39 024	5
2007-11-19	250.03	22 889	4 840	4 840	32 569	-17
2009-06-16	250.34	17 953	4 359	4 359	26 670	-18
2010-06-18	250.83	12 916	4 149	2 951	20 016	-25
2011-04-22	250.67	10 895	3 807	3 597	18 299	-9

表8-8　历次蓄水周期库水位最高时的大坝渗流量

| 年份 | 库水位
(m) | 坝基渗流量
(m³/d) | 左岸渗流量(m³/d) | | | | | | 右岸渗流量
(m³/d) | 总计
(m³/d) |
			2号洞	4号洞	28号洞	30号洞	厂房顶拱	左岸合计		
2006	263.41	31 908	201	254	390	6 127	200	7 172	6 947	46 027
2007	256.32	31 248	181	241	282	4 317	167	5 188	5 334	41 770
2008	252.75	29 077	166	205	221	3 634	92	4 318	4 922	38 317
2009	250.34	17 991	133	205	185	3 119	77	3 719	4 439	26 149
2010	251.71	13 794	168	207	223	3 123	148	3 869	4 059	21 722
2011	250.67	10 895	172	179	202	2 897	147	3 597	3 807	18 299

通过近6年同水位条件下比较,渗流量基本稳定,同水位条件下渗流量总体上呈逐年减小趋势。

3.混凝土防渗墙应力应变

主坝混凝土防渗墙目前仅有少量应变计、钢筋计、土压力计可以进行正常观测。混凝土应变计最大压应力在16 MPa左右,钢筋计在160 MPa左右,各测点后期测值基本稳定。

二、左岸山体

左岸山体帷幕上游侧、帷幕轴线下游侧安装有渗压计(含测压管渗压计)。帷幕上游侧渗压计测值与库水位接近并保持相同的变化趋势。帷幕轴线下游侧渗压计(含测压管渗压计)测值基本不受库水位的影响,仪器安装后测值基本保持不变,地下厂房周围排水洞测点无明显的渗压变化。

监测结果显示,左岸山体渗压监测和位移监测均未发现异常趋势性变化。

三、进水塔

进水塔塔顶沉降监测年变化量见表 8-9,进水塔塔顶各沉降监测点位移过程线见图 8-4。

表 8-9 进水塔塔顶沉降监测年变化量 （单位:mm）

点号	2010 年变化量	2009 年变化量	2008 年变化量	2007 年变化量	2006 年变化量	2005 年变化量	2004 年变化量	2003 年变化量	2002 年变化量	2001 年变化量
0T2A	−1.9	+0.8	0	+1.9	−1.7	−0.3	+3.8	+7.1	+8.8	+4.8
0T2B	−1.7	+0.4	+0.2	+2.1	−1.5	−0.4	+3.7	+7.2	+8.9	+5.0
0T2C	+0.1	−1.0	−0.4	+3.1	−2.8	+0.6	+3.7	+8.7	+8.4	+2.6
0T2D	−0.3	−0.6	−0.6	+3.0	−3.2	0	+4.6	+8.7	+8.1	+2.6

注:0T2A 位于左上角,0T2B 位于右上角,0T2C 位于左下角,0T2D 位于右下角。

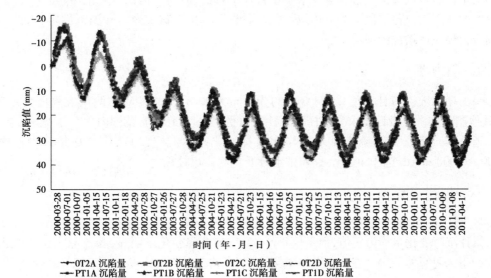

沉陷量为"+"表示下沉,"−"表示上升。

图 8-4 进水塔塔顶各沉降监测点位移过程线

进水塔各测点的垂直位移变化规律一致,最大沉降实测值为 42.6 mm,包括工作基点的位移量,垂直位移主要受时效因素与气温变化影响,近 6 年,时效分量已趋于稳定,受温度影响年最大变幅为 27 mm 左右。蓄水后,进水塔水平位移无明显趋势性变化,受气温影响,上下游方向最大变幅为 18 mm 左右,左右岸方向为 10.16 mm。

塔体混凝土应力应变、钢筋应力和塔间接缝开合度等观测项目后期测值主要受气温影响,呈年周期性变化规律,量值均在正常范围之内,未见异常趋势性变化。

监测结果显示:进水塔基础扬压力和动水压力、塔体内部变形、塔间接缝开合度变化、塔体内部温度变化、应力和应变监测等均显示与温度相关的年周期性变化;观测仪器测值变化正常,符合混凝土建筑物正常变化规律。进水塔总体变化规律正常,未见影响结构稳定的不利变化。

四、进出水口边坡

(一)进水口高边坡

进水口高边坡各外部变形项目(250 m 高程马道视准线和高边坡顶部表面标点)测值近几年已趋于稳定。测斜管历年特征值量值接近,多点位移计近几年测值稳定,年变幅大多不超过 1 mm,变化速率小于设计警戒值 2 mm/月,25 支锚索测力计中多数测点测值稳定,3 支锚索测力计有一定的应力松弛,仅 1 支有压力增加的现象。进水口边坡渗压计均埋设在 231 m 高程,当库水位超过 231 m 高程时,各渗压计测值与库水位基本保持同步变化;当库水位降到此高程以下时,各渗压计所测渗压在 1~2 d 后便消退,符合边坡渗压消散规律。

综合边坡变形及应力观测成果,可以认为进水口高边坡已基本稳定。

(二)出水口边坡

出水口边坡位移标点最大累计水平位移仅 7 mm,多点位移计测值变化幅度不大,变化速率均小于设计警戒值 1 mm/周,满足设计要求。19 支锚索测力计测值稳定,未见明显预应力损失或增加的现象。

五、消力塘

消力塘多数渗压计测值稳定,变幅约为 1 m 水头,仅 1 个测点实测最大测值为 117 m,其他测点均满足设计要求。锚杆测力计测值稳定,量值在正常范围内。

近几年,115 m 高程廊道排水量与库水位变化基本对应,2007~2010 年观测值在 4 500~6 000 m³/d 范围内变化,目前排水量变化规律比较稳定。

六、地下厂房

厂房边墙 150 m 高程收敛变化不明显,地下厂房基础沉降累计变化为 +1.6~+3.5 mm,累计沉降变化量均为正值,但量值很小,不均匀沉降变化不明显,各监测点位移变化过程线也未见异常趋势性变化。监测结果显示,厂房基础部位未发生明显沉降变化,多年来已基本稳定。

主厂房顶拱预应力锚索测力计过程线平顺,无异常趋势性变化,最大值在 928~1 096 kN,最大变幅占最大值的 3%,变幅值很小。岩壁梁锚杆测力计自加载后测值较为稳定,其最大值大多保持在 371~445 kN,拉力松弛较小。

监测结果显示:主厂房围岩和主变顶拱的围岩应力基本稳定,岩壁吊车梁工作性态基本正常。地下厂房高边墙未见明显收敛变化,厂房基础未见明显沉降变化,各点间不均匀沉降变化不明显。厂房顶拱锚索测力计测值自蓄水以来基本保持不变,大部分仪器测值稳定。厂房岩壁梁钢筋计测值稳定,未发现应力突变现象。蓄水以来厂房围岩基本保持稳定,岩壁梁在承受荷载以后缝间开合度未发现明显增长迹象,岩壁梁工作状况未见异常。

七、泄洪洞群系统

泄洪洞群系统安装的混凝土应变计、钢筋计、无应力计、锚索测力计、测缝计等仪器测值呈现较好的周期变化规律,测值主要受温度影响,未见异常趋势线变化;渗压计和多点位移计等仪器观测正常,测值稳定。泄洪洞群系统工作正常。

第二节　库区泥沙测验与坝前漏斗区监测成果

一、库区泥沙冲淤测验成果

(一)冲淤量

小浪底水库入库出库径流量及输沙总量见表8-10。

表8-10　小浪底水库入库出库径流量及输沙总量

年份	径流总量(亿 m³)		输沙总量(亿 t)		
	三门峡出库	小浪底出库	三门峡出库	小浪底出库	淤积量
1998	180.6	187.746	5.715	5.247 05	0.467 95
1999	198.4	189.845	4.983	4.439	0.544
2000	163.1	151.95	3.574 1	0.042	3.532 1
2001	138.1	154.94	2.486 8	0.167 9	2.318 9
2002	153.2	189.05	4.382 9	0.795 95	3.586 95
2003	237.3	207.99	7.747	1.179 98	6.567 02
2004	166.6	206.62	2.676 1	1.484 14	1.191 96
2005	209.7	221.83	3.229 3	0.488 12	2.741 18
2006	211.9	256.54	2.325	0.479 2	1.845 8
2007	238.7	247.77	3.089	0.709 3	2.379 7
2008	193.8	224.90	1.198 9	0.502	0.696 9
2009	199.8	215.64	1.825 3	0.035 487	1.789 813
2010	247.6	245.24	3.433 9	1.337 5	2.096 4

　　1998~2001 年,库区累计淤积量 7.39 亿 t,其中下闸蓄水后淤积 6.862 95 亿 t,占 93%,即绝大部分为蓄水后的淤积。

　　下闸蓄水后的第一年(2000 年)入库沙量 3.574 1 亿 t(包括区间支流入汇的 0.04 亿 t),出库沙量 0.042 亿 t,排沙比仅为 1.18%,淤积比高达 98.82%。

　　蓄水后第二年(2001 年)入库沙量 2.486 8 亿 t,出库沙量 0.167 9 亿 t,排沙比为 6.75%,淤积比为 93.25%。

　　2002 年全年入库沙量 4.382 9 亿 t,出库沙量为 0.795 95 亿 t,其他时期未排沙,则 2002 年排沙比约为 18.16%,淤积比为 81.84%,淤积量为 3.586 95 亿 t。

　　2003 年全年入库沙量 7.747 亿 t,出库沙量 1.179 98 亿 t,淤积量为 6.567 02 亿 t。

　　2004 年、2008 年和 2010 年排沙比较高,分别为 55.46%、41.87% 和 38.95%,2009 年排沙比最低,为 1.94%。

　　下闸蓄水以来(1999 年 10 月 28 日至 2010 年底),11 年库区共淤积 28.75 亿 t,其中 2000~2003 年估计为 16 亿 t,占下闸蓄水后淤积总量的 55.7%。

(二)冲淤形态

1. 干流泥沙纵向淤积形态

　　目前,小浪底水库干流泥沙淤积形态为三角洲淤积形态,还未形成锥体淤积形态。2010 年汛后三角洲淤积体顶点位于黄河干流 10 断面(距坝 15.24 km),淤积高程为 211.9 m。2010 年汛后三角洲淤积体顶点与 2010 年汛前相比由黄河 13 断面(距坝 21.41 km)推移至黄河 10 断面。

　　以 1999 年原始断面为基础,绘制小浪底库区干流河底淤积高程纵向示意图,见图 8-5。

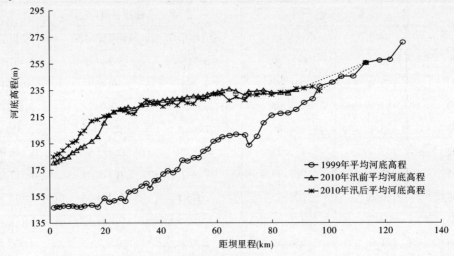

图 8-5　小浪底库区干流河底淤积高程纵向示意图

　　(1)在三角洲淤积体前坡段(黄河 01~10 断面),2010 年汛前至 2010 年汛后期间小浪底水库经历了多次高含沙水流入库,2010 年汛后实测发现三角洲淤积体出现了明显纵向推移,三角洲淤积体顶点由 2010 年汛前的黄河 13 断面推移至了 2010 年汛后的黄河 10 断面,三角洲淤积体前坡段也由 2010 年汛前的黄河 06 断面延伸至黄河 01 断面。与 2010 年汛前相比,河底平均高程抬升了 4.4~15.2 m,该坡段内纵向比降也由 2010 年汛前的 2.2‰下降为 1.8‰。

　　(2)在三角洲淤积体洲面段(黄河 10~37 断面),由于 2010 年汛前至 2010 年汛后期间小浪底水库经历了多次高含沙水流入库,三角洲淤积体顶点由 2010 年汛前的黄河 13 断面推移至黄河 10 断面。结合条带水下地形扫描结果发现,在此区域内出现冲刷,且形成一条深度较深的连续性河槽。与 2010 年汛前数据相比,黄河 22~38 断面的冲刷深度达到 5 m 以上。

　　(3)在三角洲淤积体尾部段(黄河 37 断面以上),根据 2010 年汛后实测断面资料发现,三角洲淤积体洲面段出现的连续性河槽一直向上游延伸,引起三角洲淤积体尾部段部分断面的原有河槽出现冲刷,其中黄河 37 断面的河底平均高程与 2010 年汛前相比冲刷了8.7 m,河槽拉深明显。

2.干流泥沙横向淤积形态

横向淤积形态由横断面上的淤积分布体现,见图8-6~图8-14。

(1)黄河01断面(距坝1.45 km)、黄河08断面(距坝11.37 km)的横向淤积形态见图8-6、图8-7。

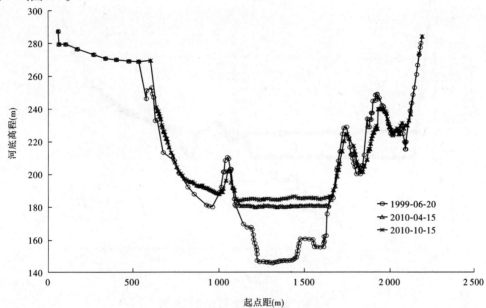

图8-6 黄河01断面横向淤积形态

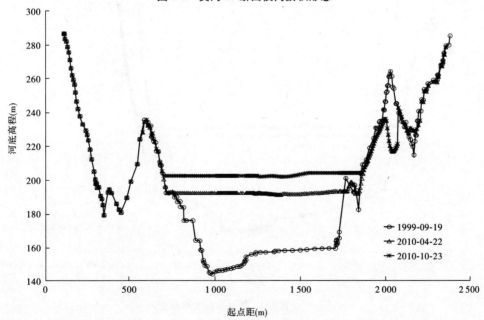

图8-7 黄河08断面横向淤积形态

　　由于受高含沙水流的入库,三角洲淤积体前坡段前沿向前延伸至黄河 01 断面。黄河
01、08 断面均出现淤积,且呈平淤状态。

　　(2)黄河 10 断面(距坝 15.24 km)和黄河 12 断面(距坝 19.72 km)横向淤积形态见
图 8-8、图 8-9。

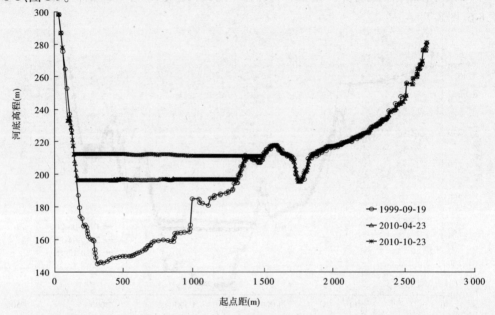

图 8-8　黄河 10 断面横向淤积形态

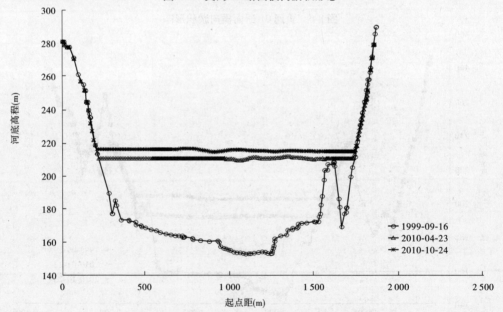

图 8-9　黄河 12 断面横向淤积形态

　　由于受高含沙水流的入库,三角洲淤积体顶点从黄河 13 断面推移至 10 断面,使得黄
河 10、12 断面河底出现抬升,主要以平淤为主。

（3）黄河 18 断面（距坝 30.58 km）、黄河 23 断面（距坝 38.90 km）、黄河 31 断面（距坝 53.53 km）和黄河 36 断面（距坝 62.11 km）横向淤积形态见图 8-10 ~ 图 8-13。

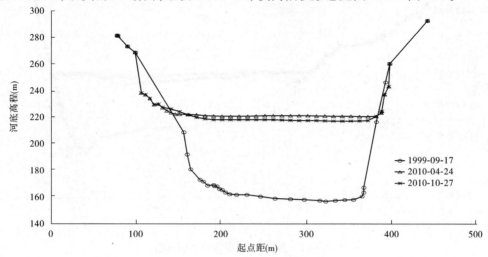

图 8-10　黄河 18 断面横向淤积形态

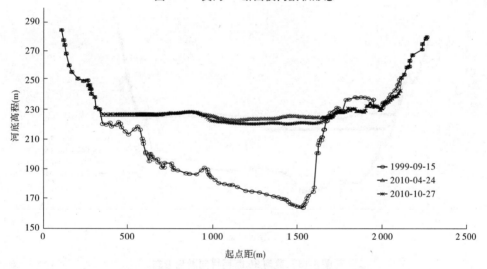

图 8-11　黄河 23 断面横向淤积形态

黄河 18、23、31、36 断面受到汛期小浪底水库低水位下高含沙水流的多次冲刷，原有平淤河底被冲刷出较深的河槽。

（4）黄河 49 断面（距坝 96.76 km）横向淤积形态见图 8-14。

黄河 49 断面主河槽以冲刷为主。

3. 干流三角洲淤积体变化情况

干流三角洲淤积体变形情况见图 8-15。

2010 年 5 月至 2010 年 11 月，小浪底库区经历了多次高含沙水流入库，使得干流三角洲淤积体顶点与 2010 年汛前相比发生明显的纵向位移，三角洲顶点由黄河 13 断面（距坝 21.41 km）推移至黄河 10 断面（距坝 15.24 km），淤积高程为 211.9 m；三角洲洲面段位于

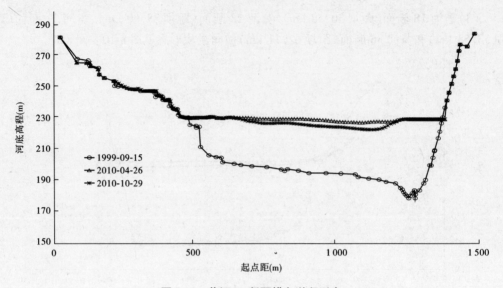

图 8-12　黄河 31 断面横向淤积形态

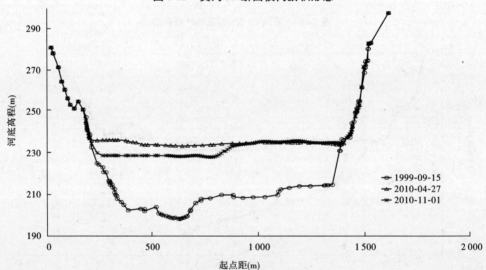

图 8-13　黄河 36 断面横向淤积形态

10 断面(距坝 15.24 km)至 37 断面(距坝 64.69 km)之间,长度为 49.45 km,河道平均纵向比降为 0.31‰。前坡段位于 01 断面(距坝 1.45 km)至 10 断面(距坝 15.24 km)之间,长度为 13.79 km,河道平均纵向比降为 1.9‰。本次测验结果与 2010 年汛前测验结果相比,顶点位置发生了明显变化。

4. 支流泥沙淤积变化情况

支流淤积情况按近坝段、三角洲淤积体顶点段、中坝段、远坝段 4 个部分,选取代表性支流,以 1999 年原始断面为基础进行对比分析。

1)近坝段

在近坝段中,选取支流石门沟(距坝 1.30 km)为代表性河道进行分析。石门沟是距小浪底大坝最近的支流,共有 5 个断面。

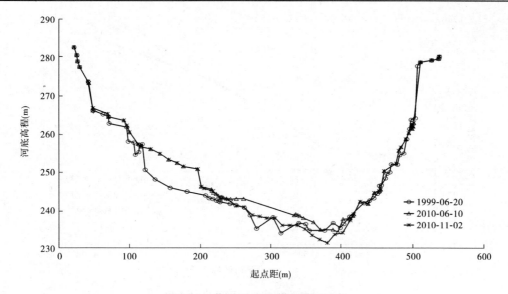

图 8-14　黄河 49 断面横向淤积形态

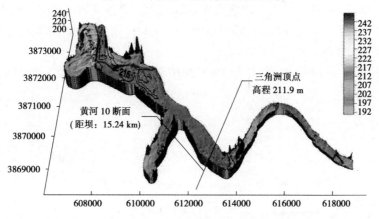

图 8-15　黄河 09 ~ 16 断面水下地形实测图

现将支流石门沟纵向 1999 年、2010 年汛前、2010 年汛后河底平均高程变化绘制成纵断面图,见图 8-16。

实测数据显示,2010 年汛后支流石门沟 01、02、03、04 断面河底平均高程分别为 184.0 m、188.3 m、216.1 m、232.4 m。01、02 断面间河道比降为 3.52‰。与 2010 年汛前相比,河道比降抬升了 0.98‰。支流石门沟河口附近的黄河 01 断面,2010 年汛后河底平均高程为 184.9 m。从目前情况看,支流石门沟尚未出现河底倒比降现象,但河道坡降有变缓的趋势,应注意监测。

2)三角洲淤积体顶点段

2010 年汛期由于来沙量较大,使得三角洲淤积体顶点由 2010 年汛后的黄河 13 断面(距坝 21.41 km)推移至黄河 10 断面(距坝 15.24 km)。而三角洲的前端则延伸到黄河 01 断面(距坝 1.45 km)。在这一区段内支流畛水河(距坝 18.12 km)正处在三角洲洲顶附近,是受三角洲推移影响较大的河流。

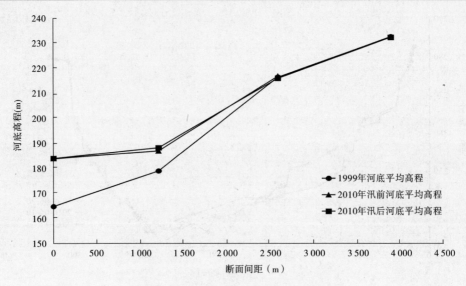

图 8-16 支流石门沟纵向河底平均高程变化

畛水河（距坝 18.12 km）为小浪底水库水域面积及单条河道库容最大的支流,全河段共布设 11 条观测断面。畛水河 01 断面距坝 18.12 km,由于受水位等因素影响,目前最远仅能实测至 09 断面。

现将支流畛水河 1999 年、2010 年汛前、2010 年汛后河底平均高程绘制成纵断面图,见图 8-17。

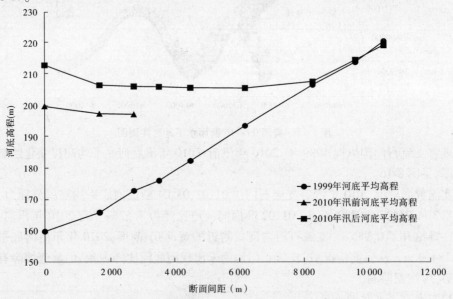

图 8-17 支流畛水河纵向河底平均高程变化

实测数据显示,由于 2010 年汛期畛水河受干流来沙影响较大,2010 年汛后河底高程大幅抬升,支流畛水河 01、02 断面河底平均高程为 213.0 m、206.6 m,断面间河道比降为 −3.7‰。2010 年汛后实测数据与 2010 年汛前相比河底平均高程抬升了 13.2 m、9.2 m,且河底倒比降下降了 2.3‰。而支流畛水河河口附近的黄河 11、12 断面处 2010 年汛后实测河底平均高程分别为 212.9 m、215.4 m。通过 2010 年汛后实测数据发现,畛水河河口附近泥沙两边低的淤积形态已经成型,且支流拦门沙坎高度较高,应注意监测。

3)中坝段

处于中坝段的支流,位于三角洲后坡延展体上,三角洲主体已经从这一河段推移过去,并且由于其不在回水影响区,干流泥沙淤积情况相对稳定。在此区域西阳河(距坝40.81 km)支流淤积较为典型,因此作为代表性河道进行分析。

西阳河河口处在黄河 24 断面(距坝 40.87 km)附近,全河段共布设 6 条观测断面。由于受水位等因素影响,最远实测至 05 断面。

根据西阳河 1999 年、2010 年汛前、2010 年汛后河底平均高程绘制成纵断面,见图 8-18。

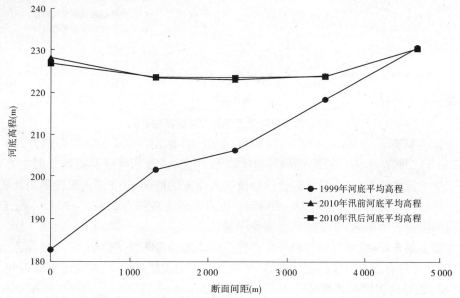

图 8-18　支流西阳河纵向河底平均高程变化

实测数据显示,2010 年汛后支流西阳河 01、02、03、04 断面河底平均高程分别为227.1 m、223.8 m、223.7 m、224.0 m,01、02 断面间河道比降为 -2.4‰。与 2009 年汛后相比,西阳河 01、04 断面河底平均高程下降了 1.3 m、0.2 m;02、03 断面河底平均高程抬升了 0.2 m、0.5 m。01、02 断面倒比降现象有所缓和。同时,黄河 22~24 断面间河底平均高程为 222.7~224.9 m。数据分析显示,2010 年汛后在河口附近泥沙淤积继续呈现两边低的淤积形态。

4)远坝段

远坝段位于三角洲淤积体尾部段,三角洲主体已经从这一河段推移过去,且在回水影响区,干流泥沙淤积状态还不稳定。在此区域沇西河(距坝 56.34 km)支流淤积最为典型,因此作为代表性河道进行分析。

沇西河河口处在黄河 32~33 断面(距坝 55.22~56.85 km)间,全河段共布设 4 条观测断面。沇西河属于宽浅型河道,水域面积十分宽阔,断面内水体流速较慢,黄河干流处流速较快。由于受水位等因素影响,最远实测至 03 断面。

根据沇西河 1999 年、2010 年汛前、2010 年汛后河底平均高程绘制成纵断面图,见图 8-19。

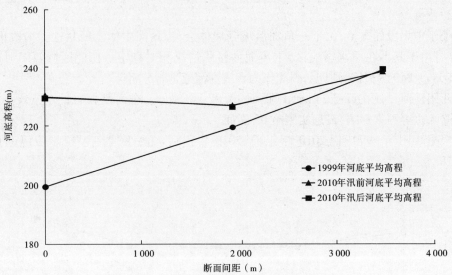

图 8-19   支流沇西河纵向河底高程变化

测验结果显示,至 2010 年汛后,沇西河 01、02、03 断面河底平均高程分别为 230.2 m、227.2 m 和 238.7 m。01、02 断面间河道比降为 -1.5‰,沇西河断面间虽呈倒比降现象,但由于受干流水流影响,在没有高含沙水流进入支流的情况下,支流内泥沙淤积处于动态平衡状态。沇西河河口处黄河 32 ~ 33 断面间河底平均高程为 228.1 ~ 229.6 m,干流与支流间的衔接较为平顺,干支流间目前呈平淤状态。

测验结果显示,支流泥沙淤积变化直接受干流泥沙淤积情况影响,部分支流已出现倒比降状况,并且有逐步加大的变化趋势;个别支流已出现拦门沙坎,对支流下泄不利。

(三)漏斗区泥沙冲淤情况

小浪底水库塔前漏斗区泥沙冲淤观测直接关系枢纽运用安全,是排沙洞进口段防淤堵和进水口闸门安全启闭的关键性工作之一。根据《小浪底水库拦沙初期调度规程》的规定,坝前和进水塔前泥沙淤积面高程采用的测量方法为:测量断面位置为塔前 60 m,用 150 kg 铅鱼下放失重后,铅鱼落底高程减去 50 cm 即为泥沙淤积面高程。在观测过程中,采用双频测深仪进行自动观测,并不定期下放铅鱼进行比测,以保证所测泥沙淤积高程的准确性与可信性。

1. 漏斗区 01 断面淤积高程及浑水层高程变化情况

已有观测资料显示,2010 年 11 月,漏斗区 01 断面塔前河底平均高程在 180.4 ~ 180.5 m 内变化,清浑水界面高程变化范围为 185.5 ~ 186.2 m,浑水层厚度变化范围为 5.1 ~ 5.8 m。

对小浪底水库漏斗区 01 断面 2010 年初与 2010 汛后监测结果进行对比分析,发现由于经历了黄河第十次调水调沙及汛期 3 次防洪运用的高含沙水流过境,使得浑水层、河底高程与年初相比均有较大幅度的抬升。

图 8-20 给出了漏斗区 01 断面 2010 年 1 月 15 日和 2010 年 11 月 25 日清浑水界面高

程与泥沙淤积高程。

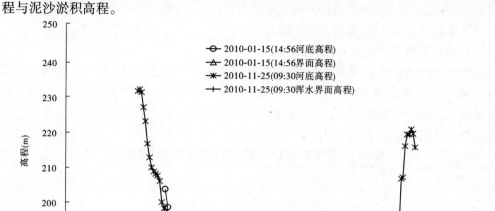

图 8-20 塔前漏斗区 01 断面清浑水界面高程和泥沙淤积高程变化示意

2. 漏斗区汛后淤积形态

以 2010 年汛后和 2010 年调水调沙后两个测次的观测数据为基础,套绘塔前漏斗区纵向泥沙冲淤分布情况见图 8-21。

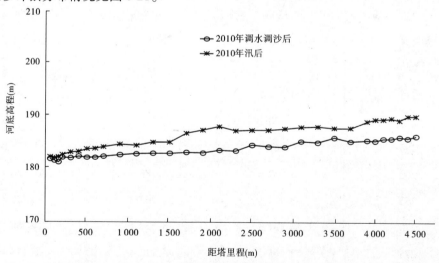

图 8-21 2010 年汛后塔前漏斗区河底纵向冲淤高程示意

可以看出,2010 年汛后塔前漏斗区纵向河底平均淤积高程在 182.2 ~ 190.2 m 变化,与 2010 年调水调沙后相比有明显淤积变化,变化范围为 +0.4 ~ +4.5 m,且距坝越远,抬升幅度越高,高程越高,与此同时,河道比降也由 0.98‰上升至 1.73‰。根据实测数据及泥沙淤积形态显示,三角洲淤积体的向坝前推移已开始影响到小浪底水库塔前漏斗区的淤积形态,在抬高河底淤积高程的同时也增大河道比降,有利于今后由高含沙水流入库形成的异重流加速过境出库,且增大挟沙能力。

(四)库容曲线与分级库容统计表

在断面间冲淤量计算的基础上,我们按高程间隔 5 m 进行分级,以 185 m 高程为起点,对小浪底水库正常蓄水位 275 m 以下不同高程区间的水库库容逐级进行了计算。根据监测成果,2010 年汛后小浪底水库分级库容统计结果见表 8-11,2010 年汛后小浪底水库库容曲线见图 8-22。

表 8-11　2010 年汛后小浪底水库分级库容统计结果　　　　（单位:亿 m³）

高程(m)	干流	支流	总计
185	0.001 2	0.000 3	0.001 5
190	0.062 9	0.013 8	0.076 7
195	0.282 4	0.149 1	0.431 5
200	0.703 4	0.347 3	1.050 7
205	1.229 2	0.595 8	1.825 0
210	1.895 7	1.175 8	3.071 5
215	2.767 1	1.997 6	4.764 7
220	4.127 9	3.076 5	7.204 4
225	5.956 9	4.546 0	10.502 9
230	8.530 6	6.479 0	15.009 6
235	12.010 5	8.981 1	20.991 6
240	16.121 9	11.925 3	28.047 2
245	20.518 4	15.323 3	35.841 7
250	25.120 2	19.286 3	44.406 5
255	29.941 9	23.634 9	53.576 8
260	35.042 6	28.283 8	63.326 4
265	40.443 1	33.263 2	73.706 3
270	46.131 3	38.557 1	84.688 4
275	52.065 7	44.112 4	96.178 1

根据监测结果,截至 2010 年 12 月,小浪底水库正常蓄水位 275 m 时,小浪底水库对应的库容为 96.178 1 亿 m³。其中,干流库容 52.065 7 亿 m³,支流库容 44.112 4 亿 m³,干流库容占总库容的 54.13%。

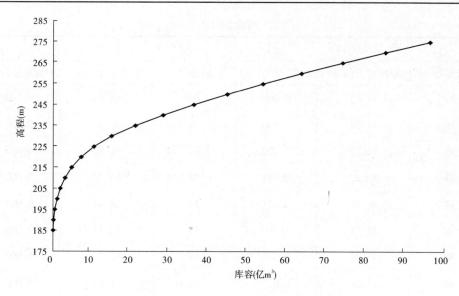

图 8-22　2010 年汛后小浪底水库库容曲线

（五）河床质颗粒级配分析

2010 年汛后小浪底水库大断面淤积测验时,在"偶数"断面上按泥沙测验工作相关要求对黄河干流河床质进行沙样采集,共取沙样 92 个。

沙样经初步处理后,利用光电颗粒分析仪对沙样进行了颗粒级配分析。经对级配数据进行计算处理,黄河干流沿纵向河床质中值粒径统计结果见表 8-12,黄河干流沿纵向河床质中值粒径沿程分布情况见图 8-23。

表 8-12　黄河干流纵向河床质中值粒径统计结果

1（2010-04）			2（2010-11）		
断面号	距坝里程（km）	中值粒径（mm）	断面号	距坝里程（km）	中值粒径（mm）
2	2.45	0.004	2	2.45	0.005
4	4.9	0.004	4	4.9	0.007
6	8.36	0.004	6	8.36	0.007
8	11.37	0.006	8	11.37	0.015
10	15.24	0.005	10	15.24	0.011
12	19.72	0.013	12	19.72	0.008
14	23.22	0.006	14	23.22	0.007
16	27.25	0.006	16	27.25	0.006
18	30.58	0.007	18	30.58	0.007
20	34.74	0.006	20	34.74	0.005
22	37.63	0.005	22	37.63	0.006
24	40.87	0.006	24	40.87	0.006

续表 8-12

1（2010-04）			2（2010-11）		
断面号	距坝里程（km）	中值粒径（mm）	断面号	距坝里程（km）	中值粒径（mm）
26	44.43	0.006	26	44.43	0.009
28	47.78	0.006	28	47.78	0.009
30	51.87	0.009	30	51.87	0.007
32	55.22	0.011	32	55.22	0.007
34	58.91	0.011	34	58.91	0.005
36	62.11	0.01	36	62.11	0.006
38	67.04	0.024	38	67.04	0.007
40	71.67	0.017	40	71.67	0.005
42	76.90	0.02	42	76.90	0.006
44	82.96	0.055	44	82.96	0.01
46	88.52	0.042	46	88.52	0.046
			48	94.30	0.027

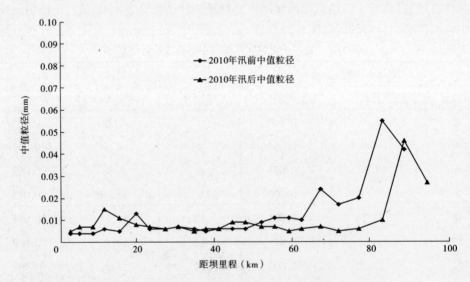

图 8-23　黄河干河纵向河床质中值粒径沿程分布示意

　　测验范围内河床质中值粒径的沿程分布大致为:44 断面(距坝 82.96 km)范围内的河道中,泥沙中值粒径 D_{50} 在 0.005 ~ 0.015 mm,属粉砂类泥沙。46 断面(距坝 88.52 km)至 48 断面(距坝 94.30 km)区间,泥沙中值粒径 D_{50} 为 0.046 mm、0.027 mm。

二、水库运行方式与泥沙淤积

（一）泥沙淤积与水库运行方式的关系

水库淤积取决于水库运行方式、水库地形特征及来水来沙条件等,对于已建成的水库,后面两个因素是确定的,而人为控制的运用方式成了水库淤积的决定因素。

水库的运用方式大致归纳有以下几类:①蓄洪运用,包括蓄洪拦沙和蓄洪排沙两种;②蓄清排浑运用,包括汛期滞洪运用、汛期低水位控制运用和汛期控制蓄洪运用 3 种;③自由滞洪与控制缓洪运用。蓄洪运用的排沙比很小,通常在 10% 以下,泥沙绝大部分淤在库内,水库淤积速率最大;蓄清排浑运用和滞洪运用排沙比都比较高,一般为 60% ~ 90%,甚至可超过 100%。但是水库的运用方式要考虑诸多因素,不能单纯考虑排沙有利与否。通常,北方缺水地区的水库首要任务是拦洪蓄水,而水沙均集中在汛期,拦蓄了洪水也拦蓄了泥沙,必然造成水库淤积,这样防洪、蓄水、减灾兴利的任务与保持水库库容、减少库容损失的要求形成尖锐的矛盾,处理起来十分棘手。

（二）影响小浪底水库淤积的因素

小浪底水库初期采用蓄水拦沙运用,以后逐步抬高运用水位,后期为蓄清排浑调水调沙运用。1999 年 10 月 28 日下闸蓄水,2000 年、2001 年基本为蓄水拦沙运用,2002 年开始,实施了大规模的调水调沙试验。通过这几年的运行实践和前面的泥沙冲淤分析,对影响小浪底水库泥沙淤积的因素归纳为以下几个主要方面。

1. 三门峡运用方式

三门峡水库非汛期蓄水,下泄清水不排沙,汛期降低库水位敞泄排沙。小浪底水库入库水沙过程受制于三门峡水库出库的水沙过程,三门峡水库的运行方式直接影响小浪底水库的冲淤。

2. 小浪底库水位

水库运行水位的高低直接影响水库淤积的数量和部位。2002 年调水调沙期间,虽然下泄流量较大,但因库水位偏高,水库淤积量偏大。库水位高,淤积部位靠上;库水位低,淤积部位靠下。2001 年汛期库水位比 2000 年低 3.77 m,2001 年淤积部位靠下。

2000 年淤积纵剖面成上、下两个三角洲的现象,是库水位影响淤积部位的典型例子。

1）小浪底下泄流量

通常在一定的来水来沙条件下,下泄流量越大,排沙越大,淤积量越小。出、入库流量（或水量）比值的大小可大致反映水库的排沙情况。

2000 年、2001 年和 2002 年 3 年汛期出、入库流量的比值分别为 0.58、0.78 和 1.67,3 年的排沙比分别为 0.012、0.068 和 0.182。2002 年进行调水调沙试验,下泄水量大于入库水量,出、入库比值比前两年大很多,尽管限制排沙,排沙比也比前两年大很多。

2）泄流设施的运用

在同样库水位和下泄流量的条件下,启用不同的泄流设施,排沙效果是不同的。

2002 年 7 月调水调沙期间,为控制出库含沙量不大于 20 kg/m³,启用位置高的泄流设施（明流洞）,尽管下泄流量相当大（2 643.6 m³/s）,泥沙淤积量仍相当大,入库泥沙82.6% 淤在库内。另外,由于泄流孔洞高程较高,流线高于淤积面较多,并限制排沙,未形成冲刷漏斗。

2002 年 9 月 5～10 日,使用排沙洞冲沙 83 h,形成坝上 500 m 范围内的冲刷漏斗,并使浑水液面下降 10 多 m,共排出泥沙 0.295 亿 t,使得闸门"门前清"。

3)异重流排沙方式

异重流排沙是减少水库淤积、延长水库寿命的一种重要手段,异重流的排沙比可高达 30%～90% 以上,但异重流处理不当还会加重坝前的淤积。

小浪底水库首要任务是防洪和使下游河道减淤,初期的运行方式是蓄洪拦沙。2004 年后通过异重流排沙,减少了水库的淤积。

3. 合理调度,延长水库有效库容使用寿命

根据小浪底水库的运用原则,对小浪底水库初期蓄水拦沙阶段,如何合理调度,尽可能延长水库有效库容和使用寿命,提出了一些粗浅的看法,以供参考。

1)异重流排沙

掌握异重流生成、演进规律,当异重流运移到坝前时,及时开启闸门排沙出库。为不使下游河道淤积,下泄流量应控制在 2 600 m^3/s 以上。为取得大的排沙效果,尽可能低水位运行,使异重流潜入点靠下,利于排沙出库。另外,还需要搞清不同浓度、不同颗粒组成异重流的落淤规律,以便合理安排排泄异重流的时间和方式。

2)相机降低水位冲沙

在条件许可时,可相机降水位冲沙。小浪底水库原河床比降较陡(约 1‰),库区淤积物较易冲动,具有降水位冲沙的有利条件。

每年汛前,利用降水位泄流预留防洪库容的时机,下泄清水冲刷库内前期淤积物,在预报是丰水年的情况下,可相机多降水位,达到更好的冲沙效果。在汛期,如果预报后汛期有较大水量入库,也可在汛期相机降水位冲沙。

3)四库联合调度排沙减淤

为减轻水库淤积,小浪底水库泄洪排沙时,含沙量越高越好,但为不使下游河道淤积,要求进入下游的含沙量不能很高。为此,可在条件具备时,通过三门峡、小浪底、陆浑和故县四水库联合运用,使小浪底出库含沙量较大,再利用小花间洪水含沙量低的特点,利用陆浑、故县水库调控小花间清水与小浪底出库浑水在花园口之前掺混,降低含沙量,形成适于排沙入海的流量和含沙量过程。

4)灵活运用泄流设施,维持"门前清"

小浪底枢纽的布置特点为防止进水口的淤堵提供了有利条件,16 个进水口集中布置在风雨沟内呈一字排列的进水塔群,16 个进水口从平面及立面上的布置错落有致,形成底部泄洪排沙、中间引水发电和上部泄洪排漂的格局。在这种泄流设施布置的条件下,为保持各种闸门的"门前清",应轮流开启排沙洞,在轮流使用时要加强塔前浑水面及淤积面的监测,以确保轮流使用的时机。

除轮流使用外,还应考虑泄洪洞使用的优先次序。针对塔前泥沙分布特点,尽量优先使用塔前泥沙淤积速率低的孔洞。

此外,在泄流时,若无特殊要求,应尽量选择高程低的排沙洞和孔板洞。

5）调控水位，控制淤积部位，做到有序淤积

小浪底水库在长期的拦沙期内，应遵循从低到高逐步抬高运行水位的原则，安排水库的有序淤积，延长有效库容的使用寿命。在逐步抬高主汛期水位拦沙和调水调沙过程中，淤积体先在较宽阔的下半段淤积起来，而后逐步向狭窄的上半段淤高，先淤死库容，再逐步向上淤占兴利库容，这样使各级库容得以充分利用。同时，逐步抬高运行水位也使支流库容与干流库容一层层地同步淤高，尽量减少支流拦门沙坎淤堵的无效库容，使支流库容也得以充分利用。

6）拦粗排细

对下游河道威胁最大的是粗颗粒泥沙，细颗粒一方面容易被水流带入大海，另一方面，即使淤积后，在适当水流条件下，也可以被冲走。所以，水库拦截粗颗粒泥沙比例大，拦沙减淤效益高。为此，要掌握排沙过程中颗粒组成规律，合理调度实施拦粗排细的目标。

据研究，水库的排沙比越大，水库拦截粗沙的比例越大，为实现拦粗排细目标，关键是通过水库运行调度，控制排沙比，在初期蓄水拦沙阶段，选择拦粗排细余地小，只能适时采用异重流排沙，异重流排出的大部分是细沙，在一定程度上也做到了拦粗排细。待起调水位以下库容淤满后，进入拦沙第二阶段，应逐步抬高主汛期水位拦沙和调水调沙，控制低壅水，提高排沙能力，维持排沙比在70%左右或以上，可做到拦粗排细的运用。

三、几点认识

（一）蓄水拦沙及调水调沙运用

工程竣工后，水库采用分期逐年抬高的方式，小浪底水利枢纽运用分为 3 个时期，即拦沙初期、拦沙后期和正常运用期。拦沙初期是水库泥沙淤积量达到 21 亿~22 亿 m^3 以前的阶段。拦沙后期是拦沙初期之后至库区形成高滩深槽，坝前滩面高程达 254 m，相应水库泥沙淤积总量约为 75.5 亿 m^3。正常运用期就是在长期保持 254 m 高程以上 40.5 亿 m^3 防洪库容的前提下，利用 254 m 高程以下 10.5 亿 m^3 的槽库容长期进行调水调沙运用。

目前，小浪底水利枢纽正逐步进入拦沙后期运用阶段。拦沙后期运用持续时间较长，期间小浪底水库入库水沙过程和黄河下游河道情况均会有较大变化，水库运用是一个动态变化过程。

（二）入库水沙量偏少

以 2000 年为例，枢纽设计水平为 2000 年，年入库径流量为 277.1 亿 m^3，年输沙量为 13.2 亿 t。预测的初期 4 种入库水沙代表系列中，前 3 年，入库水量最大为 351.9 亿 m^3，最小为 262.9 亿 m^3，平均为 307.1 亿 m^3；沙量最大为 14.7 亿 t，最小为 5.5 t，平均为 9.0 亿 t。

蓄水以来，实际发生的 2000 年水量为 163.1 亿 m^3，沙量约为 3.57 亿 t；2001 年水量为 138.1 亿 m^3，沙量约为 2.49 亿 t；2002 年水量为 153.2 亿 m^3，沙量约为 4.38 亿 t，三年平均水量为 151.5 亿 m^3，沙量为 3.48 亿 t，分别比设计水平年水、沙量少40.8%、73.6%；比预测代表系列年均水、沙量少50.7%和61.3%。这 3 年属严重枯水枯沙系列。

（三）淤积量偏少，淤积比偏大

3 种系列预测的 2000～2002 年 3 年淤积量分别为 18.4 亿 m³、12.1 亿 m³ 和 14.3 亿 m³，平均为 14.9 亿 m³，入库沙量平均为 24.06 亿 t，淤积比为 85.7%。

实际运行 3 年淤积量为 9.42 亿 m³，比预测的平均数少 36.8%，而因来沙量少，淤积比为 89.5%，比预测的大 3.8 个百分点。

如果来沙量与预测的相同，则淤积量要比预测的淤积量多 3.8%。

（四）淤积主要发生在干流

1999 年 9 月至 2010 年 12 月，库区总淤积量为 25.36 亿 m³，其中干流淤积量为 21.86 亿 m³，占 86.2%，支流淤积量为 3.5 亿 m³，占 13.8%。

（五）近坝段淤积最多

下闸蓄水以来，淤积量在库区的沿程分布，截至 2001 年 12 月完整的资料，近坝段（大坝～HH13 断面，距坝 25.66 km）淤积最多。

根据 2000～2010 年汛后测验结果，大坝～HH13 断面，干流淤积较多。近坝段淤积多，有利于充分利用拦沙库容，为逐步提高运行水位奠定基础。

下闸蓄水以来，截至 2001 年 12 月，坝前漏斗区范围内（距坝轴线约 4.7 km）淤积量为 0.858 亿 m³，占大坝～HH15 断面淤积量的 19.4%，占库区总淤积量的 11.9%，而漏斗区纵向长度仅为整个库区长度的 3.5%，由此也可看出，愈到坝前，淤积强度愈大。

（六）黄河干流纵向泥沙淤积呈三角洲淤积形态

黄河干流纵向泥沙淤积呈三角洲淤积形态。与 2010 年汛前相比，三角洲淤积体顶点发生明显的纵向位移，由黄河 13 断面（距坝 21.41 km）推移至黄河 10 断面（距坝 15.24 km），河底平均淤积高程为 211.9 m；三角洲洲面段位于 10 断面（距坝 15.24 km）至 37 断面（距坝 64.69 km）之间，长度为 49.45 km，河道平均纵向比降为 0.31‰。前坡段位于 01 断面（距坝 1.45 km）至 10 断面（距坝 15.24 km）之间，长度为 13.79 km，河道平均纵向比降为 1.9‰。

（七）横向平淤

蓄水以来，大坝～HH18 断面（距坝 30.58 km）的范围内，淤积基本上是平淤，即淤积面沿整个横断面平行抬升，淤积沿整个断面平淤，况且近坝段的淤积又多为异重流造成，异重流滞蓄形成的浑水水库淤积更容易形成平淤的状态。

（八）塔前漏斗区尚未成规模

小浪底水库塔前漏斗区河底纵向淤积高程较为平缓，高程为 180.1～190.2 m，尚无明显的漏斗形态出现。

（九）支流拦门沙坎初步形成

1999 年水库下闸蓄水至今，小浪底水库各支流均出现不同程度的淤积，支流淤积状态与干流淤积形态关系密切，受干流淤积三角洲推进影响较大。在近坝段、三角洲淤积体顶点段、中坝段和远坝段 4 个河段中，三角洲淤积体顶点段和中坝段支流河底倒比降现象较为严重。受黄河干流三角洲淤积体向坝前推移的影响，黄河 11～12 断面间的支流畛水河（距坝 18.12 km）河底已出现倒比降现象，畛水河 01 断面河底平均淤积高程为 213.0 m，且在河口附近泥沙淤积呈两边低的淤积形态，支流拦门沙坎已显现。

四、分析结果与建议

根据 2010 年汛后泥沙测验结果,结合下闸蓄水前和下闸蓄水后多年来的测验结果,经过初步分析,有关结论和建议如下。

(一)分析结果

通过对本次泥沙测验资料整编与初步分析,有以下初步结果:

(1)2010 年 12 月,正常蓄水位 275 m 水位下,小浪底水库总库容为 96.178 1 亿 m^3。其中,干流库容为 52.065 7 亿 m^3,支流库容为 44.112 4 亿 m^3,干流库容占总库容的 54.13%。

(2)2010 年 12 月,小浪底水库已累计淤积泥沙为 25.36 亿 m^3。小浪底水库整体上呈淤积状态,干流淤积总量为 21.86 亿 m^3,支流淤积量为 3.5 亿 m^3。

(3)黄河干流纵向泥沙淤积呈三角洲淤积形态。三角洲淤积体顶点发生明显的纵向位移,由黄河 13 断面(距坝 21.41 km)推移至黄河 10 断面(距坝 15.24 km),河底平均淤积高程为 211.9 m;三角洲洲面段位于 10 断面(距坝 15.24 km)至 37 断面(距坝 64.69 km)之间,长度为 49.45 km,河道平均纵向比降为 0.31‰。前坡段位于 01 断面(距坝 1.45 km)至 10 断面(距坝 15.24 km)之间,长度为 13.79 km,河道平均纵向比降为 1.9‰。

(4)支流测验结果表明,1999 年水库下闸蓄水至今,小浪底水库各支流均出现不同程度的淤积,支流淤积状态与干流淤积形态关系密切,受干流淤积三角洲推进影响较大。在近坝段、三角洲淤积体顶点段、中坝段和远坝段 4 个河段中,三角洲淤积体顶点段和中坝段支流河底倒比降现象较为严重。受黄河干流三角洲淤积体向坝前推移的影响,黄河 11 ~ 12 断面间的支流畛水河(距坝 18.12 km)河底已出现倒比降现象,畛水河 01 断面河底平均淤积高程为 213.0 m,且在河口附近泥沙淤积呈两边低的淤积形态,支流拦门沙坎已显现。

(5)河床质泥沙颗粒级配分析结果显示,目前,自小浪底大坝至黄河 44 断面(距坝 82.96 km)之间,河道泥沙中值粒径 D_{50} 为 0.005 ~ 0.015 mm,属粉砂类泥沙,与 2010 年汛前相比,变化范围为 -0.045 mm ~ +0.009 mm,河床淤积泥沙的粒径出现细化;黄河 46 断面(距坝 88.52 km)、48 断面(距坝 94.30 km)区间,河段泥沙中值粒径 D_{50} 为 0.046 mm、0.027 mm,与 2010 年汛前相比,未有明显变化。

(6)目前,小浪底水库塔前漏斗区河底纵向淤积高程较为平缓,高程为 180.1 ~ 190.2 m,尚无明显的漏斗形态出现。

(二)几点建议

(1)坝前漏斗区冲淤断面各个不同测次测验范围尽量保持一致,则冲淤量统计时不配套,得不到完整结果,另外使有的测验资料不能充分发挥作用。

(2)塔前冲刷漏斗形态复杂,是启闭闸门的重要依据。在目前断面布设的基础上,还应在小漏斗范围内适当加密,特别是靠近洞口的部位。另外,单纯就漏斗测验而言,目前所定范围偏大,应随冲淤发展逐步优化。

(3)除冲淤地形外,坝、塔前含沙量的三维分布以及悬沙和淤积物中泥沙颗粒级配等都对提高排沙效率、保证电站安全运行有重要意义,应加强分析研究,为泄流设施安全有效运行提供依据。

(4)泥沙的干容重是研究冲淤规律的一个重要指标,但泥沙淤积体的干容重却变幅很大,对淤积体体积计算有很大影响。具体到小浪底水库干容重的取值不同,研究者采用的差别很大,从0.94到1.6左右。为确切了解水库淤积体积,掌握淤积物随时间等因素的变化规律,应增设淤泥干容重的测验项目。

(5)合理调度,延长水库有效库容使用寿命。通过对近几年小浪底水库实际冲淤以及库区冲淤与运行方式关系的分析,对如何合理调度、延长水库有效库容使用寿命提出一些粗浅看法以供参考,主要包括:

①进一步深入研究,掌握异重流生成、输移规律,适时利用异重流排沙。排沙流量应大于2 600 m³/s,有条件时应利用低水位排异重流。

②根据水文预报,相机降水位拉沙。

③四库联合调度,排沙减淤。当发生大洪水时,三门峡、小浪底联合运用,使小浪底出库含沙量大,再利用陆浑、故县水库调控小花间清水稀释小浪底出库浑水,形成适于排沙入海的流量和含沙量过程。

④根据小浪底泄流设施集中布置、错落有致、相互保护的特点,灵活运用泄流设施,维持"门前清"。轮流开启排沙洞,尽量优先使用塔前泥沙淤积速率低的孔洞,若无特殊要求,还应尽量选择高程低的排沙洞和孔板洞泄流。

⑤遵循从低到高逐步抬高运行水位的原则,安排水库的有序淤积,延长有效库容使用寿命。先淤满死库容,再逐渐向上淤占兴利库容,支流库容与干流库容一层层同步淤高,充分发挥各级库容效能。

⑥拦粗排细,提高拦沙减淤效益。通过异重流排沙和增大排沙比的办法,使对下游有害的粗沙拦截在库内的比例增大,排出对下游无害的细沙比例增大,从而提高拦沙减淤效益。

第三节　库区诱发地震监测成果

一、水库诱(触)发地震的基本特点

目前,世界上发生的水库诱(触)发地震得到普遍承认的震例有90处,其中$MS>6.0$级的有4例,$MS\geqslant5.0$级的有19例,MS在4.0~4.9级的有25例。最高水库诱(触)发地震震级为印度的柯伊纳水库6.5级地震。90个震例中,中国有18例,最大地震为新丰江的6.1级地震。

根据国内外已发生水库地震的震例分析,水库地震主要特点大致可归纳为如下几点:

(1)空间分布:典型的水库诱(触)发地震在空间分布上具有若干明显的特点。平面上,震中的主体部分集中在距库盆和距库岸3~5 km以内的地方,特殊情况下(例如区域性大断裂带横穿库区或水库沿喀斯特暗河形成地下支汊)也不超过10 km。垂向分布上,水库地震一般都属于极浅震,震源深度在3~5 km以内。

(2)时间分布:初震(指人工水体形成的过程中,库区范围内地震活动首次出现明显超出天然状态的情况)出现在开始蓄水后几天至一两年。同一水库的几个震中密集区出现初震的时间是不同的,但大都是在库水位刚刚上涨到该震中区并超过当地天然最高洪水位的时刻,几乎没有滞后。大部分震例的主震(水库地震在发展过程中发生的最大地震)发生在蓄水初期、库水位持续上升至水库开始正常运行的时段中,与初震之间的滞后从不到 1 个月至 2 ~ 4 年不等。一些具有多年调节性能的大水库,投入运行后库水位长期不能达到设计高程,主震发生的时间可能在开始蓄水后数年至数十年,没有明显的规律性。少数水库达到最高水位后,又经历了若干次正常的充水 - 消落年周期,才在库区或邻近地区出现较大地震;有部分水库,初震序列中最大的地震也就是该库的主震,以后诱(触)发地震活动逐渐减弱、平息。同一水库的几个震中区,往往有各自的主震,它们发生的先后、震级大小等,主要取决于该震中区自身的地震地质特征,相互间没有关系。

水库诱(触)发地震的衰减一般比较缓慢,当其频次和强度回落至蓄水前天然地震的水平,就可以认为蓄水而诱(触)发的地震活动已经完全平息。大部分水库在主震后的衰减过程延续数年至十余年,但同一水库中不同震中区往往不一样,其中一些在发震后很快就停止活动,另一些则会延续较长时间。一般说来,主震震级较小,其衰减至平息时间也较短一些,但也有历经多年,遇到一定的水位和天气条件的情况下,仍然会发生地震。

(3)水库诱(触)发地震以弱震和微震为主,只有少数中强震和个别强震。发生在坝址附近的强震和中强震,有可能对大坝和其他水工建筑物造成直接损害,但尚未发现大坝因水库地震而溃垮或严重破坏的情况。水库地震中的弱震和微震,即使发生在坝址地区,一般也不会给水工建筑物带来损害。水库诱(触)发地震对库区及邻近地区居民点的影响则更常见,常带来间接的经济损失。

(4)由于水库诱(触)发地震震源很浅,与天然地震相比,在相同震级情况下,水库诱(触)发地震具有较高的震中烈度,但极震区范围很小,烈度衰减快。

(5)由于水库地震小震较多,使得水库地震的 b 值(b 值是在单对数坐标中震级 - 频度线性关系中的斜率,即变化比例:$\lg N = a - bM$,N 地震次数,M 震级)一般较高,主震后,小震持续时间长,衰减慢。

二、水库诱(触)发地震的判别

蓄水之前所进行的水库诱(触)发地震危险性预测,其主要依据有两个方面:一是对水库地区的基本地质和地震地质条件的分析,二是对库盆及邻近地区蓄水前后水文地质条件和载荷变化情况的分析,其主要目的是从工程地震学的角度预测最可能出现诱(触)发地震的库段和具体部位,以及不同地段可预期的最大震级。

水库所在地区只有在蓄水后才有可能出现水库诱(触)发地震,蓄水初期是水库诱(触)发地震最敏感的时段。所谓蓄水初期,是特指由开始下闸蓄水到库水位上升至设计正常蓄水位,即大坝上游形成人工水体的阶段。对于一般大型水库,这一时段历时数月至数年,个别库容特别大的水库也有延续十几二十年的。在此期间,库水对库盆的荷载迅速增大,库区及两侧库岸的水文地质条件剧烈变化,从而对原先存在于地质体中的各种不稳定因素带来某种扰动,并在一定条件下引起内、外动力作用的局部失稳而诱(触)发地震。

蓄水初期在库盆及邻近地区记录到的地震,既有可能是水库诱(触)发地震,也有可能仅仅是各种类型的天然地震(构造地震、岩溶塌陷和其他类型塌陷地震等)的正常表现,从基本地质和地震地质条件以及单纯的库水位变化资料很难加以区别,而在蓄水之前又无法事先了解到该地区水库诱(触)发地震活动的地震学特征。因此,它们是否属于水库诱(触)发地震活动,只能将蓄水初期正在发生发展的地震活动与该地区原先天然地震活动进行对比,通过对其活动特征的规律性差别来判断是否出现了水库诱(触)发地震。"蓄水后库区发生的地震都是水库诱(触)发地震"这种观点是错误的,根据监测资料可以比较准确地分辨天然地震与水库地震,并区分出水库地震的主要成因类型。

一个地区的天然微震活动,在时间上和空间上具有一定的随机性,可以用若干统计参数予以表征,称为该地区的天然地震本底。只有当蓄水后库区地震活动性的变化明显超出天然地震本底的正常波动范围时,才有可能是诱(触)发地震的表现。

结合国内外已发生水库诱(触)发地震的水库的资料,参考中国水利水电科学研究院在二滩、三峡水库诱(触)发地震分析预测中量化的判定依据,制定了适合于小浪底具体情况的水库诱(触)发地震判别标准如下:

(1)时间分布:水库地震发生在出现水库、施工围堰等所形成的人工水体之后(但其水位必须超过河流的天然洪水位)。蓄水以前地震活动性的变化属于天然地震活动的正常波动。水库地震的初震只发生在围堰挡水之后和蓄水位2~3次达到设计水位之前的时间段内,发震初期地震与库水位有比较明显的相关性(正相关或负相关),但达到最高设计水位之后,这种相关性逐渐减弱,不能作为判别标准。

(2)空间分布:在断裂不发育或断裂规模较小的库段,水库地震的主震和地震集中区处在距库边线3~5 km范围之内或不超出该水库的第一分水岭。区域性现代活动断裂穿过水库或平行库边通过的库段,水库地震的初震、主震和地震集中区距库边线不超过10 km,在此范围以外的地震活动,即使沿上述断裂发生,属于水库地震的可能性也很小。在岩溶管道系统发育地区,库边线应将在大型岩溶管道系统中形成的充水范围地下水库考虑在内。

(3)地震年频次:超过天然地震实测多年平均值5~10倍;其中后者适用于天然地震活动性相对较高的局部库段。按现有认识水平,认为只有地震年频次大于天然地震活动多年平均值的5倍以上才算是活动异常。

(4)年释放能量:构造破裂型水库地震的能量年释放率应比天然地震本底值(实测的多年平均值)高出2~3个数量级;构造型水库诱(触)发地震中的减弱亚型,其地震的年频次和年释放能量应连续数年接近或低于多年观测系列中的最低值,且与库水位的高低呈明显的负相关。

(5)b值:水库地震中微小地震的比例相对较高,b值一般高于多年统计的天然构造地震的b值,有可能达到1.0或更高。有些外部成因的水库地震表现为孤立型的地震事件,或样本很小,b值统计不是有效的判别标志。

(6)水库诱(触)发地震活动的平息:蓄水后曾发生较强烈诱(触)发地震活动的水库,当水库淹没及影响范围内的地震年频次和年能量释放率逐渐回落,在设计高水位运行的情况下,仍然不超过天然地震本底的正常波动范围,累计达到5年时,即可认为水库诱

（触）发地震活动已经平息，库区已恢复为正常的天然地震活动。

三、小浪底库坝区地震活动性

小浪底水库遥测地震台网自 1995 年 10 月投入试运行，在截流前一年多的 1996 年 6 月投入正式运行。小浪底水库于 1997 年 10 月截流，围堰上游水位基本维持天然状态；1999 年 10 月 25 日下闸蓄水，最高库水位已达 265.69 m（2003 年 10 月 15 日）；迄今为止，地震监测积累了蓄水前 4 年的天然本底地震活动的详细资料及 4 年多的蓄水后的地震活动资料，为研究库坝区天然地震本底特征及是否出现水库地震提供了丰富资料。

统计区的确定和地震目录的建立：从前期对小浪底水库诱（触）发地震可能性分析及水库地震的出现规律，将小浪底水库地震研究区定为北纬 34°30′~35°18′，东经 111°20′~113°00′的矩形区域，这个地区的南、北边界大体上在库边线 40~50 km，东部边界在坝址下游 50 km，西部边界在库尾，东距三门峡市 10 km。

为了分析研究的需要，将小浪底地震台网监测到的地震与国家地震目录汇编在一起，形成一个统计区内 1995 年 11 月至 2004 年 1 月的完整的地震目录，震级分段统计见表 8-13。由于蓄水后 $ML<2.0$ 级的地震频次相对偏低，为了采用统一标准对工程蓄水前后地震活动性进行对比分析，本次分析取 $ML\geq 2.0$ 级。

表 8-13　小浪底库坝区地震目录分段统计

	时间（年-月）	$ML<1.5$（次）	$1.5\leq ML<2.0$（次）	$ML\geq 2.0$（次）	总计（次）
蓄水前	1995-11~1996-10	16	16	5	37
	1996-11~1997-10	8	3	3	14
	1997-11~1998-10	12	9	2	23
	1998-11~1999-10	27	12	9	48
蓄水后	1999-11~2000-10	8	11	21	40
	2000-11~2001-10	3	4	7	14
	2001-11~2002-10	1	1	4	6
	2002-11~2003-10	0	1	6	7
	2003-11~2004-01	0	0	1	1

（一）地震活动时间及频度对比

从表 8-13 可以看出，小浪底水库蓄水前 4 年（1995 年 11 月至 1999 年 10 月），在统计区域内共记录到 $ML\geq 2.0$ 级地震 19 次；水库蓄水后 4 年（1999 年 11 月至 2003 年 10 月），在统计区域内共记录到 $ML\geq 2.0$ 级地震 38 次。从这些地震活动数据看出，水库蓄水后 4 年，地震活动频度比蓄水前有明显增加，特别是蓄水第一年（1999 年 11 月至 2000 年 10 月），地震活动次数高达 21 次，是蓄水前 4 年平均值的 4.4 倍，即将达到地震活动异常的判别标准（大于 5 倍）。仔细分析这 21 次地震的震中分布可以看出，有 2 次位于坝址下游 10 km 以外，8 次位于坝下游 30 km 以外；5 次位于库盆南部边界 10 km 开外，其中 4

次位于义马煤矿所在地;2次位于库盆北部边界10 km以外;仅有4次地震位于水库地震影响范围内,且孤立分布。这一事实说明,虽然水库蓄水后,库坝及邻区地震活动具有增强的特点,但是真正位于水库蓄水影响范围内的地震并没有增多,蓄水第一年地震年频次的增加大多是由于外围地震活动的波动引起的。蓄水后的第2～4年,地震活动恢复到蓄水前的频度。

从地震 $M\sim T$ 图、能量释放及库水位波动曲线(见图8-24)看出,库区及周缘地震活动与水库水位并没有很好的对应关系。在2000年7～10月水位从194 m到234 m的上涨过程,于9月出现了明显的地震频度增加的现象,这些地震震中多分布于水库影响范围外。在以后的蓄水过程中,包括2003年秋汛时期,由于黄河上游来水量较为丰沛,2003年9～10月间库水位急剧上升,10月15日达265.48 m,较长时间徘徊在260～265 m,距水库正常蓄水位只相差10 m左右,库坝区及周缘地区并未出现明显震情异常,地震活动较平静。

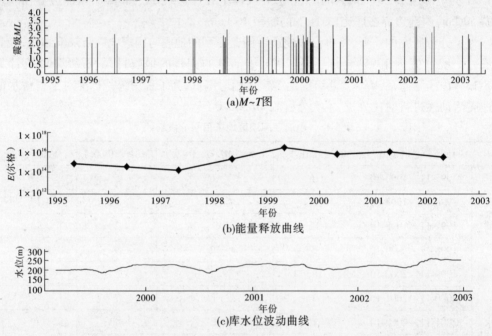

图8-24　小浪底库坝区地震 $M\sim T$ 图、能量释放曲线、库水位波动曲线(取 $ML \geqslant 2.0$)

(二)地震活动强度对比

水库蓄水后4年释放的地震能量略高于蓄水前4年。水库蓄水前4年共释放能量 $\sum E = 4.179 \times 10^{15}$ (尔格),年平均为 1.045×10^{15} (尔格);水库蓄水后4年共释放能量 $\sum E = 6.169 \times 10^{16}$ (尔格),年平均 1.542×10^{16} (尔格),是蓄水前的14.8倍;蓄水后释放能量最大年份(1999年11月至2000年10月)是蓄水前能量释放多年平均值的35倍,相当于高出1个数量级。而构造破裂性水库地震的能量释放应比天然本底值高出2～3个数量级,由此说明小浪底水库蓄水后,并没有改变库区的构造集能水平,它尚属于天然地震活动起伏波动的正常范围之内。

(三)地震活动空间对比

蓄水后库区地震活动空间分布与蓄水前相似,地震分布具有随机性,但西部地震活动明显高于东部,和本区构造地震背景基本吻合。多数地震事件孤立分布,没有以震群形式出现,有几处小震集中的地方,远离库盆边界,经确认属矿山和工程爆破所造成。

2002年3月22日在渑池县南村东(N35°03′,E111°53′)发生的3.4级地震,当地老乡曾打电话询问,证明了此次地震有感,以此推断震源较浅,但该地震无论从时间上还是空间上都孤立分布,与水库地震多以小震群形式出现的特点不相符合。当时蓄水位234 m,处于一个从240 m向230 m缓慢下落的过程。

从蓄水后的震中分布图可以看出,2002年9月15日沿石井河断层发生3.1级地震(N34°58′,E112°12′),2002年3月22日沿塔底断层发生3.4级地震(N35°03′,E111°53′),还有个别小震沿断层分布的现象。对于这些震中沿断层带分布的地震,从断层监测曲线上并没有发现分量值或矢量曲线的异常。这些地震有可能是断层活动的结果,但是由于地震观测定位精度和小震的随机性,必须有足够多的小震沿断层展布,往返迁移,才能肯定地说,该断层沿线有地震活动增强的迹象。因此,目前尚不能完全肯定地震与断层的相关性。

综合以上蓄水前后小浪底库坝区地震活动频度、强度及空间分布等方面的分析,截至2004年1月,小浪底水库蓄水后,并没有出现明显的水库诱(触)发地震迹象;小浪底库水位最高已达265.69 m(2003年10月15日),较长时间徘徊在260~265 m,距设计正常蓄水位275 m仅差9.31 m,库坝区迄今未发现异常地震活动,但尚不能排除以后水库蓄水诱(触)发构造震的可能。

四、小浪底水库地震台网改造后监测情况

小浪底水库地震台网数字化改造于2009年1月完成。改造后的地震监测系统监测能力明显增加。

2009年1月至2011年4月,小浪底地震台总计记录到监测范围内(距小浪底大坝150 km范围)地震357次,其中0.0~0.9级地震128次,1.0~1.9级地震126次,2.0~2.9级地震88次,3.0~3.9级地震11次,大于4.0级地震4次。其中,周边记录到的最大地震为2010年1月24日10时36分发生于山西河津与万荣交界的$ML5.4(M4.8)$级地震,震中距离小浪底大坝约175 km,小浪底大坝及工地有感。

2009年1月至2011年4月小浪底地震台网记录到4次小震群,共计发生地震160次,占记录的地震总数的45%。

2009年9月10~23日发生的河南宜阳小震群,共记录到18次事件,其中最大一次为9月12日12时10分,震中位于河南宜阳(东经112°04′,北纬34°26′),震级为$ML3.1$级,震中距离小浪底库区约为60 km,平均震源深度为9 km,与水库诱发地震的第一条特征不符,可排除是水库诱发地震。

2009年11月12~23日发生的新安县震群,记录到小震95次,其中最大一次地震发生在11月13日9时15分,震中位于河南新安县石井乡,距离小浪底库区约为6 km。

2010年3月4~26日发生的山西垣曲小震群,共发生地震21次,其中最大震级为$ML1.8$级,震中距离小浪底库区为6~10 km。

2010年11月23日至12月28日发生的新安震群,共地震26次,其中最大震级为

*ML*2.8 级,震中距离小浪底库区为 4 ~ 6 km。

2009 ~ 2010 年地震活动特征分析见图 8-25 ~ 图 8-29。

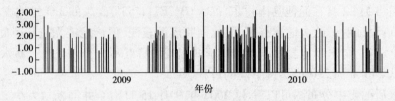

图 8-25　*M* ~ *T* 图

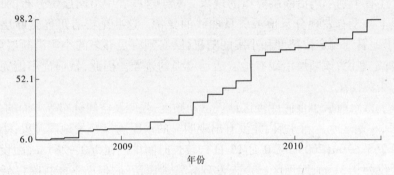

图 8-26　蠕变曲线

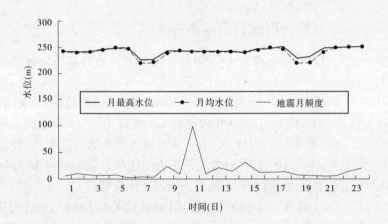

图 8-27　库水位与地震月频度

五、水库诱(触)发地震危险性评价

小浪底水库坝址地震危险性分析,经综合考虑区域地质特征、坝址区断裂活动、强震发生的构造标志、地震活动的时空分布特征、震源机制解现代构造应力场等因素,研究报告认为,"研究区内的地震活动,主要集中在怀来—西安、邢台—河间及聊城—兰考地震带附近",在以上 3 个地震带划分出了 15 个潜在震源区,见图 8-30。其中,怀来—西安地震带由一系列断陷盆地组成,控制每个盆地的断裂方向大体一致,各盆地的地震活动强度

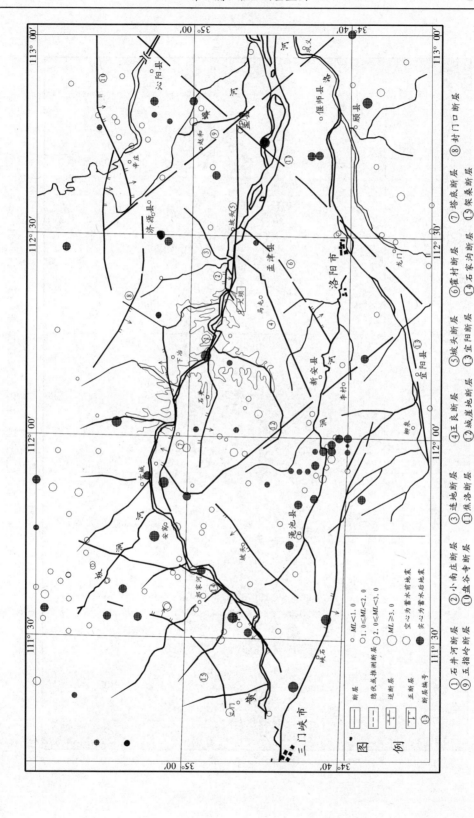

图8-28　小浪底水库库坝区及邻区地震震中分布(1995年10月至2004年1月)

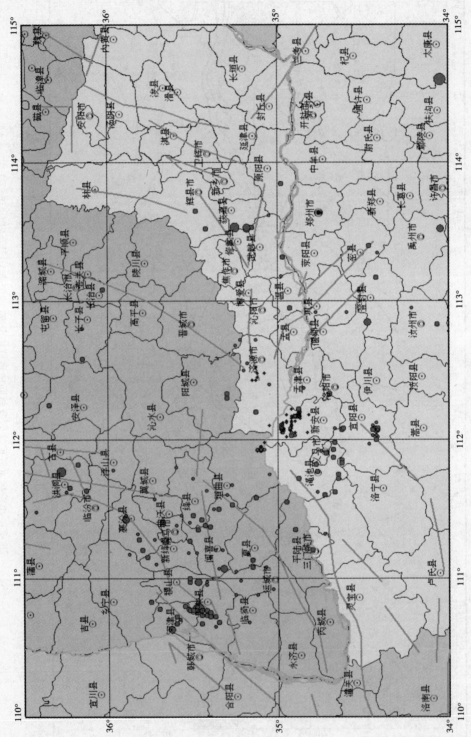

图8-29　小浪底地震台网地震记录分布(2009年1月至2011年4月)

略呈强弱相间分布的特征。因此,该带共划分为 4 个潜在震源区。太原盆地和临汾盆地各为 1 个区,而渭河、运城、灵宝三盆地以稷王山为界,分为南、北两个区。邢台—河间地震带划分 3 个区,以内黄隆起为界,跨越太行山断裂带分为两个区,沿聊城—兰考断裂带1 个区。其余根据烈度区划研究结果和背景地震,划分了 8 个潜在震源区。各潜在震源区的地震活动性参数列于表 8-14。

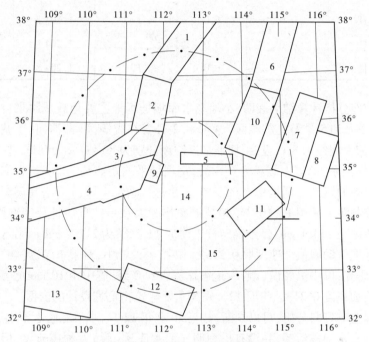

图 8-30　小浪底水库工作区潜在震源区划分示意图

表 8-14　潜在震源区的地震活动性参数

震源编号	震源类型	起算震级 M_o	震级上限 M_u	震源深度 h(km)	b 值	年平均发生率 ν
1	Ⅱ	4.0	7.0	17	1.126 3	0.067 3
2	Ⅱ	4.0	8.0	17	1.126 3	0.009 6
3	Ⅱ	4.0	7.0	17	1.126 3	0.019 2
4	Ⅱ	4.0	8.0	17	1.204 8	0.067 3
5	Ⅱ	4.0	6.5	17	1.407 7	0.005 1
6	Ⅱ	4.0	7.7	17	1.407 7	0.035 6
7	Ⅱ	4.0	7.5	17	1.407 7	0.035 6
8	Ⅱ	4.0	6.5	17	1.407 7	0.005 9
9	Ⅲ	4.0	6.0	17	1.204 8	0.010 2
10	Ⅲ	4.0	8.0	17	1.407 7	0.017 8

续表 8-14

震源编号	震源类型	起算震级 M_o	震级上限 M_u	震源深度 h(km)	b 值	年平均发生率 ν
11	Ⅲ	4.0	6.5	17	1.204 8	0.025 5
12	Ⅲ	4.0	6.0	17	1.204 8	0.029 1
13	Ⅲ	4.0	6.0	17	1.204 8	0.015 3
14	Ⅲ	4.0	6.0	17	1.204 8	0.010 2
15	Ⅲ	4.0	6.0	17	1.204 8	0.076 5

地震危险性分析计算结果表明,小浪底水库坝址场地主要地震威胁来自 4 号潜在震源区,其次是 2 号和 5 号潜在震源区。4 号和 2 号潜在震源区(即渭河、运城和灵宝盆地浅震源区)的最大震级为 8.0 级,距坝址最近距离分别为 80 km 和 100 km 左右,5 号潜在震源区(河南修武东)的最大震级为 6.5 级,距坝址平均距离约 30 km。它们对坝址地震危险性超越概率的贡献分别是 92.2%、5%、2.8%。显然,4 号、5 号潜在震源区分别是远震和近震的控制源。采用 1×10^{-4} 年超越概率作为大坝地震危险性评定准则,得到坝址场地峰值加速度为 164.1 gal,经不确定校正增加 29.6%,为 212.7 gal。因此,建议小浪底水库坝址场地地震动峰值加速度取 $0.215g$。在抗震设计中,对于水库诱(触)发地震的影响,依据专家研究,以小浪底诱(触)发地震按震级 6.0 级、震中距 10 km、震源深度 8 km、坝址地面峰值加速度 $0.313g$、持时 12 s 作为主要建筑物抗震设计的依据。

通过地震监测资料分析,可以判断,截至 2010 年 12 月,小浪底水库蓄水后,库坝及邻区迄今未发现异常地震活动,并没有出现明显的水库诱(触)发地震迹象,但是依据国内外已经发生水库地震的水库的地震活动特点,目前尚不能排除以后水库蓄水诱(触)发构造震的可能。

前期预测认为小浪底水库诱(触)发地震估算最大震级为 5.6 级,如果发生水库诱(触)发地震的地点在八里胡同峡谷附近,因为震源较浅,震中烈度相应较高,可能会达 7 度强一些。即便如此,经过近 30 km 的基岩区衰减,对坝址区的影响烈度一般不会大于基本烈度,更不可能大于工程设防烈度 8 度。即使发生预测范围内的较大震级的地震,对大坝和下游安全有重大影响的重要水工建筑物的安全性不致构成影响,但不能保证枢纽区的一般建筑物和库区的工业民用建筑物的抗震安全性。

水库诱(触)发地震的前期预测不是具体某一次水库地震的震前预报,而是一种工程地震学范畴的评估;蓄水后不发生地震,或只发生小于事前估计强度的地震,或者在非重点库段发生一些微震、极微震,都是很有可能遇到的情况。同时,即使在勘测阶段进行了水库诱(触)发地震危险性的专题研究和预测,仍然难免发生一些出乎意料的情况,甚至在意外地点发生超出预测强度的震情。

随着进一步监测,在库区地震活动明显增强,或已判定为水库地震时,可根据震情发展的实际情况和趋势预测意见适时做出调整。

六、结论及建议

（1）小浪底地区位于华北地震区的许昌—淮南地震带的西北部,许昌—淮南地震带相对其西侧的怀来—西安地震带和北侧的邢台—河间地震带是一弱震带,地震活动较为微弱,以小震、微震为主,但其地震活动受两侧强烈地震带的控制和影响,对小浪底工程区域稳定性有一定影响的中、远场地震,大都发生在上述两地震带及东侧的兰聊断裂带上。水库区的东部相对于西部,地震活动强度和频度要低一些。

（2）在小浪底水库区及周边地区展布着一系列第四纪活动断裂,主要有石井河、小南庄、连地、王良、坡头、霍村、塔底、封门口、五指岭、盘谷寺、焦洛、城崖地、宜阳、石家沟和架桑等断层。小浪底水库具备了产生诱(触)发构造震的条件,重点部位在库区的中段(狂口—安窝段)和西段(安窝以西段),即沿展布于两地段的塔底断层、石井河断层和石家沟断层发生水库地震的可能性较大。采用了历史地震类比法、断层破裂长度法和断层长度法,估算水库地震可能的最大震级为5.6级。

（3）通过蓄水前后小浪底库坝及邻区地震监测资料的分析认为,截至2010年12月,小浪底水库蓄水后,并没有出现明显的水库诱(触)发地震迹象;小浪底库水位最高已达265.69 m(2003年10月15日),较长时间徘徊在260~265 m,距设计正常蓄水位275 m仅差9.31 m,库坝区迄今未发现异常地震活动,但尚不能排除以后水库蓄水诱(触)发构造震的可能。

（4）目前尚不能排除以后水库蓄水诱(触)发构造震的可能,前期预测认为小浪底水库诱(触)发地震估算最大震级为5.6级,结合小浪底坝址区地震危险性分析,如果发生诱(触)发地震,其可能的地点在八里胡同峡谷附近,因为震源较浅,震中烈度会相应较高,可能会达7度强一些。即便如此,经过近30 km的基岩区衰减,对坝址区的影响烈度一般不会大于基本烈度,更不可能大于工程设防烈度8度。因此,即使以后发生了预测范围内的较大强度的水库地震,对大坝和下游安全有重大影响的重要水工建筑物并不构成威胁。

（5）鉴于水库诱(触)发地震成因机制研究处于探索阶段,今后除利用已有的遥测地震台网和跨断层三维变形测量站进行严密的监视外,应加强地震监测、断层监测等资料的综合分析。尚需对断裂带与库水接触部位开展一定的地质调查工作,特别是水库在高水位运行,又遇到特大暴雨,震情有可能出现异常的情况下,地震观测至少应延续至库水位达到设计水位两三次之后,在发生水库地震的情况下则应延续至水库诱(触)发地震基本平息。

第四节 渗漏水水质监测成果

为了更好地分析库水、渗漏水的水化学问题,必须对大量的监测数据进行处理。数据处理的思路如下:数据处理方法是求各监测断面和各监测点的平均值。目的是消去监测过程中产生的测试和取样中的人为误差,使数据更准确、更全面地反映实际情况。求取平均值时,剔除明显离散值,标准偏差值小于平均值的10%的平均值被认为是可信度较高的平均值。在数据处理过程中,仅对 pH 值、Cl^-、SO_4^{2-}、HCO_3^-、K^+、Na^+、Mg^{2+}、Ca^{2+}、可溶性 SiO_2 等 9 个参数的数据进行处理,对与本工作项目关系不紧密的监测参数,如 Mn^{2+}、Cu^{2+}、Zn^{2+}、Fe^{3+}、Al^{3+}、F^-、浊度等不予重点考虑。

一、库水化学成分特点及其变化规律

在距离大坝 50 m 处,布设左、中、右 3 个垂直断面采集库水,从表层水开始,每 10 m 采一个样。监测数据的统计结果见表 8-15 ~ 表 8-17。

表 8-15　坝前库水化学成分

数据类型	pH 值	浓度(mg/L)							
		K^+	Na^+	Ca^{2+}	Mg^{2+}	Cl^-	HCO_3^-	SO_4^{2-}	可溶性 SiO_2
坝前左断面									
样品数	48	48	48	48	48	48	20	39	39
最大值	8.18	5.3	111.0	71.7	39.2	121.0	226.4	176.0	10.4
最小值	7.03	3.4	78.4	60.3	30.2	89.4	212.3	133.0	7.4
平均值	7.76	4.4	95.5	65.9	34.1	107.0	219.7	154.0	9.0
标准偏差	0.22	0.41	9.15	3.08	2.51	8.30	3.59	10.05	0.89
坝前中断面									
样品数	48	48	48	48	48	48	20	39	39
最大值	8.18	5.0	119.5	74.0	39.0	119.9	226.2	180.0	10.9
最小值	7.32	3.2	78.8	60.3	30.1	88.9	211.8	129.0	7.6
平均值	7.77	4.3	97.7	66.0	34.1	106.7	219.2	154.0	9.1
标准偏差	0.22	0.41	9.65	3.31	2.64	8.14	3.50	10.78	0.91
坝前右断面									
样品数	48	48	48	48	48	48	20	39	39
最大值	8.18	5.3	113.6	71.7	39.4	120.1	225.6	178.0	10.3
最小值	7.28	3.3	82.3	60.6	28.8	89.0	212.8	129.0	7.5
平均值	7.77	4.4	96.3	65.9	34.4	107.0	219.3	155.0	9.1
标准偏差	0.24	0.40	9.1	2.99	2.74	8.47	3.10	11.85	0.89

表 8-16 坝前左、中、右断面库水化学成分平均值

取样位置	pH 值	浓度(mg/L)							
		K^+	Na^+	Ca^{2+}	Mg^{2+}	Cl^-	HCO_3^-	SO_4^{2-}	可溶性 SiO_2
坝前左断面	7.76	4.4	95.5	65.9	34.1	107.0	219.7	154.0	9.0
坝前中断面	7.77	4.3	97.7	66.0	34.1	106.7	219.2	154.0	9.1
坝前右断面	7.77	4.4	96.3	65.9	34.0	107.0	219.3	155.0	9.1

表 8-17 库前不同深度库水化学成分变化

取样位置 (m)	pH 值	浓度(mg/L)							
		K^+	Na^+	Ca^{2+}	Mg^{2+}	Cl^-	HCO_3^-	SO_4^{2-}	可溶性 SiO_2
0	7.96	4.4	96.6	65.1	33.8	106.4	218.8	152.2	8.7
10	7.80	4.3	97.6	65.1	33.7	106.2	219.9	152.5	9.0
20	7.73	4.3	96.5	65.3	33.7	106.2	219.8	153.3	8.5
30	7.70	4.3	96.7	66.0	34.0	108.2	219.0	153.3	8.7
40	7.71	4.4	99.1	67.2	35.3	109.3	219.7	156.0	8.9
50	7.75	4.3	102.8	69.8	37.9	115.2	219.8	156.2	8.4
60	7.51	4.6	100.9	74.4	39.2	123.1	225.0	163.7	8.1

从表 8-15～表 8-17 中的数据可以得出,库水水化学成分特点和变化规律如下:

(1)水中 pH 值的变化范围是 7.03～8.18,碱度平均值为 360 mg/L,基本上属于中性到偏碱性水质,侵蚀性差。

(2)从库水化学成分水平变化来看,左、中、右断面库水各参数的浓度变化很小,水质均匀;据一个气候年的统计,库水标准偏差均小于平均值的 10%,说明浓度值离散不明显,在一年中,浓度随季节变化不大。

(3)从库水化学成分垂直变化来看,40 m 以上各参数浓度变化很小,40 m 以下的 50 m 和 60 m 处,Na^+、Ca^{2+}、Mg^{2+}、Cl^-、HCO_3^-、SO_4^{2-} 浓度稍有增加,分析可能是库水与底泥固液界面间物质交换所致。

二、渗漏水水化学成分特点及其变化规律

为了查明坝后渗漏水化学成分状况,在坝后布设了左岸、坝基和右岸 3 个监测断面。其监测数据的统计结果见表 8-18～表 8-20。

表 8-18　左岸渗漏水化学成分

取样位置		pH 值	浓度(mg/L)							
			K^+	Na^+	Ca^{2+}	Mg^{2+}	Cl^-	HCO_3^-	SO_4^{2-}	可溶性 SiO_2
30 号排水洞 D04 孔	样品数	48	48	48	48	48	48	20	39	39
	最大值	8.00	4.4	101.0	80.2	32.1	114.1	207.3	179.0	14.6
	最小值	7.10	2.7	63.7	67.0	23.3	89.6	138.9	128.0	8.7
	平均值	7.63	3.6	84.5	72.0	27.4	102.3	189.9	147.0	12.4
	标准偏差	0.20	0.35	8.24	3.65	2.52	6.75	14.60	11.25	1.07
30 号排水洞 D142 孔	样品数	48	48	48	48	48	48	20	39	39
	最大值	8.00	2.38	99.0	84.2	32.6	113.2	206.6	175.0	13.3
	最小值	7.10	1.8	65.4	56.1	22.8	73.5	172.8	117.0	9.1
	平均值	7.62	2.1	82.7	71.5	28.7	96.7	190.7	146.0	10.9
	标准偏差	0.19	0.20	8.12	6.88	2.76	9.17	8.66	13.82	1.01
30 号排水洞 D194 孔	样品数	48	48	48	48	48	48	20	39	39
	最大值	7.90	1.7	87.0	89.8	34.0	105.2	208.4	159.0	14.6
	最小值	7.00	1.3	58.3	65.4	22.4	74.5	177.2	121.0	9.8
	平均值	7.54	1.5	71.8	78.8	28.2	92.0	194.2	141.0	12.3
	标准偏差	0.19	0.14	7.07	5.36	2.77	8.87	7.74	10.49	0.95
30 号排水洞 D39 孔	样品数	48	48	48	48	48	48	20	39	39
	最大值	8.00	4.0	89.9	81.8	32.1	107.2	202.1	173.0	15.5
	最小值	7.00	2.6	58.2	62.5	21.4	81.6	178.6	115.0	10.9
	平均值	7.56	3.3	74.7	75.8	27.0	93.4	191.3	142.0	12.9
	标准偏差	0.19	0.33	7.13	3.29	1.81	7.36	5.87	11.00	0.97
2 号排水洞 U-28 孔	样品数	48	48	48	48	48	48	20	39	39
	最大值	7.90	4.4	112.0	80.2	40.0	125.1	246.0	179.0	11.1
	最小值	7.10	3.0	80.2	62.1	28.2	84.6	182.4	108.0	8.1
	平均值	7.60	3.8	96.3	69.4	32.9	106.7	222.0	150.0	9.7
	标准偏差	0.18	0.38	9.30	4.55	3.25	9.29	15.79	13.28	0.95

表 8-19　坝基及右岸渗漏水化学成分

取样位置		pH 值	浓度（mg/L）							
			K^+	Na^+	Ca^{2+}	Mg^{2+}	Cl^-	HCO_3^-	SO_4^{2-}	可溶性 SiO_2
坝基										
量水堰（左）	样品数	48	48	48	48	48	48	20	39	39
	最大值	7.90	2.6	103.0	103.0	37.0	112.2	268.5	169.0	14.4
	最小值	7.00	1.8	67.4	86.6	24.3	96.7	251.2	114.0	9.6
	平均值	7.39	2.3	81.1	92.8	31.4	102.6	259.3	144.0	12.4
	标准偏差	0.21	0.22	8.09	3.58	2.72	4.87	4.68	11.77	1.01
量水堰（右）	样品数	48	48	48	48	48	48	20	39	39
	最大值	8.00	2.6	97.8	101.0	36.9	111.2	265.4	163.0	14.3
	最小值	7.00	1.7	61.1	88.2	27.2	94.6	249.8	122.0	9.1
	平均值	7.39	2.2	80.1	93.2	31.5	101.9	258.4	145.0	12.2
	标准偏差	0.22	0.21	7.65	3.09	2.24	4.61	3.72	10.45	1.05
右岸										
1 号排水洞 D05 孔	样品数	48	48	48	48	48	48	20	39	39
	最大值	7.80	2.1	105.0	99.8	36.0	116.1	278.1	172.0	14.6
	最小值	6.90	1.5	69.6	83.4	24.3	92.6	240.2	104.0	10.2
	平均值	7.26	1.9	86.8	91.7	30.3	105.9	266.5	146.0	12.0
	标准偏差	0.26	0.18	8.61	4.39	2.15	5.87	7.86	11.55	0.98
1 号排水洞 D66 孔	样品数	48	48	48	48	48	48	20	39	39
	最大值	7.90	1.58	103	104	34.0	119.1	261.3	164.0	14.9
	最小值	6.80	1.1	66.2	89.8	22.6	95.6	236.7	115.0	10.0
	平均值	7.33	1.3	84.9	95.5	28.3	105.6	247.1	145.0	12.3
	标准偏差	0.26	0.13	7.51	3.72	2.48	6.84	6.36	12.33	0.86
1 号排水洞 D101 孔	样品数	48	48	48	48	48	48	20	39	39
	最大值	7.90	2.8	103.0	93.5	37.0	125.1	251.2	174.0	12.8
	最小值	6.70	1.9	71.9	78.5	26.2	85.6	225.6	124.0	7.8
	平均值	7.32	2.3	86.9	84.0	31.9	104.6	239.7	149.0	11.0
	标准偏差	0.28	0.23	8.50	4.23	2.68	9.41	7.10	11.35	0.92

表 8-20　　左、右岸和坝基渗漏水化学成分的变化(平均值)

取样位置	pH 值	浓度(mg/L)							
		K^+	Na^+	Ca^{2+}	Mg^{2+}	Cl^-	HCO_3^-	SO_4^{2-}	可溶性 SiO_2
左岸渗漏水									
30 号排水洞 D04 孔	7.63	3.6	84.5	72.0	27.4	102.3	189.9	147.0	12.4
30 号排水洞 D142 孔	7.62	2.1	82.7	71.5	28.7	96.7	190.7	146.0	10.9
30 号排水洞 D194 孔	7.54	1.5	71.8	78.8	28.2	92.0	194.2	141.0	12.3
30 号排水洞 D39 孔	7.56	3.3	74.7	75.8	27.0	93.4	191.3	142.0	12.9
2 号排水洞 U-28 孔	7.60	3.8	96.3	69.4	32.9	106.7	222.0	150.0	9.7
坝基渗漏水									
量水堰(左)	7.39	2.3	81.1	92.8	31.4	102.6	259.3	144.0	12.4
量水堰(右)	7.39	2.2	80.1	93.2	31.5	101.9	258.4	145.0	12.2
右岸渗漏水									
1 号排水洞 D05 孔	7.26	1.9	86.8	91.7	30.3	105.9	266.5	146.0	12.0
1 号排水洞 D66 孔	7.33	1.3	84.5	95.5	28.3	105.6	247.1	145.0	12.3
1 号排水洞 D101 孔	7.32	2.3	86.9	84.0	31.9	104.6	239.7	149.0	11.0

从表 8-18 ~ 表 8-20 中的数据可以得出,渗漏水水化学成分特点和变化规律如下:

(1)pH 值的变化范围是 6.70 ~ 8.00,其中坝基和右岸渗漏水的 pH 值有时略低于 7.0;但从其平均值看,3 个监测断面渗漏水的 pH 值为 7.26 ~ 7.63,因此渗漏水基本上仍属于偏碱性水,侵蚀性弱。

(2)各断面的 Cl^-、SO_4^{2-}、K^+、Na^+、Mg^{2+}、可溶性 SiO_2 的浓度平均值变化很小,但 HCO_3^- 和 Ca^{2+} 浓度变化较大。其中,左岸渗漏水的 HCO_3^- 和 Ca^{2+} 浓度平均值较低,Ca^{2+} 浓度均小于 80 mg/L,HCO_3^- 浓度多低于 200 mg/L;相反,坝基和右岸渗漏水的 HCO_3^- 和 Ca^{2+} 浓度平均值较高,Ca^{2+} 浓度均大于 80 mg/L,最高达 95.5 mg/L,HCO_3^- 浓度均大于 200 mg/L,最高达 266.5 mg/L。

三、库水渗漏过程中水化学成分的变化

库水在渗漏途径与岩石接触过程中,可能产生溶解、沉淀、吸附、混合等各种物理化学反应,结果引起各种参数浓度的变化。这种变化通过对渗漏水和库水的对比便可以得出清晰的结论。相应部位库水和渗漏水的对比结果见表 8-21。

表8-21 渗漏水与库水的浓度差（ΔC）

（ΔC = 渗漏水浓度 – 库水浓度）

取样位置	pH 值	浓度（mg/L）							
		K^+	Na^+	Ca^{2+}	Mg^{2+}	Cl^-	HCO_3^-	SO_4^{2-}	可溶性 SiO_2
左岸渗漏水									
30 号排水洞 D04 孔	-0.13	-0.8	-11.0	6.1	-6.7	-4.7	-29.8	-7.0	3.4
30 号排水洞 D142 孔	-0.14	-2.3	-12.8	5.6	-5.4	-10.3	-29.0	-8.0	1.9
30 号排水洞 D194 孔	-0.22	-2.9	-23.7	12.9	-5.9	-15.0	-25.5	-13.0	3.3
30 号排水洞 D39 孔	-0.20	-1.1	-20.8	9.9	-7.1	-13.6	-28.4	-12.0	3.9
2 号排水洞 U – 28 孔	-0.16	-0.6	0.8	3.5	-1.2	-0.3	2.3	-4.0	0.7
坝基渗漏水									
量水堰（左）	-0.37	-2.0	-16.6	26.8	-2.7	-4.1	40.1	-10.0	3.3
量水堰（右）	-0.37	-2.1	-17.6	27.2	-2.6	-4.8	39.2	-9.0	3.1
右岸渗漏水									
1 号排水洞 D05 孔	-0.51	-2.5	-9.5	25.8	-3.7	-1.1	47.2	-9.0	2.9
1 号排水洞 D66 孔	-0.44	-3.1	-11.4	29.6	-5.7	-1.4	27.8	-10.0	3.2
1 号排水洞 D101 孔	-0.45	-2.1	-9.4	18.1	-2.1	-2.4	20.4	-6.0	1.9

从表8-21 中的数据可得出以下几点认识：

（1）参数浓度变化分为两类：一类是渗漏水的浓度低于库水的浓度，它们是 pH 值、K^+、Na^+、Mg^{2+}、Cl^-、SO_4^{2-}；另一类是渗漏水的浓度高于库水，它们是 Ca^{2+}、HCO_3^-、可溶性 SiO_2。

（2）在 3 个渗漏水断面中，左岸渗漏水与坝基、右岸渗漏水在 Ca^{2+} 和 HCO_3^- 浓度变化上有明显区别：

①左岸渗漏水 Ca^{2+} 浓度高于库水，但 HCO_3^- 浓度低于库水。Ca^{2+} 增加的幅度小，一

般都小于 10 mg/L;除 2 号排水洞 U – 28 孔 HCO_3^- 浓度稍有增加外,其余 4 个监测点都比库水 HCO_3^- 浓度低 20 mg/L 以上。

②坝基、右岸渗漏水 Ca^{2+} 和 HCO_3^- 浓度同步增加。Ca^{2+} 浓度增加的幅度大,增加值一般大于 20 mg/L,最高达 29.6 mg/L;HCO_3^- 浓度增加的幅度也大,其增加值都大于 20 mg/L,最高达 47.2 mg/L。

③最值得关注的一个问题是渗漏水中 Ca^{2+}、HCO_3^-、可溶性 SiO_2 高于库水的现象,它是库水渗漏过程中岩石溶蚀所致,还是与地下水混合作用的结果,在后面将进一步详细论述。

至于渗漏水中 pH 值、K^+、Na^+、Mg^{2+}、Cl^-、SO_4^{2-} 浓度小于库水,原因比较复杂,但由于它们与岩石溶蚀无关,对枢纽安全运行无影响,故在此不予以论述。

四、水库水渗漏过程中的水 – 岩相互作用

(一)研究水 – 岩相互作用的必要性

坝址区出露地层为红色碎屑岩系,岩性为硅钙质中细砂岩、泥质粉砂岩、粉砂质黏土岩互层。其中,砂岩中 70% 石英胶结物、碳酸钙胶结物。

砂岩为硬岩,性脆,裂隙发育,属透(含)水层;泥质粉砂岩与土岩为软岩,裂隙不发育,属相对隔水层。由于岩体中夹有弱透水岩层,顺层的渗透性大于垂直的渗透性,因此坝址区岩体是层状非均质各向异性渗透结构。

库水通过裂隙在渗漏过程中有可能溶解砂岩中的钙质胶结物,$CaCO_3$ 的溶解会使水中 Ca^{2+} 和 HCO_3^- 的浓度增加,通过前面渗漏水和库水的对比也说明,有些监测点渗漏水中 Ca^{2+} 和 HCO_3^- 的浓度高于库水,是否是钙质胶结物溶解的结果? 为此必须进行水 – 岩相互作用的试验研究。

(二)溶解平衡基本理论

饱和指数是判断水 – 岩间是处于溶解状态或沉淀状态的重要参数。

饱和指数计算公式如下:

$$SI = \frac{I_{AP}}{K_{SP}} \tag{8-1}$$

式中:SI 为饱和指数;I_{AP} 为离子活度积;K_{SP} 为溶度积。

当 $SI > 1$ 时,水 – 岩间处于沉淀状态;当 $SI < 1$ 时,水 – 岩间处于溶解状态;当 $SI = 1$ 时,水 – 岩间处于溶解平衡状态。

以 $CaCO_3$ 与水反应为例

$$\left. \begin{array}{l} CaCO_3 \rightleftharpoons Ca^{2+} + CO_3^{2-} \\ K_C = [Ca^{2+}][CO_3^{2-}] \\ SI_C = [Ca^{2+}][CO_3^{2-}]/K_C \end{array} \right\} \tag{8-2}$$

式中:K_C 为方解石($CaCO_3$)溶度积;SI_C 为方解石($CaCO_3$)的饱和指数;$[Ca^{2+}]$ 和 $[CO_3^{2-}]$ 分别为 Ca^{2+} 和 CO_3^{2-} 的活度。

当 $SI_C < 1$ 时,水与 $CaCO_3$ 处于非饱和状态,反应向右进行,$CaCO_3$ 产生溶解;当 $SI_C > 1$ 时,水与 $CaCO_3$ 处于饱和状态,反应向左进行,$CaCO_3$ 产生沉淀;当 $SI_C = 1$ 时,水与

$CaCO_3$ 处于溶解平衡状态。

(三)SI_C 的计算结果

为了计算 SI_C 值,必须计算各种组分的活度系数及 Ca^{2+} 和 CO_3^{2-} 离子的活度;要计算 Ca^{2+} 和 CO_3^{2-} 离子的活度,还必须计算 $CaCO_3^0$、$CaHCO_3^+$、$CaSO_4^0$、$MgCO_3^0$、$MgHCO_3^+$、$MgSO_4^0$、$NaCO_3^-$、$NaHCO_3^0$、$NaSO_4^-$ 和 KSO_4^- 等 10 个离子对的浓度。为此编制了计算 SI_C 值的计算机计算程序。

在一年四季中,库水水温随季节变化较大,一般是 5 ~ 25 ℃;渗漏水水温变化相对较小,一般是 5 ~ 16 ℃。库水渗入岩石裂隙过程中,水温会逐渐升高或降低,最终与渗漏水一致。为此,计算 SI_C 值时,计算水温采用 15 ℃。

库水和渗漏水 SI_C 值的计算结果见表 8-22。结果表明:

表 8-22　各监测点的饱和指数(SI_C)值

监测地点		SI_C	监测地点		SI_C
左断面	库水	1.50	中断面	库水	1.53
	30 号排水洞 D04 孔	1.07		量水堰(左)	1.06
	30 号排水洞 D142 孔	1.05		量水堰(右)	1.06
	30 号排水洞 D194 孔	0.97	右断面	库水	1.53
	30 号排水洞 D39 孔	0.98		1 号排水洞 D05 孔	0.79
	2 号排水洞 U-28 孔	1.11		1 号排水洞 D66 孔	0.90
				1 号排水洞 D101 孔	0.76

(1)库水。3 个断面库水的 SI_C 值为 1.50 ~ 1.53,均大于 1,水与岩石中的 $CaCO_3$ 间处于饱和状态,产生 $CaCO_3$ 沉淀,也就是说,从理论上讲,库水渗入岩石裂隙过程中,不会溶解岩石中的钙质胶结物。

(2)渗漏水。3 个断面渗漏水的 SI_C 值为 0.76 ~ 1.11,其中,5 个测点的 SI_C 值大于 1,5 个测点的 SI_C 值小于 1。也就是说,库水渗入岩石裂隙流出监测点时,水与岩石中的 $CaCO_3$ 间的状态有所变化。特别令人关注的是,1 号排水洞的 D05 孔、D66 孔和 D101 孔的 SI_C 值分别为 0.79、0.90 和 0.76,理论上讲,这类水与岩石中的 $CaCO_3$ 间处于非饱和状态,即产生 $CaCO_3$ 的溶解。但是,这只能说明这类渗漏水再次渗入库区岩石时,会产生岩石中钙质胶结物的溶解,并不说明右断面水库水渗入库区岩石时产生钙质胶结物的溶解。

上述现象表明,库水的 SI_C 值均大于 1,库水渗入岩石裂隙过程中,不会溶解岩石中的钙质胶结物。

五、地下水与库水间的混合作用

(一)研究的必要性

库水在渗入库区岩石裂隙的过程中,必然与当地地下水产生混合,渗漏水可能是这两种水的混合,而两种水混合之后必然引起各监测参数浓度的变化。为了说明这种混合作用对渗漏水化学成分的影响,进行了混合试验,并在试验的基础上,进行库水和地下水不同混合比的理论计算,以便进一步探讨这种混合作用对渗漏水化学成分的影响。

(二)地下水与库水的混合试验

试验目的是了解两种水混合后是不产生任何反应的简单混合,还是产生反应的复杂混合。地下水是水厂供水井和洞群一级泵站供水井,库水是 10 m 深库水和 20 m 深库水。试验用水水质见表8-23。试验共分四组,每组的混合是一种库水和两种地下水的混合,其混合比分别为2:1:1和1:1:1两种。

表 8-23　用于混合试验的地下水和库水化学成分

编号	取样位置	pH 值	浓度(mg/L)							
			K^+	Na^+	Ca^{2+}	Mg^{2+}	Cl^-	HCO_3^-	SO_4^{2-}	可溶性 SiO_2
Y01	水厂供水井	7.70	2.2	68.8	114.0	30.1	93.3	287.6	148.0	14.2
Y02	洞群一级泵站供水井	7.70	2.4	84.1	98.1	31.9	109.2	266.7	152.0	13.9
K10	10 m 深库水	7.70	5.1	94.2	61.7	33.3	99.3	221.3	149.0	8.83
K20	20 m 深库水	7.60	5.0	93.7	61.7	33.5	98.3	229.3	139.0	10.2

试验的实测值和理论值见表8-24。理论值和实测值之间的相对误差大多数小于5.0%,最高是6.0%。该结果说明,库水和地下水的混合是简单的混合,也就是说,混合过程中不产生任何反应。

表 8-24　地下水与库水混合试验的实测值和理论值

序号	取样位置	pH 值	浓度(mg/L)							
			K^+	Na^+	Ca^{2+}	Mg^{2+}	Cl^-	HCO_3^-	SO_4^{2-}	可溶性 SiO_2
实测值	Y01:K10:K20 = 2:1:1	8.16	3.6	80.3	88.2	32.1	98.3	254.2	153.0	11.9
理论值	Y01:K10:K20 = 2:1:1	—	3.6	81.4	87.9	31.8	96.0	256.5	146.0	11.9
相对误差 $E(\%)$		—	0.0	1.4	0.3	0.9	2.3	0.9	4.6	0
实测值	Y01:K10:K20 = 1:1:1	8.23	4.1	81.1	78.2	32.6	94.3	242.2	152.0	11.5
理论值	Y01:K10:K20 = 1:1:1	—	4.1	85.6	79.1	32.3	97.0	246.1	145.3	11.1
相对误差 $E(\%)$		—	0.0	5.5	1.2	0.9	2.9	1.6	4.4	3.5
实测值	Y02:K10:K20 = 2:1:1	8.24	3.7	88.5	80.2	33.0	103.2	240.7	149.0	11.6

续表 8-24

序号	取样位置	pH值	浓度(mg/L)							
			K^+	Na^+	Ca^{2+}	Mg^{2+}	Cl^-	HCO_3^-	SO_4^{2-}	可溶性 SiO_2
理论值	Y02:K10:K20=2:1:1	—	3.7	89.0	79.9	32.7	104.0	246.0	148.0	11.7
相对误差 $E(\%)$		—	0	0.6	0.4	0.9	0.8	2.2	0.7	0.9
实测值	Y02:K10:K20=1:1:1	8.2	4.2	87.6	70.5	35.0	106.2	234.7	148.0	11.2
理论值	Y02:K10:K20=1:1:1		4.2	89.0	73.8	32.9	102.3	239.1	146.7	11.0
相对误差 $E(\%)$		—	0	1.6	4.7	6.0	3.7	1.9	0.9	1.8

注:相对误差 $E(\%) = |$(理论值 – 实测值)÷实测值×100%$|$。

(三)渗漏水中地下水与库水混合作用的计算

上述试验证明,库水与地下水的混合是简单的混合,因此可以进行两种水混合的理论计算。计算方法如下。

设渗漏水是地下水和库水的混合水,其混合浓度为 C,地下水的浓度为 C_1,水库水的浓度为 C_2,X 为地下水的混合系数;$(1-X)$ 为水库水的混合系数。其计算公式如下:

$$C = XC_1 + (1 - X)C_2 \tag{8-3}$$

变换式(8-3),则

$$X = (C - C_2)/(C_1 - C_2) \tag{8-4}$$

计算过程中,地下水的浓度取自水厂供水井和洞群一级泵站供水井两种水的平均值,水库水取相应断面不同深度的平均值,见表8-25。

表 8-25 用于混合计算的地下水和各断面库水各参数的浓度

取样位置		pH值	浓度(mg/L)							
			K^+	Na^+	Ca^{2+}	Mg^{2+}	Cl^-	HCO_3^-	SO_4^{2-}	可溶性 SiO_2
地下水		7.70	2.3	76.5	106.1	31.0	101.3	277.2	150	14.1
左断面库水		7.76	4.4	95.5	65.9	34.1	107.0	219.7	154	9.0
中断面库水		7.77	4.3	97.7	66.0	34.1	106.7	219.2	154	9.1
右断面库水		7.77	4.4	96.3	65.9	34.0	107.0	219.3	155	9.1
ΔC	最大值	-0.06	-2.0	-19.0	40.1	-3.0	-5.4	58.0	-4	5.1
	最小值	-0.07	-2.1	-21.2	40.0	-3.1	-5.7	57.5	-5	5.0

注:ΔC = 地下水浓度 – 库水浓度。

表 8-25 中的数据说明：

（1）地下水 Cl^-、SO_4^{2-}、Mg^{2+} 的浓度低于库水，但浓度差很小，仅为 3.0~5.7 mg/L；地下水中的 Na^+ 浓度低于库水，但浓度差大，达 19.0 mg/L 以上。

（2）地下水的 HCO_3^-、Ca^{2+} 浓度明显高于库水，其浓度差达 40.0~58.0 mg/L；地下水的可溶性 SiO_2 浓度高于库水，但浓度差很小，仅为 5.0 mg/L。

（3）地下水与库水的 pH 值相差很小，几乎一致。

上述情况说明，如果渗漏水是地下水和库水的混合水，其结果渗漏水中的 Ca^{2+}、HCO_3^-、可溶性 SiO_2 浓度必然高于库水，渗漏水中的 Cl^-、SO_4^{2-}、Mg^{2+} 和 Na^+ 的浓度必然低于库水。前述库水渗漏过程中水化学成分的变化完全符合这种规律，说明可能存在地下水与库水的混合作用，它可能是渗漏水化学成分的重要控制因素。为了进一步论述此问题，下面据公式(8-4)进行更详细的混合作用计算。计算时只选择 Ca^{2+}、HCO_3^-、可溶性 SiO_2，因为渗漏水的 Ca^{2+}、HCO_3^-、可溶性 SiO_2 浓度高于库水，这部分的 Ca^{2+}、HCO_3^-、可溶性 SiO_2 如果来源于岩石，则岩石被溶蚀；如果来源于与地下水的混合，则相反。计算结果见表 8-26。左岸渗漏水的 HCO_3^- 多低于库水，不涉及溶蚀问题，故不予以计算。

表 8-26 渗漏水中地下水与库水混合比计算值

取样地点	Ca^{2+}		HCO_3^-		可溶性 SiO_2	
	mg/L	混合比 地下水:库水	mg/L	混合比 地下水:库水	mg/L	混合比 地下水:库水
地下水平均值	106.1	—	277.2	—	14.1	—
坝前左断面库水	65.86	—	219.69	—	8.98	—
2 号排水洞 U-28 孔	69.35	1.0:9.0	222.00	—	9.65	1.9:9.0
30 号排水洞 D04 孔	72.04	1.5:8.5	189.99	—	12.43	6.5:3.5
30 号排水洞 D39 孔	75.78	2.5:7.5	191.34	—	12.93	7.6:2.4
30 号排水洞 D142 孔	71.50	1.5:8.5	190.71	—	10.85	3.6:6.4
30 号排水洞 D194 孔	78.84	3.2:6.8	194.19	—	12.25	6.5:3.5
坝前中断面库水	66.02	—	219.16	—	9.11	—
量水堰(左)	92.83	6.5:3.5	259.29	6.9:3.1	12.36	6.5:3.5
量水堰(右)	93.2	6.8:3.2	258.38	6.8:3.2	12.18	6.0:4.0
坝前右断面库水	65.93	—	219.30	—	9.07	—
1 号排水洞 D05 孔	91.71	6.3:3.7	266.47	8.1:1.9	12.03	6.0:4.0
1 号排水洞 D66 孔	95.99	7.5:2.5	247.10	4.8:5.2	12.28	6.5:3.5
1 号排水洞 D101 孔	84.00	4.5:5.5	239.60	3.9:6.1	11.01	4.0:6.0

从表8-26中可以看出：

（1）中断面和右断面。Ca^{2+}、HCO_3^-、可溶性 SiO_2 3个参数算得的混合比大部分比较吻合，说明这两个断面渗漏水 Ca^{2+}、HCO_3^-、可溶性 SiO_2 浓度的增加很可能是库水与地下水混合的结果。从混合比看，渗漏水中的地下水一般占 40% ~ 60%。

（2）左断面。Ca^{2+}、可溶性 SiO_2 两个参数算得的混合比差别较大，其渗漏水是否有地下水混入还难以说明。如果认为 Ca^{2+} 浓度增加是钙质胶结溶解所致，但从理论上解释不通。因为左断面库水的 SI_C 值大于1，水与岩石中的 $CaCO_3$ 处于沉淀状态；如果 $CaCO_3$ 产生溶解，不仅 Ca^{2+} 增加，HCO_3^- 也应增加，但实际上 HCO_3^- 不仅没有增加，反而比库水的 HCO_3^- 浓度还低。因此，渗漏水中 Ca^{2+}、可溶性 SiO_2 浓度增高的来源仍不能确切判定。

六、库区岩石浸泡试验

（一）研究的必要性

为了研究库水渗漏过程中是否会对坝区岩石产生潜蚀作用，从库水渗漏过程中水化学成分的变化、水库水渗漏过程中的水 - 岩相互作用和地下水与库水间的混合作用 3 个方面进行了论述，但仍有一些问题还难以得出明确的结论，为此进行了岩石浸泡试验。目的是通过试验，查明岩石与水相互作用过程中是否有物质溶出，这是岩石是否产生潜蚀作用的直接证据。

（二）岩石浸泡试验设计

1. 试验目的

查明库水浸泡岩石过程中有关参数浓度的变化，以便论证岩石与水相互作用的过程中是否有物质溶出。

2. 试验材料

试验用水：库区内的浅层库水。

浸泡岩石：选择库区有代表性的 5 种岩石，分别是粉质黏土岩、钙质粉砂岩、钙泥质粉细砂岩、钙质细砂岩和硅质细砂岩。

3. 试验方法

先将库区采集的岩石人工加工成粒径为 10 ~ 15 mm 大小的碎石，用试验库水洗涤碎石以清除碎石中的泥土。准备容积为 10 L 的玻璃瓶，将 3 kg 碎石和 3 L 试验用的库水放入玻璃瓶内，使库水完全淹没碎石，并使碎石面上有几厘米水层，以避免试验过程中碎石暴露在空气里。根据坝区同位素试验结果，选择浸泡时间为 11 d。试验结束后测试浸泡水有关参数的浓度。为了查明试验期间由于蒸发作用对浸泡水有关参数浓度的影响，设置了一个空白试验，该试验玻璃瓶里仅有库水没有碎石。具体试验组合见表8-27。

表8-27 浸泡试验组合

序号	1	2	3	4	5	6
试验材料	库水	库水 + 粉质黏土岩	库水 + 钙质粉砂岩	库水 + 钙泥质粉细砂岩	库水 + 钙质细砂岩	库水 + 硅质细砂岩

(三)岩石浸泡试验结果和讨论

1. 第一次浸泡试验测试结果

第一次浸泡试验的测试结果见表 8-28。从表 8-28 中可以看出,试验前库水与空白试验相比,除 pH 值明显升高外,其他参数浓度变化很小。

表 8-28　岩石浸泡试验的测试结果(第一次浸泡试验)

水样类型		pH 值	浓度(mg/L)							
			TDS	K^+ $+Na^+$	Ca^{2+}	Mg^{2+}	SO_4^{2-}	Cl^-	HCO_3^-	可溶性 SiO_2
试验前库水		7.64	535.4	90.3	59.6	33.8	145.0	93.7	226.0	11.7
试验后 空白试验 库水	C	8.73	530.4	84.6	59.9	35.8	145.0	92.6	225.0	10.4
	ΔC	1.09	-5.0	-5.7	0.3	2.0	0.0	-1.1	-1.0	-1.3
粉质黏土 岩浸泡水	C	8.25	484.1	42.8	88.2	28.0	152.0	92.6	161	20.5
	ΔC	-0.48	-46.3	-41.8	28.3	-7.8	7.0	0.0	-64.0	10.1
钙质粉砂 岩浸泡水	C	7.91	670.7	55.6	134.0	26.0	286.0	98.6	141.0	17.9
	ΔC	-0.82	140.3	-29.0	74.1	-9.8	141.0	6.0	-84.0	7.5
钙泥质粉细 砂岩浸泡水	C	7.92	759.4	54.6	149.0	34.8	345.0	104.0	144.0	17.7
	ΔC	-0.81	229.0	-30.0	89.1	-1.0	200.0	11.4	-81.0	7.3
钙质细砂 岩浸泡水	C	7.98	689.0	75.4	126.0	26.0	267.0	96.6	195.0	16.5
	ΔC	-0.75	158.6	-9.2	66.1	-9.3	122.0	4.0	-30.0	6.1
硅质细砂 岩浸泡水	C	8.05	541.4	73.4	87.4	24.5	180.0	93.6	171.0	17.7
	ΔC	-0.68	11	-11.2	27.5	-11.3	35.0	1.0	-54.0	7.3

注:1. C 为实测浓度。

2. 空白试验:ΔC = 空白试验库水测值 - 试验库水测值。

3. 浸泡试验:ΔC = 岩石浸泡后测值 - 空白试验库水测值。

4. 岩石浸泡试验的环境条件:温度 25 ℃、湿度 63% 。

空白试验中的库水为 3 000 mL,试验后仅减少 15 mL。由于试验水蒸发量很少,所以对试验后试验水有关参数的浓度影响很小。但浸泡水与空白试验库水相比,有关参数浓度变化明显,其变化主要规律归纳如下:

(1)5 种浸泡水的 SO_4^{2-} 浓度都增加,增加幅度为 7.0 ~ 200.0 mg/L。增幅较大的分别是钙泥质粉细砂岩、钙质粉砂岩和钙质细砂岩的浸泡水,其增幅分别为 200.0 mg/L、141.0 mg/L 和 122.0 mg/L,其浓度分别是空白试验库水浓度(145.0 mg/L)的 2.4 倍、2.0 倍和 1.8 倍。

(2)5 种浸泡水的 Ca^{2+} 浓度都增加,增幅为 27.5 ~ 89.1 mg/L,增幅较大的与 SO_4^{2-} 一

致,也分别是钙泥质粉细砂岩、钙质粉砂岩和钙质细砂岩的浸泡水,其增值分别为 89.1 mg/L、74.1 mg/L 和 66.1 mg/L,其浓度分别是空白试验库水浓度(59.9 mg/L)的 2.5 倍、2.2 倍和 2.1 倍。

(3)5 种浸泡水的溶解性 SiO_2 浓度都增加,增加幅度为 6.1~10.1 mg/L,增值最大的是粉质黏土岩浸泡水,其增值为 10.1 mg/L,其浓度为空白试验库水浓度(10.4 mg/L)的 2.0 倍。

(4)5 种浸泡水的 HCO_3^- 浓度都减少,减少幅度为 30.0~84.0 mg/L,减少幅度较大的分别是钙质粉砂岩、钙泥质粉细砂岩和粉质黏土岩浸泡水,减少值分别为 84.0 mg/L、81.0 mg/L 和 64.0 mg/L,其浓度仅为空白试验库水浓度(225.0 mg/L)的 2/3~4/5。

(5)5 种浸泡水的 Mg^{2+} 浓度都减少,减少幅度较小,分别为 7.8 mg/L、9.8 mg/L、1.0 mg/L、9.3 mg/L 和 11.3 mg/L。

(6)5 种浸泡水中的 Cl^- 浓度有 4 个样稍有增加,分别为 6.0 mg/L、11.4 mg/L、4.0 mg/L 和 1.0 mg/L;其余 1 个样基本不变。

以上规律最值得注意的是,浸泡水的 SO_4^{2-} 和 Ca^{2+} 浓度的增加是同步的。浸泡水的 SO_4^{2-} 和 Ca^{2+} 浓度增加的原因和机制是什么是很重要的问题。从理论上推断,只有岩石胶结物中有 $CaSO_4$(硬石膏)和 $CaSO_4 \cdot H_2O$(石膏)的溶解,才能使 SO_4^{2-} 和 Ca^{2+} 浓度同时增加。$CaSO_4$(硬石膏)和 $CaSO_4 \cdot H_2O$(石膏)的溶度积常数分别为 $10^{-4.64}$ 和 $10^{-4.85}$,比 $CaCO_3$ 溶度积常数($10^{-8.4}$)高 4 个数量级,属微溶化合物。

在坝区岩石已有的裂隙中,由于此类裂隙形成的年代久远,$CaSO_4$(硬石膏)和 $CaSO_4 \cdot H_2O$(石膏)又是微溶化合物,因此裂隙表面的 $CaSO_4$(硬石膏)和 $CaSO_4 \cdot H_2O$(石膏)长期与水接触早已被溶蚀完毕,所以在坝区渗漏水中并没有出现 Ca^{2+} 和 SO_4^{2-} 浓度增加的现象。

试验用的碎石是用大块岩石重新加工而成的,颗粒表面是新鲜的,从来没有与水接触过。因此,如果岩石的胶结物中有 $CaSO_4$(硬石膏)和 $CaSO_4 \cdot H_2O$(石膏),便很容易产生溶解而进入水中,这很可能是浸泡水中的 SO_4^{2-} 和 Ca^{2+} 浓度同时增加的原因。

值得注意的另一个问题是,浸泡水与空白试验库水相比,5 种浸泡水的 HCO_3^- 浓度明显减少。这可能是胶结物中的 $CaSO_4$(硬石膏)和 $CaSO_4 \cdot H_2O$(石膏)溶解使水中的 Ca^{2+} 浓度大大增加,结果产生 $CaCO_3$ 沉淀。$CaCO_3$ 沉淀消耗 HCO_3^-,所以浸泡水中的 HCO_3^- 浓度明显减少。但此问题与岩石的溶蚀无关,故不必进行深入论述。

2. 第二次浸泡试验测试结果

为了证实上述推断是否正确,进行了第二次浸泡试验,即将原浸泡水倒掉,用新鲜的库水洗涤后,再用新鲜库水重新浸泡,历时 5 d。其结果见表 8-29。结果表明,浸泡水的 SO_4^{2-} 与空白试验库水相近,稍有减少;浸泡水的 Ca^{2+} 浓度比空白试验库水 Ca^{2+} 浓度稍有增加。这个结果充分证实上述推断是完全正确的。新鲜的碎石确实有 $CaSO_4$(硬石膏)和 $CaSO_4 \cdot H_2O$(石膏),经一次浸泡就溶蚀了,所以岩石已有的裂隙中不会再存在 $CaSO_4$(硬石膏)和 $CaSO_4 \cdot H_2O$(石膏),因此不会出现岩石裂隙因产生 $CaSO_4$(硬石膏)和 $CaSO_4 \cdot H_2O$(石膏)溶蚀而增大的问题。

表 8-29　岩石浸泡试验结果(第二次浸泡试验)

水样类型		pH 值	浓度(mg/L)						
			TDS	$K^+ + Na^+$	Ca^{2+}	Mg^{2+}	SO_4^{2-}	Cl^-	HCO_3^-
试验前库水		8.16	501.1	81.3	57.5	31.9	140.0	90.3	200.2
空白试验库水	C	8.44	502.1	81.5	56.1	33.0	140.0	91.3	200.3
	ΔC	0.28	1.0	0.2	-1.4	1.1	0.0	1.0	0.1
粉质黏土岩浸泡水	C	8.18	482.2	64.7	74.3	25.0	140.0	89.3	177.9
	ΔC	-0.26	-19.9	-16.8	18.2	-8.0	0.0	-2.0	-22.4
钙质粉砂岩浸泡水	C	8.00	475.9	73.3	76.8	16.5	139.0	94.3	154.0
	ΔC	-0.44	-26.2	-8.2	20.7	-16.5	-1.0	3.0	-46.3
钙泥质粉细砂岩浸泡水	C	7.95	476.6	66.7	75.1	21.5	138.0	95.3	160.0
	ΔC	-0.49	-25.5	-14.8	19.0	-11.5	-2.0	4.0	-40.3
钙质细砂岩浸泡水	C	8.21	491.1	75.3	76.0	20.0	135.0	91.3	186.9
	ΔC	-0.23	11.0	-6.2	19.9	-13.0	-5.0	0.0	-13.4
硅质细砂岩浸泡水	C	7.93	468.6	78.0	61.1	23.0	132.0	89.3	170.4
	ΔC	-0.51	-33.5	-3.5	5.5	-10.0	-8.0	-2.0	-29.9

注:1. C 为实测浓度。

　　2. 空白试验:ΔC = 空白试验库水测值 - 试验库水测值。

　　3. 浸泡试验:ΔC = 岩石浸泡后测值 - 空白试验库水测值。

表 8-29 结果仍有两个值得进一步研究的问题:

(1)5 种浸泡水的 Ca^{2+} 浓度都有所增加,增幅为 5.5 ~ 20.7 mg/L,Ca^{2+} 浓度的少量增加原因是什么? 如果是钙质胶结物的溶解,浸泡水 HCO_3^- 浓度也应该增加,但是 HCO_3^- 浓度都减少了,其减少幅度为 13.4 ~ 46.3 mg/L,因此钙质胶结物溶解解释不通。故浸泡水 Ca^{2+} 浓度的少量增加目前仍不好解释,仍需进一步研究。

(2)第二次浸泡没有检测可溶性 SiO_2。

七、结语

通过库水渗漏过程中水化学成分的比较、渗漏过程中水 - 岩相互作用、地下水与库水混合试验和岩石浸泡试验等 4 个方面的研究,可得出以下几点基本结论:

(1)库水 pH 值为 7.03 ~ 8.18,属于偏碱性水,侵蚀性差;水平方向上基本无变化,水质均匀,季节性变化不明显;垂直方向上,水深 50 m 以上基本无变化,在 50 m 和 60 m 处浓度稍有增加。

(2)渗漏水与库水相比,Ca^{2+}、HCO_3^-、可溶性 SiO_2 浓度高于库水,而 pH 值、K^+、Na^+、Mg^{2+}、Cl^-、SO_4^{2-} 浓度低于库水。

（3）坝基、右岸与左岸渗漏水有差别。坝基、右岸渗漏水，Ca^{2+} 浓度和 HCO_3^- 浓度都高于库水，Ca^{2+} 浓度增幅一般大于 20 mg/L，最高达 29.6 mg/L；HCO_3^- 浓度增幅都大于 20 mg/L，最高达 47.2 mg/L。左岸渗漏水，Ca^{2+} 浓度高于库水，但 HCO_3^- 低于库水；Ca^{2+} 浓度增幅一般小于 10 mg/L；除 2 号排水洞 U－28 孔 HCO_3^- 浓度增加 2.3 mg/L 外，其余的 HCO_3^- 浓度都低于库水 20 mg/L 以上。

（4）3 个断面库水的 SI_C 值为 1.50～1.53，说明库水与岩石中的 $CaCO_3$ 间处于饱和状态，产生 $CaCO_3$ 沉淀；库水渗入岩石裂隙过程中，不会溶解岩石中的钙质胶结物。

（5）地下水与库水相比，HCO_3^-、Ca^{2+} 浓度明显高于库水，浓度差达 40.0～58.0 mg/L，SiO_2 浓度也高于库水，浓度差仅为 5.0 mg/L，Cl^-、SO_4^{2-}、Mg^{2+} 浓度和 Na^+ 浓度低于库水。因此，如果渗漏水有地下水混入，渗漏水中的 Ca^{2+}、HCO_3^-、可溶性 SiO_2 浓度必然高于库水。

（6）混合试验证明，库水和地下水的混合是不产生任何反应的简单混合。混合理论计算证明，中断面和右断面，Ca^{2+}、HCO_3^-、可溶性 SiO_2 3 个参数的混合比大部分比较吻合，说明这两个断面渗漏水可能是库水与地下水混合的结果，渗漏水中的地下水一般占 40%～60%。左断面，Ca^{2+}、可溶性 SiO_2 两个参数的混合比差别较大，其渗漏水是否有地下水混入还难以说明，渗漏水中 Ca^{2+}、可溶性 SiO_2 浓度增高的来源仍有待研究。

（7）岩石浸泡试验证明：第一次试验浸泡水的 SO_4^{2-} 和 Ca^{2+} 浓度都明显增加；SO_4^{2-} 和 Ca^{2+} 浓度增幅分别为 7.0～200.0 mg/L 和 27.5～89.1 mg/L，这是新鲜的碎石中 $CaSO_4$（硬石膏）和 $CaSO_4 \cdot H_2O$（石膏）溶解所致。第二次试验浸泡水的 SO_4^{2-} 浓度与空白试验库水相近，说明经一次浸泡后，$CaSO_4$（硬石膏）和 $CaSO_4 \cdot H_2O$（石膏）已完全溶蚀了，因此坝区岩石原有裂隙不会存在 $CaSO_4$（硬石膏）和 $CaSO_4 \cdot H_2O$（石膏），所以不会产生坝区岩石原有裂隙的此类溶蚀问题。第二次试验浸泡水中，Ca^{2+} 浓度仍有所增加，但 HCO_3^- 浓度减少，所以不能用钙质胶结物溶解来解释，Ca^{2+} 浓度增加的问题仍有待研究。

综上所述，渗漏水中只有 Ca^{2+}、HCO_3^-、可溶性 SiO_2 浓度高于库水，Ca^{2+}、HCO_3^- 浓度增加不是岩石中钙质胶结物溶解的结果，坝基和右岸渗漏水可能有地下水的混入。总体来看，坝区渗漏不会对岩石产生严重的溶蚀，在相当长的时期内将不会对枢纽安全运行产生严重的影响。

第九章　设备改造与技术更新

第一节　安全监测自动化采集系统改造

　　小浪底水利枢纽共布置 3 201 个安全监测测点,其中 861 个测点被接入安全监测自动化采集系统,该系统采用美国 GEOMATION 公司生产的 2380 系统,投入运行近十年,经过长期运行,系统设备设施逐步老化,且随着大坝安全监测技术的不断发展,系统技术水平亟待进一步提升。2006 年水利部大坝安全管理中心对小浪底水利枢纽安全监测系统进行了鉴定,明确指出,安全监测自动化采集系统依靠有线通信和无线辅助通信,传输速度慢,致使数据的实时采集和传输受限;人工观测仪器数量达到 2 300 余支,观测强度非常大,尤其在水库的特殊运行时期需要加密观测,人员和设备明显不能满足需要,自动化采集系统需进一步扩容等。2008 年经过广泛充分的考察和调研,提出了详细的改造方案,2009 年至 2011 年,采取统一规划、分三期实施的方案,对系统进行了全面的更新改造。

一、自动化采集系统改造目标

　　彻底解决系统存在的问题,保证监测数据及时传输到采集中心,监测设备长期、稳定、可靠工作,保证工程主要建筑物的主要监测仪器进入自动化系统,实时监测工程各建筑物的安全,使主要建筑物的主要监测仪器实现同步观测,同时降低人工观测工程量和劳动强度,减小人为差错,对数据采集系统进行扩容,扩容后系统容量和传输速率应有一定的冗余,满足洪水、暴雨、水位骤降等特殊情况下对主要建筑物的主要监测仪器实时数据采集的要求,并达到国内先进水平。

二、自动化采集系统改造原则

(一) 采集系统设备选型

　　根据工程实际,本次数据自动化采集系统改造借鉴已建工程的经验教训,系统选型选用已被国内大中型水电站广泛采用,具备结构先进、稳定可靠、使用灵活、维修方便等特点,达到国内外先进水平。系统能够适应廊道潮湿的工作环境,具有可靠的防感应雷击和抗电磁干扰能力,与便携式二次仪表通用性强。数据采集处理传输速度快、差错少。系统的监控主机采用性能稳定的部门级服务器。在同样的技术指标下,选择经济实用的系统。

(二) 监测仪器的接入

　　根据小浪底水利枢纽安全监测系统鉴定结论,将原系统中工作正常、测值稳定可靠或基本稳定可靠的仪器接入新系统。测站已部分实现自动化,对测站中未接入自动化系统的具备接入条件的仪器全部接入自动化系统。人员不便到达的测站内的长期监测的重要监测仪器全部接入自动化系统;将部分不能接入的仪器,就近引至方便观测的测站。

(三)监测数据的连续性

必须保证监测数据的准确性及改造前后监测资料的连续性。

(四)保留人工观测的功能

自动化系统要保留人工观测接口,以便在自动化系统发生故障时进行人工补测,也可以随时对系统进行校核。

三、自动化采集系统改造的工作内容

自动化采集系统改造内容包括,将现有的有线通信方式进行改造,即由双绞线传输改为单模光纤传输;逐渐替换小浪底采集系统的 MCU 测量单元,将替换下来的 MCU 作为其他测站的备品备件,两套系统并行运行约三年时间,至 2011 年底,全部更换测量单元,至此,整个系统运行 10 年以上,已经超过其设计寿命;对系统进行适当扩容,以保证本工程主要建筑物的主要监测仪器进入自动化系统,达到实时监测工程各建筑物安全的要求,减少人工观测工作量和劳动强度。

四、自动化采集系统改造实施过程

(一)自动化采集系统选型

根据系统选型原则,经过全面的分析比较,结合小浪底工程实际情况,通过专家论证,最后选用了在国内广泛应用的 DAMS - Ⅳ 型智能分布式系统。该系统由 DAU2000 型模块化结构数据采集单元、监控主机等构成。标准型模块智能数据采集单元 DAU2000 系列由 NDA 系列数据采集智能模块、电源、防雷、防潮等部件组成,各个数据采集智能模块均有 CPU、时钟、数据存储、数据通信等功能。

DAMS - Ⅳ 型系统的 DAU 内部采集智能性模块独立运行,互不干扰,使分布式数据采集进一步分散到模块一级,系统故障的危险得以进一步降低。通过各类不同模块任意组合,使一台 DAU2000 可接入多种不同类型的仪器,系统兼容性强。系统按开放式体系结构设计,支持多种数据库平台及与其他数据库链接,可以与各局域网和广域网互联,DAU 之间及 DAU 与监控主机之间的现场网络通信为标准 RS - 485,支持屏蔽双绞线、光纤、无线等通信媒介,可根据实际情况任选,系统功能扩充方便。

DAMS - Ⅳ 型系统技术及精度满足规范要求,其主要功能特点包括下列几项。

(1)监测功能。系统具备多种采集方式和测量控制方式。

数据采集方式有:选点测量、巡回测量、定时检测,并可在测量控制单元上进行人工测读。包括各类传感器的数据采集功能和信号越限报警功能,配置相应的 NDA 智能模块能采集各种工程的安全监测仪器。

采集系统的运行方式为:中央控制方式(应答式),由后方监测管理中心监控主机或联网计算机命令所有 DAU 同时巡测(包括定时巡测和选点巡测)或指定单台单点测量(选测),测量完毕后,可将数据存于计算机中;自动控制方式(自报式),支持多达 8 条自报通信路径(包括备用通信路径)由各台 DAU 自动按设定时间进行巡测、存储,并将所测数据送到后方监测管理中心的监控主机,自报通信路径有定时自报、增量自报、变化率自报及其组合(自报类型各通道可独立设置)等。

(2)显示功能。显示建筑物及监测系统的总貌、各监测子系统概貌、监测布置图、过程曲线、监测数据分布图、监测控制点布置图、报警状态显示窗口等。

(3)存储功能。系统应具备数据自动存储和数据自动备份功能。在外部电源突然中断时,保证内存数据和参数不丢失。

(4)操作功能。在现场监控主机或授权管理计算机上可实现监视操作、输入/输出、显示打印、报告现在测值状态、调用历史数据、评估运行状态;根据程序执行状况或系统工作状况发出相应的音响;整个系统的运行管理(包括系统调度、过程信息文件的形成、进库、通信等一系列管理功能,利用键盘调度各级显示画面及修改相应的参数等);修改系统配置、系统测试、系统维护等。

(5)数据通信功能及远程操作。包括现场级和管理级的数据通信,现场级通信为测控单元 DAU 之间或 DAU 与监控管理中心监控主机之间的双向数据通信;管理级通信为监控管理中心内部及其同上级主管部门计算机之间的双向数据通信。通信方式多样,可采用有线、光纤、无线、TCP/IP 协议和实现多台主计算机、多通信路径操作。

采集机或授权计算机能控制现场的测控单元进行远程各项操作功能。

(6)系统自检功能。通过运行自检程序,可对整个系统或某台 DAU 进行自检,最大限度地诊断出故障的部位及类型,为及时维修提供方便。

(7)系统供电。系统采用 220 V 交流电源,测控单元配备蓄电池,在系统供电中断的情况下,能保证现场测控单元至少连续工作一周。

(8)系统具有较强的环境适应性和耐恶劣环境性,具备防雷、防潮、防锈蚀、防鼠、抗振、抗电磁干扰等性能,能够在潮湿、高雷击、强电磁干扰条件下长期连续稳定正常运行。在系统中的电源系统、通信线接口、传感器引线接口的设计中均采取了各种抗雷击措施,各单元采取隔离等措施及抗电磁干扰设计,通过了电磁兼容测试(GB/T 17626.3—1998 射频电磁场辐射抗扰度试验 3 级及 GB/T 17626.5—1998 冲击(浪涌)抗扰度试验 3 级),使系统具备很强的防雷击、抗干扰能力。

(9)系统备有与便携式检测仪表或便携式计算机通信的接口,能够使用便携式设备采集监测数据,防止资料中断。

(10)具有方便可操作的人工比测专用设备。

原有监测系统可调用新配置的系统数据进行数据分析。

(二)通信网络改造

鉴于当时的技术水平,原系统的所有 MCU 均采用双绞屏蔽电缆连接,有线通信网络基本已经瘫痪,各测站的通信基本利用备用的无线通信方式。针对通信网络现状,确定通信网络改造的原则为,所有安装 MCU 的测站之间主要采用光缆连接,地下厂房部分测站由于装修等原因无法实施光纤改造的,仍保持原有通信模式。同一个测站内的多个 MCU 通过通信电缆,测站之间通过一个 MCU 光端协议一体机连接,采用 RS-485 数据通信接口,即采用 RS-485 的光端机组网,将光缆看做进行长距离串行数据通信的载体,从而组成一个串行数据通信网络,鉴于工程测站分布较为分散,部分测站采用并行方式,节点采用集线器连接。经过现场勘察,为保证网络的清晰,采用测站就近连接和方便施工及美观的原则,确定光纤走线方式为总线型拓扑结构。

(三)现场仪器安装调试

现场仪器安装调试遵循的原则为:系统设备安装及电缆布线应整齐,监测设施应有必要的防护措施。设备支座及支架应安装牢固,确保与被测对象联成整体,支架必须进行防锈处理。对接入自动化监测系统的监测仪器应进行检查或比测。对每个自动化监测点进行快速连续测试,以检查测值的稳定性。对有条件的监测项目及监测点,人工干预给予一定物理量变化,检查自动化测值是否出现相应变化。逐项检查系统功能,以满足设计要求。

1. 数据采集装置安装

1)安装调试 DAU2000 采集箱

测控装置采用全密封防水机箱,所有电缆进出口全部采用防水密封紧固接口,以防止水汽的侵入。机箱底部采用塑料密封接头,所有部件固定在机箱安装钢板上,智能数据采集模块安装在机箱内,具体的布置应视现场的情况而定。机箱接地线柱应用导线与地网连通。

具备安装条件后,先安装 DAU 保护箱,保护箱用螺栓固定,安装时保持保护箱水平。如果同一测站有多个保护箱,保证所有保护箱的上边缘在同一水平线上,以保持美观。安装完保护箱后再根据仪器数量、DAU 配置表将数据采集单元固定在保护箱内。

DAU2000 的电源线和通信线应分别从箱体的右下方引线孔引入,电源线的 2 导电芯线中,红色线接入箱体中标有"L"的接线端子,蓝色/黑色芯线接入箱体中标有"N"的接线端子;通信线对应的接线端子一般设置在接线端子排的最左侧,双绞屏蔽通信线的 2 芯线中,红色线接入箱体中标有"A"的接线端子(一般在最上一排),蓝色/黑色芯线接入箱体中标有"B"的接线端子(一般在中间一排),屏蔽层接入箱体中标有"G"的接线端子(一般在最下一排);电源线和通信线接入箱体后做好标示,标明导线走向。

将箱体中各模块的电源和通信接线端子拔下,并检查接线端子上各电源及通信线的接入是否正确,检查无误后可通电。通电后箱体中的电源模块的电源指示灯应点亮,加热器应开始微热;各模块的电源和通信接线端子上的充电电压应为 7.5 V,电池电压应约为6.3 V,且正、负极性应和模块对应一端的标示一致。如异常断电后应用万用表检查相关通路是否正常,如接线端子中的保险丝是否正常,接线连接处是否牢固等。

2)测量模块的安装调试

所有振弦式仪器在接入自动化设备之前均应用兆欧表(100 V/50 MΩ)检查其对地绝缘电阻的大小,并记录测值。仪器现场如果没有接地扁铁,则选坝体钢筋等接地较好的导体做接地端。测量完仪器的绝缘电阻后,用率定过的便携式仪表对现场仪器进行一次测量检验。因现场仪器的线头一般均已氧化,所以测量前对线头进行去氧化处理,处理后用专用冷压头将线头压好。做好测量结果记录,对不稳定的仪器做好备注。

完成仪器接入系统前的准备后即进行仪器的接入,频率测量接红、黑线;温度测量接绿、白线。

在接入的同时将每一仪器所在模块的地址号及通道号做好记录。然后按仪器的具体接入情况对模块进行测点群的初始化设置。测点信息设好后即可让模块进行定时测量(模块需经过校时、清零、设置测点群和设置定时测量时间及周期四个步骤后,方能定时测量)。一般让模块在短时间内进行 3 次以上的测量,并分析其测量的稳定性及准确性。一般而言,自动化的测量结果与人工的测量结果在扣除时间因数的影响之后应基本相同。如果相差较大,应做进一步分析,甚至重新进行人工比测,以确认其中原因。

2. 线路敷设

自动化观测系统涉及仪器电缆、通信电缆和电源电缆。所有外露的的电缆全部放在电缆保护管内牵引,牢固固定在地面和边壁上;为减少接触电阻和接地电阻,每两节钢管在接头处均用钢筋(或扁铁)搭焊,同时将电缆保护钢管用钢筋(或扁铁)和可靠的大坝接地网焊接。观测房(站)、廊道中的各种电缆采用电缆槽敷设或沿已有的电缆架敷设牵引。

监测数据自动采集系统各项设备必须用电缆(或光缆)连成网络,为了防止电缆(光缆)遭遇机械损伤或引入雷电损害,在敷设过程中采取必要的保护措施。保护电缆的钢管需接地,钢管与钢管之间采用扁铁焊接,并尽可能多点接地。

在安装保护钢管时,把钢管的两头用锉刀锉平,不留毛刺,避免损伤电缆(光缆)。当现场的土建基本完工后,即开始进行电缆(光缆)的敷设。敷设时先检查钢管的接头处是否平整,若不平整,应锉平;拉电缆(光缆)时均匀用力,遇到拉不动时应停下检查原因并处理;在房间内的走线应横平竖直、美观整齐。

3. 系统接地连接

(1)数据采集系统的接地装置应与工程的接地网可靠连接,接地电阻不大于规范的要求。

(2)接地线采用搭接焊接,焊缝的长度和质量要求符合《电气装置安装工程接地装置施工及验收规范》(GB 50169—2006)的规定。焊接后将焊件和焊缝清理干净,并加涂防腐涂料。凡从接地装置中引出的延伸部分均设明显标记,并采取防腐和保护措施。

(3)在施工期间,妥善保护好已埋设的接地装置。

(四)系统调试

严格执行《DAMS - Ⅳ型智能型分布式数据采集系统调试指导书》的各项规定,并做好记录。在系统的调试过程中,对每个自动化监测点进行快速连续测试,以检查测值的稳定性。对有条件的监测项目及监测点,人工干预给予一定物理量变化,检查自动化测值是否出现相应变化。逐项检查系统功能,以满足设计要求。对新老系统的测值关系和处理做出说明。在设备安装及系统调试完毕后,对安全监测自动数据采集系统的各项功能进行测试,并连续运行 48 h 无故障,以便验证该系统已安装调试就绪,可以投入连续试运行。

为了考核系统设备的各项性能指标、系统各项功能是否满足设计要求,系统在安装调试完成以后,进行 3 个月的试运行,以便及时发现系统存在的问题并及时解决处理。系统试运行主要通过系统较长时间的实际运转,考核、检查各类系统功能;系统的畅通率,完成数据收集、发送和数据处理所需时间;设备的技术性能、可靠性、精确度等是否符合设计要求。试运行期间对数据采集系统考核了下列几项主要指标。

1. 系统联机后的数据采集及自检功能

系统联机后运行逐项检测下列功能:

（1）数据采集功能：系统可用中央控制方式或自动控制方式实现自动巡测、定时巡测或选测，测量方式为每 1 分钟～每月采集一次，可调。

（2）监测系统运行状态自检和报警功能。

2. 系统运行的稳定性

系统运行的稳定性应满足下列要求：

（1）按每小时测量一次、连续监测 72 h 的实测数据连续性、周期性好，无系统性偏移，试运行期监测数据能反映工程监测对象的变化规律。

（2）自动测量数据与对应时间的人工实测数据比较无明显偏离。

（3）在被监测物理量基本不变的条件下，系统数据采集装置连续 15 次采集数据的精度应接近一次测量的准确度要求。

（4）自动采集的数据的准确度应满足《混凝土坝安全监测技术规范》(DL/T 5178—2003)、《土石坝安全监测技术规范》(SL 551—2012)和《大坝安全自动监测系统设备基本技术条件》(SL 268—2001)中的各项要求。

3. 系统可靠性

系统可靠性应满足下列要求：

（1）系统设备的平均无故障工作时间应满足：数据采集装置 $MTBF \geq 8\,000$ h。

（2）监测系统自动采集数据的缺失率应不大于 2%。

4. 比测指标

系统实测数据与同时同条件人工比测数据偏差 δ 保持基本稳定，无趋势性漂移。与人工比测数据对比结果 $\delta \leq 2\sigma$。

5. 采集时间

系统单点采样时间：≤ 30 s。

系统完成一次巡测时间：≤ 30 min。

系统试运行结束后 2 周内，对系统性能进行了测试，测试项目包括网络测试、硬件测试、软件测试。

五、改造实施效果

目前，小浪底工程的数据采集系统已实施改造的前两期，为监测中心站配备了数据采集主机，完成了通信光纤的敷设和调试，对进水塔、进出口高边坡、厂房等部位的 21 个测站数据采集单元进行了更换及网络的重新配置。改造部位的自动化采集系统运行稳定，观测精度高，各 DAU 数据采集单元测量时间小于 1 min，实时性强，系统相应能力能满足在调水调沙期库水位骤降等特殊情况下的数据采集及系统通信等的时间要求，达到了改造的预期效果。

六、体会和建议

（1）安全监测自动化采集系统改造中，系统选型是关键，要根据系统的可靠性、实用性来选择。系统的实用性首先表现在故障率低，能够长期稳定运行，其次是采集的监测数据准确可靠，可以作为安全管理的依据，这两方面缺一不可。

（2）自动化采集系统更新改造能否达到预期效果，与全面、合理的改造规划及优良的施工有密切的关系，改造要充分考虑到自动化设备的现场环境、系统防雷、系统电源等问题，要认真做好电缆敷设、设备防潮、系统接地连接等各项工作，避免因这些配套设施不完善对系统运行产生不利影响。

（3）系统运行成败的关键不仅在设备本身的质量，运行管理也是非常重要的环节。为此，在安装调试过程中，以及试运行期的实践中，运行管理人员的参与至关重要，使其对设备的性能和特性有一个深刻的认识，为以后运行管理打下基础。

（4）对于改造后的自动化采集系统，必须及时对运行管理人员进行专业培训，制定修改相应的规程和管理规定，及时编写运行维护手册，以提高运行效率，适应系统运行管理的实际需求。

第二节　大坝安全监控系统改造

小浪底工程安全监控系统是安全监测系统中的一个重要组成部分。系统 2004 年开始正式运行，系统充分利用现代计算机软、硬件技术条件，对小浪底工程大量的监测信息进行科学、有效的管理，及时发现结构异常情况，对工程的安全状况作出评价，为上级部门进行决策提供可靠的依据。但是，由于小浪底水利枢纽安全监测的复杂性，以及现场各种客观条件的限制，安全监控系统在实际运用中，暴露了在硬件平台、操作系统、系统效率及扩展性等方面存在的不足。此外，随着时间的推移，原系统与现在的计算机技术发展水平相比而言已明显落后。

在硬件方面，服务器磁盘阵列风扇故障，已经过两次维修但效果不佳；4 台工作站电源模块超过使用时限，由于计算机产品更新换代较快，且 4 台工作站均为原装进口产品，主流配置（Pentium Ⅱ）已经淘汰，现维修困难。2 台服务器和 4 台工作站均已到达报废年限。

在系统软件方面，原系统采用 Windows NT Server 4.0 操作系统，存在较多安全漏洞，微软已停止对其进行技术支持；原系统采用当时较流行的 Sybase 数据库管理系统，与操作系统兼容性不佳，存在效率不高、操作复杂、管理不便等问题。

在管理及分析应用软件方面，原系统当时在国内居领先地位，其核心综合分析推理功能和数据库、方法库、模型库及知识库等在安全监测领域仍具有先进性。但由于该系统开发历时长，又由三家联合开发，存在的问题较多，集中体现为用户界面操作烦琐，带来较多重复操作；模型建立标准不统一，系统稳定性、可靠性不高；三家单位开发水平不一，大坝和地下厂房部位的综合评判与实时报警功能存在缺陷，同时整个系统的预报和预警系统也不够完善；对于监测点的变化，衔接问题较多，灵活度不够，难以操作和管理；对于 2004 年以后补埋的测点，很难通过用户的操作纳入监控系统进行管理。

为了提升安全监测系统数据处理和分析功能，完善安全监测成果的预报和预警系统，提高枢纽安全运行的实时监控水平，2009 ~ 2010 年，对小浪底水利枢纽安全监控系统实施了更新改造。系统升级改造针对工程的监测重点并结合工程安全监控系统的运行经验，在原系统的基础上，突出了重点，对硬件平台及操作系统进行了更新，对数据库进行了迁移,对管理及分析应用系统进行了整合和升级,以满足工程安全监测与预测预警的需要。

一、升级改造内容

根据工程安全监控系统的运行经验,针对工程实际存在的安全问题,考虑原系统的实际情况,升级改造主要包括硬件平台、软件平台、数据库及应用软件。

(一)硬件平台升级改造

对服务器、工作站和磁盘阵列等硬件进行更新,将服务器操作系统升级为 Windows Server 2008 中文企业版;对网络硬件更新,网络设置进行优化。

(二)软件平台升级改造

系统服务器平台设计为 Windows Server 2008,工作站平台为 Windows XP。

(三)数据库升级改造

将数据库管理系统从 Sybase 11 迁移到 MS SQL Server 2005,并对数据流程进行合理化修改,考虑测点项目管理的统一、可扩充性,重新优化设计并建立数据库,对全部数据进行管理。

(四)应用软件升级改造

1. 软件体系结构方面

改造后的系统采用 B/S(浏览器/服务器)、C/S(客户机/服务器)的混合软件体系结构,B/S 部分的功能包括数据输入、数据管理、数据分析、成果输出等日常管理工作,C/S 部分主要包括 B/S 部分日常管理功能以及在线整编分析系统和离线综合分析系统。同时,吸取原来三家开发单位所开发系统的优点,融合为一个统一结构的系统;优化工作站的操作界面。

2. 针对工程实际问题方面

根据 2006 年 12 月完成的安全监测系统鉴定的成果,对测点进行工作状态及监控点的安全状况进行标注和分类;统一建模方法以及监控标准;根据系统的运行经验,补充完善综合分析推理功能和数据库、方法库、模型库和知识库,针对工程实际存在的安全问题,如左岸渗漏、大坝变形等重点进行监控;完善安全监控、预报和预警系统,实现对枢纽主要建筑物的实时监控。

3. 完善测点管理和数据管理等管理功能

提供开放式测点及项目管理,增强灵活度,便于操作和管理,可考虑监测点的变化及衔接问题,对于 2004 年以后补埋的测点,纳入安全监控系统,尤其是坝基渗水和左岸山体补埋的仪器等;完善数据流程,方便数据管理;完善外部变形观测数据的整编分析内容。

4. 完善数据分析功能

补充完善分析管理工具,增加等势线、大坝浸润线、变形等值线、分布图等功能。

二、升级改造的重点和难点及其解决措施

(一)总结与借鉴原系统开发的经验

小浪底水利枢纽初期运行已达 10 年,初期运行状况复杂,且经历了 265.69 m 较高水

位的考验,原有的系统尽管已不能满足小浪底安全运行管理的需要,但多个单位在长期开发过程中,对小浪底有关资料和工程性态相当了解,在开发的系统中有许多很有价值的设计,开发中也有许多可吸取的经验和教训。如何将这些有价值的设计和系统开发中的经验运用到系统的升级改造中,使得系统更加实用化,更具有效率,同时避免走弯路,是十分重要和必要的。

原小浪底工程安全监控系统采用分标开发,各开发单位重点对大坝、左岸山体、地下洞室等建筑物分别研发了综合分析推理子系统,对各建筑物的安全稳定状态进行从观测数据测值,到仪器测点,再到对工程部位的全面、系统、深入的综合分析评判。系统升级改造前对各单位原设计文件、知识库、模型等进行了充分的研究,吸取了有价值的经验。

(二)监控模型开发、监控指标拟定及知识库设计

小浪底大坝尚未达到正常蓄水位 275 m,如何结合设计资料和历史观测资料,设定不同水位下合理的监控指标,同时根据监测量的变化规律和结构运行性态,设定综合推理的规则库,是系统开发过程中的难点和重点。

大坝及基础监控指标的确定问题一直得到国内较广泛的重视,一般情况下,应力、渗压等项目的监控指标较容易在设计阶段确定,而变形监控指标问题较为复杂,施工期和蓄水期常采用设计值作为技术警戒值,在积累足够的监测资料后,通过监测资料的分析进一步拟定监控指标。目前,国内拟定运行期监控指标的几种主要方法如下:通过监测量的数学模型并考虑一定的置信区间所构成的数学表达式来确定;根据数学模型代入可能的最不利因变量组合并计入误差因素推求极限值,以极限值作为监控指标;通过符合稳定及强度条件的临界安全度或可靠度来反算出监测量的允许值作为监控指标。在大坝监控系统升级改造过程中,根据小浪底水利枢纽水工建筑物特点用不同的方法来分别拟定了监控指标。

在较为广泛的收集有关专家意见的基础上建立了知识库和规则库。根据小浪底水利枢纽建筑物已经出现或者可能出现的影响安全的问题,例如小浪底大坝渗漏问题、坝顶纵向裂缝问题、斜心墙堆石坝运行过程中心墙内高孔隙水压力问题、上游边坡降水过程中的稳定问题、下游边坡在渗压异常情况下的稳定问题、进口边塔架灌溉塔基础部位的稳定问题等,确定分析对象(工程部位,水位升降物理过程)并开发相应的知识库。除这些重点部位或过程外,考虑到运行管理的需要,对其他监测部位、监测项目或物理过程也开发相应的知识库。系统还能进一步分析监控对象发生上述问题后对大坝安全运用的影响,并能够对未来性态和发展趋势作出定量的预测与评估。

知识库的开发中参考了用于大坝监测中"因果关系模型"和"物理过程模型"知识库的构成方法,并对大坝监测资料综合分析的经验方法进行了模拟。综合分析中把测值可靠性检查放到了重要的位置上。知识库的开发涉及了解决规则冲突以及不确定推理等问题。

此外,小浪底水利枢纽每年都有调水调沙期间水位大幅骤降的工况,因此考虑水库的运行特点,开发此种特殊工况下的数学模型,对此期间的观测资料及时整理分析处理,并尽快识别结构异常情况,这也是针对运行期工程系统开发过程中的一个重点。

针对上述重点和难点,采取以水位过程为主要的原因量,根据高心墙土石坝的工作机制,构造首蓄因子、水位升降速率因子等新型因子,用来模拟首次蓄到新高水位、调水调沙水位快速下降等物理过程,研究建立特殊工况下的水平位移、沉降、渗流、渗压等各类测点的监控和预测模型(包括单点模型和分布模型),用来监控和预测特殊工况下的变形、渗流工作性态。模型的有效性经过实测数据检验,并可在运行中不断通过实测数据进行调整和修正。以新增的实测数据为基础,提供多种模型拟合效果、预测效果的对比功能,用于优选和调整预测模型。

(三)工程安全监控、预报和预警系统的进一步完善

小浪底大坝投入运行后主要的工程问题是左、右岸及主坝渗流以及大坝的不均匀变形产生的纵向裂缝。这两个问题仍是安全监测的重点对象。对这些问题进行在线监控及分析(包括人工监测数据输入后的即时检查分析),分两个层次进行技术报警:单测点监测信息各类指标(设计和经验指标)的超界报警,综合分析结果的异常程度报警。如何进行系统开发满足上述监控和报警的要求,并且真正达到实用化是一个难点。

根据国内外成功的开发经验,为满足上述监控和报警的要求,按照决策支持系统(DSS)的模式进行升级和开发。综合分析推理子系统以发现结构异常、确定异常程度为主要目标。从大坝安全监测的实践来看,这部分工作尚属半结构化或非结构化问题。而从 DSS 系统的发展趋势来看,完全可以采用专家系统(ES)技术模拟决策者的思维过程自动得到问题的解答。具体的技术路线如下:单个测点的分析是综合分析的基础,首先需对单测点测值提供的信息最大限度的定量化,以满足下一步综合推理的需要;利用专家系统技术使综合推理部分结构化;考虑到专家系统的实际效果需要一定时间的检验评价阶段;此外,有经验的分析人员并不一定依赖系统的推理结论,而更多的是需要系统的支持由自己作出分析判断。因此,在利用专家系统技术完成在线综合推理的同时,系统为分析人员提供良好的进行离线综合分析的界面,并提供充分有效的数据及模型支持。

在系统升级改造过程中,融入了自动推理功能的专家系统技术,研制了实用化的在线分析评价系统,对新增的自动化监测数据或人工采集数据读入系统并进行及时分析检查,确定是否异常,对于异常分辨出测量因素和结构异常,对于测量因素给出监测系统可能出现故障的环节,对于结构异常给出异常级别并进行技术报警。

系统随时可以进行离线分析,分析测量因素的成因,用于诊断和排除监测系统的故障;分析结构异常的物理成因,找出工程结构的薄弱环节并提供相应的工程措施的对策。

小浪底安全监控系统升级完善过程中还通过"三个面向"来提高系统的实用性。

1. 面向工程的安全问题

系统把协助操作人员及时发现运行期工程的异常情况作为首要目标。为此,对小浪底水利枢纽各建筑物的主要安全问题进行了研究,广泛吸取了有关专家的经验,使各应用程序及综合分析标准有较强的针对性。

2. 面向实际工程监测数据

系统开发过程中充分考虑到实测数据可能出现的各种情况,主要包括以下两个方面:

(1)数据缺损:各类应用模板,包括图形、模型、综合推理,均考虑到实测数据可能出现的缺损情况,程序作出相应的处理并根据实际情况作出相应的输出。

(2)自动化监测:自动化监测系统由于测步频次较高,给系统带来两方面的问题,其

一,提高系统处理问题的结构化(自动化)程度,其二,对大批量数据进行合理的处理,以保证系统的正常运行。例如,需要解决频次过高而带来的数据建模时可能出现的"过滤饱和"问题。

3.面向用户

系统开发过程中除遵循人机界面的一般技术要求外,从功能设置上考虑了两种极端的情况:

对于有经验的分析人员:系统提供了丰富的图形、模型模块供分析人员使用。通过合理的组织界面,分析人员可以方便地得到数据及模型的支持,以便得到自己的结论。

对于缺少经验的分析人员:对及时发现结构异常这一关键问题上,通过建立专家系统给用户以支持,系统给出一定确信度的判断结果。

三、改造后系统现状

(一)系统体系结构

系统采用 C/S 和 B/S 相结合的混合结构。整个系统由 2 台数据库服务器(双机热备,兼做应用服务器)和 4 台工作站以及相应的网络设施构成。

系统采用先进的面向对象的软件技术进行设计,针对大坝安全监测的专业特点设计和开发,具有良好的稳定性和易维护性。系统采用最新的软件开发工具 Microsoft VS. Net2008 等进行开发。

(二)系统总体结构

小浪底水利枢纽安全监控系统是一个以信息采集、通信传输、微机网络、数据库、多媒体应用、人工智能和工程安全分析技术为基础的,为小浪底工程服务的安全监控决策支持系统。

系统由数据库(含图形库和图像库)、模型库、方法库、知识库以及综合信息管理,综合分析推理和输入/输出(I/O)三项主功能组成。

系统的核心是综合分析推理、综合信息管理和数据库、方法库、模型库、知识库。其他各部分则为系统核心的补充、延展和支持。图形库和图像库实质上是数据库的补充和延展,输入、输出功能为系统核心的支持,确立系统的运行流程和信息传递链路,实现系统各部分之间的有机联系,提供系统良好的操作环境和友好的人机交互界面。其中综合信息管理又包括系统管理、监测信息管理、综合查询、报表输出等,综合分析推理包括离线和在线综合分析推理,输入、输出功能包含在综合信息管理和综合分析推理功能中。

(三)系统的业务流程

系统以"在线"和"离线"两种处理模式来进行监测数据的采集、整编和分析处理,在线处理是系统的核心部分。在系统在线处理过程中,要同时(并行的)完成数据采集和计算分析两部分的工作,其工作流程遵循闭环模式。

系统的数据采集功能具体分为在线自动数据采集、人工测读数据录入和以往数据资料(如施工期观测数据)的批量输入。各类观测数据资料均由系统调用相应功能进行具体的输入操作,经过数据可靠性检查后,存入原始数据库。与此同时,系统调用方法库中相应的数据整编算法子程序,对原始观测数据资料进行整编处理,并将整编结果存入整编数据库。对于在线自动数据采集处理，以上两项操作（即数据采集、输入和数据整编、在线分析）在一个紧密配合的程序体内自动完成，形成了在线自动处理的闭环。人工测读和批量输入的观测数据的处理与自动化数据处理类似。

系统安全监控分析处理也包括在线分析和离线分析两部分功能，通过对整编数据库以及其他相关数据库、图形库、图像库的查询，读入相应的观测数据资料。然后以建筑物为单位，进行异常测值检查、结构异常判断、结构异常程度和技术报警级别判定，并选用相应模型进行建筑物的综合安全评价、专家评判和辅助决策处理。在线分析处理对相应一组建筑物的安全状况进行实时的在线分析和评判处理。

在离线分析中，系统能够对原始数据库和整编数据库（以及其他相应数据库）中存放的信息进行查询。查询操作可以通过人机交互方式执行，也可以嵌入程序内部自动执行。查询的结果可以在客户机工作站的屏幕上以数值、报表和过程曲线的形式进行输出；同时，也可以在各类打印机（包括激光打印机）上打印、在大屏幕上显示，或由绘图仪进行图形输出；此外，还能够以数据集（或文件）的纯文本方式，传递给其他的外部程序或应用系统。离线分析处理是人为随机启动，针对某一具体建筑物进行的重点分析处理。在系统提供的集成环境下，离线分析系统可以支持人工操作进行各类分析包括监控模型分析、结构正反分析等，系统提供了充分的数据支持、模型支持及扩展支持。系统的业务流程见图 9-1。

（四）系统功能

小浪底工程安全监测管理与分析系统具有在线监测、工程性态的离线分析、预测预报、报表制作、图文资料浏览、监测数据管理、监控模型管理及安全评估等功能。将离线分析、预测预报的结果以直观的图形或窗口形式供有关管理人员掌握和了解水工建筑物的各项指标，如变形情况、渗流情况、警戒值、分析拟合值等。同时，将在线监测、监测资料的离线分析、预测预报、报表制作、图文资料浏览、监测数据管理、测点信息管理、监控模型管理及安全评估的结果和各项参数、指标以表格的形式供工程技术人员掌握与了解，如变形情况、警戒值、分析拟合值、数据模型的形式、各影响因子的显著性、离散度、可靠性、温度、开合度、渗漏量、位移量、变幅、历史最大值、历史最小值等。系统划分为系统管理、监测信息管理、在线综合分析、离线综合分析、综合查询、报表制作、Web 查询等功能模块。

（五）系统硬件环境

安全监测系统的应用建立于稳定可靠的硬件平台上，用于承担各种数据分析、计算、辅助分析、管理决策等功能，保证本系统正常、安全地运行。

设计和选择系统的硬件环境，主要考虑满足决策支持系统对运行效率、数据容量、安全性等方面的实际要求，充分利用已有的硬件资源，充分发挥以往投资的作用。为了适应计算机软硬件技术的发展趋势，采用了 IBM 系列服务器，选用 Intel 系列的工作站作为客户端应用系统的运行平台。小浪底水利枢纽工程安全监控系统综合数据库的硬件环境如下：

IBM 服务器两台，构成主从结构的双机系统。

用于数据库的磁盘阵列柜，与双服务器相连，实现双机热备。

建立小浪底安全监测局域网，与采集系统、电厂 MIS 网及郑州集控系统连接起来。

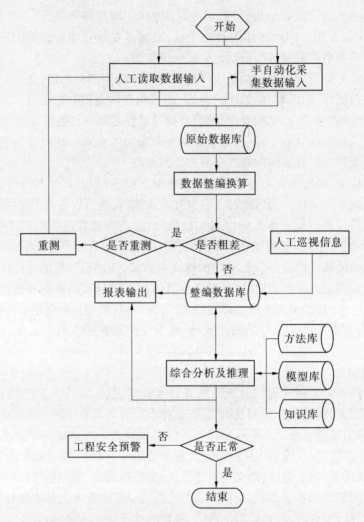

图 9-1　小浪底水利枢纽安全监控系统业务流程

（六）系统软件环境

为了保证整个决策支持系统的稳定性和易用性，系统的运行环境软件与管理单位其他系统一致，并与数据存储与管理系统统一考虑。一个安全可靠的软件平台，不仅可以减轻客户端和服务器段程序的编程与维护的难度，而且可以提高系统实际运行的性能。小浪底水利枢纽工程安全监控系统综合数据库系统的软件环境如下：

服务器操作系统平台选用微软公司 Microsoft Windows Server 2008 中文企业版。

数据库管理系统选用微软公司 Microsoft SQL Server 2005 标准版。

工作站操作系统选用微软公司 Microsoft Windows XP SP3 中文专业版；浏览器版本为 IE7。

四、关键技术

（一）系统在开发上运用了先进的计算机和网络技术

系统使用了包括 C/S + B/S 的混合结构体系，Visual Studio . Net 2008 开发平台、SQL

Server 数据库,在线 + 离线的运行模式以及其他面向对象的现代编程思想和工具等。

1. C/S + B/S 混合结构体系

系统采用 C/S 和 B/S 相结合的混合结构,既利用了 B/S 容易部署和系统容易升级更新的优点,又整合了 C/S 用户响应速度快、用户体验好等特性。

2. 插件式可扩展的软件结构

C/S 和 B/S 两套程序都使用了插件式的系统结构,系统由一个框架程序和若干子模块组成,相互之间通过接口互相访问,大大降低了模块之间的耦合度,使系统可以在运行时独立升级或替换其中的各个模块,而且不影响系统的稳定性,为系统将来的升级扩展打好了坚实的其础。

3. B/S 系统的异步通信

B/S 系统采用最新的 Silverlight 技术结合 WCF 通信技术实现,解决了客户端与服务端交互时停止响应等待结果带来的时间浪费,提高了工作效率。

(二)系统在模型因子改进、综合推理规则库等方面针对工程问题进行了深入研究

在升级改造开发过程中,针对小浪底工程监测仪器的布置和主要工程问题,对监控分析的理论和方法进行了深入的研究。本次改造采用的新技术和新成果包括:单测点定量化检查标准的确定,趋势性时效变化回归因子的改进和定量化描述标准,综合推理的智能化模型,结合工程特点的实用模块和用户界面,针对主要工程设计推理的规则库。

(1)统计模型(回归分析)是开放的,即在需要时,可以对任一测点任一时段的测值序列进行分析或建模。对传统统计模型设置了广泛的因子集,以满足分析人员的实际需要。时效类因子中,除常用各种时间函数因子外,还设置了多条对数曲线或折线形等因子,以利于监测量的趋势性变化分析。因子集可按水位(上、下游)、温度、降雨量、时效等不同物理因素进行组织,具备完整的结果输出功能,包括回归结果、回归分析时段内各分量变幅统计以及各物理量(测值、计算值、各分量值、残差)过程线图等。

为方便分析人员的经常性操作,在因子选择过程中设置了 3 种方式:①任选因子方式,采用该种建模方式给予分析人员充分的因子选择范围;②预定因子方式,采用该种方式允许对某种因子组合进行预置;③默认因子方式,该种方式提供开发人员根据实际情况预先设定的因子集,供尚未有分析经验的操作人员调用。此外,对同一监测项目的测点设置了批处理建模功能,模型结果可以分别按测点显示。

(2)为了使系统开发具有先进性,参考了意大利同类系统的成功经验,采用产生式专家系统的技术进行了综合分析推理系统的开发,该子系统也是本次开发的重点。系统开发不仅融入了国内外的先进经验,也融入了研发人员多年来从事监控系统开发所积累的经验,特别是引进了近期针对小浪底的工程在监控理论和方法研究方面的成果。

五、实施效果

改造升级后的小浪底水利枢纽安全监控系统能够满足稳定、可靠、快速、持续运行的基本要求,是一个功能完善、界面友好、实用方便的应用系统。具体在以下方面取得明显的改善和提高:

(1)新系统运行于新的硬件平台,系统的可靠性和响应速度明显提高。

（2）数据管理流程更加优化合理，输入、输出工作量大大减少。

（3）项目测点管理灵活性大大增强，已有全部测点可纳入并可进一步扩充。

（4）操作界面、监控模型、监控标准统一，系统稳定性、可靠性和实用性显著提高。

（5）大坝和地下厂房是小浪底安全监测的重点，也是目前本系统综合评判的薄弱环节，通过改造，完善对这些工程部位的综合评判，为枢纽的安全运行提供科学依据。

（6）通过完善安全监测成果的预报和预警系统，提高了枢纽安全运行的实时监控水平。

第三节　小浪底水利枢纽地震监测系统数字化改造

小浪底水利枢纽原地震监测系统运行了近10年，为监测水库地震活动发挥了应有的作用，但10年的连续不间断工作使仪器设备磨损严重、元器件不断老化，特别是限于建网时国内地震观测技术的发展水平，设计配置的台网技术系统只能是模拟遥测体制。随着数字地震观测技术的普及，这套技术系统明显落后，观测精度、工作可靠性和稳定性均显不足，且模拟到数字换代后，很多必要的零部件已无厂家供应，直接影响台网对水库区地震活动监测的质量。

数字地震观测具有动态范围大和观测精度高、分辨率高、失真度小以及授时精度高、数据处理自动化程度高、无纸质记录等特性，是地震观测技术发展的总体方向。无论是中国地震局所属的专业区域、地方地震台网，还是水电行业中承担着水库安全运行的各地震台网，都在积极进行数字化改造。数字化地震台网设备已十分成熟，遥测台网进行数字化改造不存在技术问题。因此，为彻底解决小浪底水利枢纽模拟地震台网存在数据采集、传输和数据处理等方面的不足，进一步提升地震监测水平，2008年对原地震监测系统实施了数字化改造。

数字记录地震观测系统通常由拾震器、数据采集器、数据传输系统及数据记录系统构成，小浪底水利枢纽地震台网系统数字化改造的原则为外台地址保持不变，进行测震设备、供电、通信信号改造。改造的工作内容是新建1个台网中心，取消老式滚筒记录仪记录地震波形，采用数字信号传输和记录方式，实现测震、强震数据的汇集、处理和存储服务；改建原台网的8个模拟测震台站，取消中继站，改建原10个模拟强震台，在大坝的两侧新建2个自由场数字强震台，实现数字化数据采集并实时传输到台网中心。

一、总体方案

（一）台站布设

1. 测震台站

按照数字地震台网观测规范要求，根据台网数字化改造的基本原则，数字化测震台网设计仍由8个测震台站组成，利用原有模拟遥测台台址，基本均匀分布在库区黄河两岸的断层附近，即东沟台、上孟庄台、螃蟹蛟和当腰台位于黄河北岸济源市，王良台、乔岭台、青石台和南关郎台位于黄河南岸洛阳市，台网孔径南北向为25 km、东西向为36 km，相邻台间距为10～15 km。各外台站进行数字化设备改造，租用专用网路信道建立虚拟专用网进行数据传输,取消模拟台网中继站,测震台站分布如图9-2所示。

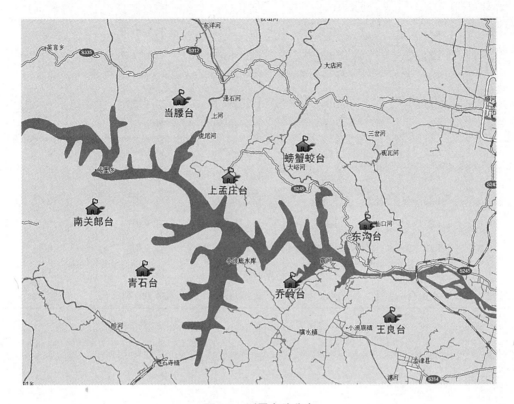

图9-2　测震台站分布

2.强震台站

小浪底水利枢纽数字化强震监测系统设计的目的是通过对大坝各测点的地震监测,及时准确地捕捉并再现地震发生时的数据资料和信息,利用实际的地震信号对大坝结构进行强震反应分析。此外,有关土坝的地震分析研究已经表明,对坝体影响最大的振动主要是垂直坝轴方向的水平振动,其次是竖向振动,因此在实际观测中应该首先注意对这两个方向的振动测量。为此,小浪底大坝的强震观测设计包括大坝监测点5个、进水塔3个、左岸山体2个,利用原有模拟遥测强震台台址,同时考虑到强震的远场效应,特在黄河两岸新建了2个自由场强震台。具体分布详见表9-1、图9-3。

(二)台站设备布置

地震台站主要由地震计、加速度计、数据采集器、GPS时钟、数据传输设备、供电及避雷设备等构成。按主要专业设备配置可分为测震台、强震台和测震强震综合台等3类。

1.测震台

测震台站中,配备技术先进、观测精度高、性能稳定的数字化地震观测仪器,均采用24IP数据采集器,均通过SDH光纤链路传输到台网数据处理中心。所有测震台站均配备交流和太阳能供电设备,2种供电方式互相备份。测震台站技术系统构成见图9-4。

表 9-1　小浪底水利枢纽遥测地震台网强震台站要素

序号	台名	代码	经度(°)	纬度(°)	高程(m)
1	EZ1－1	DB1	112.3633	34.92098	272
2	EZ1－3	DB3	112.36462	34.92352	272
3	EZ1－5	DB5	112.36582	34.92302	224
4	EZ1－6	DB6	112.36710	34.92251	161
5	EZ1－7	DB7	112.36543	34.92490	273
6	EZ2－1	ZZS	112.36780	34.92982	268
7	EZ2－3	CSK	112.37573	34.92680	168
8	EZ3－1	JS6	112.36559	34.93077	184
9	EZ3－2	JS3	112.36559	34.93077	225
10	EZ3－3	JS0	112.36559	34.93077	280
11	王良台	WLT	112.41920	34.87372	318
12	东沟台	DGT	112.39226	34.98144	393

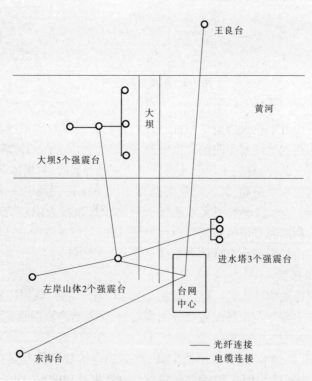

图 9-3　强震台站分布

2. 强震台

　　强震台站配备加速度计、24IP 数据采集器。通过自建光纤链路传输。所有强震台站均采用交流供电方式。强震台站技术系统构成见图9-5。

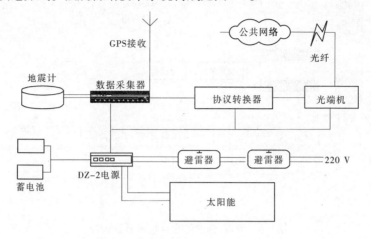

图9-4　测震台站技术系统构成

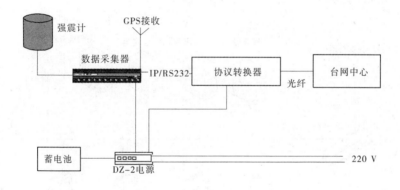

图9-5　强震台站技术系统构成

3.测震、强震综合台

王良台和东沟台是测震、强震综合台,同时配备地震计和加速度计,采用2台3通道24IP数据采集器,均通过SDH光纤链路传输到台网数据处理中心。台站配备交流和太阳能供电设备,2种供电方式互相备份。测震、强震综合台技术系统构成见图9-6。

(三)台网中心设备改造与数据流程

台网中心主要由数据汇集技术系统、数据处理技术系统、数据库及管理技术系统、数据服务技术系统和台网运行监控技术系统构成,承担所有测震和强震台站观测数据的汇集、处理、存储和服务任务。小浪底水利枢纽数字化地震台网中心技术系统主要由以服务器为主的硬件设备、测震台网数据处理软件包、强震台网数据处理软件包组成。依托网络环境,所有测震台站、强震台站实时波形数据汇集到台网中心的数据流服务器上。

小浪底水利枢纽数字化地震台网数据处理系统是基于计算机网络的分布式系统,在网络环境及数据库技术支撑下,通过行业专用软件功能模块的相互协作完成各项功能。按功能可划分为数据汇集子系统、测震数据处理子系统、强震数据处理子系统和数据存储

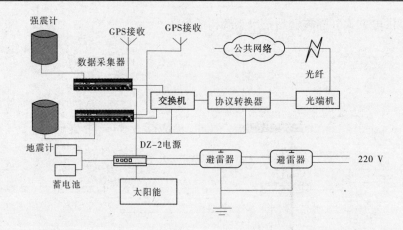

图9-6　测震、强震综合台技术系统构成

管理子系统等。软件各功能模块分别部署在台网中心的服务器和 PC 计算机上。小浪底
水利枢纽遥测地震台网中心网络拓扑结构见图9-7。

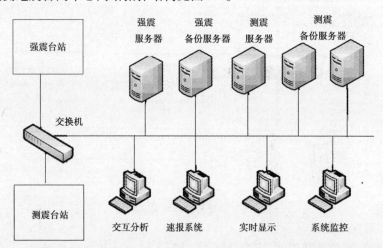

图9-7　小浪底水利枢纽遥测地震台网中心网络拓扑结构

二、实施过程

(一) 台站数字化改造

1. 技术设备配置和选型

在满足功能的前提下,充分考虑设备运行的可靠性、稳定性和技术先进性等因素,台
站技术设备配置参考国内其他同类工程数字地震观测网络项目的设备配置和选型,主要
选用国内最先进的专业地震观测设备,保证工程技术水平和质量。

1) 测震台站地震计

预测预报水库诱发地震一个先决条件是要研究微小地震发震情况。为了彻底解决模
拟系统记录较大地震时出现的限幅,记录微小地震初动不清楚的问题,使地震观测系统既

可以完整地记录中强地震波形又可以观测到微小地震,改造中,为王良台、当腰台配置了
BBVS－60 宽频带地震计,为上孟庄台、螃蟹蛟台、东沟台、乔岭台、青石台、南关郎台配置
FSS－3M 短周期地震计。FSS－3M 短周期地震计主要技术指标见表 9-2。BBVS－60 宽
频带地震计主要技术指标见表 9-3。

表 9-2　FSS－3M 短周期地震计主要技术指标

序号	内容	技术指标
1	传感器类型	三分向正交于一体、反馈式
2	观测频带	2 s～50 Hz(3 dB)速度平坦
3	灵敏度	1 000 V·s/m(单端输出) 2 000 V·s/m(差分输出)
4	最大输出信号和失真度	±10 V(单端),THD 小于－80 dB
5	横向振动抑制	优于 10^{-2}
6	动态范围	大于 120 dB@5Hz
7	寄生共振	最低寄生共振频率大于 100 Hz
8	标定线圈	标定线圈内阻小于 40～60 Ω 标定常数　10 m·s^{-2}/A
9	信号输出接口	符合或兼容 DB/T 13—2000 的有关规定

表 9-3　BBVS－60 宽频带地震计主要技术指标

序号	内容	技术指标
1	结构	一个垂直、两个水平三轴安装,电容位移换能,力平衡电子反馈
2	频带宽度	60 s～50 Hz
3	最大输出信号和失真度	±10 V(单端),±20 V(双端差动),总谐波失真度小于－80 dB
4	灵敏度	1 000 V·s/m(单端输出),2 000 V·s/m(差分输出)
5	横向振动抑制	优于＜1%
6	动态范围	＞140 dB
7	最低寄生共振频率	大于 100 Hz
8	标定线圈	线圈内阻 50 Ω
9	输出阻抗	100 Ω
10	供电电压	8～30 V,单电源供电

2)强震台站加速度计

小浪底大坝属大型的土石坝,由于土是一种具有非线性力学性能的材料,因此对坝体
的地震反应观测最好能直接测量它的地震应变与应力过程,但是目前要直接观测坝体内

部的应力和变形情况在技术上还比较困难,坝体的反应特征主要还是通过测量坝体的加速度反应来获取。强震台网全部采用三分量强震仪,BBAS - 2 加速度计,其主要技术指标见表9-4。

表9-4　BBAS - 2 加速度计的主要技术指标

序号	内容	技术指标
1	结构	三分向一体,力平衡电子反馈
2	测量范围	$\pm 2g$, $\pm 0.2g$
3	满量程输出	± 5 V
4	灵敏度	2.5 V/g(0.254 9 V·s^2/m)
5	横向灵敏度比	<1%
6	动态范围	>130 dB
7	频带宽度	DC ~ 100 Hz
8	供电电压	8 ~ 30 V,单电源供电

3)地震数据采集

24 位地震数据采集器动态范围超过 120 dB,实用中即使扣除地面振动噪声干扰,也有 10 dB 以上的可用动态范围。24 位数字地震观测系统的分辨率高达 10^{-7} 以上,远远高于模拟观测的 10^{-2};数字地震波形失真度可低于 0.1%,亦远优于模拟笔绘记录的 5% ~ 10%。改造中,全部台站均选用 24 位具有 IP 功能的 EDAS - 24IP 数据采集器。

2. 观测环境改造

在原有的摆房的基础上采取了加固、防潮、保温等措施,使摆房的各项指标均有较大的改善,年温差小于 5 ℃,具有较好的防潮性能。将王良台和当腰台摆房底层改建成地下室,以满足宽频带地震计的观测环境要求。在地震监测设施附近设立保护标志,标明地震监测设施和地震观测环境保护的要求。

3. 设备安装

在台站设备安装前对仪器进行详细检查,其中包括设备清点、外观检查、功能检查等,确认仪器正常后再到现场安装。仪器安装严格按照仪器使用说明书和相关规范标准中的安装要求与步骤进行。地线、铠装电缆与光纤线按横平竖直的要求固定在墙面上。

1)地震计和加速度计的安装

安装地震计或加速度计时,首先使用罗盘测量台站位置的磁北方向,校正磁偏角,将加速度计的两个水平分量分别对准地理南北和东西方向,误差小于 1°,在仪器墩上做好标记。

地震计安装时加装摆罩,摆罩与机柜之间用不锈钢管连接。

安装加速度计时,用冲击钻钻两个适合安装膨胀螺丝的孔,最后用两根膨胀螺钉将加速度计锚固在仪器墩上。

2)辅助设备的安装

GPS 天线:GPS 天线头固定于预先加工的天线底座上,GPS 的信号线通过预先埋设的信号线管引到观测室,连接仪器并开机,检查 GPS 是否能够接收到 4 颗以上的卫星信号。

机柜:膨胀螺钉将机柜锚固在观测室地面,将集成在机柜内的电源避雷模块和所有设备的接地极与机柜相连,最后将机柜的接地极通过 2 mm² 的纯铜线与台站地网连接。

3)检查测试

设备安装、调试完成后,分别进行功能测试、人工触发、GPS 同步及双向通信试验。

4.避雷地线埋设

为确保设备的安全运行,防止雷害侵犯,在台站防雷改造中本着"层层设防,多级消波,安全高效"的原则,对所有测震台站重新制作埋设了避雷地网。在距离摆房 0.8~2 m 处挖 50 cm 深槽,隔 1~2 m 向地下打入一根 2 m 长的直径 5 cm 镀锌钢管,用 40 mm × 4 mm 镀锌扁铁焊接,接入摆房。经测试表明,各台接地电阻均小于 4 Ω。

5.供电线路改造

数字化地震台网的供电质量直接关系到地震监测精度,高质量的电源系统对测震台站至关重要,保证交流 220 V 不间断电源是地震台的基本要求和原则,数字台站采用交流电网电源和太阳能电池组相结合的供电方式。为所有台站均架设接通了交流电,并对台站的太阳能设备进行了维修改造,实现了双路供电,并为各台站配备 DZ－2 专用电源实现了交流电和专用设备的隔离。

王良台、乔岭台、南关郎台和东岭台是把摆房外水泥电杆的顶端与它的内洞打通,改用铠装电缆从线杆顶端穿至根部,从地下埋深 0.2~0.5 m 引入摆房配电箱。青石台和上孟庄台是用 PVC 管把铠装电缆从摆房外水泥电杆的顶端引下,埋深 0.2~0.5 m 引入摆房配电箱。螃蟹蛟台由于摆房外都是基岩,无法埋入地下,由摆房外水泥电杆上用铠装电缆直接接入摆房配电箱。

(二)台网中心

随着地震监测的需要和观测技术发展的要求,原模拟台网中心已不能满足数字地震监测需要,废除原位于洛阳市的台网中心,并在坝顶控制楼新建了数字化台网中心。

1.设备配置与安装

台网中心承担着小浪底水利枢纽所有测震台站和强震台站的观测数据的汇集、处理、储存和服务任务,负责地震监测台网系统的运行管理和日常维护,根据其功能要求,借鉴其他同类工程经验,为中心配备 5 台服务器、4 台 PC 计算机等数据处理设备和路由器、交换机等网络设备,配备激光打印机等外设,配备 2 台 3 kVA 的 UPS 电源对设备供电。所有设备均按规范和手册安装调试。

2.软件安装

为实现地震监测数据的汇集、存储和实时处理,按照台网中心硬件设备的选型,采用了与之相匹配的系统软件和应用软件。在数字化台网中心部署了 JOPENS 测震台网数据处理软件包、SMA 强震台网数据处理软件包。

测震系统配备 3 台服务器(2 台在用,1 台备用),1 台上安装 JOPENS/SSS 流服务软件模块,另两台安装 JOPENS/RTS 实时处理、JOPENS 数据库、JBOSS 中间件等软件模块。强震系统配备的 2 台服务器(1 台在用,1 台备用)均安装了 EDAS－RTP 强震数据汇集与处理软件模块。

4 台 PC 计算机上分别安装有 JOPENS/MSDP 人机交互处理、IPPLOT 实时波形监控、事件报警和 SMA/ias 强震数据人机交互处理等软件模块。

3. 通信平台

根据台网中心的技术要求,为了保证观测系统总体功能的稳定性,台网观测子台采用 SDH 光纤链路或自建光纤链路传输到台网中心,测震台站全部采用 SDH 光纤链路,强震台站部分采用多台汇集后用自建光纤链路传输到台网中心。台网的测震台站、强震台站和台网中心共处于一个光纤局域网内,台站和台网中心设备 IP 地址。

三、数据处理

(一)测震数据处理

1. 数据汇集

数据流服务器子系统汇集接收 8 个测震台站实时波形数据并形成永久记录。由于台站数据采集系统已把时钟信号采集在数据流中,数据的传输或续传,以及地震数据处理的时延都不影响数据的时间精度,保证了记录数据的精度。

2. 自动处理

实时数据处理子系统通过数据流服务器接收实时波形数据,对实时波形数据进行实时检测、实时处理和自动测定地震参数,并报警以提醒值班人员对事件进行复核分析。对于发生在库区内 $ML \geq 1.5$ 级地震和库区周边 $ML \geq 2.0$ 级地震,能够在地震发生后 3 min 内,自动测定地震三要素。

3. 人机交互处理与地震速报

MSDP 人机交互分析处理系统能完成观测数据日常波形浏览、日常分析处理和速报,包括事件复核、分析定位、波形浏览和微震事件截取、波形归档。经人机交互分析处理的地震数据提交数据库和通过网络速报,并提供计算机网上查询功能。

4. 系统监控

通过 Web 服务方式,在网络平台下实现对台站运行状态、实时数据流、中心处理软件运行状况以及地震触发、速报情况的监控,并做出必要的提示和报警。

5. 地震编目

承担库区及周边地区的地震编目任务,可按规范要求编辑"小浪底台网地震观测报告"和"小浪底台网地震目录"。

6. 地震数据存储管理及网络服务

波形数据的归档采用 SEED 文件格式,刻录 DVD 光盘进行永久保存。台网的地震观测报告、地震目录和原始地震波形建立数据库并进行长期保存,提供连续波形、事件波形、地震目录和观测报告等多种数据服务。

7. 标定和仪器状态监视功能

台站数据采集器能够定时或定期对台站观测系统产生一个阶跃标定信号,台网中心使用分析软件可对此信号进行响应计算分析,对系统的特性进行定量测定。也可以采用人工控制方式发送标定命令,检查整个观测系统的响应特性。可通过网络平台,在台网中心远程检查台站设备的工作状态、仪器工作电源、设备工作温度、地震计零位偏移等状态情况,便于维护人员对台站仪器维护和维修。

(二)强震数据处理

1.数据接收、存储管理

GSMA-RTS强震数据实时处理安装在服务器上,实时接收12个强震台站的数字地动信号,以小时为单位存储连续波形数据。对指定的文件目录按时间和磁盘空间两种管理策略进行磁盘空间维护,自动删除过期文件。

2.自动处理与人机交互处理

GSMA-IAS强震数据分析软件安装在客户端工作站,对数字信号进行地震事件检测,自动触发报警,自动生成全部台站的事件波形文件,对触发台站自动计算参考烈度值,生成处理报告。对实时处理系统检测到的强震事件,可以进行人机交互处理,计算加速度、速度、位移的傅里叶谱和功率谱;计算反应谱、三联反应谱;计算参考烈度值;绘制峰值-高程分布图。

3.系统监控

实时波形浏览,对系统运行状态进行监控,当出现数据中断、GPS时间错误、文件I/O、进程异常时记录错误信息到运行日志,同时发出声音报警。自动进行系统运行率统计,生成日运行率和月运行率报告。

四、数字地震台网测试

小浪底水利枢纽数字化地震台网2009年1月18日通过系统测试和专家验收,开始正式运行,至今运行状态良好,实时波形数据记录连续率达到99%以上,记录的地震事件波形质量高,基本上无波形失真、数据断记和丢数现象出现。实际监测表明,库区的监控能力<0.5级,150 km范围内2.5级。所有台站信号均实时传输到台网中心汇集处理,数据连续、可靠、完整,达到数字化改造的各项要求,能够为小浪底水库库区及其周边区域的地震监测、地震速报、地震编目、应急快速响应提供及时、可靠的基础数据和信息服务。

微震台网监控能力见图9-8,近年地震监测情况见图9-9。

2009年1月18日大坝EZ1-3观测点记录到的河南省巩义市M3.2级地震的加速度时程曲线、反应谱图、三联反应谱图分别见图9-10~图9-12。

五、实施效果

小浪底水利枢纽遥测地震台网经过数字化改造后,由8测测震台站、12个强震台站和1个台网中心组成,监测方式是数字化、综合化和网络化,具有先进性和实用性的特点。

(1)测震台站和强震台站拾取的高精度的连续波形数据,通过专线以网络化传输方式实时传送到台网中心,在台网中心采用计算机网络平台汇集处理8个测震台、12个强震台的实时波形数据。

(2)测震台网实现了系统监控、自动处理、人机交互处理地震事件的功能,能够实现在10 min内人机结合完成地震速报。库区大部分区域地震监测能力达到$ML1.0$级,全部区域达到$ML1.5$级以内。能够完成地震数据的数据库存储管理,编辑并产出符合规范要求的地震目录和观测报告,能为有关部门提供多种形式的地震原始数据及加工产品的服务。

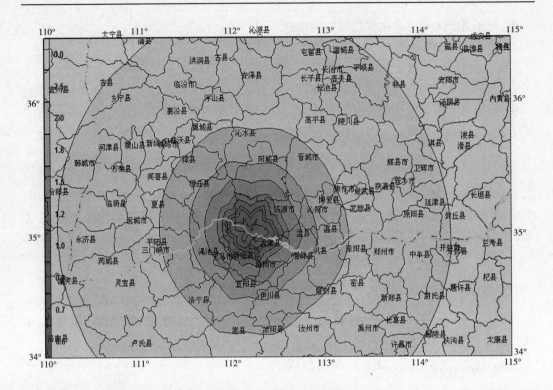

图9-8　微震台网监控能力

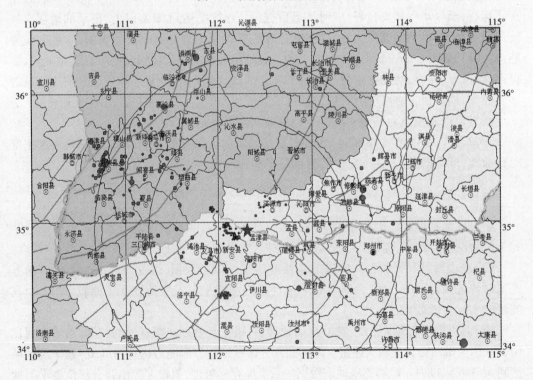

图9-9　近年地震监测情况

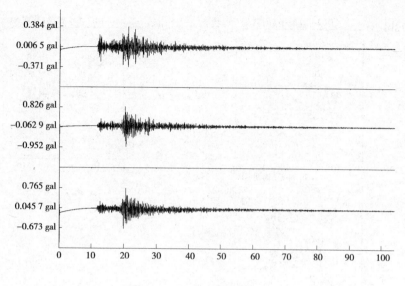

图 9-10　加速度时程曲线

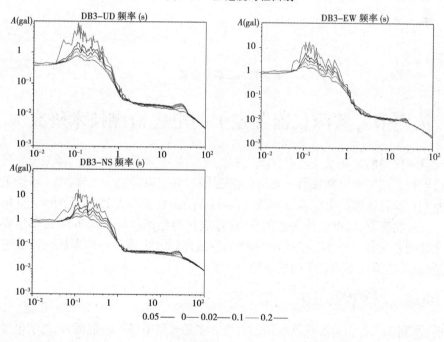

0.05 —— 0 — 0.02 — 0.1 — 0.2 ——

图 9-11　反应谱

（3）强震台网的主要功能是获取强震动加速度记录,记录坝体不同部位的地震反应过程。对获取的强震动加速度记录数据进行常规处理,计算给出未校正加速度记录、校正加速度记录、速度和位移时程、傅里叶谱、反应谱。利用这些强震动记录可以研究大坝结构和场地条件对地震动的影响,确定地震动衰减规律,为震后判定大坝建设物的安全性和修复提供基础性技术数据,为同类大坝的抗震设计和相关地震工程的发展积累基础资料。

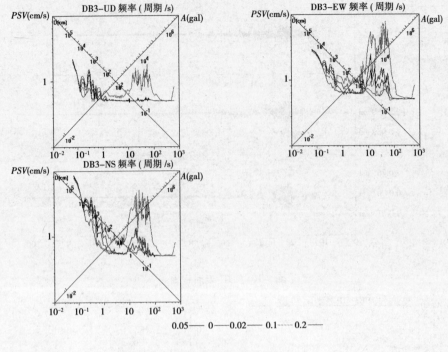

图 9-12　三联反应谱

第四节　监测仪器鉴定中的电缆检测技术研究

随着监测仪器的发展以及监测自动化系统的实施,为确保工程安全,越来越多的水利工程埋设了较多的安全监测仪器。无论是新建工程,还是除险加固工程,都不可避免地存在安全监测自动化仪器的电缆埋设问题,越来越多的工程实践表明,电缆的埋设受电缆质量、施工、建筑物变形、强电流等因素的影响,造成仪器监测故障。2006 年在小浪底水利枢纽安全监测系统鉴定中,结合通信电缆产生的故障以及电缆线路障碍测试步骤与方法等,重点研究了监测仪器鉴定中的电缆检测技术。

一、电缆故障原因及分类

目前,水利工程安全监测仪器所用的电缆大多是通信电缆。一般而言,通信电缆产生故障的原因有以下几类:

(1)电缆本身质量。电缆在生产过程中因扭矩、绝缘材料结构不均匀而引起的产品质量缺陷,个别线对出现接地、断线、混线等障碍;或电缆护套有砂眼等漏洞,使电缆浸水,造成绝缘不良等障碍。

(2)施工影响。施工中电缆芯线接续造成线对混线、接地或断线等障碍;线对因叉接、反接(跳接)等,产生了芯线间电容不平衡,电阻不平衡,造成障碍;由于芯线去潮不当,造成绝缘不良障碍,或因封焊不良,电缆发生浸水障碍等。

(3)外力影响。其他工程施工等会挖坏和碰坏电缆,行驶的车辆、建筑物变形等也往往会造成电缆的损伤。

（4）电击及雷击。电缆被高压电力线烧伤或遭到雷电损伤,会造成电缆芯线出现接地、混线、断线、绝缘不良和电缆铅皮漏气、浸水等障碍。

（5）自然灾害造成的障碍,如地震、洪水、台风、冰冻等。

（6）人为造成的障碍等。

根据上述通信电缆产生故障的原因,通信电缆线路的障碍按其性质可分为以下4种:

（1）绝缘不良障碍。电缆芯线间以空气、纸或塑料为绝缘材料。由于绝缘材料受到水和潮气侵袭,使绝缘电阻下降,造成通信不良,甚至阻断通信。其原因一般是由于接头在封焊前驱潮处理不当,或因电缆护层受伤引起浸水,以及电缆充气维护中充入气体湿度过高,使芯线绝缘突然或长期缓慢下降。

（2）断线障碍。电缆芯线一根或数根断开,以致阻断通信。该现象一般是由于接续或敷设时不慎,使芯线折断;或受外力损伤,或受强电流、雷击之后造成断线。

（3）混线障碍。混线障碍有自混和他混两种。同一线对的芯线由于绝缘层脱离,以致相互接触,造成短路,为自混障碍;不同线对相邻两根导线间失去绝缘能力相互碰触,为他混障碍。

（4）接地障碍。电缆芯线由于绝缘层损坏而碰触电缆铅皮,造成阻断通信的障碍,它往往由于电缆接续不善或受外力磕、碰、砸、磨等损坏电缆芯线绝缘,致使电缆芯线直接或通过其他途径间接地接触铅皮,造成障碍。

二、电缆线路障碍测试步骤及方法

电缆线路障碍测量一般有障碍性质诊断、障碍测距与障碍定点3个步骤。

（1）障碍性质诊断。在线路出现障碍后,使用测量台、兆欧表、万用表等二次仪表确定线路障碍性质与严重程度,以便分析判断障碍的大致范围和段落。

（2）障碍测距。使用专用测试仪器测定电缆障碍的距离,即初步确定障碍的最小区间。

（3）障碍定点。根据仪器测距结果,标定障碍点的最小区间,然后作精确障碍定位。此时,可根据电缆线路实际,结合周围环境,分析障碍原因,发现可疑点,直至找到障碍点。

目前,在电缆障碍查找中的主要方法有电桥法、放音法、查漏法、脉冲反射法和综合测试等。根据水利工程中安全监测仪器的现场实际,其电缆故障检测一般采用脉冲反射法。该方法主要是向电缆发送一电压脉冲,利用发送脉冲与障碍点反射脉冲的时间差与障碍点距离成正比的原理确定障碍点。该方法是通信电缆线路障碍测试的主要手段,早期的脉冲反射仪器主要靠人工调整仪器、识别回波波形来判断障碍点。随着技术的进步,目前可自适应调整测试范围、信号幅度以及计算机辅助识别回波波形,以确定障碍点。

三、脉冲反射法测试原理

通信电缆线路为传输线,当电缆线路发生障碍时,会造成阻抗不匹配。根据电磁波在传输线中的传播理论,电磁波会在障碍点产生反射。利用该现象,即可测量线路的障碍点位置。

小浪底水利枢纽运行管理·水工监测卷

假若向一故障线路发送一脉冲电压,该脉冲电压将沿线路向前传播,当遇障碍点时立即反射脉冲至发送端。在发送端由测量仪器将发送脉冲和反射脉冲波形记录下来,则波形上发送脉冲与反射脉冲对应的时间差 Δt,对应着脉冲在发送端与障碍点往返一次所需时间,若知道脉冲在电缆中的传播速度 v,则故障距离可由下式计算出来:

$$L = v \cdot \Delta t/2 \tag{9-1}$$

通过识别反射脉冲极性,可以判定障碍性质。断线障碍反射脉冲与发射脉冲极性相同,而短路、混线障碍的反射脉冲与发射脉冲极性相反,如图9-13所示。

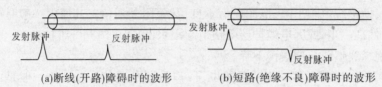

(a)断线(开路)障碍时的波形　　　　(b)短路(绝缘不良)障碍时的波形

图9-13　发射脉冲与反射脉冲波形

(一)几种典型线路障碍的脉冲反射波形

由式(9-1)及脉冲反射法测试原理可得几种典型线路障碍的脉冲反射波形。

(1)断线障碍。脉冲在断路点产生全反射,反射脉冲与发射脉冲极性相同,见图9-14。

波形上第一个障碍点反射脉冲之后,还有若干个间距相等的反射脉冲,这是由于脉冲在测量端与障碍点之间多次来回反射的结果。由于脉冲在电缆中传输存在损耗,脉冲幅值逐渐减小,并且波头上升变得越来越慢。

(2)短路障碍。脉冲在短路点产生全反射,反射脉冲与发送脉冲极性相反,见图9-15。

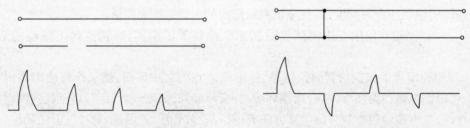

图9-14　断线障碍脉冲反射波形　　　　**图9-15　短路障碍脉冲反射波形**

波形上第一个障碍点反射脉冲之后续脉冲呈现一正一负的交替变化,这是由于脉冲在障碍点反射系数为 -1,而在测量端为 +1 的缘故。

(3)低阻障碍。图9-16为障碍点在电缆中点 M 之前的低阻障碍脉冲反射波形。注入的脉冲在障碍点产生反射脉冲,t 时刻回到测量端,该脉冲从测量端返回,在障碍点又被再次反射,t 时刻又一次回到测量端。第二个障碍点反射脉冲在波形上与第一个障碍点反射脉冲之间的距离为障碍距离。

(二)反射脉冲起始点的标定

脉冲测试仪器一般都把发射脉冲的前沿作为波形记录起点。发射脉冲含有从低频到高频丰富的频率成分。不同频率的信号在电缆线路中的传播速度不同,波速度随信号频率的增加而增加,在频率增大到一定值时,电缆线路中的波速趋于常数。测试中需利用高频信号波速恒定的特点,而高频信号在电缆线路中的传播速度快,首先返回到测量端,形成反射脉冲的前沿。因此,在标定障碍点时,应选波形上反射脉冲的前沿即反射脉冲形成的拐点作为反射脉冲的起始点,如图 9-17(a)。当然也可从反射脉冲前沿作一切线,把切线与波形水平线相交点作为反射脉冲起始点,如图 9-17(b)所示。

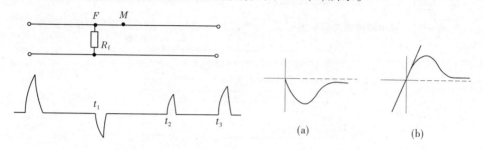

图 9-16　低阻障碍脉冲反射波形　　　　图 9-17　反射脉冲的起始点

(三)典型障碍的脉冲反射波形

(1)芯线断开。芯线断开障碍产生正极性反射脉冲,且反射脉冲幅值较大,如图 9-18 所示。

(2)屏蔽层断开。屏蔽层断开点的反射脉冲为正,与芯线断开障碍的反射脉冲波形相似,如图 9-19 所示。

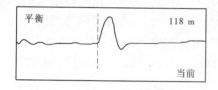　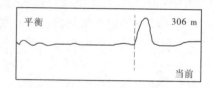

图 9-18　芯线断开脉冲反射波形　　　　图 9-19　屏蔽层断开冲反射波形

(3)感应线圈。感应线圈或接触不良的反射脉冲为正,幅值较芯线断开障碍反射脉冲波形幅值小,如图 9-20 所示。

(4)混线(他混、自混)。混线障碍可以看到负极性的障碍点反射脉冲,如图 9-21 所示。

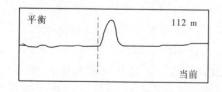　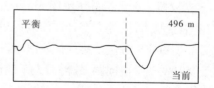

图 9-20　感应线圈脉冲反射波形　　　　图 9-21　他混障碍脉冲反射波形

(5)接地。接地障碍可见负极性的障碍点反射脉冲,波形类似于混线障碍,如图 9-22 所示。

(6)浸水。浸水障碍反射波形一般为比较平缓的负反射脉冲,如图 9-23 所示。

(7)错对。在错接点会出现正的反射(一般来说,该反射脉冲比开路障碍产生的反射脉冲要小),且在另一个错接点产生负的反射,如图9-24所示。

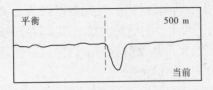

图9-22　接地障碍脉冲反射波形

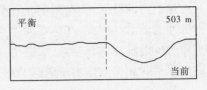

图9-23　浸水障碍脉冲反射波形

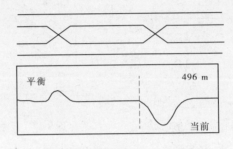

图9-24　错对障碍脉冲反射波形

四、结语

本次小浪底水利枢纽安全监测仪器鉴定中,采用上述检测技术和流程以及 TC - 98 电缆检测仪器,对仪器的电缆故障进行了判别,并进行了故障点的定位。结果表明,该工程的其他部位施工以及建筑物自身的变形等导致少量监测仪器的电缆损坏,其损坏的原因包括电缆断线、短路、电缆地气障碍、电缆浸水等,并在现场对故障点位置在建筑物浅层进行了开挖复核,成功率达96%。由于现场施工埋设时电缆并非直线埋设,因此实际的故障点需考虑电缆埋设时的冗余。

第五节　原型观测现场数据记录仪技术更新

鉴于小浪底水利枢纽工程的重要性和复杂性,设计布置的观测项目有内外部变形观测、渗流观测、结构应力应变观测、环境量观测、水力学观测等,总共安装埋设近33种3 000多支仪器。大量引进了美国 Sinco 公司、Geokon 公司和瑞士 Huggenberger 公司的产品,其中锚索测力计、堤应变计在国内尚属首次使用。对大量先进的仪器,依靠传统的人工数据采集和处理方法很难保证及时、准确,读数人员和数据处理人员工作分离,易脱节且难于及时发现解决问题,故需对人工测读工作进行改进。在借鉴加拿大 B. C. 水电局处理观测仪器数据经验的基础上,引进 Psion 公司的 Psion workabout 手持式数据采集器,并在专家协助下,建立起完善的人工数据采集系统。

Psion workabout 像计算机一样,有内存、外存、处理器、输入输出口,还有一个小的液晶显示器,可显示黑白图形,并有防水、防尘、自动关机、电源状态警示等功能,可很方便地和计算机连接,可单独运行用计算机语言 OVAL(Object Virtual Application Language)、OPL(Object Programming Language)等为其编写的程序,这些程序语言与 Basic 语言非常类似,使用方便,功能却非常强大。Psion 有仿真 DOS 界面,还可外加激光码扫描器实现自动读数等。

一、用 Psion 记录读数

在用 Psion 测读过程中,由于其 Psion 可随时自动监测所读数据和检查是否漏测,故对于大量观测仪器的测读,可更好地保证读数的正确性和完整性,且 Psion 的读数管理程序可自己编写,大大增加了使用的灵活性。下面以一个实例说明使用 Psion 记录读数的过程。

编号为 P5 的渗压计安装于本工程大坝,其为 Sinco 公司的振弦式仪器,需读取温度、频率、频模(频率平方)3 个读数。连接上相应的读数仪。这些读数可逐一显示,打开 Psion 逐个记录下来。进入 Psion 后,按设计编写的程序菜单,从该仪器所在工程部位开始(见图 9-25),到它所在的测站(见图 9-26)所属的类型(见图 9-27)查找到该仪器(见图 9-28),再进入到读数界面(见图 9-29)。

```
Choose the Project
Proj：〈XLD Lot1〉
```

图 9-25 仪器所在工程部位

```
Zones

Terminal Station 1
Terminal Station 2
Main Dam Cutoff Wall
U/S Cutoff Wall
```

图 9-26 仪器所在测站

```
MDCW：Instruments types

Genkon
Sinco
```

图 9-27 仪器所属类型

```
MDCW

4. S14A
5. S15A
6. P5
7. N4
8. N5
```

图 9-28 查找到该仪器

```
VWSM P5        1163.33（Hz）

Temperature（℃）：
Frequency（Hz）：
Sq of Freq（Hz2）.
```

图 9-29 进入到读数界面

在图 9-29 中,图的右上角显示的数字是上一次的读数,也是自动监测读数的依据。此时,测读人员可将读数仪量测的读数用 Psion 的输入键记录。如果一切正常,Psion 将开始记录下一支仪器的读数,也可选择浏览该测站任何一支仪器,或针对刚测读的这支仪器写一些说明。仪器的测读顺序可很方便地进行调整,如果在同一个部位有固定的仪器测读顺序,则可从头到尾一直记录完,否则需用上述方法查找要读的仪器。测读完一个测站的仪器后,Psion 将报告该测站仪器数,已读仪器数,如有某些仪器漏测,Psion 在经确认后会自动找到,并允许重新记录。

Psion 在记录完该仪器读数后,除自动监测是否漏测外,还自动监测读数相对上一次的正确情况。如果两者的差数超过事先在 Psion 中设定的变化量,Psion 首先提示是否需要重新输入读数,并报警。如选择"YES",Psion 会自动找到输入项,请工作者重新输入;选择"NO"表示确认不予重输该读数,则 Psion 会弹出一个确认超出范围的菜单,提示本次读数和上一次的读数相比,已超过了规定的变化范围,需要工作者核对读数是否正确并确认,同时用声音报警。此时,选择"NO"Psion 自动回到输入项重新输入,选择"YES"表示确认接受该读数 Psion 存储超限的数据后,还将在生成的输出文件中注明该读数超出范围,留给计算机处理以及分析人员检测问题的存在。

二、Psion 的文件格式及程序设计

Psion 中的文件主要是扩展名为 dbf 格式文件(详见后述),而编辑生成的是基于文本格式的 TAB 文件(即以制表符 tab 分开不同单元的文件),两者间的转换须用商业通信管理软件 PsiWin,也可自己编写程序。Psion 的可运行文件以 OPO 为扩展名,也支持扩展名为 img(图形)的文件格式。根据小浪底工程的具体情况,采用 OPL 语言为 Psion 编写的程序。程序编制的重点是满足便于查找要输入的仪器并建立简单的检测报警模块,程序建立的基础是建立观测仪器的统一索引。

(一)Psion 的配置文件(TAB 文件)

如前所述,以工程部位或项目、测站、仪器所属类型或厂家、仪器编号为分类索引序列,建立起 Psion 的 4 个配置文件。

1. Psion 的配置文件 1(观测仪器所在工程项目的索引文件)

根据工程项目的划分,首先按观测仪器所在工程项目进行分类,建立的 tab 索引文件可以用任何文本编辑器创建,建议使用微软的 Word。其格式如下:

XLD Lot1→Lot1→→→→→

XLD Lot2→Lot2→→→→→

XLD Lot3→Lot3→→→→→

XLD Other→Other→→→→→

文本中"→"表示 TAB 符号(下同),Lot1、Lot2 等为本工程项目代码。此外,由于在 Psion 中要用 8 列来装载仪器的信息,故在配置文件中,每行必须有 7 个 TAB 符号。

2. Psion 的配置文件 2(观测仪器所属测站的索引文件)

其次对各工程项目中的观测仪器按区域或所拥有的观测站(房)进行分类。建立的 tab 索引文件可以按如下格式

@ P→Lot1→Lot1→1→→→→

@ I→0000→PASSWOED→→→→→

@ S→TS1→Terminal Station 1→→→→→

@ S→TS2→Terminal Station 2→→→→→

其中,@是自定义的索引符号,"P"表示工程项目,"I"表示操作员口令,"S"表示测

站,在本文本中要列示该项目中的所有测站,它实际是不同数据文件的索引。

3. Psion 的配置文件 3(观测仪器类型或厂家的索引文件)

对所有观测仪器,按类型划分进行编码,用@ XXXX 四位标志符作为类型或厂家索引,各仪器的类型注释内容最好不超过 20 位。对各测站建立的 tab 索引文件格式如下:

@ GKPZ→GEOKON　VW　Piezometer→2,5,15→→→→→

@ VWPZ→SINCO　Piezometer→3,5,15→→→→→

……

GKPZ→P86→337.19,8794.9,17.3→1,1,7→5,30,5→2,5,15→1→0,0,0

GKPZ→P87→339.96,8651.8,17.1→2,5,15→5,30,5→2,5,15→1→0,0,0

GKRM→R1→391.42,6526.1,19.8→2,5,15→5,30,5→2,5,15→1→0,0,0

GKRM→R2→400.97,6220.6,18.1→2,5,15→5,30,5→2,5,15→1→0,0,0

……

文本中首先列示测站中全部仪器的类型,包括索引代码、仪器类型注释、读数单位索引代码。然后按照测读秩序列出测站中每支仪器的信息,包括仪器名称、当前读数、读数单位转换代码、读数允许超限范围值、读数单位索引、是否需标注测读时间、当前读数是否超出范围。

4. Psion 的配置文件 4(观测仪器读数名称的索引文件)

对各类型仪器,还需按如下格式建立一个文件名为 READNAME. TXT 的文件。

VWPZ→ 3 → Frequency,Freq. Squared,Temperature→

GKPZ→ 3 → Period,Freq. Squared, Temperature→

CRSM→ 3 → 　Ratio,Resistance,Reverse Ratio→

ESMT→ 2→ Reading 1, Reading 2→

……

文件中的内容分别表示仪器类型索引、需要测读的数据数量、各读数名称。

(二)建立简易的检测报警机制

如何判断读数是否超出正常范围,是设计 Psion 程序的又一个重点。由于观测仪器类型繁多,受施工进度及仪器安装部位和环境变化等因素影响,在 Psion 中不可能也没必要对每一支仪器都很精确地计算出其读数变化趋势和不同条件下的变化范围。为简便实用,利用固定浮动值 Epsilon 来确定新读数是否超出范围,如果读数不在{当前值 - Epsilon,当前值 + Epsilon}中,则设定为超出范围,让 Psion 弹出报警对话框。对每支仪器确定的当前值和 Epsilon 值,将用于 Psion 的配置文件 3 中,其中当前值可以在每次读数完后更新。

三、数据处理流程及计算机中转换程序的设计

Psion 在现场记录完数据后,其数据向计算机的传送和处理流程如图 7-3 所示。

(一)从 Psion 向 PC 机传输记录的读数

利用 PsiWin 可很方便地将 Psion 输出文件传输到 PC 机中,也可用 DOS 命令手工拷贝 Psion 的输出文件,由于计算机系统的脆弱性,出于安全考虑,建议在每次传输文件后,

都把 Psion 的输出文件备份下来。

（二）在 PC 机中把传输的读数加载到数据处理程序中

把 Psion 的输出文件传输到 PC 机后，文件的扩展名为 dbf，这样的文件不能被一般的数据库程序采用，必须经过转换。商用的传输软件 PsiWin 即能把 Psion 的输出文件转换为 PC 机中扩展名为 tab，cma（逗号分割文件）等文本文件。用 Visual C ++ 编写了一个称为 Psionsys. exe 的转换程序，把 Psion 的 dbf 文件转换成 tab 文件。

数据处理程序目前临时采用的是微软的 Excel。为简化操作，用 Visual Basic 编写了一个名为 Convert. exe 的加载程序，把转换后的 tab 文件中包含的数据加载到 Excel 的数据文件表中。Convert. exe 可在 Psionsys. exe 中被调用，也可分别单独运行。对每一个 Psion 的读数，需找到相应 Excel 文件中对应的工作表，因而需要建立如下格式的索引文件 PsionConfig. txt

@ Mdcw – pie, Main dam cutoff wall piezometers

P86, P87, P88, P89, P90, P91

Mdcw – rm, Main dam cutoff wall reinforcement meters

R1, R2, R3, R4, R5, R6

……

上述文件中，@ 是自定义的索引符号，其后的字符串是 Excel 文件名，紧接着的是说明。下面一行是该 Excel 文件中的工作表的名称，它们分别对应 Psion 配置文件中的仪器名称。需要注意的是，必须一行写完所有的工作表，即必须是有@ 的行与无@ 的行交叉，而且在索引文件中的所有 Excel 文件必须在同一目录下。对不在同一目录下的 Excel 文件，可通过建立若干个 PsionConfig 文件解决。

需要说明的是，在加载新测读的数据同时，仪器的测值过程线图也得到更新，也可利用更新的过程线图监测每次量测的结果。同时，Psion 每次读数都自动记录每个读数是否超出范围并在加载过程中自动列出清单，也可利用该清单来检查这些仪器。

（三）更新 Psion 中的配置文件

为使 Psion 中要显示的上一次读数更新，在每次向计算机传输读数后，都要将该新数据回传给 Psion，以使测读人员下一次读数时参考。用 Visual Basic 编写了一个回传程序 DataCheck. exe，该程序在 Convert. exe 中被调用。它首先打开 Psion 的输出文件（tab 文件），然后在固定的计算机目录下查找 Psion 的配置文件3，修改其中的读数部分后存盘退出。再用传输程序 PsiWin 把更新过的配置文件3下载到 Psion 中即可。

四、结语

（1）通过在小浪底工程的实践和应用，该系统是成功的。它利用了当前先进的计算机技术，对传统的人工数据采集方法进行了改进，大大提高了测读的工作效率。

（2）随着小浪底工程的进展，安装的观测仪器不断增加，要求能及时把安装的仪器数据增加到 Psion 和 Excel 文件中，以便用它记录读数和处理数据。在此套系统中，只需在配置文件2和3中增添新仪器的索引与相应的特征参数，再把它们传输和转换到 Psion 中，然后建立相应的 Excel 文件和配置 PsionConfig 文件即可。这说明设计程序具有充分的开放性,可适用于任何其他利用 Psion 记录数据的场合。

(3)数据处理程序是 Excel,虽然它的图表功能很强大,但毕竟数据管理和存储能力有限。从长远考虑,必须用专业的数据库程序取代。结合对 Damsmart、Sybase 等专业数据管理软件和数据库软件的考察,发现 Psion 的输出文件可很方便地转换成为它们的输入数据文件,而且注意到很多数据管理软件的图表制作仍采用 Excel。因而,认为目前这套系统经过改进,可成为本工程数据自动采集系统的一部分或其附属系统。

(4)Psion 应用于水电工程观测仪器数据的记录,在国内尚属首次。在类似小浪底需要人工现场采集并处理数据的工程或工作中,建立系统有利于提高数据采集与处理的水平,对提高工效是很有价值的。

第十章　大坝安全会商及专题研究

1999 年 10 月 25 日,小浪底水利枢纽下闸蓄水,标志着小浪底水利枢纽正式投入运行。小浪底水利枢纽水沙条件特殊,地质条件复杂,水库运用方式严格,然而枢纽运行管理人员经验缺乏,专业分散,为了能够统合各个专业技术力量,及时研究解决枢纽运行中的各种技术和安全问题,2000 年 11 月,成立水工专业技术组,由水工巡检维护、闸门运行、安全监测、枢纽运行调度等专业人员组成。2000 年 12 月,水工技术专业组组织召开了"小浪底大坝右岸渗水与大坝安全运行专题研讨会",会议紧紧围绕枢纽运行当中急需解决的课题展开讨论,提出了 1 号排水洞 F_1 断层段加固、排水洞量水堰改造、单个排水孔排水量监测、坝后水塘水尺安装和泥沙淤积加密监测等五项建议。

2003 年,受"华西秋雨"影响,小浪底水库水位快速升高 40 多 m,枢纽迎来了蓄水以来最严峻的考验,水工专业组人员会同设计单位的专家每天进行两次会商,并将会商结果直接报送国家防汛抗旱总指挥部。

为了确保小浪底水利枢纽安全稳定运行,强化大坝安全管理,2004 年,成立了大坝安全监察工作小组。大坝安全监察工作小组负责制订小组工作计划,制定《大坝安全会商制度》,组织大坝安全会商会议,及时向上级反映大坝运行情况;适时掌握大坝运行状况,对影响大坝安全运行的隐患、异常及时进行分析,并提出分析和处理意见;联系业内专家,组织大坝安全会商或咨询;监督指导各部门建立规范完善的大坝安全运行资料库;负责大坝安全注册和定期检查的联系与组织工作。

《大坝安全会商制度》规定了会商范围、会商形式以及会商内容,该制度拓展了大坝安全管理内容,使会商工作更加制度化、规范化,进一步落实完善了大坝安全监察工作,为小浪底水利枢纽长期安全稳定运行提供了有力保障。

大坝安全会商分日常会商和专题会商。日常会商一般每月召开一次。当小浪底水库水位超过历史最高水位时,每天会商一次。如果在枢纽安全监测、现场巡视检查发现异常、调水调沙运用前后、重要的补强加固、技术改造前后、库区发生大洪水或地震等情况则开展专题会商。会商内容包括所有影响大坝安全运行的因素,如内部观测、外部观测、巡视检查及枢纽运行中发现的问题。

下面章节针对小浪底水利枢纽的部分专题会商展开分析研究。

第一节　安全监测系统鉴定

黄河小浪底水利枢纽工程战略地位重要,大坝下游是广大的黄淮海平原,其安全运行不仅关系工程自身的安危,也直接关系黄河下游亿万人民群众的生命财产安全,再加上工程本身规模大,洞室多,地质条件复杂等特性,各建筑物布设了较多的监测项目,形成了较为全面的工程安全监测系统,包括各类传感器 2 858 支(台),这些监测项目为掌握工程运行性态起到了重要作用。

随着时间的推移,黄河小浪底水利枢纽工程安全监测系统中观测仪器逐渐出现仪器失效、不稳定以及测值不能反映工程实际情况等问题,有些监测仪器出现老化、测值不稳、精度降低等现象。为较全面地掌握系统的运行状况和监测资料的可靠性,2006年依据现行规程规范,结合工程实际,在现场检测、查阅资料以及计算分析的基础上,对安全监测系统进行了全面鉴定,并对监测仪器设备封存、报废及监测项目停测等提出了建议,对安全监测系统的改进提出了意见,为小浪底工程安全监测系统运行和管理提供了依据。

一、监测系统鉴定工作内容

(一)监测仪器的现场检测

黄河小浪底水利枢纽工程共布置了3 201个测点,其中变形1 372个测点、渗流449个测点、应力应变1 268个测点(上述统计中多测点仪器,如测斜仪、沉降盘等只计为1个测点),所使用仪器涉及30余种类型,是目前国内已完建工程中规模最大的观测系统之一。由于多种原因,存在部分仪器已经损坏、测值异常等问题,因此有必要通过现场检测和实测数据的分析,对监测仪器及设备的现状进行一次全面的检查,在此基础上对安全监测系统的工作情况进行鉴定。本次分析包括内部变形、裂缝与接缝、岸坡位移、倾斜、渗流量、坝基渗流压力、坝体渗流压力、绕坝渗流(不包括外部变形和水力学仪器以及静力水准)等监测仪器,测点总数为2 858个,初步统计,监测数据量共630万条左右。

(二)监测系统的完备性检查及评价

依据现行规范,结合工程实际,分别对工程各建筑物(包括大坝、厂房、滑坡体和输泄水建筑物)安全监测仪器布置的合理性、通信线路敷设保护、现场测控单元以及监控中心自动化采集系统的合理性、完备性进行了检查,在此基础上对监测系统的完备性进行评价。

(三)监测成果的可靠性评价与合理性分析

本次鉴定的安全监测系统共包括各类传感器2 858支(台),2006年5月自查发现,目前稳定的有2 312支(台),不稳定的有460支(台)。本次鉴定除对稳定的仪器进行现场鉴定外,对不稳定仪器还分析了原因。在此基础上对监测成果的精度进行了计算,结合工程实际,评价仪器工作的可靠性。

本次分析工作中对上述全部测点进行了检查分析,检查包括仪器参数及物理量转换方法、观测方法、工作基点的稳定性等项内容,通过定性分析和定量分析,对各测点测值的可靠性进行了检查,在可能的情况下,对观测精度进行了估算。通过检查分析,对监测仪器工作性态进行如下的分类:

将监测仪器的工作状态分为三大类,即正常(A类)、留待观察(B类)和报损(C类)。为以后工作方便,特将上述三大类细化为六小类,即:

A1类:仪器工作正常,测值稳定可靠,可作为分析和引用依据,且观测中误差达到优良标准;

A2类:仪器工作正常,测值基本稳定可靠,亦可作为分析和引用的依据,且观测中误差达到合格标准;

A3类:仪器工作基本正常,但存在采集错误(包括仪器接反、人工记录错误、自动化采

集错误等)、整编错误或未整编(含埋设高程不准确)等问题,建议恢复或修正;

B类:测值稳定性差,或测值不合理,仅能作为分析时参考,观测中误差不合格,建议留待观察;

C1类:电缆存在故障,且无法恢复的,建议封存;

C2类:仪器损坏,建议报废处理。

上述分类结果为评价现有监测系统是否满足进一步监测需要提供了依据,并为以后的监测系统更新改造提供了依据。

黄河小浪底水利枢纽工程自施工期始收集了大量的观测资料,成果的可靠性对准确评价工程运行性态至关重要,这不仅需要评价监测资料自身的完整性、可靠性及合理性,而且应结合设计、施工资料等方面分析监测资料是否反映大坝或工程运行的实际情况。结合前述工作,对监测资料进行了以下分析和评价工作:

(1)对粗差及可以处理的系统误差进行了分析,根据实际需要,采用区段删除等方式,使处理后的测值序列能正常反映出建筑物测点效应量的变化规律及总体变化趋势。本次开发的分析系统软件可对整编数据库进行修正并记录。

(2)对已处理的观测数据绘制各类图形,包括对过程线、分布图、等值线图、相关图等进行时空分析,全面、系统、直观地反映了监测成果。

二、鉴定依据

本次鉴定主要是依据《土石坝安全监测技术规范》(SL 551—2012)、《土石坝安全监测资料整编规程》(SL 169—96)、《混凝土坝安全监测技术规范》(DL/T 5178—2003)、《混凝土坝安全监测资料整编规程》(DL/T 5209—2005)、《大坝安全监测自动化技术规范》(DL/T 5211—2005)、《大坝安全自动监测系统设备基本技术条件》(SL 268—2001)、《土石坝监测仪器系列型谱》(DL/T 947—2005)、《混凝土坝监测仪器系列型谱》(DL/T 948—2005)等国家和行业有关规程规范的技术要求进行的。主要目的是通过对监测仪器现场检测、监测系统完备性检查及评价、监测成果的可靠性评价与合理性分析,对黄河小浪底水利枢纽工程的安全监测系统进行全面鉴定。

三、监测系统鉴定分析的方法

(一)监测仪器现场检测

收集仪器的埋设资料、原始参数、观测数据及有关设计图纸,并对部分仪器的损坏原因进行考证。采用经计量认证有效的读数仪、VWP频率计、位移计读数仪、万用表、兆欧表、电缆检测仪等对所有监测仪器进行现场检测。所读取的数据应该相对稳定,数据跳动一般不超过±1字(即个位数1个字)。以振弦式传感器为例,由于振弦式传感器埋设在建筑物内,本身又是密封的,不能打开来检查,其保养与故障排除仅限于周期性的检查电缆连接和清理电缆头。当用万用表检测线路(即检查线圈电阻)时,正常情况下线圈电阻是(190 + 50)Ω,再加上电缆的电阻(电缆电阻约8 Ω/100 m)。若电阻太高或无穷大,则判断为断路;如果电阻太低或接近0,则判断为短路或地气故障;如果电阻在正常范围内,而没有读数,则一般为传感器故障。电缆故障均可利用通信电缆故障检测仪,采用脉冲反射法即可测量出故障点大致位置。

(二)监测自动化采集系统可靠性评价

1.平均无故障工作时间

系统可靠性可用平均无故障工作时间评价。平均无故障工作时间($MTBF$)是指两次相邻故障间的正常工作时间。系统控制监测仪器数据采集的单元不能正常工作,造成所控制的单个或多个测点测值异常或停测,即为采集单元故障。若单元不能正常工作,但短时间内能恢复,则不认为是故障。采集单元平均无故障时间(考核期一年)按下计算:

$$MTBF = \sum_{i=1}^{n} t_i / \left(\sum_{i=1}^{n} r_i \right) \tag{10-1}$$

式中:t_i 为考核期内第 i 个单元的正常工作时数;r_i 为考核期内第 i 个单元出现的故障次数;n 为系统内数据采集单元的总数。

单个测点平均无故障工作时间采用下式计算:

$$T_{MTBF} = \frac{t - t_0}{r + 1} \times 24 \tag{10-2}$$

式中:t 为考核期天数;t_0 为考核期内故障天数;r 为考核期内测点出现的故障次数。

采集单元及观测子系统平均无故障工作时间采用下式计算:

$$T = \sum_{i=1}^{n} T_{MTBF}^i / n \tag{10-3}$$

式中:n 为测点数。

根据《大坝安全监测自动化技术规范》(DL/T 5211—2005),平均无故障工作时间大于 6 300 h。故以平均无故障工作时间小于 6 300 h 认为不合格;结合工程实际以及类似工程经验,以平均无故障工作时间大于 6 300 h 而小于 7 000 h,则认为合格;大于 7 000 h,则认为优良。

2.采集数据缺失率

数据缺失率是指未测得的数据个数(包括无效数据个数)与应测得的数据个数之比。数据缺失率 FR 采用下式计算:

$$FR = \frac{NF}{NM} \tag{10-4}$$

式中:NF 为未获取的数据个数与测得的无效数据个数之和;NM 为应测得的数据个数。

根据《大坝安全监测自动化技术规范》(DL/T 5211—2005),采集数据缺失率应小于3%。故以采集数据缺失率大于3%认为不合格;结合工程实际以及类似工程经验,以平均无故障工作时间小于3%而大于1%则认为合格;小于1%则认为优良。

(三)监测成果可靠性分析

1.可靠性评价方法

观测误差是客观存在、不可避免的。产生误差的原因有属于观测者方面的因素,有属于测量的仪器和工具方面的因素,也有外界条件的影响,如温度、湿度、大气折光等。这三方面综合起来即为观测条件。在同样的观测条件下所进行的观测称为等精度观测。

通过计算观测值与真值之差,即真误差,可判断测值系列的可靠性。真误差平方的算术平均值的平方根为一列观测值的标准偏差或标准误差,习惯上常称为观测中误差。对于等精度观测序列,可以用全序列观测值的标准偏差来衡量其观测精度。但是,由于观测值的真误差一般是未知的,为此,通常用观测值的残差代替真误差。编制相应的误差分析程序,对典型观测资料进行误差分析,并以此评价各监测量的精度和可靠性。观测中误差的计算公式如下:

$$\sigma = \pm \sqrt{\frac{\sum_{i=1}^{n}\delta_i^2}{n}} \qquad (10\text{-}5)$$

式中:δ_i 为实测值的真误差;n 为测值个数。

对于一列测值$\{x_i\}$,被测量的最或然值(最接近于真值的量)就是这列观测值的算术平均值,则有残差

$$v_i = x_i - \bar{x} \qquad (10\text{-}6)$$

由式(10-5)、式(10-6)得到测值序列$\{x_i\}$用残差表示的标准偏差(即观测中误差)公式为:

$$\sigma = \pm \sqrt{\frac{[v_i^2]}{n}} \quad (i = 1,2,\cdots,n) \qquad (10\text{-}7)$$

式中:用高斯符号[ ]表示求和。

2.可靠性评价标准

根据现场检测、测值历史过程线以及中误差的计算成果,并综合观测仪器的精度、仪器量程、相应的监测技术规范、仪器的厂家资料以及同类仪器对比,确定可靠性评价标准见表10-1。

表 10-1　观测项目的中误差限值

观测项目	仪器代码	中误差限值		说明
		合格	优良	
多点位移计	BX	0.30 mm	0.15 mm	变形
沉降仪	CS	1.00 mm	0.50 mm	
测缝计	J	0.20 mm	0.10 mm	
界面变位计	JI	0.20 mm	0.10 mm	
渗压计	P、PZ	0.20 m	0.10 m	渗流
测压管	SP	0.20 m	0.10 m	
量水堰	WI	60 m³/d	30 m³/d	
应变计	S、SS	10 με	5 με	应力应变
堤应变计	ES	1.0 με	0.5 με	
无应力计	N	10 με	5 με	
钢筋计	R	10 MPa	5 MPa	
锚杆测力计	RB	10 MPa	5 MPa	
钢板计	PL	5.0 MPa	2.5 MPa	
锚索测力计	PR	5.0 kN	2.5 kN	
土压力计组	PS	10 kPa	5 kPa	
总压力盒	PI	10 kPa	5 kPa	
边界土压力计	PT	10 kPa	5 kPa	
温度计	T	1.0 ℃	0.5 ℃	温度

此外,差动电阻式仪器的可靠性分析方法除上述观测中误差外,还可综合分析仪器正反测电阻比误差。根据规范的要求,用水工比例电桥测量仪器电阻比时,对芯线、仪器可正测电阻比 z 和反测电阻比 z',然后由正测电阻比 z 和反测电阻比 z' 之和为 $20\,000 + A^2 \pm 2$ 评价测值的可靠性,其中 $A = (10\,000 - z)/100$,即按表 10-2 评价观测项目的可靠性。

表 10-2　差动电阻式仪器电阻比误差控制　　　　　　（单位:$\times 10^{-4}$）

z 或 z' 测值	$z + z'$ 的误差限值	z 或 z' 测值	$z + z'$ 的误差限值
9 600	20 016 ± 2	10 100	20 001 ± 2
9 700	20 009 ± 2	10 200	20 004 ± 2
9 800	20 004 ± 2	10 300	20 009 ± 2
9 900	20 001 ± 2	10 400	20 016 ± 2
10 000	20 000 ± 2		

综上,对于差动电阻式仪器,由观测中误差以及电阻比误差综合评价其可靠性。

(四)监测成果合理性分析

监测成果的合理性评价可采用比较法、绘图法、特征值统计法、数学模型以及力学模型等。

1. 比较法

建筑物在一定条件下的变形、渗流、应力应变以及温度等的大小应在一定范围内,相差甚大、符号相反、超越仪器测量范围(量程)的测值即首先予以剔除。此外,若与建筑物工作状况不符,则为测值不合理。

比较法主要包括监测物理量的相互对比、监测成果与理论或试验成果的对比、与警戒界限值的对比等,如与设计计算值比较、同一物理量的各次测值比较、同一测次邻近同类物理量的比较等。此外,还包括与类似工程的类比。

2. 绘图法

由测值绘制相应的过程线、相关图、分析图、综合分析图等,可直观地了解和分析测值变化大小与规律,包括测值随时间变化的过程线、测值沿坝轴线分布、测值沿断面分布、测值空间分布、测值沿坝高分布等。

以渗流压力监测为例,可以绘制渗压计测值与库水位的过程线、渗压计测值与库水位的相关图、沿坝轴线法向分布的渗压计测值分布图、沿断面分布的渗压计测值(类似于浸润线)、整个枢纽区的渗压计测值分布图(可表征渗流场)等。

3. 特征值统计法

特征值包括测值序列中的最大值、最小值、年变幅、年均值等。此外,还包括极端环境量下的测值。将测值与特征值出现的时间进行相互间的对比,看其出现的规律是否一致,从而判定测值的一致性和合理性。

4. 数学模型

对不稳定的测值,可用数学模型评价其合理性,首先建立原因量(库水位、气温、降雨量等)与效应量(变形、渗流、应力应变等)之间的监控模型,然后定量分析测值的规律性和可靠性。该类方法还可处理前后用不同仪器监测的效应量。

以变形观测为例，大坝变形主要受水压、温度和时效等因素的影响。因此，坝体变形 δ 的统计模型主要由水压分量 δ_H、温度分量 δ_T 和时效分量 δ_θ 组成，即

$$\hat{\delta} = \delta_H + \delta_T + \delta_\theta \tag{10-8}$$

根据建筑物的运行特性并考虑初始测值的影响，可得到相应的数学模型为

$$\delta = \sum_{i=1}^{3}\left[a_{1i}(H_u^i - H_{u0}^i)\right] + \sum_{i=1}^{3}\left[a_{2i}(H_d^i - H_{d0}^i)\right] +$$

$$\sum_{i=1}^{2}\left[b_{1i}\left(\sin\frac{2\pi it}{365} - \sin\frac{2\pi it_0}{365}\right) + b_{2i}\left(\cos\frac{2\pi it}{365} - \cos\frac{2\pi it_0}{365}\right)\right] +$$

$$c_1(\theta - \theta_0) + c_2(\ln\theta - \ln\theta_0) + a_0 \tag{10-9}$$

式中：H_u 为坝前水深；H_{u0} 为坝前起测日水深；H_d 为坝下游水深；H_{d0} 为坝下游起测日水深；t 为测值当天至初始日的累计天数；t_0 为起测日至初始日的累计天数；θ 为从测值当天至初始日的累计天数除以100；θ_0 为从始测日至初始日的累计天数除以100；a_{1i}、a_{2i}、b_{1i}、b_{2i}、c_1、c_2 为回归系数；a_0 为常数项。

对于测值中出现的因更换观测仪器引起的测点测值突变，在时效分量公式中引用单位阶跃函数，即

$$\delta_\theta = c_1(\theta - \theta_0) + c_2\theta(\ln\theta - \ln\theta_0) + d_1 f(\theta - \theta_1) + d_2 f(\theta - \theta_2) \tag{10-10}$$

式中：$f(x)$ 为单位阶跃函数，$f(x) = \begin{cases} 0 & x < 0 \\ 1 & x \geq 0 \end{cases}$；$\theta_1$ 为第一次突变发生的时间至起测日的累计天数乘以0.01；θ_2 为第二次突变发生的时间至起测日的累计天数乘以0.01。

综上，可得到含阶跃函数的数学模型为

$$\delta = \delta_H + \delta_T + \delta_\theta$$

$$= a_0 + \sum_{i=1}^{3} a_i(H^i - H_0^i) + \sum_{i=1}^{2}\left[b_{1i}\left(\sin\frac{2\pi it}{365} - \sin\frac{2\pi it_0}{365}\right) + b_{2i}\left(\cos\frac{2\pi it}{365} - \cos\frac{2\pi it_0}{365}\right)\right] +$$

$$c_1(\theta - \theta_0) + c_2(\ln\theta - \ln\theta_0) + d_1 f(\theta - \theta_1) + d_2 f(\theta - \theta_2) \tag{10-11}$$

测值合理性的判定如下：

若 $|\delta - \hat{\delta}| \leq 2S$，则测值正常；

若 $2S < |\delta - \hat{\delta}| \leq 3S$，则需跟踪监测，如无趋势性变化为正常，否则为异常；

若 $|\delta - \hat{\delta}| > 3S$，则测值异常，分析其原因。

式中：$\hat{\delta}$、S 分别为回归模型计算值和标准差；δ 为水平位移实测值。

5. 力学模型

对于测值不符合一般规律但测值稳定性较好的测值，结合相应的力学知识分析，从而评价其合理性。

以心墙部位的渗压计为例，测值过程线非常稳定，但表现出测值高于库水位的现象。鉴于此，利用土力学知识，首先利用有限元模型模拟相应的施工及加载过程，计算该部位的孔隙水压力分布情况，从而得到真正库水位的影响程度，得到描述心墙防渗能力的渗压计测值过程线。

四、鉴定结论

通过监测仪器现场检测、查阅资料以及计算分析和综合评价,对黄河小浪底水利枢纽安全监测系统进行了全面鉴定,得到如下鉴定结论。

大坝、左岸山体、西沟坝、输泄水建筑物及厂房等各建筑物的安全监测项目、测点布置和设备选型符合现行规范要求以及小浪底水利枢纽工程实际。通过监测仪器现场检测、查阅资料以及计算分析和综合评价,对小浪底水利枢纽安全监测系统进行了全面鉴定,得到监测系统中仪器工作完好率较高的结论,目前正常观测的仪器测值能合理反映工程运行中结构性态的变化,对于评价施工质量、验证设计,特别是为掌握枢纽工程的安全运行性态起到了重要作用。

第二节　小浪底水利枢纽排沙洞预应力分析与研究

一、观测仪器布置

小浪底排沙洞担负着排泄高含沙水流、减少过机含沙量和调节径流保持进水口泥沙淤积漏斗等重要任务,运用最为频繁。排沙洞进口高程为 175 m,洞径为 6.5 m,设计水头为 122 m,单洞最大泄流能力为 675 m^3/s,在运用中控制下泄流量不超过 500 m^3/s,使洞内平均流速不超过 15 m/s。根据枢纽建筑物总体布置要求,排沙洞工作闸门布置在下游出口,为防止洞身段高压水外渗影响左岸山体安全稳定,设计上经过多种技术方案比较,最终确定采用预应力混凝土衬砌结构。

小浪底排沙洞是我国第一个采用环锚无黏结预应力混凝土衬砌的水工隧洞工程,该工程 3 条排沙洞的预应力混凝土衬砌总长度为 2 169 m。排沙洞纵剖面见图 10-1。排沙洞衬砌混凝土从 1998 年 3 月开始浇筑,到 1999 年 6 月 30 日具备投入运行的全部条件。

小浪底排沙洞设 3 个永久仪器观测段,其中 2 号排沙洞的仪器观测段 ST2 位于断层区加强段,桩号为 0 + 888.30 ~ 0 + 900.35,衬砌为钢筋混凝土衬砌 + 预应力混凝土衬砌双层结构,靠近围岩的是厚度 600 mm 的钢筋混凝土衬砌;3 号排沙洞设两个仪器观测段,上游观测段为 ST3 – A,桩号为 0 + 215.55 ~ 0 + 227.60,下游观测段为 ST3 – B,桩号为 0 + 890.35 ~ 0 + 902.40,衬砌结构为环锚无黏结预应力混凝土单层衬砌。

永久观测段的仪器包括混凝土应变计 S、钢筋计 R、无应力计 N、锚索测力计 SS、测缝计 J、渗压计 P 和多点位移计 BX 共 7 种 160 支,仪器观测段的仪器种类和数量列于表 10-3。

二、排沙洞挡水过流情况

3 号排沙洞洞内水位变化情况见图 10-2,图中的横坐标为日期,纵坐标为洞内水位,其值根据闸门开启情况确定:当出口工作闸门处于关闭状态时,由于工作闸门封水效果较上游检修闸门和事故闸门好,因此无论上游检修闸门或事故闸门是处于关闭状态还是开启状态,均认为洞内水位与坝前库水位相同;当上游事故闸门或检修闸门处于关闭并且工作闸门处于开启状态时,认为洞内无水,过流时按洞内无水处理。

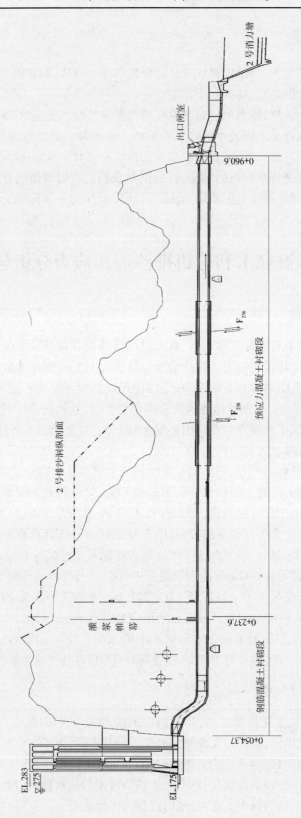

图 10-1　小浪底 2 号排沙洞纵剖面图

表 10-3　　小浪底排沙洞永久观测仪器种类和数量

观测段	混凝土应变计	钢筋计	无应力计	锚索测力计	测缝计	多点位移计	渗压计
2 号排沙洞 ST2	12	10	2	0	5	0	0
3 号排沙洞 ST3 - A	30	20	3	3	10	3	3
3 号排沙洞 ST3 - B	22	20	3	3	5	3	3
合计	64	50	8	6	20	6	6

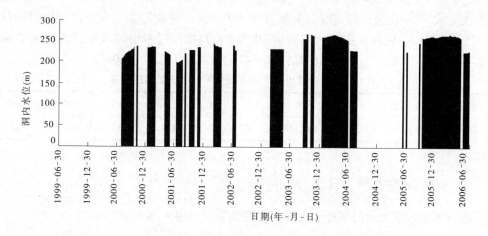

图 10-2　　3 号排沙洞洞内水位变化情况

三、锚索测力计

锚索测力计主要用来测定存在于预应力锚索中的张拉力。由安装在锚具表面的 3 支振弦式应变计组成,其中锚具顶面 1 支,两个侧表面各 1 支,应变计的方向与锚索受力方向相同,如图 10-3 所示。其基本工作原理为:锚索锁定后锚具沿锚索受力方向为受压状态,当锚索中的张拉力发生变化时,应变计的

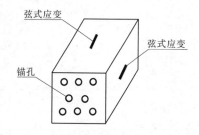

图 10-3　　锚索测力计结构

读数也会相应变化,根据 3 支应变计平均读数的变化即可判断锚索中的张拉力变化量。

四、张拉时锚索测力计的观测

根据锚索测力计的工作原理,锚索测力计的应变读数变化与锚索的应变变化并不相同,为使锚索测力计能够反映锚索张拉力的变化情况,需要确定锚索测力计的应变读数 S 与锚索张拉力 F 的关系,具体做法是:锚索张拉时分级施加张拉荷载,分别测定每级荷载施加前后的应变变化,取 3 支应变计读数的平均值及其所对应的锁定荷载值绘制锚索有效张拉力—应变平均读数关系曲线。

3 号排沙洞仪器观测段 A 的 3 支锚索测力计(ST3 - 1、ST3 - 2、ST3 - 3)的张拉过程分

两次完成,第一次张拉锁定时的荷载为 $50\%P_0$(设计荷载),第二次张拉锁定时的荷载为 $100\%P_0$,具体过程为:张拉准备完毕→张拉至 $20\%P_0$,记录仪器读数→锚索锁定,记录锁定后的仪器读数→继续张拉至 $40\%P_0$,记录仪器读数→锚索锁定,记录锁定后的仪器读数→继续张拉至 $50\%P_0$,记录仪器读数→锚索锁定,记录锁定后的仪器读数→张拉浇筑块的其他锚索至 $50\%P_0$,→开始第二轮张拉,记录张拉前的仪器读数→张拉至 $70\%P_0$,记录仪器读数→锚索锁定,记录锁定后的仪器读数→继续张拉至 $90\%P_0$,记录仪器读数→锚索锁定,记录锁定后的仪器读数→继续张拉至 $100\%P_0$,记录仪器读数→锚索锁定,记录锁定后的仪器读数。

　　3 号排沙洞仪器观测段 B 的 3 支锚索测力计(ST3 – 4、ST3 – 5、ST3 – 6)的张拉过程分 3 次完成,第一次张拉锁定时的荷载为 $50\%P_0$(设计荷载),第二次张拉锁定时的荷载为 $77\%P_0$,第三次张拉锁定时的荷载为 $100\%P_0$,其张拉过程中的观测读数记录方法与ST3 – A 相同。千斤顶出力与锚固端锚索张拉力的对应关系见表 10-4。

表 10-4　千斤顶出力与锚固端锚索张拉力的对应关系

千斤顶油表读数(bar)	0	100	200	260	360	400	460	520
锁定后锚固端张拉力 F(kN)	0	206.60	468.67	630.26	903.48	1 013.74	1 179.91	1 346.86

五、运行期锚索测力计温度和应变变化

运行期锚索测力计的温度和应变变化曲线见图 10-4 ~ 图 10-6。

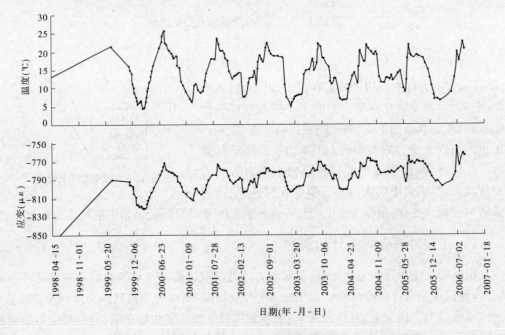

图 10-4　锚索测力计 ST3 – 4 应变与温度变化对比曲线

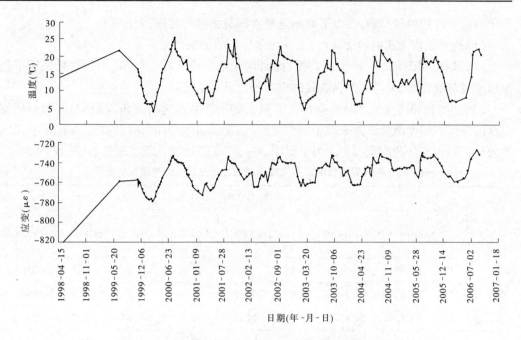

图 10-5　锚索测力计 ST3 - 5 应变与温度变化对比曲线

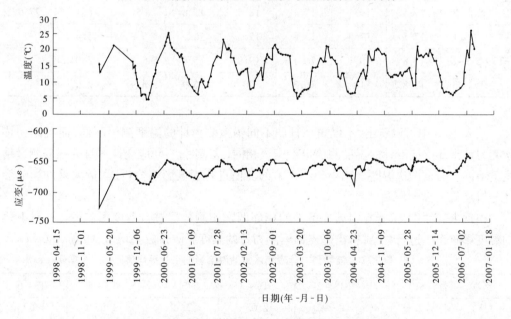

图 10-6　锚索测力计 ST3 - 6 应变与温度变化对比曲线

六、温度变化对锚索测力计应变读数的影响分析

从图 10-4 ~ 图 10-6 可以看出,锚索测力计的应变读数变化曲线与温度变化曲线存在明显的对应关系,当温度升高时,应变读数增大(向正值方向);当温度降低时,应变读数减小。锚索测力计的读数变化是温度变化、内水压力变化和钢绞线应力松弛的综合影响,

为了确定温度的单独影响,按以下原则选择实测数据进行分析:

(1)选择洞内无水的若干时段,避开内水压力的影响。

(2)选择 2002 年以后的实测数据,此时据锚索张拉已有三年多的时间,且经历了数次通水过流和挡水,可以认为钢绞线的应力松弛已基本完成。

(3)选择相邻两次温度测值差在 2 ℃以上的实测数据进行分析,减小温度测量精度引起的误差。温度测量误差来源于两个方面,一是仪器本身存在的误差,二是同一支锚索测力计不同应变计的测量误差。为了说明这一点,下面给出几组实测数据,见表 10-5。

表 10-5　相同温度环境下不同锚索测力计 3 支应变计的实测温度读数　　（单位:℃）

应变计		观测日期(年-月-日)							
		2000-10-09	2000-10-18	2000-11-07	2001-09-25	2002-06-21	2003-03-05	2004-02-26	2006-08-01
ST3 - 2	1	20.4	19	19.1	27	12.6	5.8	8.8	25.9
	2	19.6	18.2	17.9	24.1	11.9	5.3	6.9	26.6
	3	19.1	18.8	17.9	22.2	12.2	5.1	6.5	24.2
ST3 - 3	1	19.1	19	16.8	20.3	10.1	4.4	5.1	27.5
	2	19.5	19.1	17.1	18.5	11.8	5	6.1	27.5
ST3 - 5	1	17.5	17.8	15.8	19.5	16.3	5.2	5.4	—
	2	17.8	18.1	16.1	19.9	16.8	5.8	5.9	—
	3	17.8	18	16.3	20	16.9	6.9	5.9	—

从表 10-5 中可以看出,不仅同一日期不同锚索测力计的温度测值不同,而且同一锚索测力计上 3 支应变计的温度测值也不完全相同,这表明,不同应变计本身的温度测量精度就不同。若取两次温差变化小于 1.5 ℃的测值进行温度影响分析,测量误差的影响会使分析结果失真。

根据上述原则,选择 6 组满足条件的相邻两次实测数据进行温度影响分析,对上述的温度影响系数进行总结,得出每支锚索测力计的温度影响系数平均值,如表 10-6 所示。

表 10-6　锚索测力计应变读数的温度影响系数平均值　　（单位:$\mu\varepsilon/℃$）

组次	ST3 - 1	ST3 - 2	ST3 - 3	ST3 - 4	ST3 - 5	ST3 - 6
1	2.03	2.29	2.03	2.12	1.82	1.59
2	1.96	2.48	1.74	2.02	1.85	2.16
3	2.09	2.86	1.51	1.59	2.11	1.81
4	1.83	2.02	1.66	2.20	2.20	2.00
5	1.94	1.58	2.00	2.37	2.38	2.20
6	1.80	1.71	2.03	2.56	1.64	2.22
平均值	1.94	2.16	1.83	2.14	2.00	2.00

对 6 支锚索测力计应变读数的温度影响系数进行总平均,得到总平均值为 2.01 $\mu\varepsilon/℃$,即温度升高 1 ℃,应变读数平均约升高 2 $\mu\varepsilon$。

七、水位变化对锚索测力计应变读数的影响分析

取温度影响系数为 2.01 $\mu\varepsilon/℃$,对锚索测力计应变读数进行修正,得到不包括温度影响的应变发展过程线,见图 10-7 ~ 图 10-9。

图 10-7　锚索测力计 ST3 – 4 应变读数变化(温度影响修正后)

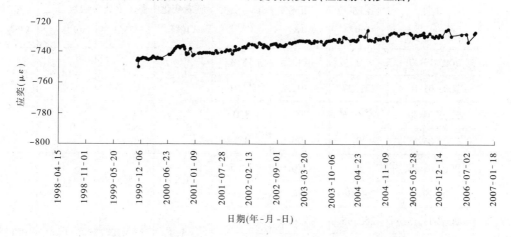

图 10-8　锚索测力计 ST3 – 5 应变读数变化(温度影响修正后)

从图 10-7 ~ 图 10-9 可以看出:

(1)对温度影响进行修正后,锚索测力计的应变读数变化曲线与洞内水压力之间没有明显的对应关系,表明内水压力变化不会引起锚索张拉力的显著变化;

(2)6 支锚索测力计的应变读数具有相同的变化规律,即随着时间的延长,锚索测力计的读数稳定发展,压应变数值逐渐减小,但减小幅度很小,从锚索张拉完毕后到 2006 年 6 月的 7 年时间,压应变数值减小 20 ~ 30 $\mu\varepsilon$,大致相当于锚索张拉所产生应变值的 5% 左右。

(3)ST3 – B 观测段的 3 支锚索测力计工作性态完好。

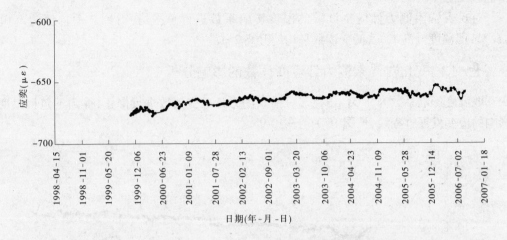

图 10-9 锚索测力计 ST3 – 6 应变读数变化(温度影响修正后)

为了验证水位变化对锚索测力计应变读数的影响,以实测数据比较完整的 ST3 – 4 和 ST3 – 5 为例,选择 7 个水位变化时段进行分析,见表 10-7 和表 10-8,表中 h 为水头变化引起的应变变化。

表 10-7 锚索测力计 ST3 – 4 水头变化对应变读数影响分析

序号	日期 (年-月-日)	洞内水位 (m)	平均应变 (με)	平均温度 (℃)	应变变化 (με)	温度变化 (℃)	温度修正 (℃)	h (m)
1	2002-12-27	0	-782.5	18.3	-9.3	-7.3	-14.6	5.3
	2003-01-10	221.27	-791.8	11.0				
2	2003-04-30	229.96	-797.1	8.0	0.2	0.1	0.3	-0.1
	2003-05-15	0	-796.9	8.1				
3	2003-08-28	0	-780.0	16.5	9.8	5.5	11.0	-1.2
	2003-09-11	250.86	-770.2	22.0				
4	2003-11-13	260.95	-779.2	16.3	-1.4	-0.7	-1.5	0.1
	2003-11-27	0	-780.6	15.6				
5	2004-01-16	0	-785.6	12.5	-14.1	-5.4	-10.8	-3.2
	2004-02-13	258.27	-799.7	7.1				
6	2004-08-17	224.54	-776.9	17.0	9.7	4.8	9.6	0.1
	2004-09-02	250.86	-767.2	21.8				
7	2005-06-09	0	-791.6	8.8	-1.0	0.1	0.1	-1.0
	2005-06-16	247.86	-792.6	8.9				

表 10-8　锚索测力计 ST3 - 5 水头变化对应变读数影响分析

序号	日期 (年-月-日)	洞内水位 (m)	平均应变 ($\mu\varepsilon$)	平均温度 (℃)	应变变化 ($\mu\varepsilon$)	温度变化 (℃)	温度修正 (℃)	h (m)
1	2002-12-27	0	-741.4	18.3	-12.6	-7.3	-14.6	2.0
	2003-01-10	221.27	-754.0	11.0				
2	2003-04-30	229.96	-760.8	8.0	0	0.1	0.2	-0.3
	2003-05-15	0	-760.8	8.1				
3	2003-08-28	0	-744.1	16.5	11.0	5.5	11.0	0
	2003-09-11	250.86	-733.1	22.0				
4	2003-11-13	260.95	-744.3	16.3	0.3	-0.7	-1.4	1.7
	2003-11-27	0	-744.0	15.6				
5	2004-01-16	0	-749.0	12.5	-12.8	-5.4	-10.8	-1.9
	2004-02-13	258.27	-761.8	7.1				
6	2004-08-17	224.54	-740.0	17.0	8.7	4.8	9.6	-0.9
	2004-09-02	0	-731.3	21.8				
7	2005-06-09	0	-754.3	8.8	-1.2	0.1	0	-1.3
	2005-06-16	247.86	-755.5	8.9				

　　从 ST3 - 4 和 ST3 - 5 水头变化对应变读数影响分析结果可以看出,洞内内水压力变化对锚索测力计的应变读数基本没有影响,这表明,内水压力的显著变化不会引起锚索张拉力的显著变化。这个结论表面上看似乎不合理,实际上是正确的,现解释如下:

　　(1)小浪底排沙洞的预应力锚索由无黏结钢绞线组成,与混凝土之间没有相同变形的关系,因此锚索测力计与混凝土应变计和钢筋计的应变读数之间没有对应关系;

　　(2)锚索测力计反映的是整根锚索的平均变形情况,但锚索测力计的应变读数并不等于锚索的应变变化,二者之间存在如下关系:

$$\varepsilon_{测力计} = \beta \cdot \varepsilon_{钢绞线}$$

锚索锁定后锚固端锚索张拉力为 1 346.86 kN,锚固端锚索张拉应变为

$$\varepsilon_{钢绞线} = \sigma/E$$

取钢绞线的断面面积 $A = 8 \times 150 = 1\,200(mm^2)$,$E = 1.85 \times 10^5 N/mm^2$,则

$$\sigma = 1\,346.86 \times 1\,000/1\,200 = 1\,122.38(N/mm^2)$$

$$\varepsilon_{钢绞线} = 1\,122.38/(1.85 \times 10^5) = 606.7 \times 10^{-5} = 6\,067(\mu\varepsilon)$$

每支锚索测力计的 β 值计算如表 10-9 所示。

　　上述结果表明,若钢绞线产生 100 $\mu\varepsilon$,锚索测力计才产生 8.587 $\mu\varepsilon$。若假定锚索应变和衬砌混凝土应变相同,从水位变化对混凝土应变计应变读数影响的分析中可知,水位变化 100 m,衬砌厚度中部混凝土应变计的应变读数变化量小于 100 $\mu\varepsilon$,因此锚索测力计

的读数应小于 8.587 $\mu\varepsilon$,考虑到应变读数的测量误差,就可以理解为什么水位变化时锚索测力计的应变读数基本不变的原因了。

表 10-9　锚索测力计应变读数与钢绞线应变值之间的关系

锚索测力计	ST3 - 1	ST3 - 2	ST3 - 3	ST3 - 4	ST3 - 5	ST3 - 6	平均值
应变变化	- 528.6	- 481.5	- 472.2	- 530.9	- 582.0	- 530.5	- 520.9
β	- 0.087 1	- 0.079 4	- 0.077 8	- 0.087 5	- 0.095 9	- 0.087 4	- 0.085 87

第三节　小浪底工程初期运用渗流状况分析与安全性评价

一、工程概况

小浪底水利枢纽工程开发目标是"以防洪(包括防凌)、减淤为主,兼顾供水、灌溉和发电,蓄清排浑,除害兴利,综合利用"。工程主要建筑物由主坝、泄洪排沙系统和引水发电系统组成,主坝坐落在深厚覆盖层地基上,所有泄洪、发电及引水建筑物集中布置在相对比较单薄的左岸山体,采用以地下厂房为核心的引水发电系统。工程于 1991 年 9 月 1 日开工,2001 年底主体工程基本完工,2002 年 12 月通过竣工初步验收(工程部分),2009 年 4 月通过竣工验收。

二、水库蓄水运用及泥沙淤积情况

小浪底水库于 1999 年 10 月 25 日下闸蓄水, 2000 年水库最高蓄水位 234.66 m;2001 年水库最高蓄水位为 236.33 m;2002 年为 240.87 m;2003 年 10 月 15 日达水库蓄水运用以来的最高水位 265.69 m,距水库的正常蓄水位 275 m 仅差 9.31 m。

截至 2010 年 6 月 30 日,水库共在 250 m 以上水位运行 1 044 d,其中 260 m 以上水位运行 189 d。

1999 年水库蓄水前,坝前淤积高程约为 140 m,泥沙淤积厚度超过 10 m。2000 年 10 月中旬~11 月上旬,三门峡水库集中排沙,小浪底入库沙量为 3.72 亿 t,坝前淤积高程达 166.00 m,累计淤积量为 4.19 亿 m³。2001 年入库沙量为 2.84 亿 t,出库沙量为 0.21 亿 t,累计淤积量达 7.16 亿 m³,进水塔前淤积面高程为 177.50 m,至 2003 年 12 月底累计淤积泥沙 13.75 亿 m³。2004 年 12 月底,淤积量达 14.08 亿 m³,进水塔前、坝前淤积高程为 180.50 ~ 180.90 m。2010 年 4 月,水库累计淤积量 24.54 亿 m³,坝前淤积高程基本稳定在 181 m。

三、大坝设计特点及坝基渗流安全监测

根据工程区的地形、地质条件和开发目标要求,经设计单位多方案比较,主坝坝型最终选定为壤土斜心墙堆石坝。坝顶高程为 281 m,最大坝高为 160 m,坝顶长为 1 667 m,坝顶宽为 15 m,总体积为 5 073 万 m³。主坝河床段基础为最深达 70 多 m 的深厚覆盖层,

河床两岸为基岩,并分布有 F_1、F_{230}、F_{236}、F_{238} 等顺河向陡倾角大断层。左岸单薄山体被视为大坝的延伸,对其进行了防渗、排水和压戗处理。

根据大坝基础防渗设计,河床中间 400 m 长深覆盖层段采用混凝土防渗墙,防渗墙厚 1.2 m,墙体混凝土强度为 C35,墙底嵌入基岩 1~2 m,墙顶插入心墙内 12 m。深覆盖层段以外两岸大坝基础防渗采用灌浆帷幕,这样就构成了混凝土防渗墙与灌浆帷幕所组成的坝基垂直防渗体系,它是坝基的主防渗线。

根据水库拦沙运用调度规划,大坝上游最终将形成 120 多 m 厚的淤积层。为有效地利用这一天然淤积铺盖的防渗作用,大坝的壤土斜心墙通过内铺盖与上游围堰斜墙及坝前淤积层连接起来,共同构成大坝的水平防渗体系,作为坝基防渗的第二道防线,可有效地提高坝基防渗的可靠性。大坝典型剖面见图 10-10。

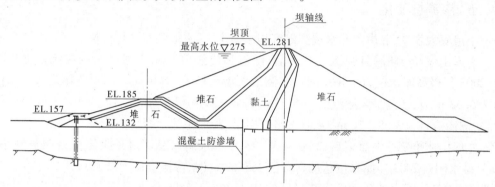

图 10-10　小浪底大坝典型剖面

从上述可知,小浪底大坝防渗系统的主要特点是:以垂直防渗为主,以水平防渗为辅。

大坝基础渗流监测是安全监测的重要项目,包括坝基渗压、绕坝渗流和渗流量监测等。坝基渗压监测在河床段共布置 3 个横断面。3 个横断面分别是:沿右岸 F_1 断层、河床最大坝高和左岸坡脚布置的 A—A、B—B、C—C 断面,各断面渗压计分别布置在主坝防渗墙(灌浆帷幕)上下游侧、心墙下游反滤层渗流出口部位及左右岸排水帷幕上下游。在这些渗流监测断面上针对不同岩层埋设有渗压计或测压管,在地下厂房等主要建筑物周围也埋设有渗流监测仪器,基础渗流监测仪器共有 400 多支。在下游河床坝基排水洞的出口等控制部位安装有 22 个量水堰。这些渗流监测仪器大部分都实现了自动观测。

四、坝基和两岸坝肩基岩渗漏及处理措施

水库下闸蓄水后不久,当库水位接近 200 m 后,先后发现右岸的 1 号排水洞,左岸 2 号、4 号、28 号、30 号等排水洞相继出现渗水,并随库水位的升高,渗流量明显增加,渗流量与库水位具有良好的相关关系。2003 年 3 月大坝下游坝基量水堰建成并投入观测。2003 年当库水位超过 260 m 后,右岸 1 号排水洞的渗流量约为 7 000 m³/d,左岸各排水洞的渗流量约为 13 000 m³/d,坝基渗流量约为 35 000 m³/d。

水库蓄水运用后,两岸坝肩基岩及坝基产生了较大的渗漏,对此,引起了上级主管部门、小浪底水利枢纽建设管理局和设计单位的高度重视,先后多次召开专家咨询会,研究产生渗漏的原因,并采用多种方法查找渗漏通道,分析渗漏对大坝、枢纽各建筑物安全的

影响及应采取的工程措施。

根据水库蓄水运用过程中出现的渗漏,前后共进行了 3 个阶段较大范围的帷幕补强灌浆和其他相应的工程措施。

2000 年 10 月中旬 ~ 11 月上旬,三门峡水库集中排沙,小浪底水库也相机排沙,利用异重流使坝前淤积高程由 140 m 抬升到 166 m;此后,在历年的调水调沙运用中,均利用异重流和浑水泥沙,加速坝前淤积,堵塞渗漏通道。

通过加速坝前泥沙淤积和 3 个阶段帷幕补强灌浆,工程安全监测资料显示坝基渗水压力稳定并且逐渐降低,两岸排水洞和坝基渗流量逐年减小,所采取的渗控措施防渗效果显著。

五、渗流量变化

小浪底大坝左、右岸渗漏水观测以容积法为主,量水堰观测进行校核。

右岸山体经过帷幕补强灌浆处理后,随着坝前淤积发展,1 号排水洞渗流量逐步减少,2003 年最高库水位 265.69 m 时,实测最大渗流量为 6 984 m³/d,2007 年最高库水位为 256.32 m 时,实测最大渗流量为 5 334 m³/d。2008 年 8 月 28 日在 229.33 m 库水位时,实测渗流量为 3 681.71 m³/d,比 2001 年同水位时渗流量减少 34.1%。

左岸山体帷幕补强灌浆后,2 号、4 号、28 号排水洞以及厂房顶拱渗流量明显减小。30 号排水洞在 2003 年库水位达最高水位 265.69 m 时,渗流量最大值为 11 462 m³/d。经过灌浆处理后,同水位条件下渗流量减幅达 33.6%。2008 年 8 月 26 日,库水位 228.67 m,实测渗流量为 1 895.89 m³/d,比 2001 年同水位时渗流量减少 63.9%。

2003 年 3 月坝基量水堰起测以来历年最高水位时坝基渗流量见表 10-10。

表 10-10　历年最高水位时实测坝基渗流量(截至 2010 年 6 月 30 日)

观测日期(年-月-日)	库水位(m)	坝基渗流量(m³/d)
2003-10-15	265.48	24 465.68
2004-04-04	261.99	34 322.79
2005-04-10	259.61	31 341.92
2006-03-31	263.41	31 759.111
2007-03-27	256.32	31 383.71
2008-03-31	252.75	29 076.94
2009-06-16	250.34	17 990.51
2010-06-15	249.97	12 896.63

从表 10-10 可以看出,2004 年以后,每年最高库水位时的坝基渗流量呈逐渐减小趋势。2010 年 6 月 15 日在 249.97 m 水位时,实测渗流量为 12 896.63 m³/d,比 2004 年 6 月 16 日库水位 250.08 m 时渗流量减少 61%。

坝基和两岸渗水均为清水。

(一)210 m、230 m 和 250 m 水位时防渗效果分析

水平防渗—坝前泥沙淤积铺盖和垂直防渗—混凝土防渗墙或水泥灌浆帷幕的防渗效

果可用其削减大坝工作水头(库水位与坝后水塘水位的差值)的比率来表示。

水库水位分别为 210 m、230 m 和 250 m 时,在大坝基础 A—A、B—B 和 C—C 3 个观测断面上,选取泥沙淤积铺盖下和防渗墙或水泥灌浆帷幕后的渗压计观测水位来计算水平防渗、垂直防渗和总体水头削减率,进而分析防渗效果。A—A 断面选取渗压计 P65 和 P36,B—B 断面选取渗压计 P81 和 P71,C—C 断面选取渗压计 P141 和 P148。计算结果见表 10-11。

表 10-11　210 m、230 m 和 250 m 水位时水头削减率计算

特征水位	观测时间(年-月-日)	库水位(m)	A—A 断面水头削减率(%)			B—B 断面水头削减率(%)			C—C 断面水头削减率(%)		
			水平防渗	垂直防渗	总体	水平防渗	垂直防渗	总体	水平防渗	垂直防渗	总体
210 m	2000-04-18	209.90	15.15	55.31	70.46	17.59	81.41	99.00	21.53	44.66	66.19
	2000-08-19	210.27	14.41	48.71	63.12	16.03	82.98	99.01	18.38	66.07	84.45
	2001-08-23	209.71	32.31	49.15	81.46	37.30	61.73	99.03	36.29	57.56	93.86
	2002-09-23	210.97	40.23	45.69	85.91	44.28	54.67	98.95	45.21	50.64	95.85
230 m	2000-10-13	229.36	12.07			14.23	85.03	99.26	12.61	70.78	83.39
	2001-11-19	229.84	32.16	48.31	80.47	36.41	62.76	99.17	35.66	56.45	92.11
	2003-04-03	229.72	33.17	51.84	85.01	37.12	61.97	99.09	36.97	58.22	95.19
	2003-08-25	229.91	43.84	43.37	87.21	48.20	50.85	99.05	48.77	48.61	97.38
	2004-09-18	230.05	42.97	42.07	85.04	47.78	50.11	97.89	47.34	49.94	97.28
	2005-08-25	230.12	39.82	50.17	89.99	46.36	51.32	97.68	24.94	75.65	100.58
	2006-09-04	230.51	35.90	53.89	89.80	41.65	56.02	97.67	38.38	63.10	101.47
	2007-09-03	230.36	34.23	55.12	89.35	40.42	56.92	97.34	36.10	65.96	102.06
	2008-08-31	230.18	30.92	57.62	88.54	39.25	58.05	97.30	32.42	69.69	102.11
	2009-09-03	230.67	34.74	54.44	89.18	42.70	54.45	97.16	36.86	65.02	101.88
250 m	2003-09-11	250.86	42.49	44.30	86.79	46.53	52.59	99.13	46.73	49.47	96.20
	2004-12-27	250.32	34.64	48.32	82.96	52.01	45.99	98.00	53.78	42.72	96.50
	2005-10-03	250.02	—	—	—	40.70	57.16	97.86	45.88	53.50	99.38
	2007-02-15	250.14	30.00	56.99	87.00	35.99	61.50	97.49	31.84	68.64	100.48
	2007-11-19	250.03	30.83	56.57	87.40	36.73	60.55	97.28	32.26	68.23	100.48
	2008-04-17	250.43	29.44	57.69	87.13	35.53	62.90	98.43	30.87	69.72	100.59
	2009-06-11	249.86	28.30	58.56	86.87	36.32	60.85	97.17	29.84	71.11	100.95
	2010-06-15	249.97	29.11	57.70	86.81	37.08	60.26	97.34	30.27	70.66	100.93

从表10-11并结合坝前泥沙淤积情况,有如下三点认识:

(1)水库蓄水以后,随着坝前泥沙淤积面的逐渐抬高,在库水位210 m时,$A—A$、$B—B$和$C—C$ 3个观测断面的水平防渗水头削减率由15.15%逐渐增加到40%以上;库水位升高到230 m和250 m时,水平防渗水头削减率约为35%和30%。

(2)$A—A$和$C—C$两个观测断面的总体水头削减率逐渐增加,而$B—B$断面的总体水头削减率始终稳定在97%以上。

(3)渗漏到防渗墙前砂卵石覆盖层的水流经垂直防渗阻截后,河床中间$B—B$断面的剩余水头已不足3%,显示防渗墙截渗效果优良;帷幕段的防渗系统总体水头削减率也在86%以上,水平防渗和垂直防渗前后协调,更加可靠。

表10-11中$C—C$断面总体水头削减率超过了100%,是因为帷幕下游渗压计P148观测水位低于坝后水塘水位,其原因尚在进一步试验、分析中。

(二)防渗墙下游侧坝基覆盖层渗透比降分析

坝基砂砾石覆盖层的设计允许渗透比降为0.1。2006年2月5日至5月13日,小浪底水库一直在260 m以上水位运行,现选取2006年4月15日库水位262.13 m时防渗墙下游渗压计观测水位与坝后水塘P300(位于坝下游380.54 m)水位进行比较,渗透比降计算结果见表10-12。

表10-12 坝基渗透比降计算

渗压计	桩号	观测水位(m)	P300水位(m)	渗透比降
P68	上游34.00 m	139.12		0.001 1
P72	上游34.00 m	139.28		0.001 4
P136	上游34.00 m	139.39	138.68	0.001 7
P150	上游73.00m	139.26		0.001 3
P110	下游210.00 m	139.03		0.002

从表10-12中可以看出,由实测水位计算出的渗透比降远小于设计允许值。

六、库水位275 m时防渗效果预测

随着坝前泥沙淤积面的逐渐抬高,库水位在210 m、230 m和250 m时,坝基水平防渗水头削减率依次为40%、35%和30%;2005年以来,在坝前泥沙淤积面高程基本稳定在181 m情况下,库水位250 m时3个观测断面的总体防渗水头削减率最小为86.81%,比230 m水位时降低1.73%。基于以上两点,可以对库水位达到正常蓄水位275 m时的防渗效果进行预测:

(1)库水位275 m时,在坝前泥沙淤积面高程仍然稳定在181 m情况下,坝基水平防渗水头削减率约为22%,比库水位250 m时降低8%左右。

(2)库水位275 m时,在坝前泥沙淤积面高程仍然稳定在181 m情况下,坝基防渗系统总体水头削减率最小约为84%,比库水位250 m时降低2.5%左右。

(3)按(1)、(2)两点预测计算出的275 m水位时坝基下游测点水位均低于设计警戒

值,渗透比降远小于设计允许值。

如果坝前泥沙淤积面高程较 181 m 有大幅度的抬升,两岸渗漏通道将被淤堵,则坝基水平防渗水头削减率和坝基防渗系统总体水头削减率将会高于上述预测值。

小浪底水库运用分为 3 个时期,即拦沙初期、拦沙后期和正常运用期。水库泥沙淤积量达到 21 亿~22 亿 m³ 以前为拦沙初期;拦沙初期之后至库区形成高滩深槽,坝前滩面高程达 254 m,相应水库泥沙淤积总量约为 75.5 亿 m³ 的整个时期为拦沙后期;拦沙后期以后为正常运用期。目前,小浪底水库运用刚刚进入拦沙后期,坝前淤积面高程还将逐渐升高,两岸渗漏通道将被淤堵,库水渗漏量还会进一步减少。

七、初期运用安全性评价

(一)大坝渗控工程工作性态良好

截至 2010 年 6 月 30 日,水库蓄水运用最高水位达到 265.69 m,距水库的正常蓄水位 275 m 仅差 9.31 m,水库共在 250 m 以上水位运行 1 044 d,其中 260 m 以上水位运行 189 d。巡视检查和渗流监测资料显示,渗控工程的工作性态良好。

(二)坝体、坝基防渗可靠

监测资料分析结果显示,河床中间 B—B 断面的剩余水头已不足 3%,显示防渗墙截渗效果优良;帷幕段的防渗系统总体水头削减率也在 86% 以上,这充分说明坝体、坝基防渗体系运行正常,防渗可靠。河床段坝基除有混凝土防渗墙外,并有内铺盖及泥沙淤积铺盖所形成的辅助防渗体系,可以保证大坝在高水位运用条件下的安全。

(三)坝基覆盖层的渗透比降远小于设计允许值

根据埋设在防渗墙下游坝基覆盖层中的渗压计观测水位和坝后水塘水位进行比较,计算渗透比降远小于设计允许值。

(四)混凝土防渗墙工作性态良好

混凝土防渗墙厚为 1.2 m,混凝土设计强度为 C35,向上插入心墙 12 m,墙顶有 4 m× 5 m 的高塑性土区,以减少应力集中的影响,向下嵌入基岩 1~2 m。防渗墙顶部实测最大压应力约为 16 MPa,小于设计计算值 25 MPa。

(五)坝基渗水均为清水

自坝后水塘出现渗水以来,坝基渗水一直为清水。

综上所述,小浪底水库自 1999 年 10 月蓄水以来,大坝经受了 10 多年的运用考验。巡视检查及监测数据分析结果表明,工程运行安全稳定,防渗效果显著。

第四节　大坝变形及坝顶表层裂缝监测分析

小浪底水利枢纽拦河主坝为坐落在深厚覆盖层(最大厚度为 70 m)上带内铺盖的壤土斜心墙堆石坝,最大坝高为 160 m。副坝为壤土心墙堆石坝,最大坝高为 45 m。主坝坝体位移变形监测主要是对大坝上、下游坡共 8 条视准线进行水平位移监测,对埋设在视准线观测墩上的沉陷监测点进行坝体垂直监测。观测墩均为安装有强制对中盘的混凝土墩,沉陷监测点均按普通水准点要求埋设有不锈钢水准标志。8 条视准线共有 27 个工作基点和 120 个监测点。上游坡主要有高程 185 m、225 m、260 m 和 283 m 位移线,下游坡主要有高程 155 m、220 m、250 m 和 283 m 位移线,其中上游坡高程 185 m 位移线在水库蓄水后已被淹没,高程 225 m 位移线在库水位 225 m 高程以下时观测。由于坝体长、监测点变形较大,常规视准线观测方法无法实施,根据现场情况分别采用小角法、GPS 全球卫星定位技术法、极坐标法、边角交会法进行水平位移监测,采用几何水准和三角高程法进行垂直位移监测。

一、主坝表面变形监测

(一)水平位移

主坝上、下游方向各位移线水平位移变化规律基本一致,位移分布除个别测点测值连续外,下游侧测点位移显著大于上游侧。在同一桩号高程低的测点位移变化量小于高程高的测点,目前水平位移上、下游方向最大位移点出现在主坝下游坡高程 283 m 位移线最大坝高断面 $B—B$(D0 +387.5)处,上、下游测点水平位移测值及差值过程线见图 10-11。

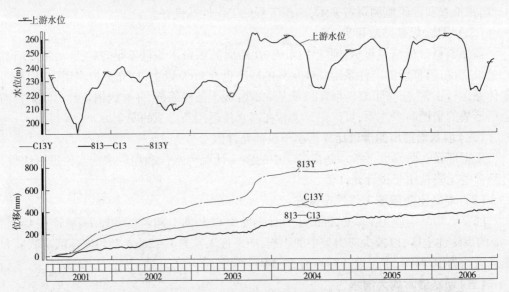

图 10-11　主坝高程 283 m 位移线上、下游最大位移测点水平位移测值及差值过程线

全序列统计模型分析结果表明,水平位移时效速率比早期减小,但目前仍有一定的发展速率,见图 10-12。

水平位移变化尚未稳定,但变化速率逐渐减小;下游侧水平位移显著大于上游侧。水平位移的变化与库水位呈正相关的关系,上游侧受水位的影响大于下游侧。

主坝顺坝轴线方向水平位移总体呈南北两岸向主河床区位移,即右岸测点向左岸位移,量值较小;左岸测点向右岸位移,量值较大,最大为 256 mm。轴向位移零点在最大坝高处,即 $B—B$ 断面 D0 +387.5 m 附近。坝顶高程同一桩号上、下游部位测点位移量基本一致,不同高程坝轴线位移的最大值出现在同一桩号。

(二)垂直位移

坝顶下游坡高程 283 m 位移线 $B—B$ 断面处垂直位移最大向两岸逐次递减,在同一桩号上,高程低的测点位移变化量小于高程高的测点。高程 283 m $B—B$ 断面处上、下游测点垂直位移测值及差值过程线见图 10-13。大坝垂直位移等值线见图 10-14。

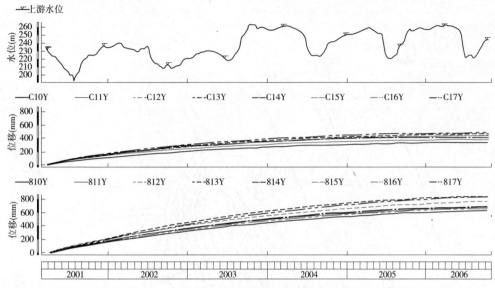

上游水位、上游EL.283 m北段视准线水平位移、下游EL.283 m中段视准线水平位移时效分量过程线

图 10-12　主坝高程 283 m 上、下游测线水平位移测点时效分量过程线

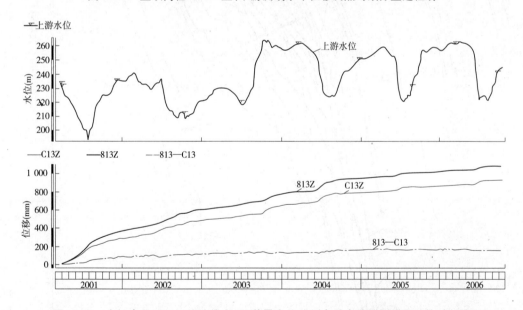

图 10-13　大坝高程 283 m 位移线上、下游最大位移测点垂直位移测值及差值过程线

　　主坝垂直位移整体呈单调递增的趋势,各测点变化规律基本一致,位移分布除个别测点外测值连续,下游侧沉降大于上游侧。历年水位下降阶段,垂直位移有明显增量变化。统计模型分析结果表明:时效分量占垂直位移变化的主要成分,已趋于稳定;垂直位移水位分量的变化与库水位呈负相关的关系。

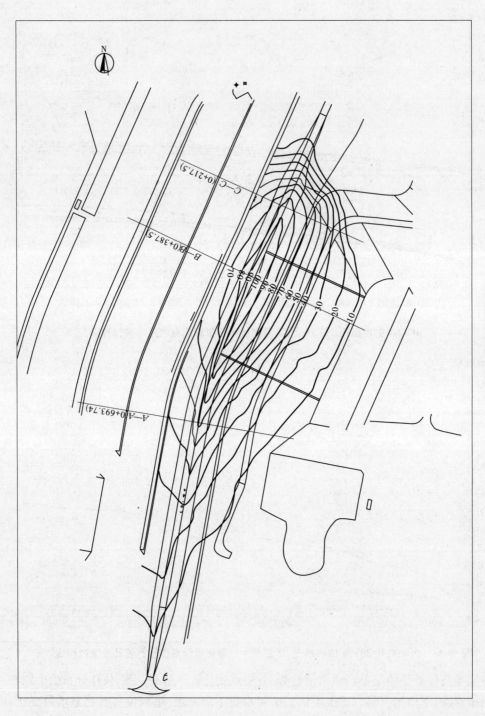

图 10-14　大坝垂直位移等值线

二、坝顶不均匀变形

(一)水平位移

主坝坝顶上、下游两侧存在较大的不均匀变形。高程 283 m 上、下游典型测点水平位移差值过程线见图 10-15，坝顶 $B—B$ 断面测点水平位移及其差值的水位分量过程线见图 10-16。

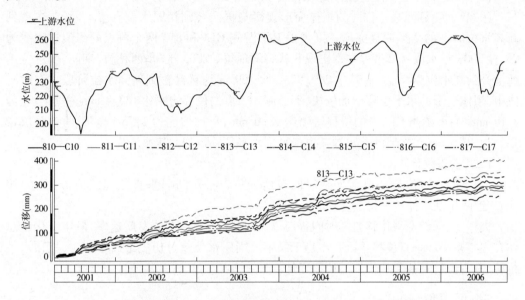

图 10-15　主坝高程 283 m 位移线上、下游典型测点水平位移差值过程线

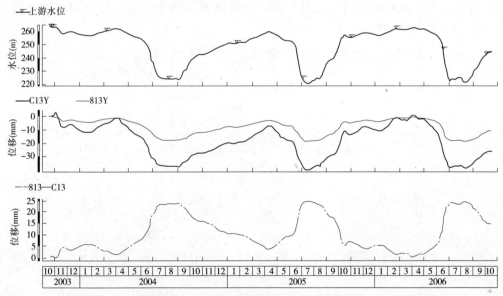

图 10-16　主坝高程 283 m $B—B$ 断面测点水平位移及差值水位分量过程线

(1)水平位移主要受时效影响,下游侧测点水平位移的时效分量显著大于上游侧测

点。因此,上下游水平位移差值呈递增的发展趋势,B—B 断面的位移差值最大;其他断面测点差值变化规律与该断面相似。

2003 年"华西秋雨"期间,库水位首次上升至 265.69 m,水平位移及上、下游位移差值有明显的增加。水位下降时,水平位移差值也有所增加,如 2006 年 6 月水位下降期间,B—B 断面增量的差值最大达 24.9 mm(2005 年相应条件下差值变化最大值为 5 mm)。

(2)水位分量与库水位呈正相关,下游侧测点受库水位影响要弱于上游侧测点。

(3)首次蓄到新高水位时的坝体变形规律与再次蓄到相同水位有所不同,首次蓄到新高水位时期的变形明显突增。以坝顶上下游侧 C13 和 813 两个测点的测值过程线为例,在 2003 年水位蓄高过程中都出现 S 状突增现象。2003 年"华西秋雨"期间,库水位迅速上升到高水位 265.69 m,其中 240.87 ~ 265.69 m 为首次蓄到新高水位阶段。在此阶段中,坝体变形的水平位移增加较快,下游侧 813 点的位移增幅达 133.3 mm,平均增速为 2.19 mm/d;上游侧 C13 点的位移增幅达 98.0 mm,平均增速为 1.75 mm/d;两者差值增幅约为 30.5 mm。之后的蓄水周期再未见到水平位移以如此速率增加。

(二)垂直位移

上、下游垂直位移差值前期随时间有所发展,B—B 断面垂直位移差值最大达 170 mm。近两年基本保持平稳。

大坝上、下游水平位移差随时间逐渐增大,目前虽有一定的发展速率,但年变化量总体在逐年减小。垂直位移差已基本趋于稳定。当库水位超过历史最高水位时,坝顶水平位移、垂直位移及位移差值均有明显增加。

三、坝顶裂缝

为了探明坝顶纵向裂缝性状,曾于 2004 年 6 月及 2006 年 9 月分别开挖了 1 ~ 4 号探坑和 5 ~ 7 号探坑,具体位置见图 10-17。

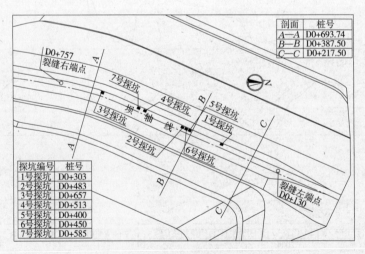

图 10-17　主坝坝顶裂缝平面位置

(一)2004 年埋设的土体位移计

为了监测坝顶裂缝变化情况,在 $A—A$(D0 + 693.74)、$B—B$(D0 + 387.50)、$C—C$(D0 + 217.50)及 4 号探坑(D0 + 513.00)各埋设 2 支土体位移计,安装高程在 280 m 左右。8 支土体位移计于 2005 年 1 月 3 日纳入正常观测,初始值选取 2005 年 2 月 17 日土体位移计稳定后的测值。坝顶土体位移计测值过程线见图 10-18,$B—B$ 断面裂缝开度与坝顶水平位移差值比较过程线见图 10-19。

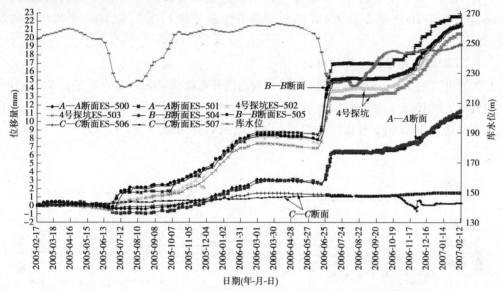

图 10-18　$A—A$、$B—B$、$C—C$ 断面及 4 号探坑坝顶裂缝土体位移计测值过程线

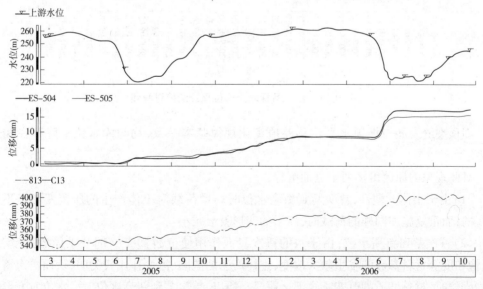

图 10-19　$B—B$ 断面坝顶裂缝土体位移计测值过程线

(1)各土体位移计在观测时段均显张开变化,并且随库水位下降裂缝开度有明显增

加,其中 2 号探坑裂缝开度最大,2005 年 6 月 20 日至 7 月 11 日,水位从 242.79 m 降至 221.01 m,位移从 0.08 mm 增加到 1.59 mm;2006 年 6 月 18 日至 7 月 3 日,水位从 243.83 m 降至 223.21 m,位移从 9.4 mm 增加到 16.9 mm。

(2)坝顶裂缝发展与坝顶水平位移差值变化规律一致,均与库水位下降存在相关关系,其中 2006 年水位下降期间变化尤为明显。

(3)根据 2007 年 2 月 13 日小浪底水利枢纽建设管理局补充提供的观测资料,自 2006 年 8 月至 2007 年 2 月 B—B 断面裂缝开度最大增加为 7.83 mm,平均每月增加 1.22 mm。

(二)2006 年埋设的土体位移计

2007 年 2 月 13 日小浪底水利枢纽建设管理局补充提供了新埋设的 7 支土体位移计的观测资料见图 10-20。观测成果表明,自 2007 年 1 月 14 日开始测读,至 2007 年 2 月 12 日最大测值为 1.06 mm(6 号探坑),相当于每月增加 1.13 mm。

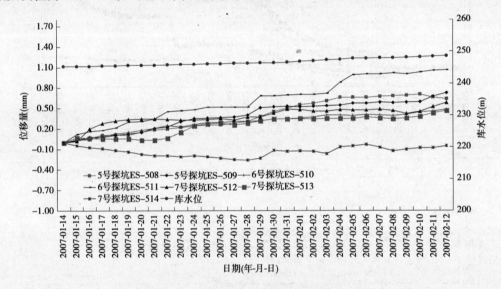

图 10-20　5~7 号探坑土体位移计测值过程线

坝顶裂缝发展与坝顶水平位移差值变化规律基本一致,均与库水位下降存在相关关系。

对此现象的原因可从两个方面解释:

(1)由于土体的塑性,首次蓄到新高水位时新增荷载对土体产生的压密变形是不可恢复的;而重复施加同样的荷载时,新增的变形就会减小。

(2)首次蓄到新高水位,由于水的首次浸泡作用使上游坝壳一部分土体的强度、变形、饱和度等材料参数的发生较大改变,土体产生的湿陷、流变作用较为明显;而再次蓄到相同水位时,材料性质的改变不再那么明显。所以,首次蓄到新高水位时库水位对变形的作用应专门考虑。

四、主坝稳定复核及变形分析

（一）主坝边坡稳定复核

在大坝设计和初期运用过程中，曾对坝体的边坡稳定性进行过系统的分析。主坝坝顶下游侧发生裂缝后，设计单位及中国水利水电科学研究院（简称水科院）又对主坝边坡稳定性进行了复核计算分析。

设计单位的稳定性复核中，坝体整体稳定分析采用摩根斯坦法，下游坝坡局部稳定分析采用简化毕肖普法。下游坝坡稳定性分析采用的计算参数见表 10-13。上游坝坡稳定性分析采用的计算参数见表 10-14。其中上游坝坡稳定性复核中考虑了库水位从 254.05 m 降落到 224.51 m 的工况。

表 10-13　下游坝坡稳定性分析采用的计算参数

分区	c(MPa)	φ(°)	湿容重(kN/m^3)	浮容重(kN/m^3)
1 区	20	25	20.1	10.7
2 区	0	36	19.1	11.6
3 区	0	36	21.1	13.0
4 区	0	40	21.1	13.0

表 10-14　上游坝坡稳定性分析采用的计算参数

材料名称	容重(kN/m^3)		抗剪强度	
	湿容重	饱和容重	黏聚力 c(MPa)	摩擦角 φ(°)
心墙土料	19.8	20.5	0.02	19.6
反滤料	19.1	21.6	0	36.0
过渡及堆石料	21.1	23.0	0	40.0
4C 区回采堆石料	21.0	22.5	0	34.0
8 区压坡石渣	19.6	22.0	0	30.0
内铺盖料	20.8	21.7	0.03	28.0
河床砂卵石	—	22.2	0	33.08
库内淤积物	—	17.6	0	0
基岩	—	26.0	0	35.0
夹泥	20.1	20.6	0.05	14.04

在稳定性复核中，采用斯宾塞（Spencer）法，水位骤降条件下的上游坝坡稳定性复核采用总应力法，坝顶下游侧局部坝坡稳定性复核采用有效应力法。心墙土料的总应力强度参数 $\varphi = 14°$、$c = 25$ kPa。其上游坝坡稳定性复核中考虑了库水位从 275 m 降落到 250 m 的工况。水位骤降工况的计算中，假定上游堆石体内浸润线随库水位同步降落，而心墙

内浸润线仍保持在水位降落前位置。

主坝边坡抗滑稳定计算结果见表 10-15。

表 10-15　主坝边坡抗滑稳定计算结果

计算项目	计算工况	部位	安全系数计算值	规范要求值
整体稳定	正常运用	下游坡	1.59[1]	1.50
	正常运用遇地震	下游坡	1.33[1]	1.20
	水位骤降	上游坡	1.55[1]	1.50
	水位骤降	上游坡	1.62[2]	1.50
	水位骤降,地震	上游坡	1.35[2]	1.20
坝顶局部稳定	正常运用	下游坡	1.23[2]	1.50
	正常运用遇地震	下游坡	1.12[2]	1.20
坝顶局部稳定	坝顶裂缝,深度 4 m	下游坡	1.48[1]	1.50
	坝顶裂缝,深度 8 m	下游坡	1.60[1]	1.50
	坝顶裂缝,深度 4 m	下游坡	1.59[2]	1.50
	坝顶裂缝,深度 4 m,地震	下游坡	1.15[1]	1.20
	坝顶裂缝,深度 8 m,地震	下游坡	1.24[1]	1.20
	坝顶裂缝,深度 4 m,地震	下游坡	1.43[2]	1.20
整体稳定	坝顶裂缝,深度 4 m,水位骤降	上游坡	1.55[1]	1.50
	坝顶裂缝,深度 4 m,水位骤降	上游坡	1.80[2]	1.50
	坝顶裂缝,深度 4 m,水位骤降,地震	上游坡	1.51[2]	1.20

注:①设计单位计算结果,坝体整体稳定分析采用摩根斯坦法,下游坝坡局部稳定分析采用简化毕肖普法。

②水科院计算结果,采用斯宾塞法。

由表 10-15 计算结果可以看出:

(1)当无裂缝存在时,坝体上游边坡的抗滑稳定安全系数满足规范要求,各工况下坝体下游边坡的整体抗滑稳定安全系数也满足规范要求;下游侧局部浅层滑动按现状边坡复核,安全系数略低于规范要求,若考虑堆石强度的非线性特点,其安全系数可满足安全运用要求。

(2)当裂缝存在时,经计算搜索,通过裂缝的滑裂面并非最危险滑裂面,其抗滑稳定安全系数均大于无裂缝条件下的计算值,因而坝顶发生的纵向裂缝不会影响坝体安全运用。

(二)主坝变形反演计算分析

主坝竣工 6 年多来,在初期运用过程中已经历了多次水位升降变化,最高历经水位 265.69 m,与设计正常蓄水位仅差 9.31 m,此期间获得了较多的变形观测资料。为了分析坝顶裂缝成因,预测今后大坝变形发展,设计单位进行了主坝变形的有限元反演分析。见《小浪底水利枢纽大坝变形反演分析报告》。

1.反演计算条件

主坝变形反演分析计算选择坝体最大剖面($B—B$断面)。坝体表面分别在上游185 m、225 m、260 m 高程，下游 155 m、220 m、250 m 高程及 283 m 高程坝顶上下游两侧布置有 8 条视准线，观测大坝表面变形。变形反演分析主要以其中在 $B—B$ 断面上的 6 个测点(上游225 m、260 m、283 m 高程及下游 220 m、250 m、283 m 高程测点)截至 2006 年 3 月沉降和上下游方向的水平位移观测值为依据。

计算分析采用二维弹塑性流变模型，以反演变形参数为主要目标，不考虑坝基和坝体材料强度参数的变化，并且认为坝体竣工蓄水后变形的主要原因是水位变化和流变两个因素。分析过程中，坝基材料概化为砂砾石层和底砂层，坝体土料概化为堆石料、过渡料及心墙防渗土料 3 种材料，共反演 5 种材料的变形参数。

2.反演计算结果及分析

计算分析时，根据以往工程经验及有关试验结果，确定了待反演参数的变化范围。反演目标参数时，首先分析本构方程中参数的敏感性，筛选出对变形影响显著的力学参数，按照正交优化方法产生样本，进而进行反演分析。参数 λ^*、κ^*、μ^* 的取值间距分别为 1.0、0.5 和 0.1，形成若干组输入参数进行计算，最终确定反演参数的优选值。计算模型参数反演结果详见表 10-16。采用优选的计算参数得到的 6 个测点的沉降和水平位移计算值与同期实测值的变化趋势吻合较好，量值相近。

表 10-16　计算模型参数反演结果

材料	强度参数		变形参数		
	黏聚力 c（MPa）	摩擦角 φ（°）	压缩指数 λ^*（$\times 10^{-3}$）	回弹指数 κ^*（$\times 10^{-3}$）	蠕变指数 μ^*（$\times 10^{-3}$）
堆石	0	42	17.95	1.83	0.97
过渡层	0	35	9.43	1.40	0.71
黏土	0.05	22	4.74	0.707	0.19
砂砾石	0	35	18.25	1.98	1.11
底砂层	0	28	13.26	1.59	0.84

反演分析报告提出：

(1)从垂直位移观测资料可得裂缝底部坝体的不均匀沉降率约为 1.1%，根据国内外有关研究成果，若不均匀沉降率大于 1.0%，则岩土体就有开裂的可能，按照 1.0% 为标准，坝体纵向裂缝深度为 5.2 m；

(2)从实际观测资料可知，缝底部位坝体水平应变达到 2.3%，若以此作为临界值，则坝体纵向裂缝深度在 4.6 m 以内；

(3)若以不均匀沉降系数及水平应变曲线转折点为临界值，则在坝顶下游侧可能出现纵向裂缝，但深度应在 8.0 m 以内。

3. 主坝的变形规律预测分析

在主坝变形反演计算分析的基础上,采用表 10-16 中所列各材料的计算模型参数,对库水位骤降、库水位快速增长至正常蓄水位 275 m 及主坝维持高水位长期运行条件下的变形规律进行了预测分析。

1) 库水位骤降时坝体变形的预测

根据《小浪底水利枢纽拦沙初期运用调度规程》要求,库水位一周内的最大降幅不大于 25 m。本次计算选取的 3 种水位骤降条件为:275 ~ 250 m、265 ~ 240 m、250 ~ 225 m。

预测分析结果表明,对于不同库水位骤降条件,坝顶沉降与水平位移增量最大值的位置都位于坝体上游侧,相应的坝顶上、下游最大水平位移差值为 5.2 mm,最大沉降差值为 6.2 mm。

2) 库水位快速增长时坝体变形的预测

根据水库初期运用 7 年来水位骤升情况,预测分析选定的计算水位骤升条件为:30 d 内由 260 m 升至 275 m,相应的水位增长速率为 0.5 m/d。预测分析结果表明,当库水位由 260 m 升至 275 m 时,坝顶最大沉降增量及水平位移最大增量分别为 36 mm 和 38 mm。

当库水位自 225 m 升至 270 m 时,最大沉降增量为 26.3 mm,最大水平位移增量为 27.5 mm,坝顶上、下游侧垂直位移和水平位移差异量分别为 1.6 mm 和 2.9 mm。

3) 主坝高水位长期运行条件下的变形预测分析

为预测水库在高水位长期运行条件下的变形规律,选择库水位为 260 m,进行了为期 10 年的预测分析。预测分析结果表明,在高水位长期运行条件下,10 年内的坝顶最大沉降增量及水平位移最大增量约为 136 mm,流变变形约占坝体总变形的 10%,而且约 70% 的变形在最初 5 年内发生。虽然坝顶变形仍呈现下游大于上游的特点,但差异量较小,仅为 13 mm。

(三)主坝变形和渗流耦合计算分析

为了分析主坝坝顶下游侧顺坝轴线方向裂缝发生的原因、坝体变形的特点和防渗体的工作性状,并预测裂缝的发展态势,对主坝进行了变形和渗流耦合的有限元计算分析。

1. 计算分析方法和条件

变形和渗流耦合的计算分析采用基于比奥(Biot)固结理论的有效应力分析方法,同时考虑土骨架在有效应力作用下的变形、非饱和状态下的孔隙流体在孔隙压力及其梯度作用下的变形和流动、土骨架与孔隙流体之间的相互作用以及材料的流变作用。计算模型选用沈珠江双屈服面弹塑性模型和指数型衰减三参数流变模型,并采用增量迭代法进行计算。

计算分析选取大坝河床段的 $B—B$ 断面作为分析断面,并详细考虑了坝体的各个材料分区和边界条件。具体材料分区及计算中采用的各材料的计算参数见表 10-17,表中所列材料的物理性质、强度和双屈服面弹塑性模型参数与本工程以往计算分析所用参数相近,指数型衰减三参数流变模型参数见表 10-18,参照类似工程经验取值,混凝土防渗墙按照线弹性材料计算,弹性模量为 30 GPa,泊松比为 0.167。为了保证参数取值的合理性,其中主要参数经过敏感性分析确定,以求计算结果与坝体的外部变形和防渗体内孔隙水压力的实际变化过程相一致。外部变形结果主要选择 $B—B$ 断面上的坝顶上、下游侧

283 m高程视准线的沉降和水平位移观测值。

表 10-17　材料的计算参数

土料	天然密度 ρ ($\times 10^3$ kg/m³)	饱和密度 ρ_{sat} ($\times 10^3$ kg/m³)	初始饱和度 S_r	渗透系数 (cm/s)	抗剪强度			
					c(kPa)	φ(°)	φ_0(°)	$\Delta\varphi$(°)
心墙料	2.01	2.07	0.90	1×10^{-7}	20	25	—	—
高塑性土	1.95	1.99	0.90	1×10^{-8}	5	15	—	—
反滤料	1.91	2.16	—	—	—	—	35	10
上游过渡料	2.01	2.29	—	—	—	—	38	5
下游过渡料	2.01	2.29	—	—	—	—	38	5
上游堆石	2.11	2.21	—	—	—	—	52	10
下游堆石4B	2.11	2.21	—	—	—	—	50.9	9
下游堆石4C	2.11	2.21	—	—	—	—	50.9	9
坝基砂砾石	2.05	2.29	—	—	0	35	—	—
底砂	2.01	2.20	—	—	0	33	—	—

土料	K	K_{ur}	n	R_f	n_d	c_d	R_d
心墙料	300	450	0.31	0.9	0.5	0.01	0.88
高塑性土	60	150	0.70	0.78	0.6	0.028	0.72
反滤料	710	950	0.42	0.79	0.95	0.001 1	0.75
上游过渡料	750	900	0.42	0.79	0.89	0.001 1	0.75
下游过渡料	750	900	0.42	0.79	0.89	0.001 1	0.75
上游堆石	700	1 500	0.42	0.72	0.97	0.001 1	0.68
下游堆石4B	750	1 400	0.50	0.73	1.15	0.000 7	0.66
下游堆石4C	750	1 400	0.50	0.73	1.15	0.000 7	0.66
坝基砂砾石	960	1 400	0.57	0.93	0.74	0.001 1	0.75
底砂	840	1 260	0.53	0.91	0.78	0.000 9	0.76

表 10-18　指数型衰减三参数流变模型参数

土料	b_{cr}	d_{cr}	c_{cr}
心墙料	—	—	—
高塑性土	—	—	—
反滤料	0.000 1	0.000 2	0.001 3

续表 10-18

土料	b_{cr}	d_{cr}	c_{cr}
上游过渡料	0.000 1	0.000 2	0.001 3
下游过渡料	0.000 7	0.000 1	0.001 3
上游堆石	0.000 1	0.000 2	0.001 3
下游堆石 4B	0.000 8	0.002	0.001 3
下游堆石 4C	0.000 6	0.001	0.001 3
坝基砂砾石	—	—	—
底砂	—	—	—

计算分析模拟小浪底主坝坝体分级填筑、初次蓄水及运行中的多次蓄、泄水位变化过程,以确定坝体各个时段的变形、应力、孔隙水压力等的变化规律。坝体未来运行性状预测分析时,库水位的变化过程采用未来两年内虚拟水位变化曲线,该曲线参照以往库水位变化模式和《小浪底水利枢纽拦沙初期运用调度规程》的有关要求确定,最高库水位选取为水库正常蓄水位 275 m,以得到不利运行条件下的坝体变形、应力和坝顶裂缝的发展变化规律。

2.计算结果及分析

1)坝体应力

计算所得的坝体应力分布符合土石坝应力分布的一般规律,坝壳中的大、小主应力沿深度增加,最大大主应力数值约为 3.5 MPa,与上覆土重数值接近。由于斜心墙防渗体倾向下游,导致下游侧堆石体应力明显高于上游侧。防渗体内部各处的有效大主应力较高,有效小主应力分布较均匀,墙后略高于墙前,但均为正值,说明心墙内不具备发生水力劈裂的应力条件。受坝顶不均匀变形作用影响,主坝坝顶区域出现了较大的拉伸变形,存在一个深度约为 5 m 的拉应力区,位置在心墙下游侧堆石料中,如图 10-21 所示,与坝顶纵向裂缝深度基本一致。但是,坝顶局部拉应力区没有对坝体的整体应力、变形分布造成明显的影响。

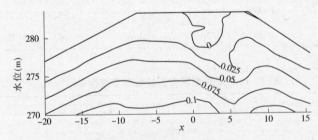

图 10-21　坝体填筑完毕时坝顶局部区域内小主应力计算值分布　（单位:MPa）

2)坝体变形

由于心墙倾向下游,主坝填筑完成时计算得到的坝体的水平位移多朝向下游,最大水平位移数值为0.8 m,位于下游坝壳中,最大沉降变形为2 m,位于心墙中上部及下游侧堆石体内。水库蓄水至今,大坝在自重、水压力、固结、流变等多方面因素共同作用下,坝体内水平位移、竖直沉降均有所增加,坝体内最大沉降增大至约2.5 m,水平位移增加至1.2 m。坝顶附近沉降变形和水平位移计算结果与观测结果的发展变化趋势总体一致,但计算水平位移差值明显小于观测值,主要原因是计算方法不够完善。

3)心墙防渗体内孔隙水压力

坝体填筑完成时心墙内的最高孔隙水压力约为110 kPa,水库蓄水至今,心墙内施工时积累的超静孔隙水压力并未明显消散,部分区域反而有一定上升,心墙中间部位的孔隙水压力值仍高于两侧,远未形成稳定渗流场。总体而言,计算分析得到的心墙内的孔隙水压力发展过程与监测结果趋势一致,量值相近。

4)坝体变形及裂缝发展预测

根据计算分析预测结果,经过两年的库水位升降过程,坝体水平位移、沉降变形较目前有所增长,但坝体内部最大沉降量不超过3 m;心墙内孔隙压力略有降低;心墙下游侧有效应力略有提高;坝顶局部区域小主应力区的深度略有增大,范围向上游略有扩展。根据坝顶拉应力区发展的趋势和坝顶部位土料本身的性质综合判断,坝顶裂缝的发展深度不会超过6 m。

(四)对复核计算成果的评估意见

(1)主坝无裂缝时及出现裂缝条件下的稳定复核,采用的计算方法符合国家现行规范要求,计算选用的参数基本合理。无裂缝和出现裂缝条件下,坝体上、下游边坡的整体抗滑稳定安全系数均满足规范要求;下游边坡的浅层滑动安全系数虽略低于规范要求值,但考虑到最上一级坝坡随沉降而变缓以及堆石强度的非线性特点,其安全系数可满足安全运用要求。

(2)主坝变形反演计算采用二维弹塑性流变模型,符合主坝的坝体土料的特点;选择变形参数为主要反演目标也基本合理;采用反演分析确定的计算参数对大坝沉降和水平位移的计算结果与表面变形测点实测值的变形发展趋势吻合较好,量值比较相近。依据沉降变形梯度和水平变形梯度变化特点,确定的坝体下游侧纵向裂缝延伸深度与实际发生深度比有一定偏差。由于反演分析把导致坝体竣工蓄水后变形的原因仅归结于水位变化和流变两个因素,未考虑心墙固结作用的影响,加之所采用的分析程序无法较好地模拟坝体填筑加载过程,以及计算中对材料分区进行简化的原因,所预测的坝体变形量与实际情况尚有差异。

(3)主坝变形和渗流耦合计算分析采用基于比奥固结理论的有效应力分析方法,比较完整地模拟了坝体分级填筑、初次蓄水及运行中的多次蓄、泄水位变化过程,并综合考虑了土体固结作用、材料的流变作用等影响坝体长期变形的因素,计算分析方法和模拟方法合理。计算模型选用沈珠江双屈服面弹塑性模型和指数型衰减三参数流变模型,符合主坝坝体土料的特点。从坝体的变形规律及拉应力区的分布和变化规律分析裂缝发生的原因,预测裂缝的发展,对于有限元计算分析方法而言,也是适合的。计算分析得到的坝体沉降变形、水平位移发展趋势及心墙内孔隙水压力的变化趋势与观测结果总体一致。

(4)根据反演计算中对不均匀沉降率和水平应变梯度分析,以及仿真计算结果中的拉应力分布范围分析,并结合工程类比综合判断,预测坝顶纵向裂缝虽会有所发展,但最大深度不超过 6 m。

五、坝顶纵向裂缝影响原因分析

(一)不均匀变形是坝顶裂缝的直接原因

1. 外部变形观测

主坝于 2000 年 11 月 30 日竣工,在大坝坝顶、上下游坝坡设置 8 条视准线进行表面变形监测。主坝 $B—B(D0+387.50)$、$C—C(D0+217.50)$ 两个观测断面的坝顶上、下游对应位移标点变形监测结果见表 10-19。

表 10-19　$B—B$、$C—C$ 剖面坝顶上、下游位移标点变形观测结果　　（单位:mm）

断面	位置		2001 年变化量	2002 年变化量	2003 年变化量	2004 年变化量	2005 年变化量	2006 年变化量	2007 年变化量	2008 年变化量	2009 年变化量	2010 年变化量
$B—B$	水平	C13	188	80	172	13	33	−4	20	0.8	3.5	11
	位移	813	253	195	272	64	68	44	34	18	21	29
	垂直	C13	280	205	163	147	68	72	43	37	37	38
	位移	813	359	237	174	180	75	68	55	41	49	48
$C—C$	水平	C17	186	95	167	19	28	10	16	9	9	15
	位移	817	218	176	269	81	58	66	22	30	14	24
	垂直	C17	248	172	157	124	63	72	35	35	33	
	位移	817	313	204	165	124	56	44	40	29	38	34

注:1. 水平位移向下游方向为 +,垂直位移向下为 +,反之为 −。
　　2. C13、C17 为上游侧位移标点,813、817 为下游侧位移标点。

大坝上、下游水平位移差随时间逐渐增大,目前虽有一定的发展速率,但年变化量总体在逐年减小。垂直位移差已基本趋于稳定。当库水位超过历史最高水位时,坝顶水平位移、垂直位移及位移差值均有明显增加。

根据主坝坝坡变形特性和有关应力应变分析计算成果,坝坡不均匀变形是水库蓄水湿化变形和大坝固结沉降所致,且因坝坡为块石堆砌护坡,导致坝坡不平整,虽不会影响斜心墙及大坝安全,但仍应加强安全监测。

2. 计算分析

小浪底水利枢纽大坝变形反演分析报告成果表明:由于水压力的作用,坝体水平位移整体指向下游,但下游侧的水平位移大于上游侧的水平位移;水位变化及流变引起的最大沉降发生在坝顶下游部位;坝体的最大水平位移发生在下游侧 260 m 高程左右,和水位变化有一定的相关性。无论是垂直位移还是水平位移,坝顶下游侧的变形量大于上游侧的变形量,是坝顶下游侧出现纵向裂缝的主要原因。

根据主坝变形观测成果及反演分析,河床主坝上、下游存在较大的水平位移差,上、下游不均匀沉降梯度较大,应是坝顶下游侧纵向产生裂缝的直接原因。从现场裂缝的形态分析,其平面形状平直无弧形,两侧土体无错台,缝面基本垂直,下游无鼓包,说明主坝坝顶下游侧的纵向裂缝应为不均匀变形裂缝。

经对大坝施工、水库运用等综合分析,不均匀变形和裂缝发生发展与坝基和坝体结构复杂、库水位变化、坝体填筑及降雨入渗等因素有关。

(二)库水位变化影响因素分析

大坝竣工后,曾经历了几次水库水位较快上升和较快下降的变化:

2003 年秋汛期间,8 月 26 日库水位为 230.23 m,9 月 2 日为 240.35 m,9 月 11 日为 250.86 m,该时段水库水位上升了 20.63 m,上升速率为 1.21 m/d;10 月 15 日库水位为 265.69 m,上升幅度达 35.46 m。

2004 年最高库水位 261.99 m,从 6 月 19 日至 7 月 13 日,水库进行调水调沙运用,库水位由 249.06 m 降至 225 m,8 月 23 ~ 30 日,库水位又从 224.89 m 降至 218.63 m,最大水位变幅达 43.36 m。

2005 年水库最高库水位为 259.61 m(4 月 10 日),6 月 9 ~ 30 日,水库进行调水调沙运用,库水位由 252 m 降落至 225 m,下降速度 1.29 m/d,7 月 22 日,水库水位降至年最低水位 219.78 m,最大水位变幅 39.83 m。

2006 年 6 月 10 ~ 30 日,水库进行调水调沙运用,库水位由 254.05 m 降至 223.85 m,该时段水库水位平均下降速率 1.51 m/d。

库水位的上升太快加速了坝体的不均匀变形,如 2003 年库水位上升期间,B—B 断面大坝坝顶 8 ~ 10 月水平位移变化量占全年变化量的 61%(上游)和 53%(下游),分别为 105 mm 和 144 mm;垂直位移 8 ~ 10 月的变化量占全年变化量的 31%(上游)和 30%(下游),其值分别为 50 mm 和 52 mm。

库水位快速下降也加速了坝体的不均匀变形,如大坝下游坝顶垂直位移,2004 年及 2005 年在调水调沙期间的月平均位移值分别是年平均位移值的 2.9 倍和 2.8 倍。

同时,监测资料表明,黄河调水调沙期间,库水位下降较快,该期间坝顶的变形速率明显增大,如 2006 年 6 月下旬以来,B—B 断面土体变位计 ES - 504 的测值陡增 7.62 mm。

主坝为建基在深覆盖层上的高斜心墙土石坝,在大坝填筑到顶时间不长,且坝体沉降固结尚未完成的情况下,大坝经受了多次较大幅度的、较快的库水位上升和下降,库水位升降变幅大,是影响坝顶不均匀变形的主要因素之一。不均匀变形由垂直沉降及水平位移所组成,一旦超过坝顶填土允许拉应变,便会开裂。引起上述变形的外力主要是填土自重及作用在坝体的库水压力,竣工后填土自重基本不变,由于自重固结而产生垂直沉降也趋于稳定,但水压力大小则随调水调沙过程中库水位升降而变化,同时变形速率也随库水位升降快慢而变化,库水位升降还影响坝体应力。观测资料也证实库水位变化对坝顶变形的影响,从而也对裂缝的发展产生影响。预测分析表明,在库水位蓄至正常蓄水位 275 m,以及每年调水调沙库水快速下降时运用,裂缝还会有所变化,但会渐趋稳定。

(三)坝体填筑质量与上升速度的影响

根据这次技术评估提供坝体填筑的有关资料,坝体土料、反滤料和堆石料填筑的施工质量从总体上基本符合小浪底水利枢纽招标文件技术规范要求。由于主坝高达 160 m,建在厚度为 70 m 的覆盖层上,大坝沉降量较大,在坝顶产生顺坝轴线纵向裂缝,施工原因主要有以下几个方面。

1. 坝体压实密度

按照自评估报告补充材料提供的资料,3 区料和 4 区料用孔隙率与干密度的换算公式 $\rho_d = \rho_s(1-n)$ 换算出干密度的控制指标,即 3 区料的干密度的控制指标为 2.067×10^3 kg/m³,4 区料的干密度的控制指标为 2.052×10^3 kg/m³。

根据 3 区过渡料和 4 区堆石料现场干密度实测资料,3 区料共取样 74 次,干密度最大值为 2.370×10^3 kg/m³,最小值为 1.911×10^3 kg/m³,平均值为 2.129×10^3 kg/m³,其中有 54 个试样的干密度大于 2.067×10^3 kg/m³,占 73.0%,有 20 个试样的干密度小于 2.067×10^3 kg/m³,占 27.0%。4 区堆石料共取样 89 次,干密度最大值为 2.369×10^3 kg/m³,最小值为 1.784×10^3 kg/m³,平均值为 2.139×10^3 kg/m³,其中有 74 个试样的干密度大于或等于 2.052×10^3 kg/m³,占 83.1%,有 15 个试样的干密度小于 2.052×10^3 kg/m³,占 16.9%。由此可见,3 区料和 4 区料干密度的合格率分别为 73.0% 和 83.1%,均未达到 90%;3 区料和 4 区料的干密度实测值分别有 27.0% 和 16.9%,不满足设计要求。3 区料和 4 区料实测干密度的标准差均大于 0.1 g/cm³,说明填筑压实密度不均匀。

从当代堆石坝施工经验看,提高压实密度是减少变形量,避免或减轻裂缝,提高坝体质量的有效措施。因此,小浪底大坝计算和实测的变形量偏大,与压实密度不够有关。

2. 堆石料压实时的加水问题

按照我国《碾压式土石坝施工技术规范》(SDJ 213—83)第 8 章 8.1.2 条,"对砂砾石和堆石,铺料后应充分加水。在无试验资料情况下砂砾石的加水量,宜为填方工程量的 20% ~ 40%,碾压堆石的加水量,依其岩性、细料含量而异,一般宜为填筑方量的 30% ~ 50%"。小浪底工程"技术规范" 9.3.6 条规定"4A 类堆石的填筑材料是清洁的,坚固的,开采的有棱角的砂岩、粉砂岩和黏土岩,粉砂岩和黏土岩的含量小于 5%";"技术规范" 9.4.12(d) 条规定"堆石填筑层厚不应超过 1 m,每层应用专门的振动平碾压实 6 遍"。没有提到填筑施工中的加水问题。

针对上述问题,工地进行了两次加水和不加水的对比试验。试验表明,4A 类堆石在填筑中加水量达填筑工程量的 50% 时,比不加水沉降变形量增加 1 ~ 3 mm,干密度最大增加 0.013×10^3 kg/m³。由于堆石的透水性强,所加的水在堆石料中停留时间短暂,绝大多数流失。

工地对堆石料加水不加水施工问题进行了专门研究,认为加水总是可以改善堆石的性质,特别是减少压缩性。对于吸水率小于 2% 的岩石,其效益是很小的;对于吸水率高、抗压强度低的岩石(饱和强度损失 40% ~ 60%),即便是低坝也要认真考虑加水的要求。用于 4A 区填筑的岩石饱和吸水率平均值为 0.185%,最大为 0.34%,小于 2%,饱和抗压强度为干抗压强度的 83%(损失 17%),加水效益很小。

考虑到加水会给现场施工带来干扰,可能导致附近黏土填筑区的浸润,还会增加施工费用。经综合比较后,4A 堆石填筑区未加水碾压。同样,下游 4B、4C 堆石填筑区也采用了不加水的施工方法。4B 区、4C 区控制粉砂岩和黏土岩的含量分别为 10%、20%,比 4A 区的 5% 要多,坝体下游侧的变形会比上游侧的变形要大。

但加水碾压更重要的是使堆石料边角软化而易于在压实中尽量破碎,增加施工过程中的变形量,减少后期变形。因此,小浪底坝体竣工后变形偏大也可能与施工中不加水有关。

3.坝体上升速度

主坝工程于1997年10月28日完成河床截流,1998年4月24日完成上游围堰,1998年12月16日,业主与承包商签订"大坝填筑加速施工协议"。但实际上比协议规定的速度更快。合同要求主坝1999年6月30日前全线填筑至200 m高程,实际于同年4月5日填筑到该高程,较合同工期提前86 d;1999年8月19日主坝全线填筑至230 m高程;合同要求2000年6月30日前主坝填筑至236 m高程,实际于1999年10月8日填筑到该高程,较合同工期提前266 d;合同要求2001年8月2日前大坝填筑至280~282 m高程,实际于2000年6月26日填筑到该高程,较合同工期提前402 d。主坝于2000年11月30日竣工。主坝从高程236 m填筑至282 m,月平均上升速度为5.11 m/月,最高月强度为158万 m^3/月,相应升高8 m/月。主坝以较快的速度上升,缩短了坝体填筑施工期的沉降时间,增加了竣工后的变形量,也可能是造成坝体上部沉降变形较大的原因之一。

(四)其他可能影响因素分析

可能影响坝顶裂缝的因素除不均匀变形和库水位升降变幅大外,还与降雨入渗及坝体填筑材料分区等因素有关。2003年"华西秋雨"期间降雨多,坝顶雨水几乎全部入渗到裂缝内,水的入渗也加速了裂缝的发展;裂缝发生在坝顶路面料层、路基料层及3区料和4区料部位,该部位是施工质量难以控制的区域,易产生不均匀沉陷;坝体结构复杂,填筑材料种类多达17种,材料的协调变形可能存在不同步,而导致不均匀变形。

六、结论与建议

(1)抗滑稳定分析结果表明,坝体上、下游边坡的整体抗滑稳定安全系数均满足规范要求;下游边坡的浅层滑动安全系数虽略低于规范要求值,但考虑到最上一级坝坡随沉降而变缓以及堆石强度的非线性特点,其安全系数可满足安全运用要求。

(2)根据主坝变形监测成果及反演分析,河床坝段上、下游存在较大的水平位移差,上、下游不均匀沉降梯度较大,是坝顶下游侧纵向裂缝产生的直接原因。

(3)大坝坐落在深厚覆盖层上,坝体结构复杂、填筑材料品种多和压实度不均匀等,使坝体变形产生差异性和不协调性,是导致坝体不均匀变形的内在原因。库水位升降变幅大、降雨入渗等是促进其发展的外在因素。从裂缝形态分析,其平面形状平直无弧形、两侧土体无错台、缝面基本竖直,说明不是失稳产生的滑坡裂缝。坝顶上、下游侧视准线测得的水平位移和垂直位移有较大的差异,且裂缝的发展和变形的发展有很好的相关性。因此,可以判定坝顶下游侧的裂缝属于不均匀变形引起的张性裂缝。现状运行情况下增速已减缓,裂缝位置距防渗心墙尚有一定距离,并在正常蓄水位以上,因此可以认为坝顶裂缝不影响大坝整体安全。但目前坝体变形尚未完全稳定,且水库尚未达到正常蓄水位,随库水位的升降变化仍会有一定变形。

(4)由于斜心墙渗透系数小,目前施工期孔隙压力尚未消散,坝体浸润线尚未形成,孔隙压力仍主要受上覆填土荷载控制,测值较高的几个点,渗压计水位虽超过库水位,但孔隙压力系数远小于1,心墙内有效小主应力大于0,不具备产生水力劈裂的应力条件,但心墙部位部分渗压计的测值偏高,因此应加强观测,特别应对蓄水位上升期渗压计的变化情况及时分析研究。

(5)目前大坝变形和裂缝发展尚未稳定,对裂缝已采取的防护性临时处理措施是必要的和合适的。由于坝顶变形和裂缝不致影响大坝安全运用,可待大坝变形和裂缝基本稳定后,适时对裂缝进行处理。

第五节　小浪底水库库区支流泥沙淤积监测分析

小浪底水库 1999～2009 年已累计淤积泥沙 23.77 亿 m³。其中,干流淤积 20.29 亿 m³,支流淤积 3.48 亿 m³。目前,小浪底水库干流泥沙淤积形态为三角洲淤积,三角洲淤积体仍在逐渐向坝前移动。通过对距小浪底大坝 30.58 km、40.87 km 的东洋河、西阳河两条主要支流泥沙淤积情况的分析,发现随着干流淤积面的抬升,支流河口处的河底纵坡目前已变为倒比降(-2‰、-3.07‰),支流向干流的排泄能力下降,在河口形成了中间(支流河口)高、两侧(支流上游、干流)低的"拦门沙坎"雏形。

一、水库概况

小浪底水库位于河南省洛阳市以北 40 km 黄河中游最后一个峡谷的出口处,上距三门峡水利枢纽 130 km。控制流域面积为 69.4 万 km²,占黄河流域面积的 92.3%。水库设计库容为 126.5 亿 m³,后期有效库容为 51 亿 m³(防洪库容为 40.5 亿 m³,调水调沙库容为 10.5 亿 m³)。其开发目标是以防洪(包括防凌)、减淤为主,兼顾供水、灌溉和发电,蓄清排浑,除害兴利,综合利用。小浪底水利枢纽主要由拦河大坝、泄洪排沙系统和引水发电系统组成。

小浪底坝址至三门峡区间集水面积为 5 734 km²。库区流域属土石山区,沿黄河干流两岸山势陡峭,沟壑较多。水库形态呈上窄下宽,自坝址至水库中部的板涧河河口长 63.36 km,除八里胡同河段外,河谷底宽一般在 500～1 000 m。坝址以上 26 km,进入宽为 200～300 m、长约为 4 km 的八里胡同,该段河谷两岸陡峻直立,犹如幽静阴森的胡同,仰视可见线天,是全库区最狭窄的河段。板涧河口至三门峡河谷底宽 200～400 m。库区两岸支流库容大于 1 亿 m³ 的有 12 条,其中较大的支流有大峪河、煤窑沟、畛水河、石井河、东洋河、西阳河、芮村河、亳清河等。

小浪底水库蓄水至 275 m 时,形成东西长为 130 km、南北宽为 300～3 000 m 的狭长水域,总库容为 126.5 亿 m³(断面法实测)。其中河堤(距坝 67 km)以下库容为 119.7 亿 m³,占总库容的 94.6%。支流库容占总库容的 41.1%。

根据实测水文资料统计,1952～1996 年小浪底水文站实测平均径流量为 381.7 亿 m³,三小区间年均加入水量为 8.8 亿 m³,年均输沙总量为 12.11 亿 t,三小区间平均产沙总量 0.074 亿 t。在小浪底水库蓄水前三小间河段河床稳定,河道基本上无冲淤变化。

二、泥沙淤积观测断面布设情况

小浪底水库承接黄河三门峡出库及小浪底库区支流的全部来沙量,水库水文泥沙测验的主要任务是及时测取库区水文泥沙资料,控制进、出库水沙量及其变化过程,反映水库库区淤积变化,为探讨水库水文泥沙运动规律和水库运用效果,验证和改进工程规划设计,确保工程安全运行及建库后水库运行规律的科学研究提供资料和依据。

水库库容与淤积测验是水库泥沙观测的核心。小浪底水库地形特殊,支流库容占41.1%,故按相关规范要求在干支流均布设了相应的观测断面。

小浪底水库淤积断面的布设按一次性进行布设,分期实施完成。为使断面布设达到其测算的库容与地形法所计算的各级运用水位下的库容误差不超过5%,并能满足正确反映库区泥沙冲淤数量、分布和形态变化的基本要求,结合小浪底水库周边支流支沟的地形,小浪底水库淤积测验断面布设的方法和原则是:

(1)所设断面必须控制水库平面和纵向转折变化。断面方向应大体垂直于200~275 m水位的地形等高线走向。

(2)断面的数量与疏密度应满足库容和淤积量观测与计算的精度要求。

(3)断面布设近坝区和大支流较密,且观测初期宜密不宜稀。

遵照上述原则,小浪底库区共布设泥沙淤积观测断面174个(干流56个,支流118个)。干流56个断面平均间距为2.25 km,其中上库段54.71 km内布设16个观测断面,平均间距为3.42 km;下库段71.03 km内布设40个观测断面,平均间距为1.78 km。支流共布设118个断面,其中左岸21条支流布设断面65个,控制河长98.5 km,平均间距为1.52 km;右岸畛水河布设25个断面,控制河长41.3 km,平均间距为1.65 km。除畛水河外,其他11条支流布设28个断面,控制河长39.67 km,平均间距为1.42 km。

为了掌握坝前漏斗区泥沙冲淤变化,以及漏斗的形成与演变过程,还在坝前4.7 km范围内即漏斗区布设了35个断面,其中干流31个,右岸小清河4个。

三、测验情况

2003年以来,小浪底水库泥沙淤积断面测验由小浪底水利枢纽建设管理局电厂负责,每年汛前汛后各对库区泥沙淤积断面测验1次。

一般来说,库区淤积断面测量按照从坝前向库区上游推进的顺序进行。坝前浑水水库范围内及水库回水末端区域按断面法用双频测深仪或单频测深仪进行观测,干流主要河段均采用条带测深仪按地形法进行观测。而对于支流,受网箱和鱼网等因素影响,这些区域往往只能采用"冲锋舟+便携式测深仪"按断面法进行观测。

四、主要支流泥沙淤积分析

截至2009年10月,小浪底水库已累计淤积泥沙23.77亿 m³。其中,干流淤积20.29亿 m³,支流淤积3.48亿 m³。目前,小浪底水库干流泥沙淤积形态为三角洲淤积,还未形成稳定的锥形淤积形态,三角洲淤积体仍在逐渐向坝前移动。

关于支流淤积情况,选取库区中部代表性支流,以1999年原始断面为基础,与2005年、2007年、2008年、2009年四年汛后实测资料进行对比分析。

处于中坝段的支流,位于三角洲顶坡段上,三角洲主体已经从这一河段推移过去,并且由于其不在回水影响区,干流泥沙淤积情况相对稳定。在此区域东洋河(距坝 30.84 km)、西阳河(距坝 40.81 km)支流淤积较为典型,因此作为代表性河道进行分析。

（一）东洋河

东洋河河口处在黄河 18 断面(距坝 30.58 km)旁,全河段共布设 7 条观测断面,原始库容为 2.57 亿 m³。由于受水位、网箱养殖等因素影响,最远仅能实测至 04 断面。

1999 年 10 月水库下闸蓄水后,受干流泥沙淤积三角洲推移影响,支流泥沙淤积增加,河底平均高程出现抬升。通过近两年实测数据对比分析发现,东洋河各断面河底平均高程基本保持稳定,2008 年汛后至 2009 年汛后,东洋河 01 断面河底平均高程为 222.8 ~ 223.2 m。

目前,黄河 18 断面的河底平均高程为 221.1 m,而东洋河 01 断面河底高程高于黄河 18 断面河底高程近 2 m,但东洋河 02 断面却比黄河 18 断面河底高程低 0.8 m,因此东洋河河口向干流排水处于正常状态,但支流河底已出现倒比降现象,且在河口附近泥沙淤积呈两边低淤积形态,支流拦门沙坎已初步显现,应予高度重视。支流东洋河纵向河底平均高程变化见图 10-22。

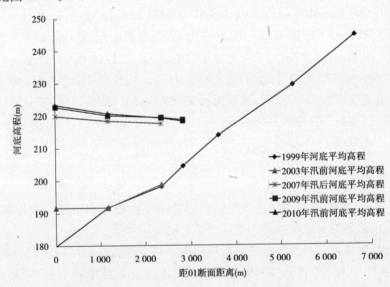

图 10-22　支流东洋河纵向河底平均高程变化

（二）西阳河

西阳河河口处在黄河 24 断面(距坝 40.87 km)旁,全河段共布设 6 条观测断面,原始库容为 2.20 亿 m³。由于受水位、网箱养殖等因素影响,最远实测至 04 断面。

1999 年 10 月水库下闸蓄水后,受干流淤积三角洲推移影响,其河底平均高程出现较大幅度的抬升。2009 年汛后西阳河 01、02、03 断面河底平均高程分别为 228.0 m、223.9 m、223.4 m。01、02 断面间河道比降为 -3.07‰,西阳河 01 断面比 02 断面高近 3.9 m。同时,黄河 22 ~ 24 断面间河底平均高程为 226.6 ~ 227.4 m,这就出现了在河口附近泥沙淤积呈两边低淤积形态,支流拦门沙坎雏形已经出现,应予重视。支流西阳河纵向河底平均高程变化见图 10-23。

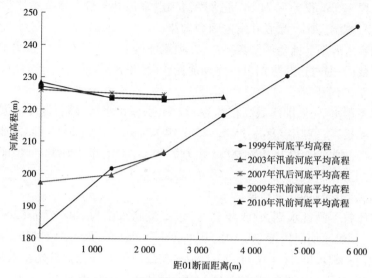

图 10-23　支流西阳河纵向河底平均高程变化

五、两点认识

从上述观测资料和分析中可得出两点认识：

（1）1999 年水库下闸蓄水至今，小浪底水库各支流均出现不同程度淤积，支流淤积状态与干流淤积形态关系密切，受干流淤积三角洲推进影响较大。在近坝段、三角洲淤积体顶点段、中坝段和远坝段 4 个河段中，三角洲淤积体顶点段和中坝段支流河底倒比降现象较为严重。

（2）水库两条主要支流东洋河、西阳河情况类似，其河口向干流排水处于正常状态，但支流河底已出现倒比降现象，且在河口附近泥沙淤积呈两侧低的淤积形态，支流拦门沙坎已初步显现，为防止可能出现的支流死库容现象，应给予高度重视并研究采取必要措施。

第六节　小浪底坝前泥沙淤积对大坝基础渗流的影响

一、概述

小浪底水利枢纽是建设在多泥沙河流——黄河中游的一座壤土斜心墙堆石坝，最大坝高 160 m。小浪底水库的主要开发目标之一是减淤，即减轻下游河道淤积。根据设计，小浪底坝前最终的淤积厚度将达 120 多 m。为有效地利用坝前淤积泥沙所形成的天然防渗铺盖，在进行坝体结构设计时就考虑了利用淤积铺盖来减少大坝基础渗漏问题。水库蓄水后，检测到坝前淤积泥沙中值粒径约为 0.005 mm，属粉细砂，是良好的天然防渗土料。

小浪底水库于 1999 年 10 月下闸蓄水，2003 年 10 月 15 日库水位达到 265.69 m，距设计正常蓄水位 275 m 仅差 9.31 m,是水库蓄水以来最高水位。水库蓄水后,发挥了巨大的防洪、防凌、减淤、供水、灌溉和发电综合效益。

为了监测蓄水后坝前铺盖的防渗效果,在坝基埋设了渗压计。水库蓄水 11 年来积累了大量的观测数据,通过这些数据可以对坝前泥沙淤积的防渗效果进行分析。

(一)坝前泥沙淤积

小浪底水库蓄水前,坝前库底高程约为 132 m;水库蓄水后,随着泥沙的淤积,坝前淤积泥沙顶面逐年抬高,2000 年 9 月 25 日、2001 年 12 月 22 日和 2002 年 12 月 18 日坝前 1.32 km 处分别达到 160.30 m、174.90 m 和 180.50 m;2003 年 7 月 11 日坝前 60 m 处达到 178.8 m,泥沙淤积厚度约为 47 m,淤积面基本为水平面。

(二)坝前淤积铺盖的防渗效果

小浪底水库自下闸蓄水到 2003 年 7 月,水库最高水位为 240.87 m(2002 年 3 月 1 日)。埋设在大坝帷幕前河床覆盖层中的基础渗压计 P81 的观测水位反映了经过淤积铺盖削减后的坝前基础水位,库水位与 P81 测值之差反映了淤积铺盖的防渗效果。1999 年 10 月~2003 年 7 月库水位及库水位与 P81 水位差观测过程线如图 10-24 所示。

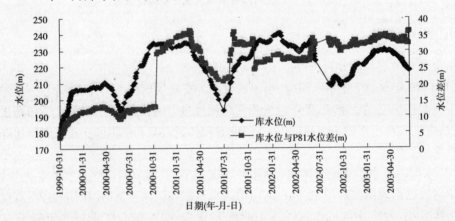

图 10-24　1999 年 10 月~2003 年 7 月库水位及库水位与 P81 水位差观测过程线

从图 10-24 可以看出,从 1999 年 10 月水库开始蓄水到 2001 年 8 月,库水位与 P81 水位差总体上随库水位上升而增加、随库水位下降而减小,2000 年 11 月 8 日,上游三门峡水库进行拉沙运用,小浪底坝前淤积明显,导致库水位与 P81 水位差突增 16.4 m,坝前其他渗压计读数也普遍下降,显示蓄水初期坝前泥沙淤积对大坝基础防渗效果显著。随着坝前泥沙淤积厚度增加速度的放缓,这种变化在 2002 年 9 月~2003 年 7 月库水位在 230 以下时已变得不明显。

二、2003 年 7 月~2011 年 7 月

2003 年后汛期,受"华西秋雨"影响,小浪底水库水位快速上升,10 月 15 日达到 265.48 m,超出前期最高水位(240.87 m)24.61 m,距水库设计最高水位 275 m 不足 10 m。2004 年、2005 年和 2006 年,水库最高水位分别为 261.99 m、263.41 m 和 256.32 m,水库进入高水位运行期。

（一）坝前泥沙淤积

2011年7月24日，小浪底坝前泥沙淤积面高程为182.6 m，比2003年7月11日抬高了3.8 m，泥沙淤积厚度约为51 m，坝前淤积面仍然为水平面，泥沙粒径也基本未变。

（二）坝前淤积铺盖的防渗效果

坝前泥沙淤积铺盖的防渗效果可以用削减水头比率来表示。所谓淤积铺盖削减的水头比率，是指淤积铺盖所削减的水头（库水位与铺盖下 P81 测值之差）与大坝上下游的水位差之比（用百分数来表示），其大小反映了坝前泥沙淤积铺盖的防渗效果。

2003年7月以后，库水位及淤积铺盖的削减水头比率观测过程线如图10-25所示。

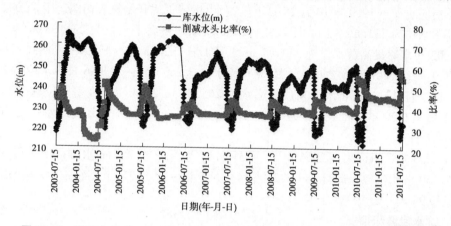

图10-25 2003年7月～2011年7月库水位及淤积铺盖削减水头比率观测过程线

从图10-25可以看出，2003年8月库水位上升以后，小浪底水库坝前淤积铺盖的水头削减比率与库水位的变化呈反函数关系，即随库水位升高而减小、随库水位降低而增加；随着高水位运行时间的延长，淤积铺盖的水头削减比率变化幅度也逐步减小，2010年7月～2011年7月一直稳定在40%～58%，说明坝前淤积铺盖的防渗效果较好。

三、初步分析意见

小浪底大坝防渗系统的设计原则为"以垂直防渗为主、水平防渗为辅"。水库最初三年蓄水位相对较低的情况下，随着坝前泥沙的快速淤积，库区水平淤积铺盖初步形成并逐渐固结，这对于防止库水从库底垂直向下渗流的效果非常明显；随着坝前淤积面上升速度逐渐变缓甚至暂时停滞，在经过三个蓄水期高水位的运行以后，淤积铺盖对坝基的防渗效果随库水位升高而减小、随库水位降低而增加，淤积铺盖的防渗效果逐渐稳定，2010年7月～2011年7月淤积铺盖削减了大坝工作水头的40%以上。

第十一章　水工建筑物运行初期安全评价

一、主坝运行情况

(一)蓄水过程

小浪底水库于 1999 年 10 月 25 日下闸蓄水,枢纽工程开始投入初期运用。2000 年水库最高蓄水位为 234.66 m(11 月 2 日);2001 年水库最高蓄水位为 236.33 m(12 月 14 日);2002 年水库最高蓄水位为 240.87 m(3 月 1 日);2003 年"华西秋雨"期间库水位上升较快,9 月 2 日库水位为 240 m,9 月 20 日库水位达 250.25 m,10 月 6 日库水位达 260.02 m,10 月 15 日达到水库蓄水以来最高库水位 265.69 m;2004 年最高蓄水位为 261.99 m(4 月 1 日);2005 年最高蓄水位为 259.61 m(4 月 10 日);2006 年最高库水位为 263.41 m(3 月 31 日)。

自 2003 年秋汛以来至 2006 年 10 月 31 日期间,水库在 250 m 水位以上运行 696 d,其中在 260 m 水位以上运行 189 d,2006 年 2 月 5 日~10 月 31 日水库在 260 m 水位以上连续运行 98 d。

(二)水库淤积情况

1999 年水库蓄水前,坝前淤积高程约为 140 m。

2000 年底坝前淤积高程约为 166 m,至 11 月 18 日,淤积量为 4.19 亿 m³;2001 年 9 月,进水塔前淤积高程为 177.50 m,至 12 月底,淤积量为 7.16 亿 m³;2002 年 10 月底,淤积量为 9.88 亿 m³;2003 年 12 月底,淤积量达 13.75 亿 m³,进水塔前淤积高程平均 179.90 m;2004 年 12 月,淤积量为 14.08 亿 m³;2005 年底,淤积量为 16.86 亿 m³;至 2006 年 5 月淤积量达到 18.20 亿 m³,进水塔前淤积高程约为 181 m。

(三)调水调沙运用情况

自 2002 年以来,水库进行五次调水调沙运用,其基本情况见表 11-1。

表 11-1　调水调沙运用基本情况

次数	日期 (年-月-日)	天数 (d)	库水位 (m)	水位降落 (m)	出库水量 (亿 m³)
1	2002-07-04 ~ 07-15	12	236.56 ~ 223.90	12.66	25.69
2	2003-09-06 ~ 09-18	13	246.10 ~ 249.07	-2.97	18.25
3	2004-06-19 ~ 07-13	25	249.06 ~ 225.00	24.06	57.11
	2004-08-23 ~ 08-30	8	224.89 ~ 218.63	6.26	
4	2005-06-09 ~ 06-30	22	252.00 ~ 225.00	27.00	38.83
5	2006-06-10 ~ 06-30	21	254.05 ~ 223.85	30.20	53.95

二、主坝稳定复核及变形分析

主坝稳定复核及变形分析同本书第十章第四节。

三、进出口边坡

(一)进口高边坡

1. 外部变形观测情况

进口边坡外部变形观测共有两个监测项目(进口高边坡监测、进口边坡 250 m 马道视准线监测)。

至本期末进口高边坡监测各项目监测情况见表 11-2。

表 11-2　至本期末进口高边坡监测各项目监测情况　　　　　　(单位:mm)

项目	观测周期	累计观测次数	期内观测次数	至本期末累计位移变化范围	期内位移变化范围	最大位移点			期内位移变化概况
						点号	累计位移量	期内变化量	
进口边坡	一月	155	1	x: $-45.5 \sim -11.4$ ($-45.1 \sim -10.0$)	$-3.4 \sim -0.4$ ($-1.0 \sim +1.1$)	D1	-45.5 (-45.1)	-0.4 ($+1.1$)	期内测点水平位移变化均为正值,呈向右岸下游位移;垂直位移呈微量下沉变化
				y: $-15.8 \sim +0.5$ ($-17.9 \sim -0.5$)	$+1.0 \sim +2.1$ ($-1.1 \sim +1.4$)	D1	-15.8 (-17.9)	$+2.1$ (-1.1)	
				h: $+37.0 \sim +42.9$ ($+35.9 \sim +41.2$)	$+0.5 \sim +1.7$ ($-0.7 \sim -0.4$)	北山头	$+42.9$ ($+41.2$)	$+1.7$ (-0.4)	
进口 250 m 马道视准线	两周	268	4	$-15.70 \sim +2.01$ ($-15.34 \sim +1.72$)	$-0.53 \sim +1.28$ ($-2.13 \sim +1.04$)	12 号	-15.70 (-15.34)	-0.36 ($+1.04$)	期内各测点位移变化大部分为正值,呈向下游位移,变化量值不大
						1 号	$+2.01$ ($+1.72$)	$+0.29$ (-0.11)	

注:括号内量为上期量,用于与本期量进行对比。

1)进口高边坡外部变形监测

进口高边坡期内进行一次监测。本项目累计水平位移主要呈向右岸上游位移,但量值不大,位移变化不很明显;垂直方向均呈下沉变化。期内测点水平方向测点呈向右岸和下游位移变化,变化量值略大于上期,垂直位移呈下沉变化。受观测条件影响,各监测点位移变化过程线有少许波动,但总体变化趋势明显,未见突异变化。进口高边坡监测主位移方向(y向)位移变化过程线如图 11-1 所示。

2)进口边坡 250 m 马道视准线

该项目按两周一次的观测频率进行监测。期内大部分测点变化为正值,呈向下游(坡内)位移,大部分测点期内变化量小于 1.0 mm,位移变化不太明显。各测点期内均未见突异变化。

2. 内部变形监测情况

进口边坡渗压计未见异常变化趋势,进口边坡多点位移计自蓄水以来测值相对稳定。进口边坡锚索测力计 PR7 - 4、PR7 - 5 、PR7 - 12、PR7 - 15 测值超过初锚时的水平。PR7 - 1、PR7 - 19 在 2000 年以后基本稳定,PR7 - 3(2 号明流洞上方,安装高程 245 m)和

PR7-9(1号孔板洞上方,安装高程245 m)应力松弛比较明显,锚索测力计预应力呈现减小和增加的测点在边坡的空间分布上没有明显的规律,测值曲线见图11-2,本期内进口边坡锚索测力计测值基本稳定。

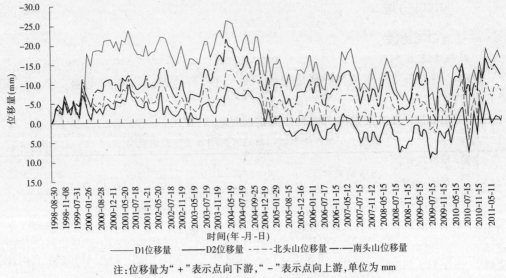

注:位移量为"+"表示点向下游,"-"表示点向上游,单位为mm

图11-1　进口高边坡平面(y向)位移变化过程线

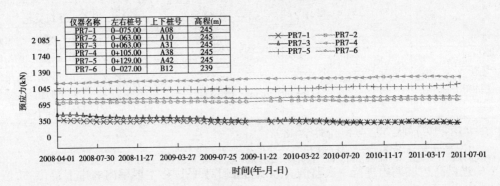

(a)

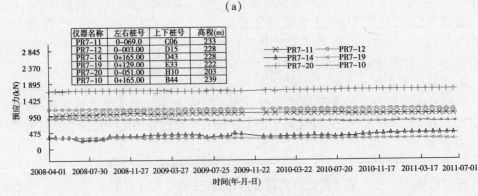

(b)

图11-2　进口边坡锚索测力计测值曲线

进口边坡测斜管Ⅵ7-5、Ⅵ7-6自蓄水以来测值相对稳定,见图11-3。Ⅵ7-7自安装以来至2009年6月,朝向临空面以及与边坡平行方向的累计位移一直在40 mm以内摆动,测值相对稳定。自2009年6月起该管在228~240 m区间有向临空面发展的趋势,向临空面累计位移最大为53.80 mm(发生在2010年1月),2010年1月后逐渐回缩,其周边锚索测力计未发现明显的应力增加,将继续加强对该部位的观测与分析。

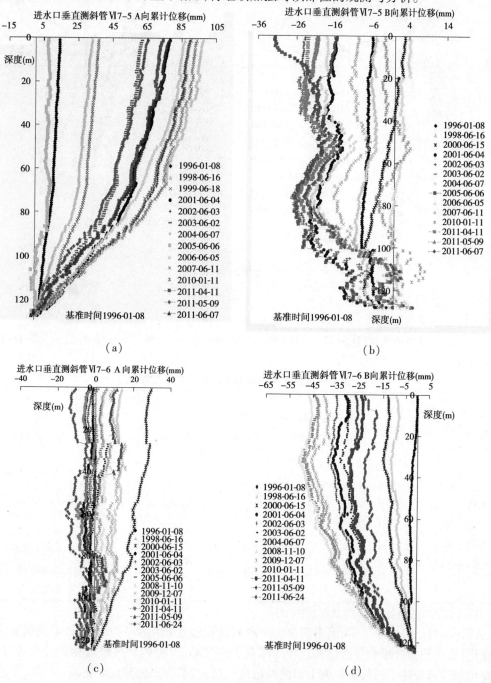

图11-3　进水口边坡测斜管观测过程线

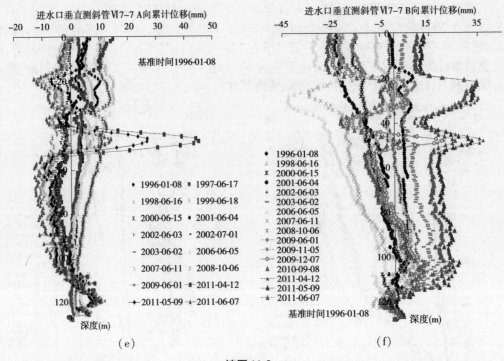

续图 11-3

(二)出口边坡

1. 外部变形监测情况

出口边坡外部变形观测只有消力塘上游边坡监测一个项目(三个测点)。表 11-3 为本期观测结果。

表 11-3　至本期末消力塘上游边坡监测情况　　　　　　(单位:mm)

项目	观测周期	累计观测次数	期内观测次数	至本期末累计位移变化范围	期内位移变化范围	最大位移点			期内位移变化概况
						点号	累计位移量	期内变化量	
出口消力塘边坡	两周	293	2	y: −5.3 ~ +8.9 (−5.9 ~ +7.0)	+0.6 ~ +1.9 (+0.5 ~ +2.7)	XC03	+8.9 (+7.0)	+1.9 (+0.5)	期内测点水平位移均为正值,呈向下游位移,量值与上期相近;垂直方向均为负值,呈上抬变化
				h: −7.8 ~ −1.7 (−1.8 ~ +1.7)	−6.0 ~ −2.6 (+2.0 ~ +4.1)	XC03	−1.7 (+1.7)	−3.4 (+3.0)	

注:括号内量为上期量,用于与本期量进行对比。

该项目已监测 8 年多,至本期末 y、h 向累计位移变化均小于 9.0 mm,未见明显位移变化;受观测条件影响各点位移过程线都有少许波动,但总体呈与温度相关的曲线变化,变化规律符合建于混凝土护坡上点的一般变化规律,期内未见异常变化。

消力塘上游边坡顺水流方向平面位移变化过程线见图 11-4。

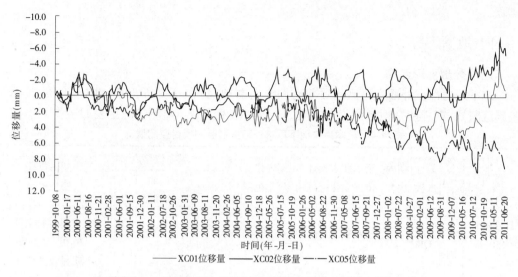

注:单位为 mm,位移量为"+"表示点向下游方向位移,反之向上游方向位移。

图 11-4　至本期末出口消力塘上游边坡顺水流方向平面位移(y向)变化过程线

2. 内部变形监测情况

出水口边坡安装的多点位移计本期内测值稳定,锚索测力计测值稳定,蓄水以来未见明显预应力减小或增加的现象。典型锚索测力计测值曲线见图 11-5。

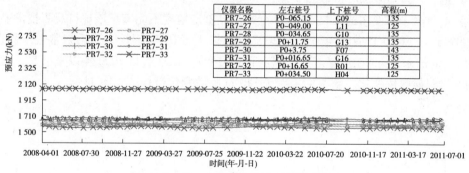

仪器名称	左右桩号	上下桩号	高程(m)
PR7—26	P0-065.15	G09	135
PR7—27	P0-049.00	L11	125
PR7—28	P0-034.65	G10	135
PR7—29	P0+11.75	G13	135
PR7—30	P0+3.75	F07	143
PR7—31	P0+016.65	G16	135
PR7—32	P0+16.65	R01	125
PR7—33	P0+034.50	H04	125

图 11-5　出口边坡锚索测力计测值曲线

从图 11-5 可以看出,期内出水口边坡安装的锚索测力计测值稳定。

3. 进出口边坡稳定性评价

(1)进口边坡外部变形监测显示,各监测点变化量值正常,大多在观测允许误差范围内,未见突异变化。

(2)进口边坡除测斜管测值未发现异常变化。测斜管 VI7-7 在 2009 年 6 月前测值相对稳定,自 2009 年 6 月起该仪器测值显示在 228~240 m 区间有向临空面发展的趋势,2010 年 1 月后逐渐回缩,近期该部位向临空面累计位移最大值在 30 mm 附近摆动,从 2010 年 12 月又开始向临空面发展的趋势。近期该区间向临空面累计位移较上期明显减少,观察其周边锚索测力计未发现明显的应力增加,今后应继续加强对该部位的观测与分析。

(3)出口边坡锚索测力计自蓄水以来测值平稳,说明出口消力塘边坡处于稳定工作状态。

四、地下厂房

(一)外部变形监测

地下厂房部位外部变形监测目前有两个监测项目(厂房高程 150 m 收敛监测、厂房基础沉陷)。期内两个项目均正常监测。至本期末两个项目监测情况见表 11-4。

表 11-4　至本期末地下厂房外部变形监测项目监测情况　　　　　(单位:mm)

项目	观测周期	累计次数	期内次数	至本期末累计位移变化范围	期内位移变化范围	最大位移点			期内位移变化概况
						点号	累计位移量	期内变化量	
厂房高程 150 m 收敛监测	一周	378	4	$-22.5 \sim -18.2$ $(-22.4 \sim -18.2)$	$-0.1 \sim 0$ $(0 \sim +0.1)$	CV_{10-3-4}	-22.5 (-22.4)	-0.1 $(+0.1)$	期内变化量值很小,未见明显收敛变化
厂房基础沉陷监测	两周	305	2	$+1.4 \sim +3.5$ $(+1.6 \sim +3.6)$	$-0.7 \sim -0.1$ $(-0.5 \sim -0.2)$	BM_{10-2}	$+3.5$ $(+3.7)$	-0.1 (-0.2)	期内变化量值很小,未见明显沉降变化

注:括号内为上期位移变化量,用于与本期期内变化量进行对比。

1. 地下厂房高程 150 m 收敛监测

该项目由于原使用的索佳 NET2B 全站仪经鉴定精度不能满足该项目观测技术要求,从 2009 年 11 月 10 日后改用徕卡 TC2002 全站仪进行观测,因反光靶反射常数不同造成了约 1 mm 的系统差(在位移过程线图上有一突变)。该项目自 2006 年以来已趋于稳定,期内未见明显收敛变化。至本期末厂房 150 m 收敛变化过程线见图 11-6。

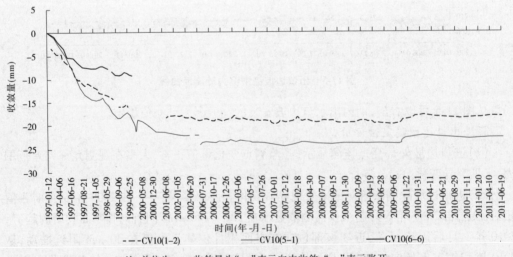

注:单位为 mm,收敛量为" - "表示向内收敛," + "表示张开。

图 11-6　至本期末厂房 150 m 收敛变化过程线

2. 地下厂房基础沉陷监测

本项目已监测 8 年多时间,累计沉降变化为 +1.4 ~ +3.5 mm,累计沉降变化量均为正值,但量值很小;期内位移变化量均在观测允许误差范围内(均小于 1.0 mm),未见明显沉降变化。至本期末,6 个监测点最大沉降变化差为 2.1 mm,不均匀沉降变化不明显。各监测点位移变化过程线也未见异常突变。监测结果显示,厂房基础部位未发生明显沉降变化,目前处于正常工作状态。

(二)内部变形监测

厂房岩壁梁钢筋计代表性仪器测值曲线见图 11-7。

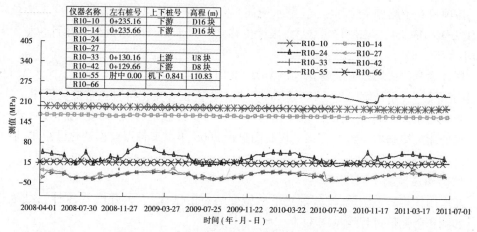

图 11-7　厂房岩壁梁钢筋计代表性仪器测值曲线

由图 11-7 可见,厂房岩壁梁钢筋计测值稳定,未发现应力突变现象。

岩壁吊车梁与围岩之间的接缝开度由测缝计进行观测,代表性仪器测值曲线见图 11-8。

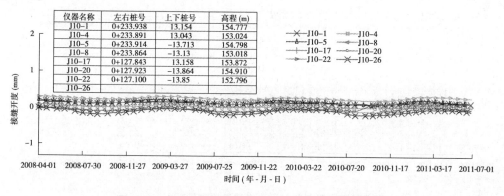

图 11-8　岩壁吊车梁与围岩之间的接缝开度测值曲线

由图 11-8 可见,岩壁吊车梁与围岩之间的接缝开度基本不受库水位的影响。

(三)厂房安全运行情况评价

地下厂房区域外部变形监测工作正常进行。厂房高边墙未见明显收敛变化;厂房基础未见明显沉降变化,厂房基础不均匀沉降变化不明显。厂房岩壁梁钢筋计测值稳定,未发现应力突变现象。蓄水以来厂房围岩基本保持稳定,岩壁梁在承受荷载以后缝间开合度未发现明显增长迹象,岩壁梁工作状况未见异常。内部监测结果显示被监测部位无异常变位。目前地下厂房处于正常工作状态。

五、左岸山体

(一)外部变形监测

左岸山体外部变形监测项目主要是小浪底主坝下游坝坡 250 m 平台区的视准线监测,该项目有 2 个工作基点和 4 个位移监测点。

该项目 6 个测点主位移方向(顺水流向)累计水平位移以正值偏多(呈向下游位移),其中以 D2、D3、D4 三点位移量较大(累计位移量均大于 35 mm),其他点累计位移量较小(均不大于 5 mm)。

累计垂直位移均呈下沉变化,其中 D1 和 L4 两点变化量较小(均小于 3.5 mm),以 D3 点沉降最大(累计沉降量 +176.7 mm);测点垂直位移变化符合正常变化规律。

受观测条件影响,各监测点水平位移过程线有少许波动,但总体变化趋势明显,各点过程线变化规律基本一致。位移过程线图显示 2006 年以来各点位移变化已很小,表明该部位已逐步趋于稳定。

(二)渗压监测

左岸山体帷幕上游侧、帷幕轴线下游侧安装有渗压计(含测压管渗压计),代表性渗压计和测压管测值过程线见图 11-9。

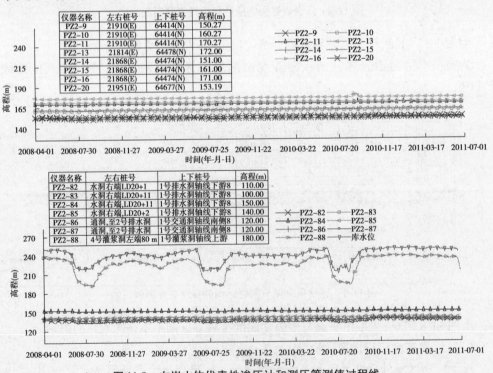

图 11-9　左岸山体代表性渗压计和测压管测值过程线

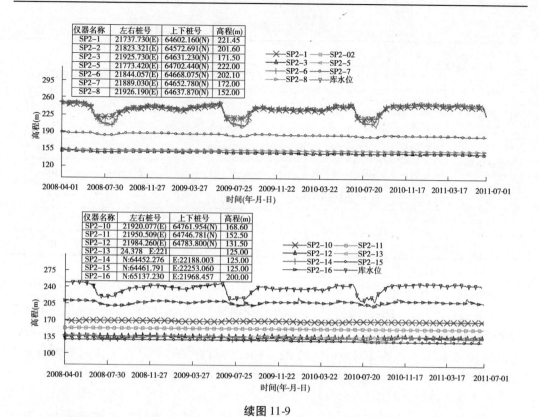

续图 11-9

由图 11-9 可见,帷幕上游侧渗压计测值与库水位接近并保持相同的变化趋势。帷幕轴线下游侧渗压计(含测压管渗压计)测值基本不受库水位的影响,仪器安装后测值基本保持不变,地下厂房周围排水洞测点无明显的渗压变化。

(三)左岸山体运行安全评价

监测结果显示,左岸山体渗压监测和位移监测均未发现异常变化,左岸山体运行工况正常。

六、进水塔群应力、变形与沉降情况

进水塔由 3 座孔板泄洪洞进水塔(简称孔板塔)、3 座引水发电洞进水塔(简称发电塔)、3 座明流泄洪洞进水塔(简称明流塔)和 1 座灌溉引水洞进水塔(简称灌溉塔)组成,呈一字形布列。塔基高程为 170 m,基础上游临近 F_{28} 断层,最大塔高为 113 m,前缘总长为 276 m,顺水流方向为 52.8~70 m。

(一)进水塔群实测应力成果

1.仪器分布

为监测混凝土的应力,在进水塔共安装了钢筋计、应变计和无应力计等仪器。截至目前,现存可供监测的仪器共 19 支。其中 2 号发电塔 14 支,2 号明流塔 4 支,1 号孔板塔 1 支,详见表 11-5。

表 11-5　监测仪器分布

部位		仪器分类			
		应变计	无应力计	钢筋计	按部位统计
1 号孔板塔	仪器编号	—	N3 – K01	—	
	支数	0	1	0	1
2 号发电塔	仪器编号	S3 – F01 ~ F09	N3 – F01 ~ F03、	R3 – F01、F02	
	支数	9	3	2	14
2 号明流塔	仪器编号	S3 – M01、M03、M04	N3 – M01	—	
	支数	3	1	0	4
合计		12	5	2	19

注:已损坏的仪器未统计。

2. 钢筋计实测资料

2 支钢筋计(R3 – F01、F02)测值年周期变化明显,温升时应力呈受压状态,温降时应力呈受拉状态(以下应力符号,以受拉为正,受压为负),符合一般规律。实测最大的拉应力值为 10.6 MPa,发生在 2 号发电塔的 R3 – F01(时间为 2006 年 2 月 7 日),实测最大的压应力值为 –61.34 MPa,发生在 2 号发电塔的 R3 – F02(时间为 2000 年 8 月 7 日)。

3. 无应力计实测资料

无应力计测值除受测点温度变化影响外,还受混凝土自生体积变化、湿涨或干缩等因素的影响。除明流泄洪洞的无应力计(N3 – M01)因布设位置较低无明显的年周期变化外,其余年周期变化明显。

4. 应变计实测资料

除明流泄洪洞的应变计因布设位置较低年周期变化不明显外,其余应变计自 1999 年 9 月后,实测应力(根据实测应变推算,下同)主要受温度变化影响(当测点温度降低时应力增加,温度升高时应力减小),2 号发电塔的 S3 – F05 于 2000 年 9 月 19 日实测最大压应力为 –11.43 MPa;2 号发电塔 S3 – F08 仪器分别于 1997 年 5 月 16 日和 2000 年 9 月 12 日实测最大拉应力为 2.37 MPa,最小拉应力为 0.57 MPa。

(二) 进水塔垂直位移观测成果

为监测进水塔顶部位移,在每个进水塔顶部各布设 4 个垂直位移测点分别名为 A、B、C、D 测点,其中 A、B 测点位于上游侧,C、D 测点位于下游侧。实测塔顶垂直位移观测特征值详见表 11-6。

由表 11-6 可以看出:

(1)各座进水塔塔顶沉降呈逐年增加趋势,其中以 2 号孔板塔靠下游左下角的沉降值最大,实测沉降量为 39.4 mm,据分析,与进水塔所在的左岸山体、坝区整体沉降有关。现有的近坝区沉降监测资料表明,整个坝区的整体沉降量为 20 ~ 30 mm,其中"厂房南"工作基点沉降量为 32.1 mm,若扣除该基点的沉降量,进水塔实际的最大沉降量为 7.3 mm。

表 11-6　进水塔塔顶垂直位移观测特征值 （单位:mm）

进水塔	点位	至2005年5月累计值	至2006年5月位移特征值			实测最大值	说明
			位移累计值	均值	位移差值（上游−下游）		
灌溉塔	A	+22.6	+23.5	+23.10	+0.75	+30.3	位于左上角
	B	+22.1	+22.7			+29.2	位于右上角
	C	+20.0	+22.6	+22.35		+30.5	位于左下角
	D	+20.1	+22.1			+30.3	位于右下角
2号孔板塔	A	+26.0	+27.8	+27.90	−4.05	+34.4	位于左上角
	B	+26.0	+28.0			+34.7	位于右上角
	C	+27.6	+32.4	+31.95		+39.4	位于左下角
	D	+26.7	+31.5			+38.8	位于右下角
2号发电塔	A	+26.7	+26.6	+27.1	−2.00	+37.1	位于左上角
	B	+27.5	+27.6			+38.3	位于右上角
	C	+24.1	+29.7	+29.1		+34.0	位于左下角
	D	+22.9	+28.5			+32.8	位于右下角
2号明流塔	A	+24.4	+25.8	+26.0	+1.75	+32.7	位于左上角
	B	+24.6	+26.2			+33.0	位于右上角
	C	+21.7	+24.5	+24.25		+33.4	位于左下角
	D	+21.2	+24.0			+33.5	位于右下角

注:垂直位移(以下简称为沉降)以向下为正,向上为负。

（2）对照塔顶沉降过程线与库水位过程线可知:近坝区沉降与水库蓄水位有关,而与库水位年内变幅无明显关系。自水库蓄水以来,随着库水位的上升,近坝区整体沉降逐年增加,塔顶沉降亦随之逐年增加,但近年增幅趋缓。预计当库水位在 265.69 m 至 275 m 运行时,近坝区沉降与塔顶沉降有可能加大。

（3）灌溉塔和 2 号明流塔塔顶倾向上游,上、下游位移差值分别为 0.75 mm 和 1.75 mm;2 号孔板塔和 2 号发电塔塔顶倾向下游,上、下游位移差值分别为 4.05 mm 和 2.00 mm。因此,可以认为各座进水塔塔顶虽略有倾斜,但倾斜量不大。

（三）评价

自 1999 年水库蓄水以来,进水塔已安全运行 6 年,从现有的结构应力与沉降观测资料看,进水塔尚无明显的差异性位移,目前塔体是稳定的,结构工作性状是正常的。但由于塔顶沉降仍呈逐年增加趋势,因此建议:①分析近坝区沉降原因,包括研究断层 F_{28} 对近坝区沉降的影响,以便预测以后进水塔塔顶位移趋向;②对灌溉塔和孔板塔补充必要的监测仪器;③查明 2 号发电塔的 S3 − F08 应变计实测应力值偏大的原因。

七、孔板洞水力学监测成果

(一)孔板洞运用情况

3 条孔板泄洪洞自 2000 年以来,先后投入了泄洪运行,最高运行水头接近 115 m,截至 2006 年 5 月 31 日,3 条孔板洞累计过流时间 175 h,闸门累计启闭次数 162 次。孔板泄洪洞对应的运行水位及运行时间见表 11-7。

表 11-7　孔板泄洪洞对应的运行水位及运行时间

孔板泄洪洞编号	累计过流时间(h)	最高运行水位及相应运行时间			最高运行水头(m)	闸门启闭次数	水力学监测水位及运行时间		
		(m)	(h)	运行日期(年-月-日)			(m)	(h)	运行日期(年-月-日)
1 号	29	249.82	1	2004-06-16	114.82	38	210.20	24	2000-04-26
							234.20	4	2000-11-08
2 号	54	254.66	43	2003-09-26	109.66	77	247.96	8	2004-06-20/21
3 号	92	260.01	8	2003-11-05	114.99	47	—	—	—
合计	175	—	—	—	—	162	—	—	—

注:1.1 号、2 号孔板洞过流原型观测期间同时完成了事故闸门动水下门试验。
　　2.3 条孔板洞闸门启闭次数累计 162 次,其中 3 条孔板洞工作闸门累计启闭次数 101 次,事故闸门累计启闭次数 61 次。

孔板洞泄流运用后,对流道(包括闸门槽)、孔板环、出口挑流鼻坎、闸门启闭设备等进行了全面检查,孔板环、闸门及启闭设备未见异常,仅发现 3 条孔板洞事故闸门后环氧砂浆保护层局部少量脱落,孔板洞工作闸门后伸缩缝部分修补砂浆剥落,发现后对上述缺陷及时进行了修补,目前,孔板洞运行正常。

(二)孔板洞过流试验及主要成果

为评价孔板洞的水力学及安全特性,1 号孔板洞于 2000 年 4 月和 11 月分别进行了 210.20 m(70 m 水头)和 234.20 m(100 m 水头)条件下过流观测,2004 年 6 月 2 号孔板洞进行了 248 m(100 m 水头)条件下的过流原型观测。

1. 孔板泄洪洞水力学原型监测内容

(1)孔板段的时均压力、脉动压力、空化噪声,各级孔板的消能效果。

(2)中闸室段的时均压力、空化噪声、通气风速、掺气浓度、空腔负压等。

(3)水流脉动诱发孔板、洞群、山体振动性能测试分析。

(4)闸门流激振动观测,包括局部开启闸门时对闸门流激振动监测与分析。

(5)常规的结构力学原型观测。

2. 孔板洞过流原型观测主要成果

(1)孔板泄洪洞具有较高的消能效果,1 号孔板洞在 234.20 m 水位条件下消能水头为 40.28 m,三级孔板消能系数分别为 1.21、0.63 和 0.68;2 号孔板泄洪洞在 248 m 观测水位下,消能水头达到 41.06 m,三级孔板消能系数分别为 1.16、0.69 和 0.69。两条孔板洞消能效果与模型试验结果基本一致。

（2）1 号和 2 号孔板泄洪洞在观测的水位条件下,开启和关闭过程中均发生了不同程度的空化。1 号孔板泄洪洞在 210.20 m 水位、开启过程下和闸门孔口在 0.9 左右相对开度时,出现初始空化状态,在 234.20 m 水位、开启过程下和在闸门孔口相对开度为 0.88 ~ 0.90时,孔板洞内水流发生空化,经分析认为,该洞随着运行水位的升高,各级孔板的空化发生有所提前,水流空化强度相应有所加剧。2 号孔板泄洪洞在 248 m 观测水位、开启过程和闸门开度为 0.95 ~ 1.0 条件下,第三级孔板处发生空化。结合原型和模型试验结果推断,2 号孔板洞在高水位泄流时,孔板洞内各级孔板的水流空化强度不会发生显著变化。2 号孔板洞第三级孔板环均方根最大值为 0.38 m/s^2。

（3）中闸室左、中、右通气孔在孔板洞过流时通气量分布比较均匀,说明通气系统设计是适宜的。弧门跌坎处空腔负压在规范规定范围内。中闸室底板和侧墙掺气浓度随着闸门开度增加呈减小趋势,2 号孔板洞中闸室最小掺气浓度超过 3.1%。中闸室在弧门小开度和局部开启条件下存在间歇性空化,时间虽短,但强度较大。弧门在开启过程中和局部开启运行中,闸门结构有轻微振动。孔板泄洪洞在事故闸门动水下门过程中洞内存在明满流过渡状态,闸门进口处进气强烈,孔板泄洪洞内压力变化剧烈,伴随巨大轰鸣声,孔板环振动强度加大。

（4）孔板泄洪洞泄洪引起的山体振动基本上属于无感振动,根据观测结果推断在高库水位条件下、3 条孔板泄洪洞同时泄洪时,引起的山体振动响应也不会很大。泄洪对进水塔结构安全不构成影响。但事故闸门在动水下门时对进水塔结构的振动影响较大,应严格控制使用。

（5）泄洪过程中孔板洞混凝土应变计、渗压计和多点位移计测量结果表明,过水试验期间钢筋应力属于低应力变化范围,混凝土衬砌和围岩均处于正常受力状态,未发现异常现象。

（6）孔板泄洪洞泄流运行后,对过流表面及各金属结构的检查,孔板环、闸门及启闭设备未见异常,对发现的事故闸门后环氧砂浆保护层局部脱落、孔板泄洪洞工作闸门后伸缩缝部分修补砂浆剥落等缺陷,进行了及时修补。

（三）孔板洞运用综合评价

（1）小浪底 1 号、2 号孔板泄洪洞的过流观测成果表明,孔板泄洪洞具有较好的消能效果,压力脉动在设计范围内,泄洪时诱发结构振动和山体振动轻微,结构应力变化微小,中闸室通气效果良好,闸门开启过程中的振动不大,孔板泄洪洞及孔板环运行正常,3 条孔板泄洪洞的设计是基本合理的。

（2）孔板洞空化观测结果与经模型试验且考虑模型缩尺效应的分析成果是基本一致的,因此对孔板洞在更高一级水位下运行时的空化特性预测是可信的。考虑到 1 号、2 号孔板泄洪洞过流观测结果,表明洞内发生了不同程度的空化,预测 1 号孔板泄洪洞在更高水位运行时,洞内发生空化所对应的闸门开度还将提前,评估认为《小浪底水利枢纽拦沙初期运用调度规程》(简称《调度规程》)规定 1 号孔板泄洪洞的最高运行水位不超过 250 m 以及对孔板洞闸门做出全开运行规定是合理的。

（3）鉴于小浪底孔板泄洪洞是目前世界上采用孔板消能方式最大的泄洪洞,洞内水流条件复杂,在高水头条件下的实际运行经验少,建议在适当时机开展更高水位的过流原型观测,以全面评价孔板泄洪洞的运行安全;严格按照《调度规程》要求运行孔板泄洪洞,逐级提高 2 号和 3 号孔板洞的运行水位,不断积累过流运行经验;应进一步细化 3 条孔板洞的操作规程及检测要求,控制和减少孔板洞的运行时间和次数,加强过流期间的巡查和过流后的检查的力度,发现问题或异常情况时及时停水检查和进行必要的修复。

八、排沙泄洪洞运行及预应力锚索工作状况评价

1 号、2 号、3 号排沙泄洪洞自右向左平行布置在电站进水口下方,每条洞由进口段、洞身压力段、出口闸室段和明流段组成,水平投影长度为 1 100 m,担负水库排沙、调节水库下泄流量和电站门前清的任务,是运用机会最多的泄水建筑物。

(一)排沙泄洪洞运行

截至 2006 年 5 月 31 日,3 条排沙泄洪洞累计过流时间 24 330 h,事故闸门累计启闭 228 次,工作闸门累计启闭 2 404 次,泄流最高运用水位均为 265.69 m。各洞累计运行时间、运行水位及闸门开启情况详见表 11-8。

表 11-8　排沙泄洪洞运行时间、运行水位及闸门开启情况

排沙泄洪洞编号	累计过流时间(h)	最高泄流运用水位(m)	最高运行水头(m)	工作闸门启闭次数	事故闸门启闭次数
1 号	4 367	265.69	112.99	623	70
2 号	9 826	265.69	112.99	771	87
3 号	10 137	265.69	112.99	1 010	71
合计	24 330	—	—	2 404	228

对排沙泄洪洞流道检查的结果表明,事故闸门后环氧砂浆保护层局部少量脱落,工作闸门后水舌冲击处部分墙体混凝土有少量粗骨料裸露,现均已修补,闸门及启闭设备工作正常;部分锚具槽渗油问题处理已取得了较好的试验效果,目前排沙泄洪洞运行正常。

排沙洞泄流运行尚未对含沙量进行监测。

(二)锚具槽渗油及处理

2003 年汛后检查,发现部分锚具槽有渗油现象,截至目前,锚具槽共有 911 处渗油点,详见表 11-9。渗油主要从锚具槽回填混凝土的上边接缝流出。

表 11-9　2003 年汛后排沙泄洪洞锚具槽渗油点统计

编号	锚具槽总个数	渗油点
1 号排沙泄洪洞	1 416	333
2 号排沙泄洪洞	1 440	325
3 号排沙泄洪洞	1 464	253

2004 年 4 月 1 号排沙泄洪洞的 B9 - L3 号槽的开槽检查表明,钢绞线和锚具工作正常,钢绞线防腐系统在锚具附近有少量渗油,但未见锈迹。2005 年 4 月,对 2 号排沙泄洪

洞 24 个渗油锚具槽进行了处理。2005 年汛期 2 号排沙泄洪洞累计过流 734.3 h,最高运用水位为 256.69 m,过流后现场检查结果表明,经处理后的锚具槽已不再渗油。

（三）预应力监测及分析

为监测钢绞线的应力应变,在 3 号排沙洞 A、B 观测段 6 个锚具左右侧和顶面各安装了 3 支点焊式应变计,其中 6 支应变计实测的预应力、温度观测过程线显示,锚索平均有效拉力为 1 650 ~ 1 380 kN,相应钢绞线应力为 1 473 ~ 1 232 N/mm^2,与设计单位提供的钢绞线有效预应力值 876.69 N/mm^2 相比较,实测值明显偏大,接近甚至超过尚无预应力损失时的张拉控制应力,从确保长期安全考虑,要查明原因。

（四）评价意见及建议

（1）截至 2006 年 5 月 31 日,3 条排沙泄洪洞累计过流时间 24 330 h,均已经过较长时间和较高水位的运行检验,过水后经检查洞身段基本完好,闸门及启闭设备工作正常。现行的《调度规程》,通过控制排沙泄洪洞工作门开度,保证有压洞段水流流速不超过 15 m/s,以减轻含沙水流对洞壁的磨损的规定是合理可行的。

（2）3 个排沙泄洪洞约有 21% 的锚具槽出现渗油点,渗漏油量较大,据分析,主要来自绞线外套塑料管(简称 PE 管)内的防腐油脂。由于油脂外泄,容易使 PE 管进气,对钢绞线防腐不利,应抓紧处理,确保锚具使用功能不受影响。

（3）鉴于排沙泄洪洞每年承担黄河调水调沙任务,应严格按照已制定的《调度规程》运行,并结合调水调沙运行开展对含沙量的测量,加强运行期间的巡查和过水后的检查,对发现的问题及时进行处理和修补。

九、明流洞运行状况评价

（一）运行状况

截至 2006 年 5 月 31 日,3 条明流泄洪洞累计过流时间 2 927 h,事故闸门累计启闭 87 次,工作闸门累计启闭 556 次,泄流最高运用水位均为 265.69 m,各洞累计运行时间见表 11-10。

表 11-10　明流泄洪洞运行水位及运行时间

明流泄洪洞编号	累计过流时间（h）	最高泄流运用水位（m）	最高运行水头（m）	工作闸门启闭次数	事故闸门启闭次数
1 号	565	249.06	54.06	285	25
2 号	1 285	263.10	54.10	150	37
3 号	1 077	262.32	37.32	121	25
合计	2 927	—	—	556	87

经复核,在最高运行库水位条件下,最小洞顶余幅面积为全断面面积的 16.7%,最大达 22.8%,满足设计规范要求。

明流泄洪洞运行后的检查情况表明,除在事故闸门后环氧砂浆保护层少量脱落和明流泄洪洞混凝土伸缩缝处修补砂浆少量剥落外,整个洞身混凝土未见磨蚀、空蚀迹象,现已对发现的缺陷进行了修补。闸门、启闭机运行正常。

(二)评价与建议

(1)3 条明流洞已经历过一定运行水位和运行时间的检验,经检查未发现异常情况,总体运行正常。

(2)1 号明流泄洪洞第一道掺气坎(桩号 0 + 720.00)相距进口较远,该段的流速较高,属于空化敏感区,考虑到该洞进口高程比较低,在高含沙水流和高流速条件下运行会加剧过流表面的冲蚀与磨损,建议进一步优化 1 号明流泄洪洞的泄洪运行方式,加强高水位条件下运行期间的巡查和过水后的检查。

(3)现场检查发现,1 号明流泄洪洞第一、第二道通气孔顶板高出挑坎约 20 cm,经了解为设计上考虑补气的需要。根据二滩 1 号泄洪洞破坏的教训,在高流速和长时间运行条件下有可能导致通气孔下游边墙发生空蚀破坏,应对其他泄水建筑物通气孔进行检查,如发现有类似问题,应采取相应的措施。

(4)鉴于设计未考虑对 1 号明流洞掺气坎的实际补气状况进行监测,建议在较高运行水位条件下开展通气效果的监测,以便全面评价明流洞的泄洪运行安全。

十、电站尾水洞运行状况分析

小浪底发电尾水系统 2 号、4 号、6 号机组尾水转弯半径转角的设计布置虽不符合《水工隧洞设计规范》(DL/T 5195—2004)的规定,但根据《调度规程》要求 2006 年 7 月 5 日对运行时间最长的 5 号、6 号尾水叉洞水下混凝土摄像检查情况表明,混凝土表面未见有冲磨迹象,说明目前电站尾水系统运行正常。

为保证电厂尾水系统的正常运行,建议今后对各尾水叉洞进行定期检查,发现问题及时采取修补措施。

十一、消力塘运行状况分析

(一)运行情况

(1)3 个消力塘的运行情况表明,在现阶段的泄洪规模下,消力塘内流态较好,满足消能需要。

(2)2 号消力塘底板的水下检查表明,混凝土表面总体完好,存在局部磨蚀及粗骨料裸露现象,估算磨蚀总面积为 800 m^2,最大磨蚀深度为 1 cm。

(3)115 m 高程排水廊道的排水量与库水位变化有一定的关系,但与下游水位关系不大。库水位为 265.69 m 和 263.41 m 时,排水量分别为 8 000 m^3/d 和 5 000 ~ 6 000 m^3/d。监测结果表明,认为消力塘排水量已渐趋稳定。

105 m 高程廊道排水系统在 2004 年 2 ~ 3 月当库水位达到 260 m 时最大总排水量达 12 682 m^3/d,2006 年 6 月末在库水位 223 ~ 234 m 期间,最大排水量为 5 272 m^3/d。

(4)日常巡检发现消力塘 105 m 高程基础排水廊道缝排水和暗排水在泄洪洞过流时个别排水孔排出黄色的浑水,对 105 m 高程廊道沉积物取样分析后认为,其沉积物中的黏土与坝前淤积物颗分结果相近,其矿物成分中的石英含量与黄河泥沙一致。

(5)3 个消力塘底板布置的渗压计观测结果表明基础渗压测值稳定,低于《调度规程》规定的非检修期最大值。基础排水孔水量很小,且一直比较稳定,与底板基础渗压计测值变化相吻合。

（二）评价与建议

（1）消力塘运行情况总体良好,在目前运行水位和泄洪规模条件下满足消能要求。

（2）从建立的上下游水位与排水量关系观测成果看,115 m 高程廊道总排水量与库水位变化有一定关系,2004 年 8 月以来 105 m 高程廊道总排水量减小,说明左岸山体补强灌浆对减少消力塘的漏水量起到了一定的作用。2 号消力塘的水下检查情况看,底板总体磨损不大,加之基础渗压观测情况看,说明止水效果良好,消力塘目前运行稳定。

（3）《调度规程》规定的正常运用期的非汛期、汛期以及检修期的抽排规定是合理的。对消力塘后缘边坡在停止抽排下边坡的稳定复核结果表明左岸山体的整体稳定性具有足够的安全储备,消力塘后缘边坡的局部稳定性基本满足设计要求。

（4）考虑消力塘运行以来尚未进行过检修,建议按照《调度规程》的要求,对 3 个消力塘安排定期检查和检修。

（5）《自评估报告》分析认为,消力塘 105 m 高程廊道中的淤积物与黄河泥沙直接来源于水库,但对沉积物量和来源通道尚未得出明确结论。因此,应继续加强消力塘渗漏量和基础渗压的监测,注意观察在泄洪运行中排水孔出浑水情况的变化,包括出浑水孔位置、颜色和沉积物数量的变化,进一步查明沉积物来源及通道,以便采取相应措施。

（6）本工程各条水道混凝土糙率取值是一个十分复杂的问题,并有可能随着工程的运行发生变化等不确定因素,现阶段的消力塘复核中的糙率是根据经验取值,非实测资料,且模型比尺的问题至今尚未解决,因而消力塘长度有待于今后在高水位和大泄洪流量运行条件下的检验;为确保消力塘安全运行,应加强对各泄水道在水库高水位运行条件下水舌入水点的观测,特别应对溢洪道和 3 号明流洞入水点所在的 3 号消力塘的运行情况进行观测,以便分析论证消力塘的长度合理性。

十二、评价结论及建议

（一）结论

（1）小浪底水利枢纽初期运用中,通过对水库的精心调度,工程发挥了很大的效益,初步显示了小浪底水利枢纽在治黄中的战略地位和作用:在防洪方面,仅 2003 年"华西秋雨"期间,与有关水库联合运用减少下游洪灾损失约 110 亿元;在减淤方面,水库共拦蓄泥沙约 18 亿 m³,下游主槽过流能力从局部不足 2 000 m³/s 全线恢复到 3 500 m³/s,下游河床冲刷泥沙约 8 亿 m³;在供水与灌溉方面,平均年调节水量约 20 亿 m³,保证了黄河下游不再断流;在发电方面主要担任峰荷,缓解了河南电网供电的紧张局面;在生态与环境方面,提高了黄河下游及入海口的生态水量,为河道生态与环境向健康方向发展提供了条件。

（2）小浪底水利枢纽初期运用以来,拦河主坝及泄水、引水发电等主要建筑物已经受较长时间和较高水位运行的考验,主要建筑物运行基本正常。对拦河主坝上、下游坝坡发生的局部不均匀变形问题,已经处理;坝顶下游侧发生的纵向裂缝是坝体不均匀变形导致的张性裂缝,而坝体的长期变形、库水位的升降变化是裂缝发展的主导因素,复核计算结果表明大坝整体稳定满足安全运用要求;预测在正常蓄水位 275 m 及每年库水位升降时,坝顶裂缝及上、下游坝坡局部变形还会有一定变化,但不影响大坝安全运用;心墙内有效小主应力均为正值,因而不具备产生水力劈裂的应力条件。对历次安全鉴定及竣工初验中提出的其他涉及工程安全的问题,根据现场调查和监测资料分析,没有发现影响枢纽安全运用的异常现象。因此,小浪底水利枢纽竣工验收的技术条件已经具备。

(二)建议

(1)小浪底水利枢纽安危事关黄河下游综合治理大局。鉴于目前水库尚未经正常蓄水位 275 m 运行的实际考验;拦河主坝安全监测成果表明水平位移及其上、下游变形差偏大,且尚未稳定;坝顶下游侧纵向裂缝在采取的防护性临时处理措施后,仍有发展的趋势;排水洞渗漏水的水质变化及沉淀物的颗粒组成、矿物成分,尚应进一步分析研究。因此,针对运行中出现的问题,仍应继续给予高度重视,切实加强日常性巡视检查和经常性维护,及时对内外部安全监测及巡视检查的资料进行整理分析研究,一旦发现异常情况,应及时采取应急对策和处理措施,确保枢纽建筑物安全运用。

(2)根据实测资料和反演分析,坝顶纵向裂缝发展与库水位升降速率和变幅关系较为密切,为确保拦河主坝长期运用安全,建议在高水位 265~275 m 运用时,要根据监测成果逐步抬高水库水位,同时完善高水位运行的安全监测规程,以及预报和预警监测系统;及时分析研究监测成果,对水库初期运行调度运用规程进行复核,结合改善水库最终形成"高滩深槽"的泥沙淤积形态,提出调整水库调度运行方式的建议,以便改进水库调度运用规程,合理控制库水位变速和变幅,确保安全。

(3)继续加强库水位变化对裂缝和变形影响的观测和分析,研究其相关规律,待坝顶下游侧纵向裂缝及大坝变形基本稳定后,适时对裂缝进行正式处理。

(4)应进一步加强水工建筑物的监测,加强大坝会商工作,及时发现并分析存在的相关问题,抓紧处理措施的落实工作,确保枢纽建筑物运行安全。